普通高等教育“十二五”规划教材

建筑电气施工与预算

编　著　邵兰云　袁丽卿　谢秀颖
主　审　李全民

中国电力出版社
CHINA ELECTRIC POWER PRESS

内 容 提 要

本书为普通高等教育“十二五”规划教材。全书共分8章，主要内容为建筑电气工程图识图基础，10kV以下架空线路工程，电缆工程，控制设备及低压电器，配管、配线，照明器具安装，防雷与接地装置，电气设备安装工程概预算编制。本书以最新的标准和规范为依据，具有很强的针对性和适用性；理论与实践相结合，更注重实际经验的运用。

本书可以作为普通高等院校建筑电气自动化专业、工程造价和其他相近专业的教材，也可作为从事建筑电气安装工程的工程技术管理人员培训及参考用书。

图书在版编目（CIP）数据

建筑电气施工与预算/邵兰云，袁丽卿，谢秀颖编著. —北京：中国电力出版社，2012.3（2019.8重印）
普通高等教育“十二五”规划教材
ISBN 978-7-5123-2492-3

Ⅰ.①建… Ⅱ.①邵…②袁…③谢… Ⅲ.①房屋建筑设备：电气设备—工程施工—高等学校—教材②房屋建筑设备：电气设备—预算编制—高等学校—教材 Ⅳ.①TU85

中国版本图书馆CIP数据核字（2011）第263828号

中国电力出版社出版、发行
（北京市东城区北京站西街19号 100005 http://www.cepp.sgcc.com.cn）
三河市百盛印装有限公司印刷
各地新华书店经售
*
2012年3月第一版 2019年8月北京第四次印刷
787毫米×1092毫米 16开本 17.25印张 421千字
定价45.00元

前　言

随着社会的进步，建筑产业和建筑技术正在迅猛发展，建筑电气自动化程度越来越高，为了适应新形势的需要国家制定和修订了一批新的设计标准和电气施工规范，本书全面介绍建筑电气工程识图、施工、预算编制技术等内容。

建筑电气施工与预算具有很强的技术性、实践性，因此本书在编写过程中注重理论联系实际，以 GB 50303—2002《建筑电气工程施工质量验收规范》、GYD$_{GZ}$- 201—2000《全国统一安装工程预算工程量计算规范》、DXD37 - 202—2002《山东省安装工程消耗量定额》、山东省安装工程价目表（2011 版）GB 50500—2008《建筑工程工程量清单计价规范》等国家设计标准、工程施工验收规范以及国家省各项造价文件为依据，将全部内容分为 8 章，对各分部工程的安装技术、识图、预算编制等各个方面做了较为详细的叙述。在每一章中首先介绍相关分部工程的施工技术要求，接着介绍该分部工程的识图基础知识，最后在熟悉施工技术及看懂施工图纸的基础上讲述该分部工程工程预算的编制方法、编制步骤以及编制实例。

本书以最新的标准和规范为依据，具有很强的针对性和适用性；理论与实践相结合，更注重实际经验的运用。本书既可以作为从事建筑电气安装工程的工程技术管理人员培训及参考用书，也可以作为建筑类高等院校建筑电气自动化专业、工程造价和其他相近专业的教学用书。

本书由山东建筑大学邵兰云、袁丽卿、谢秀颖编著，山东建筑大学张玫、陈明九及中建八局二公司的崔俊庆给予大力支持，本书由李全民任主审，对书稿提出了宝贵的意见，在此表示衷心的感谢！

全书在编写过程中，参阅了大量书籍、国家有关标准和规范，将其中的内容加以引用，在此对参考书籍的作者表示衷心感谢，若有由于本人疏忽可能存在所引用的书籍，没列入参考书目的请予谅解。本书的编写过程中得到了山东建筑大学信息与电气工程学院领导、老师及同学们的大力支持，在此谨致以深切的谢意！

由于作者的认识水平和专业水平有限，书中必定存在错误和不足，恳请各位专家和读者提出批评和修改意见。

编　者

目　录

绪　论

一、基本建设

凡固定资产扩大再生产的新建、改建、扩建、恢复工程及与之连带的工作为基本建设。在40多年的基本建设实际工作中，逐渐将基本建设视为：通过新建、扩建、改建、迁建和恢复等主要途径形成固定资产的活动过程。从本质和属性看，基本建设是指社会主义经济中形成固定资产的活动过程。基本建设这个经济活动，既是微观经济活动，又是宏观的经济活动，是由若干个阶段和环节组成，在各个不同的阶段里，有着不同的工作内容，它影响着投资的效益。

（一）基本建设的内容

基本建设的内容包括：建筑工程，安装工程，设备、工具、器具购置，其他建设工作。

（1）建筑工程

建筑工程包括各种厂房、仓库、住宅等建筑物工程和矿井、铁路、公路、码头等构筑物工程；各种管道、电力和电信导线的敷设工程；设备基础、支柱、工作台、金属结构等工程；水利工程及其他特殊工程等。

（2）安装工程

安装工程包括生产、动力、电信、起重、运输、传动、医疗、实验等设备的安装工程；被安装设备的绝缘、保温、油漆和管线敷设工程；安装设备的测试和无负荷试车；与设备相连的工作台、梯子等的装设工程。

（3）设备、工具、器具购置

设备、工具、器具购置包括一切需要安装与不需要安装设备的购置；车间、实验室等需配备的各种工具、器具及家具的购置等。

（4）其他建设工作

其他建设工作包括上述内容以外的如土地征用，建设场地原有建筑物拆迁赔偿，青苗补偿，建设单位日常管理，生产工人培训等。

一个建设项目的工程造价应包括组成该项目的建筑工程、安装工程，设备、工具、器具购置以及其他建设工作中所发生的一切费用。

（二）本建设项目的分类

基本建设项目按不同的分类方式可以分为许多类型。

1）按建设项目在国民经济中的用途不同，可分为生产性建设项目、非生产性建设项目。

2）按建设性质可以分为新建项目、扩建项目、改建项目、迁建项目、恢复项目等。

3）按建设项目的规模大小或投资总额多少分为大型项目、中型项目、小型项目。

4）按建设项目资金来源和渠道划分国家投资的建设项目、银行信用筹资的建设项目、自筹资金的建设项目、引进外资的建设项目、利用长期资金市场的项目。

二、基本建设项目的划分

为了便于对体积庞大的工程项目产品进行计价，将建设项目的整体依据其组成进行科学分解，依次划分为若干个单项工程、单位工程、分部工程和分项工程。

(一) 建设项目

建设项目是限定资源、限定时间、限定质量的一次性建设任务。它具有单件性的特点，具有一定约束：确定的投资额、确定的工期、确定的资源需求、确定的空间要求（包括土地、高度、体积、长度等）、确定的质量要求。项目各组成部分有着有机的联系。如投入一定的资金，在某一地点、时间内按照总体设计建造一座具有一定生产能力的工厂，即可称为一个建设项目。建设项目在其初步设计阶段以建设项目为对象编制总概算，确定项目造价，竣工验收后编制决算。

(二) 单项工程

单项工程是建设项目的组成部分，是指具有独立性的设计文件，建成后可独立发挥生产能力或使用效益的工程。例如在某工厂建设项目中，各个车间建成后可以生产产品，发挥生产能力；住宅楼建成后可以居住，发挥使用效益，各个生产车间和住宅就是单项工程。这样工业建筑中的各个生产车间、辅助车间、仓库等，民用建筑中的教学楼、图书馆、住宅等都是单项工程。

(三) 单位工程

单位工程是单项工程的组成部分，一般是指具有独立的设计文件和独立的施工条件，但不能独立发挥生产能力和使用效益的工程。例如楼内的电气照明、生活给水排水工程、煤气工、采暖工程等是单位工程。建筑安装工程预算都是以单位工程为基本单元进行编制的。

(四) 分部工程

分部工程是单位工程的组成部分，指在单位工程中，按照不同的结构、不同的工种、不同材料和机械设备而划分工程。电气设备安装单位工程又划分为变配电工程、动力、照明设备、电缆工程、配管配线、照明器具、防雷接地装置等 10 个分部工程；给排水单位工程中又划分为管道安装、栓类阀门安装、卫生器具的制作安装等分部工程。

(五) 分项工程

分项工程是分部工程的组成部分，它是指分部工程中，按照不同的施工方法、不同的材料、不同的规格而进一步划分的最基本的工程项目。例如照明器具分部工程又分为普通灯具的安装、荧光灯具的安装、工厂用灯及防水防尘灯的安装等分项工程；电缆工程分部工程又分为电缆沟铺砂盖砖、盖板，电缆保护管、电缆敷设，电缆头的制作安装，电缆沟支架制作安装，电缆桥架安装等分项工程。

为了便于确定每个实体分项工程的用工、用料、机械台班及资金消耗量，可以将每个实体分项工程进一步划分为若干个子（分）项工程。子项工程一般按照施工工艺、施工工序或者不同规格的材料进行划分，每个子项工程的工作内容比较单一。

分项、子项工程是确定定额消耗的基本单元，分项、子项工程的用工、用料及机械台班消耗量是计算工程费用的基础，企业的分项、子项消耗定额是企业投标报价的基础资料。建设项目划分示意如图 1 所示。

三、基本建设程序

基本建设程序是指基本建设项目从前期的决策到设计，施工，竣工验收，投产这一全过程，其程序就是各项工作必须遵循的先后顺序，按照科学的规律进行的。项目建设程序是科学的实践经验总结，它正确反映了建设工作所固有的宏观自然规律，这是宏观必然性。不承

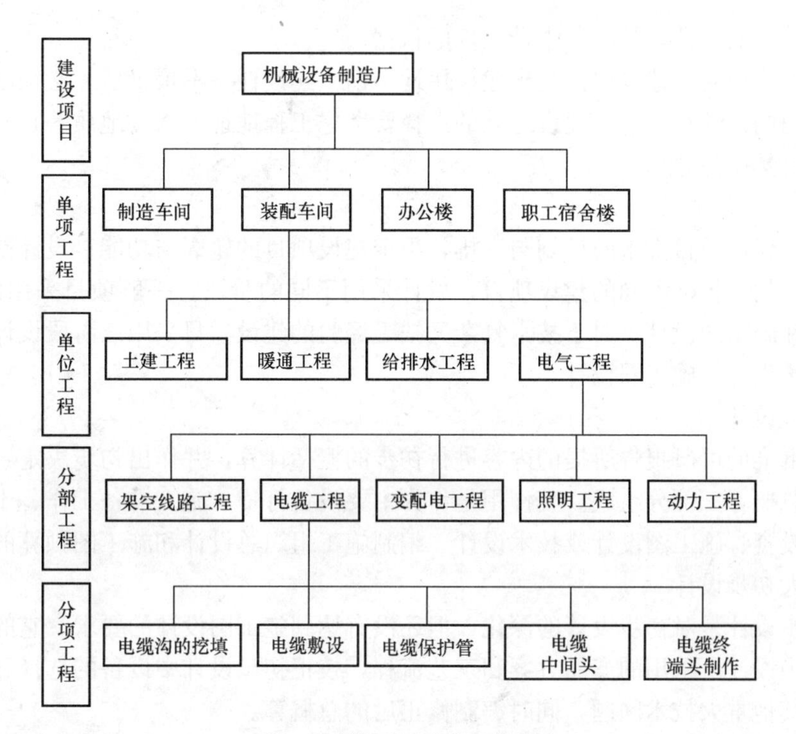

图1　建设项目划分示意图

认建设程序，违反建设程序，建设工程就会蒙受重大经济损失。

一般的建设项目，其建设程序可以概括为以下几个环节。

（一）投资决策阶段

（1）提出项目建议书（或立项报告）

项目建议书是建设单位向国家提出要求建设某一具体项目的建议文件。主要内容如下：

1）建设项目提出的必要性和依据，进口设备情况，国内外差距，概况，必然性，可行性。

2）产品方案、拟建规模和建设地点的初步设想。

3）资源情况，建设条件，协作条件；对引进设备说明引进国别、厂商的初步分析和比较。

4）投资估算和资金筹措的设想，对于利用外资的建设项目还要说明利用外资的理由、可能性及偿还贷款的大体测算。

5）项目进度安排。

6）经济效益和社会效益的初步估计。

（2）建设项目的可行性研究

可行性研究是对拟建建设项目进行技术、经济方面的论证。主要有技术上是否先进、实用、可靠；经济上是否合理；财务上是否盈利。为建设项目能否成立和为审批计划任务书提供依据。减少项目决策的盲目性，使建设项目的确定具有科学性。大体分为三项内容：市场供需研究、技术研究和经济研究。

（3）编制计划任务书，选定建设地点

计划任务书又称设计任务书，是确定建设项目和建设方案的基本文件，是对可行性研究推荐的最佳方案的确认，是编制设计文件的依据。

建设项目立项后，建设单位提出建设用地申请。建设任务书报批后，必须附有城市规划行政主管部门的选址意见书。建设地点的选择要考虑工程地址、水文地质等自然条件是否可靠等其他非自然条件。

（二）规划设计阶段

设计是对建设项目实施的计划与安排，决定建设项目的轮廓与功能。设计是根据可行性研究报告进行的。根据不同的建设项目，设计采用不同的阶段。一般项目采用两阶段设计，即初步设计和施工图设计。对于技术复杂又缺乏经验的建设项目采用三阶段设计，即初步设计、扩大初步设计和施工图设计。

（1）初步设计

对已经批准的可研报告所提的内容进行初步的概括计算，并作出初步决定，它由文字说明、图纸和总概算三部分组成。其作用是作为主要设备订货、施工准备工作、土地征用、控制基本建设投资、施工图设计或技术设计、编制施工组织总设计和施工图预算的依据。

（2）扩大初步设计

扩大初步设计是对初步设计的深化，但还没有达到施工图设计的要求。它的内容包括进一步确定初步设计所采用的产品方案和工艺流程，校正初步设计中设备的选择和建筑物的设计方案以及其他重大技术问题，同时编制修正后的总概算。

（3）施工图设计

施工图设计是根据批准的初步设计文件对工程建设方案进一步具体化、明确化。其主要内容有：

1）建筑平立剖面图。

2）建筑详图。

3）结构布置图和结构详图。

4）各种设备的标准型号、规格及非标准设备的施工图。

（三）施工阶段

（1）招标投标阶段

所谓招标，是指建设单位把拟建的建设项目情况编制处“标书”，其中包括工程项目内容、主要材料清单、材料供应方式、工程量清单、工程款支付方式、材料采购价差结算方式、所需资金等，然后通过主管招标的部门按一定程序进行。工程建设投标是指施工企业在同意“标书”公布的条件前提下，对招标工程进行评估概算，并写出工程质量保证措施，然后按照规定的时间和程序，利用投标这一经济手段向招标者提出承包价以完成预定商品的这一行为。招标方式有两种：

1）公开招标。

2）邀请招标，还有协议招标。建设工程招投标的程序：投标——开标评标——定标——签合同。

（2）施工准备阶段

1）安排年度建设计划。

建设单位根据批准的初步设计文件及相应的概算造价文件制订年度建设计划。合理分配各年度的投资额使每年的建设费用与当年的投资额及设备材料分配额相适应。

2）建设准备。

①做好进场准备。

②做好征地拆迁。

③三通一平（五通一平或七通一平）。三通一平是指水通、路通、电通、场地平整。五通一平是指水通、路通、电通、通信、燃气、场地平整。七通一平是指给水、排水、路通、电通、通信、燃气、热力、场地平整。

④修建临时生产和生活设施。

⑤落实地方材料、设备和制品的供应及施工力量等。

⑥协调图纸和技术资料的供应（会审），出具开工报告。

（3）组织施工

建设组织施工阶段是按照规范的施工顺序、设计文件，编制施工组织设计进行施工，将建设项目的设计变成可供人们进行生产和生活活动的建筑物、构筑物等固定资产。

（四）竣工验收和投产阶段

（1）竣工验收

竣工验收是全面考核建设成果，检查设计和施工质量的重要环节。根据国家规定，由建设单位、施工单位、工程监理部门和环境保护部门等共同进行工程验收。对于不合格的建设项目，不能办理验收和移交手续。

竣工验收程序：一般分两部进行，先由建设单位组织设计、施工、监理等单位进行初步验收；然后向主管部门（质检站、建委）和相关部门提出正式验收报告。

（2）生产准备

生产准备是衔接工程建设和生产的一个重要环节。建设单位要根据工程项目的生产技术特点，抓好产前的准备工作。

四、建设工程不同阶段的造价

（一）工程造价的含义

一种是从投资方和项目法人进行投资管理的角度出发来看，工程造价是指建设项目经过分析决策、设计施工到竣工验收、交付使用的各个阶段，完成建筑工程、安装工程、设备工器具购置及其他相应的建设工作，最后形成固定资产，在这其中投入的所有费用总和。另一种理解是指建设工程的承发包价格，它是通过承发包市场，由需求主体投资者和供给主体建筑商共同认可的价格。

工程造价两种含义理解的角度不同，其包含的费用项目组成也不同。建设成本含义的造价是指工程建设的全部费用，这其中包括征地费、拆迁补偿费、勘察设计费、供电配套费、项目贷款利息、项目法人的项目管理费等；而工程承发包价格中，即使是“交钥匙”工程，其承包价格中也不包括项目的贷款利息、项目法人管理费等。尽管如此，工程造价两种含义的实质是相同的，是站在不同的角度对同一事物的理解。

（二）工程造价的分类

按项目所处的建设阶段不同，造价有不同的表现形式。根据建设阶段的不同，建设工程概预算分为投资估算、设计概算、修正概算、施工图预算、施工预算、工程结算、竣工决算。

（1）投资决策阶段

投资估算：投资估算是在项目建议书和可行性研究阶段，依据现有的市场、技术、环境、经济等资料和一定的方法，对建设项目的投资数额进行估计，即投资估算造价。它是国家决定拟建项目是否继续进行研究的依据；它是国家审批项目建议书的依据；它是国家批准设计任务书的依据；编制国家中长期规划，保持合理比例和投资结构的依据。它的编制依据主要是估算指标、估算手册或类似工程的预（决）算资料等。投资估算应列入建设项目从筹建至竣工验收、交付使用全部过程中所需要的全部投资额，包括建筑安装工程费用、设备、工器具购置费、建设工程其他费用。计算方法有指数估算法、系数法、单位产品投资指标法、平方米造价法、单位体积估算法。

（2）工程设计阶段

设计概算：设计概算是在初步设计阶段，由设计单位根据设计文件、概算定额或概算指标等有关的技术经济资料，预先计算和确定建设项目从筹建到竣工验收、交付使用的全部建设费用的经济文件。设计概算是设计方案优化的经济指标，经过批准的概算造价，即成为控制拟建项目工程造价的最高限额，成为编制建设项目投资计划的依据，也是基本建设进行“三算”对比的依据。

修正概算：是对于有技术设计阶段的项目在技术设计资料完成后，对技术设计图纸进行造价的计价和分析。一般情况下，修正概算不能超过原已批准的概算投资额。

施工图预算：是在施工图设计完成后，施工单位根据施工图设计图纸、预算消耗定额等资料编制的、反映建筑安装工程造价的文件。设计预算是设计阶段控制施工图设计造价不超过概算造价的重要措施。施工图的设计资料较初步设计文件更详细具体，因而设计预算较设计概算更准确、更符合工程项目的建设资金需要。施工图预算编制依据主要有施工图纸、施工组织设计（施工方案）、预算定额、各项取费标准、建设地区的自然及技术经济条件等资料。它是确定单位工程和单项工程预算造价的依据，是签发施工合同，实行预算包干，进行竣工结算的依据，是建设银行拨付工程价款的依据，是施工企业加强经营管理，搞好经济合算的基础。

（3）招投标与签订承包合同阶段

投标报价：实行招投标的工程，投标人在投标报价前应对工程造价进行计价和分析，计价时根据招标文件的内容要求，本企业采用的消耗定额及费用成本和有关资源要素价格等资料，确定工程造价；然后根据拟订的投标策略报出自己的投标报价。投标报价是投标书的一个重要组成部分，它也是工程造价的一种表现形式，是投标人根据自己的消耗水平和市场因素综合考虑后确定的工程造价。

承包合同价：招投标制表现为同一工程项目有若干个投标人各自报出自己的报价，通过竞争选择价格、技术和管理水平均较好的投标人为中标人，并以中标价（中标人的报价）作为签订工程承包合同的依据。

对于非招标的工程，在签订承包合同前，承包人也应先对工程造价进行计价，编制拟建工程的预算书或报价单，或者发包人编制工程预算，然后承发包双方协商一致，签订工程承包合同。工程承包合同是发包和承包交易双方根据招投标文件及有关规定，为完成商定的建筑安装工程任务，明确双方权利、义务关系的协议。在承包合同中，有关工程价款方面的内容、条款构成的合同价是工程造价的另一种表现形式。

（4）工程实施阶段

工程结算价：是承包商在工程实施过程中，根据承包合同的有关内容和已经完成的合格工程数量计算的工程价款，以便与业主办理工程进度款的支付（即中间结算）。工程价款结算可以采用多种方式，如按月的定期结算，或按工程形象进度分不同阶段进行结算，或是工程竣工后一次性结算。工程的中间结算价实际上是工程在实施阶段已经完成部分的实际造价，是承包项目实际造价的组成部分。

工程竣工结算价：不论是否进行过中间结算，承包商在完成合同规定的全部内容后，应按要求与业主进行工程的竣工结算。竣工结算价是在完成合同规定的单项工程、单位工程等全部内容，按照合同要求验收合格后，并按合同中约定的结算方式、计价单价、费用标准等，核实实际工程数量，汇总计算承包项目的最终工程价款。因此，竣工结算价是确定承包工程最终实际造价的经济文件，以它为依据办理竣工结算后，就标志着发包方和承包方的合同关系和经济责任关系的结束。

（5）竣工验收阶段

竣工决算：在建设项目或单项工程竣工验收，准备交付使用时，由业主或项目法人全面汇集在工程建设过程中实际花费的全部费用的经济文件。竣工决算反映的造价是正确核定固定资产价值、办理交付使用、考核和分析投资效果的依据。项目建设各阶段造价之间的关系如图 2 所示。

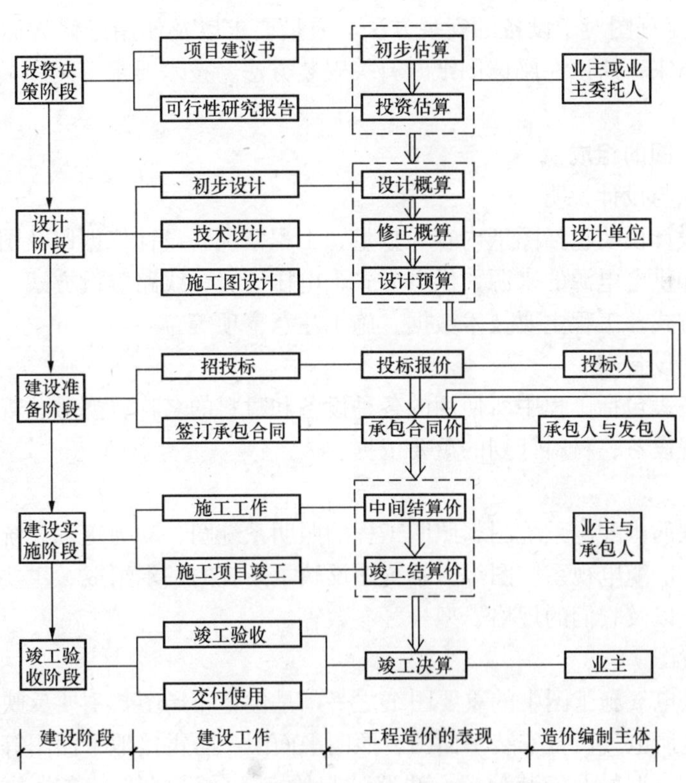

图 2　项目建设各阶段造价的表现形式

第 1 章　建筑电气工程图识图基础

1.1　电气施工图的特点及表达方法

1.1.1　电气施工图的特点及组成

电气施工图所涉及的内容往往根据建筑物不同的功能而有所不同，主要有建筑供配电、动力与照明、防雷与接地、建筑弱电等方面，用以表达不同的电气设计内容。

一、电气工程图的特点

1）建筑电气工程图大多是采用统一的图形符号并加注文字符号绘制而成的。

2）电气线路都必须构成闭合回路，有电源、开关控制设备、用电设备及导线组成。

3）线路中的各种设备、元件都是通过导线连接成为一个整体的。

4）在进行建筑电气工程图识读时应阅读相应的土建工程图及其他安装工程图，以了解相互间的配合关系。

5）建筑电气工程图对于设备的安装方法、质量要求以及使用维修方面的技术要求等往往不能完全反映出来，所以在阅读图纸时有关安装方法、技术要求等问题，要参照相关图集和规范。

二、电气施工图的组成

（1）图纸目录与设计说明

图纸目录与设计说明包括图纸内容、数量、工程概况、设计依据以及图中未能表达清楚的各有关事项。如供电电源的来源、供电方式、电压等级、线路敷设方式、防雷接地、设备安装高度及安装方式、工程主要技术数据、施工注意事项等。

（2）主要材料设备表

主要材料设备表包括工程中所使用的各种设备和材料的名称、型号、规格、数量、产地等，它是编制购置设备、材料计划的重要依据。

（3）系统图

如变配电工程的供配电系统图、照明工程的照明系统图、动力工程系统图、火灾报警与消防联动系统图、电缆电视系统图等。系统图反映了系统的基本组成、主要电气设备、元件之间的连接关系，以及它们的规格、型号、参数等。

（4）平面布置图

平面布置图是电气施工图中的重要图纸之一，是位置布局图，主要反映设备安装的实际位置，如变、配电所电气设备安装平面图、照明平面图、防雷接地平面图等，用来表示电气设备的编号、名称、型号及安装位置、线路的起始点、敷设部位、敷设方式及所用导线型号、规格、根数、管径大小等。通过阅读系统图，了解系统基本组成之后，依据平面图确定设备安装的主要位置线路的走向等，就可以编制工程预算和施工方案，然后组织施工。

（5）控制原理图

控制原理图包括系统中各所用电气设备的电气控制原理，用以指导电气设备的安装和控制系统的调试运行工作。

（6）安装接线图

安装接线图包括电气设备的布置与接线，应与控制原理图对照阅读，进行系统的配线和调校。

（7）安装大样图（详图）

安装大样图是详细表示电气设备安装方法的图纸，对安装部件的各部位注有具体图形和详细尺寸，是进行安装施工和编制工程材料计划时的重要参考。

1.1.2　电气图的表达形式及通用画法

一、电气图的表达形式

（1）图

图的概念是用图示法的各种表达形式统称，它泛指各种图，既包括用投影法绘制的图，即以三视图原则绘制的图，如各种机械制图、设备安装详图，也包括电气表达的其他形式的图。电气图也是图的一种。

（2）简图

用图形符号带注释的围框或简化外形表示系统或设备中各组成部分之间相互关系及连接关系的一种图；简图不是简单的图，而是一个术语，简图是电气图的主要表达形式；如电气系统图、原理图、电气平面图等，如图1-1所示。

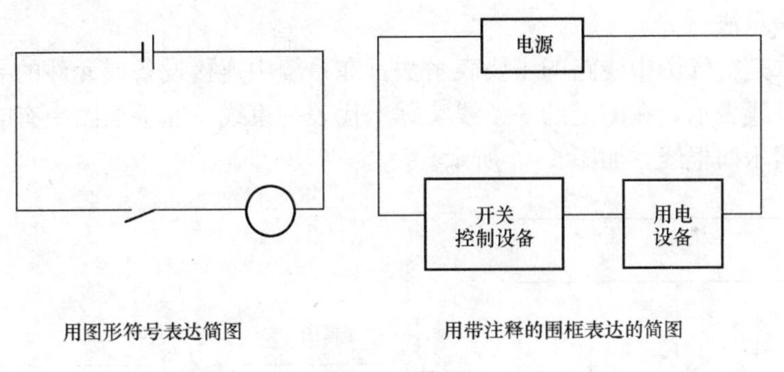

图1-1　简图

（3）表图

表图是表示两个或两个以上变量、动作或状态之间关系的一种图，如曲线图、时序图，电气图中应用比较多的是在系统安装完成后，用于系统调试中的电流和时间的关系曲线图，如图1-2所示。

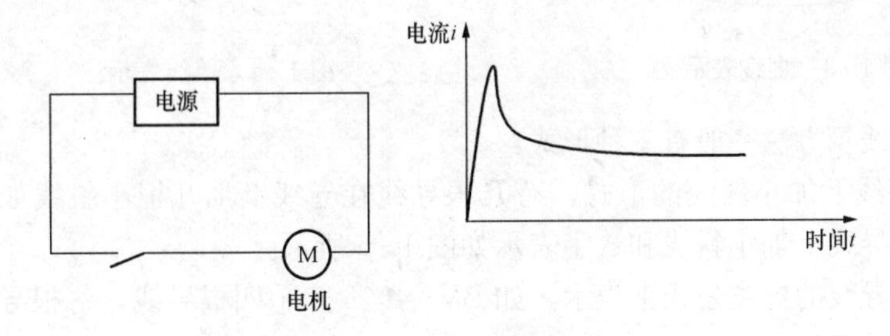

图1-2　表图

（4）表格

表格是把数据等内容按纵横排列的一种表达形式，如设备材料明细表，见表1-1；在表中一般要标明设备名称、型号、规格、数量等，其中设备的数量可作为在施工图预算中确定工程量的依据；现在设计中一般用电气CAD作图，在绘图的过程中由于图形符号使用图块表示的，图纸绘制完成后，设备材料表可以自动生成，有些软件还能自动统计配管配线工程量，只是不太准确。

表1-1　　设备材料明细表

设备名称	数　量	规　格	产　地	备　注
灯具	100	吸顶灯直径200	青岛	
插座	150	单相三孔	济南	

二、电气图的通用画法

（一）用于线路的表示方法

（1）多线表示法

元件或设备之间的连线是按照导线的实际走向一根一根分别画出的，实际有几根导线就用几根线条来表示，如图1-3所示。

（2）单线表示法

单线表示法是电气图中线路的主要表示法，在系统中连接设备或元件的导线只要走向一致就可以用一条线表示，在图上的一条线实际上代表一束线。在平面图中有时导线没任何标注时，一般是表示两根线，如图1-4所示。

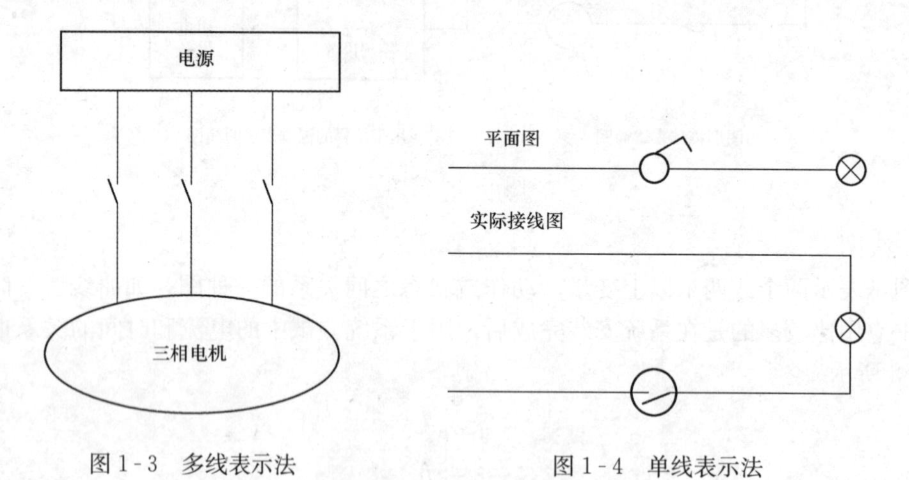

图1-3　多线表示法　　图1-4　单线表示法

三根以上导线示方法一般有三种形式：

一种是在导线上加小斜线的形式，有几根导线在导线上加几根小斜线如图1-5所示。

第二种是在导线上加小斜线和数字表示如图1-6所示。

第三种是用导线的标注公式来表示，如BV-4×6表示四根导线，每根导线线芯截面积是6mm²，如图1-7所示。

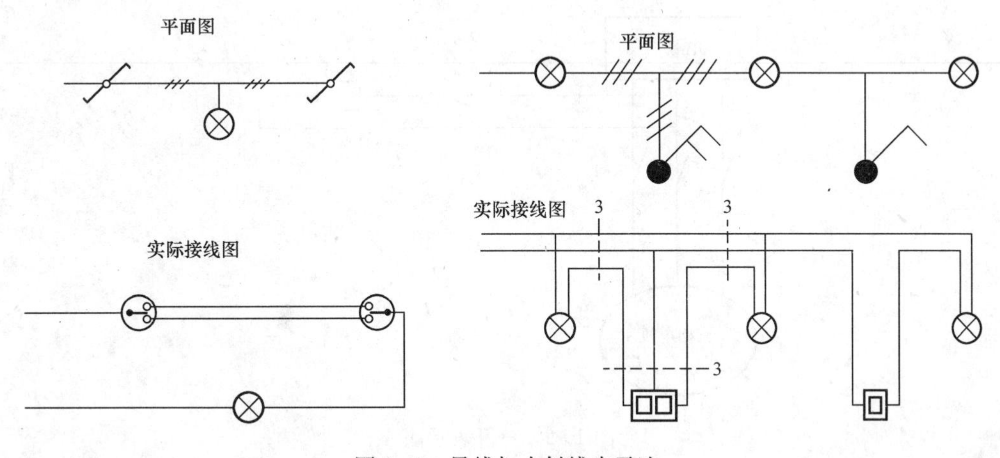

图1-5　导线加小斜线表示法

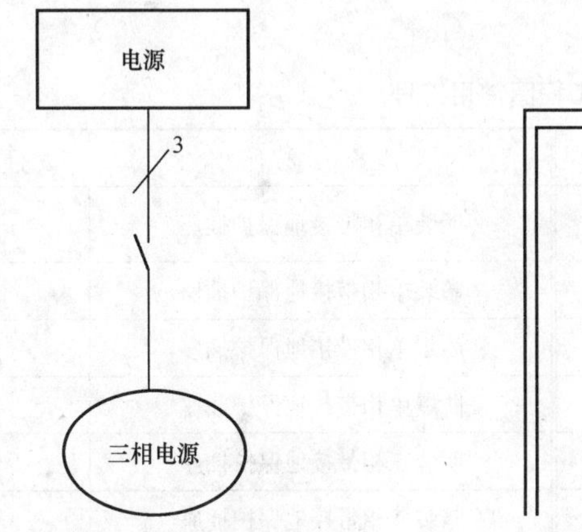

图1-6　导线加小斜线加数字表示法

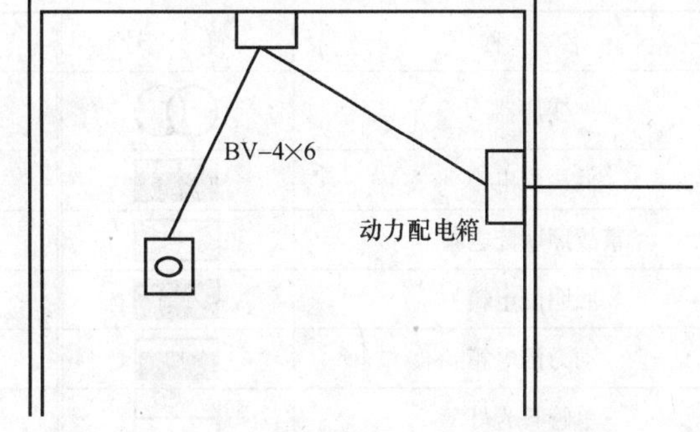

图1-7　导线标注公式表示导线根数的单线表示法

(二) 用于元件的表示法

(1) 集中表示法

集中表示法也称为整体表示法，是把一个电器的各个组成部分集中在一起绘制，如接触器是由电磁线圈和触头两部分组成，把这两部分集中绘制，如图1-8所示。

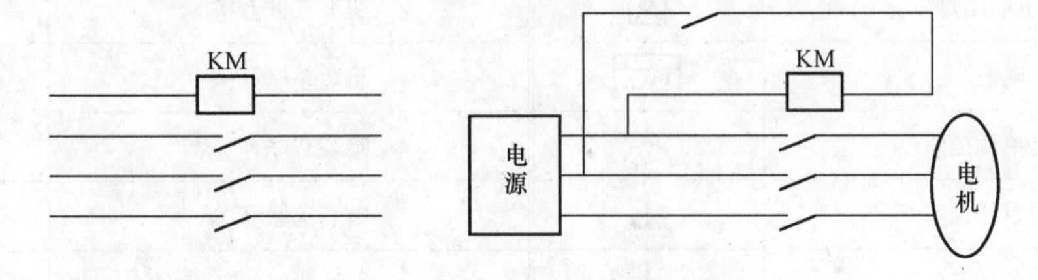

图1-8　集中表示法

(2) 分开表示法

分开表示法是把一个电器的各个组成部分在图中按作用、功能分开布置，而它们之间的关系用元件代号来表示。一个复杂的电路图，用分开表示法能得到一个清晰的图面，易于阅读，便于理解整套设备各个装置的动作顺序、工作原理及各部分的功能，如图1-9所示。

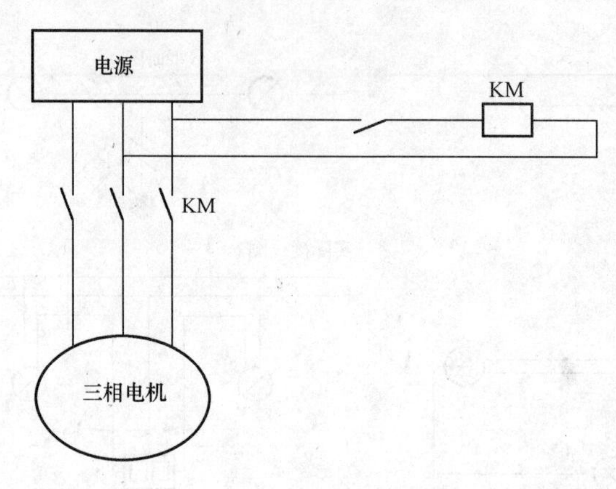

图 1-9 分开表示法

1.1.3 建筑电气工程图常用图形符号

建筑电气工程图常用符号见表 1-2。

表 1-2 **建筑电气工程图常用符号**

名 称	符 号	名 称	符 号
变压器		明装单相带接地保护插座	
低压配电箱		暗装单相带接地保护插座	
事故照明配电箱		防水单相带接地保护插座	
照明配电箱		防爆单相带接地保护插座	
动力配电箱		明装三相带接地保护插座	
单管日光灯		暗装三相带接地保护插座	
双管日光灯		防水三相带接地保护插座	
三管日光灯		防爆三相带接地保护插座	
壁灯		明装单联开关	
白炽灯		明装双联开关	
应急照明灯		明装三联开关	
电表	kWh	暗装单联开关	
明装单相插座		暗装双联开关	
暗装单相插座		暗装三联开关	
防水单相插座		拉线开关	
防爆单相插座		断路器	
熔断器式开关		熔断器	

1.2　电气施工图的阅读方法

1.2.1　电气施工图的阅读

（一）熟悉电气图例符号，弄清图例、符号所代表的内容

熟悉电气图例符号，弄清图例、符号所代表的内容。常用的电气工程图例及文字符号可参见国家颁布的《电气图形符号标准》。

（二）阅读施工图的一般顺序

针对一套电气施工图，一般应先按标题栏及图纸目录、设计说明、设备材料表、系统图、平面布置图、控制原理图、安装接线图、安装大样图顺序阅读，然后再对某部分内容进行重点识读。

1）通过阅读标题栏及图纸目录，了解工程名称、项目内容、设计日期及图纸内容、数量等。

2）通过阅读设计说明，了解工程概况、设计依据、供配电方式、设备的安装高度等，了解图纸中未能表达清楚的各有关事项。

3）通过阅读设备材料表，了解工程中所使用的设备、材料的型号、规格和数量。

4）通过阅读系统图，了解系统基本组成，主要电气设备、元件之间的连接关系以及它们的规格、型号、参数等，掌握该系统的组成概况。

5）通过阅读平面布置图，如照明平面图、防雷接地平面图等。了解电气设备的规格、型号、数量及线路的起始点、敷设部位、敷设方式和导线根数等。平面图的阅读可按照以下顺序进行：电源进线、总配电箱、干线、支线、分配电箱、电气设备。

6）通过阅读控制原理图，了解系统中电气设备的电气自动控制原理，以指导设备安装调试工作。

7）通过阅读安装接线图，了解电气设备的布置与接线。

8）通过阅读安装大样图，了解电气设备的具体安装方法、安装部件的具体尺寸等。

（三）对电气施工图要点进行识读

在识图时，抓住要点进行识读。

1）在明确负荷等级的基础上，了解供电电源的来源、引入方式及回路数。

2）了解电源的进户方式是由室外架空线路工程引入还是电缆工程引入。

3）明确各配电回路的相序、导线的型号、线芯截面积、导线根数、管线敷设方式以及管线敷设部位。

4）明确配电柜、配电箱及用电设备的平面安装位置。

（四）结合土建施工图进行阅读

电气施工与土建施工结合得非常紧密，施工中常常涉及各工种之间的配合问题。电气施工平面图只反映了电气设备的平面布置情况，结合土建施工图的阅读还可以了解电气设备的立体布设情况。

（五）熟悉施工顺序，便于阅读电气施工图

如识读配电系统图、照明与插座平面图时，就应首先了解室内配线的施工顺序。

1）根据电气施工图确定设备安装位置、导线敷设方式、敷设路径及导线穿墙或楼板的

位置。

2）结合土建施工进行各种预埋件、线管、接线盒、保护管的预埋。

3）装设绝缘支持物、线夹等，敷设导线。

4）安装灯具、开关、插座及电气设备。

5）进行导线绝缘测试、检查及通电试验。

6）工程验收。

（六）识读时，施工图中各图纸应协调配合阅读

对于具体工程来说，配电系统图表达系统的组成及配电关系；平面布置图表达电气设备、器件的具体安装位置；控制原理图表达设备工作原理和功能；安装接线图表示元件连接关系；设备材料表说明设备、材料的特性、参数等。这些图纸虽各自的用途不同，但相互之间是有联系并协调一致的。在识读时应根据需要，将各图纸结合起来识读，以达到对整个工程或分部项目全面了解的目的。

1.2.2 常用电气施工图介绍

一、设计说明

设计说明一般是一套电气施工图的第一张图纸，主要包括：工程概况；设计依据；设计范围；供配电设计；照明设计；线路敷设；设备安装；防雷接地；弱电系统；施工注意事项。

识读一套电气施工图，应首先仔细阅读设计说明，通过阅读，可以了解到工程的概况、施工所涉及的内容、设计的依据、施工中的注意事项以及在图纸中未能表达清楚的事宜。

下面的例子是某公寓的电气设计说明，通过它来初步了解电气施工图的设计说明。

二、设计依据

1）《民用建筑电气设计规范》(JGJ/T 16—2008)。

2）《建筑物防雷设计规范》(GB 50057—2010)。

3）《有线电视系统工程技术规范》(GB 50200—1994)。

4）其他有关国家及地方的现行规程、规范及标准。

三、设计内容

本工程电气设计项目包括380V/220V供配电系统、照明系统、防雷接地系统和电视电话系统。

四、供电系统

（一）供电方式

本工程拟由小区低压配电网引来380V/220V三相四线电源，引至住宅首层总配电箱，再分别引至各用电点；接地系统为TN-C-S系统，进户处零线须重复接地，设专用PE线，接地电阻不大于4Ω；本工程采用放射式供电方式。

（二）线路敷设

低压配电干线选用铜芯交联聚乙烯绝缘电缆（YJV）穿钢管埋地或沿墙敷设；支干线、支线选用铜芯电线（BV）穿钢管沿建筑物墙、地面、顶板暗敷设。

五、照明部分

1）本工程按普通住宅设计照明系统。

2）所有荧光灯均配电子镇流器。

3）卫生间插座采用防水防溅型插座；户内低于1.8m的插座均采用安全型插座。

4）各照明器具的安装高度详见主要设备材料表。

六、防雷接地系统

1）本工程按民用三类建筑防雷要求设置防雷措施，利用建筑物金属体做防雷及接地装置，在女儿墙上设人工避雷带，利用框架柱内的两根对角主钢筋做防雷引下线，并利用结构基础内钢筋做自然接地体，所有防雷钢筋均焊接连通，屋面上所有金属构件和设备均应就近用ϕ10镀锌圆钢与避雷带焊接连通，接地电阻不大于4Ω，若实测大于此值应补打接地极直至满足要求；具体做法详见相关图纸。

2）本工程设总等电位连接。应将建筑物的PE干线、电气装置接地极的接地干线、水管等金属管道、建筑物的金属构件等导体作等电位连接。等电位连接做法按国标02D501—2《等电位联结安装》（“联结”同“连接”）。

3）所有带洗浴设备的卫生间均作等电位连接，具体做法参见98ZD501—51、52《民用建筑防雷与接地装置》。

4）过电压保护：在电源总配电柜内装第一级电涌保护器（SPD）。

5）本工程接地形式采用TN-C-S系统，电源在进户处做重复接地，并与防雷接地共用接地极。

七、电话、宽带系统

1）电话电缆由室外穿管埋地引入首层的电话组线箱，再引至各个用户点。

2）电话系统的管线、出线盒均为暗设，管线规格型号见系统图。

八、共用天线电视系统

1）电视电缆由室外穿管埋地引入首层的电视前端箱，再分配到各用户分网。

2）电视系统的管线、出线盒均为暗设，管线规格型号见系统图。

九、其他

施工中应与土建密切配合，做好预留、预埋工作，严格按照国家有关规范、标准施工，未尽事宜在图纸会审及施工期间另行解决，变更应经设计单位认可。

（一）照明配电系统图

照明配电系统图是用图形符号、文字符号绘制的，用以表示建筑照明配电系统供电方式、配电回路分布及相互联系的建筑电气工程图，能集中反映照明的安装容量、计算容量、计算电流、配电方式、导线或电缆的型号、规格、数量、敷设方式及穿管管径、开关及熔断器的规格型号等。通过照明系统图，可以了解建筑物内部电气照明配电系统的全貌，它也是进行电气安装调试的主要图纸之一。

照明系统图的主要内容包括：

1）电源进户线、各级照明配电箱和供电回路，表示其相互连接形式。

2）配电箱型号或编号，总照明配电箱及分照明配电箱所选用计量装置、开关和熔断器等器件的型号、规格。

3）各供电回路的编号，导线型号、根数、截面和线管直径，以及敷设导线长度等；如图1-10所示为一住宅楼照明配电系统图，图中BV-5×6，PC30，WC分别表示：BV为导线型号铜芯塑料绝缘线，导线根数为5根，线芯截面积为6mm^2，PC30为直径30mm的硬质塑料管，W沿墙敷设，C敷设方式为暗敷设；图中BV-3×2.5，PC20，WC，FC分别表示：BV 为导线型号铜芯塑料绝缘线，导线根数为 3 根，线芯截面积为 2.5mm²，PC20 为直径 20mm 的硬质塑料管，W 沿墙敷设，F 为沿地敷设，C 敷设方式为暗敷设。

4）照明器具等用电设备或供电回路的型号、名称、计算容量和计算电流等。请读者自己根据前面的知识进行识读。

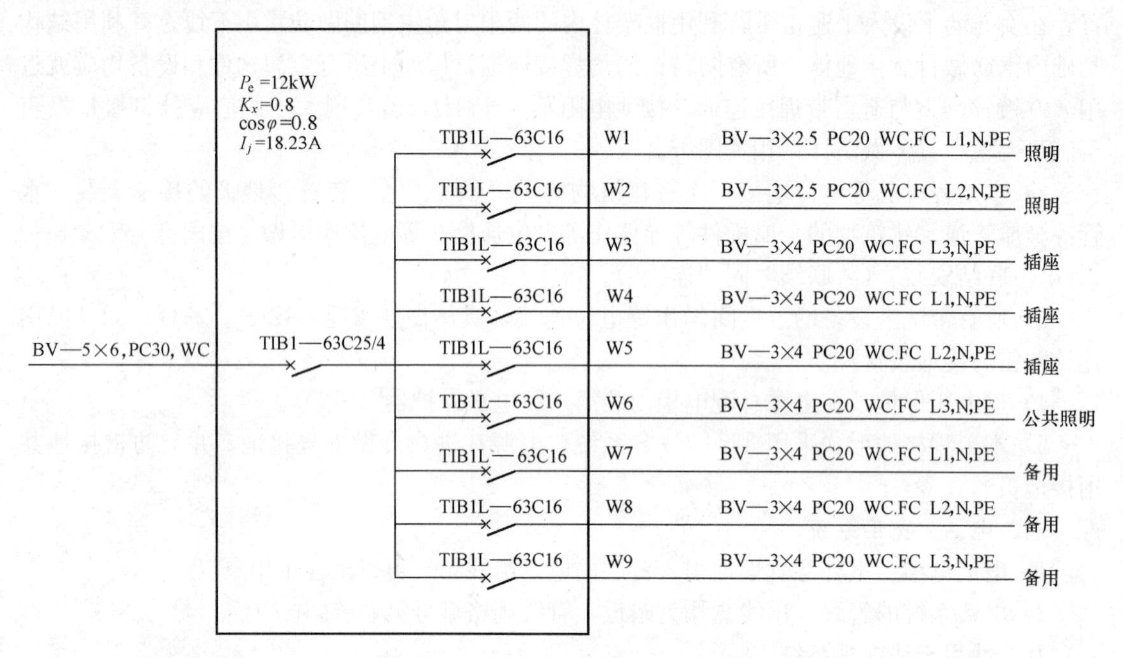

图 1-10 某住宅楼照明配电系统图

（二）平面布置图

（1）照明平面图的用途、特点

主要用来表示电源进户装置、照明配电箱、灯具、插座、开关等电气设备的数量、型号规格、安装位置、安装高度，表示照明线路的敷设位置、敷设方式、敷设路径、导线的型号规格等。

（2）照明、插座平面图举例

图 1-11、图 1-12 分别为某高层公寓标准层插座、照明平面图。在平面图中表达出插座、灯具和开关的具体安装位置和使用的用电器的具体种类，如插座为暗装单项三孔插座，灯具为普通灯具，在起居室、卧室、餐厅、厨房、阳台开关为暗装单联单控开关，在主卧室开关用暗装双控单联开关，在主卧室进门处用的开关为暗装三联开关。

（3）防雷平面图

防雷平面图是指导具体防雷接地施工的图纸。通过阅读，可以了解工程的防雷接地装置所采用设备和材料的型号、规格、安装敷设方法、各装置之间的连接方式等情况，在阅读的同时还应结合相关的数据手册、工艺标准以及施工规范，从而对该建筑物的防雷接地系统有一个全面的了解和掌握。图 1-13 某办公楼屋顶防雷接地平面图，图中表示用直径为 12mm 的镀锌圆钢沿女儿墙敷设作为避雷带，直径为 12mm 的镀锌圆钢暗敷在楼板内作为均压环，土建柱内钢筋作为引下线，用箭头表示具体引下线的位置。

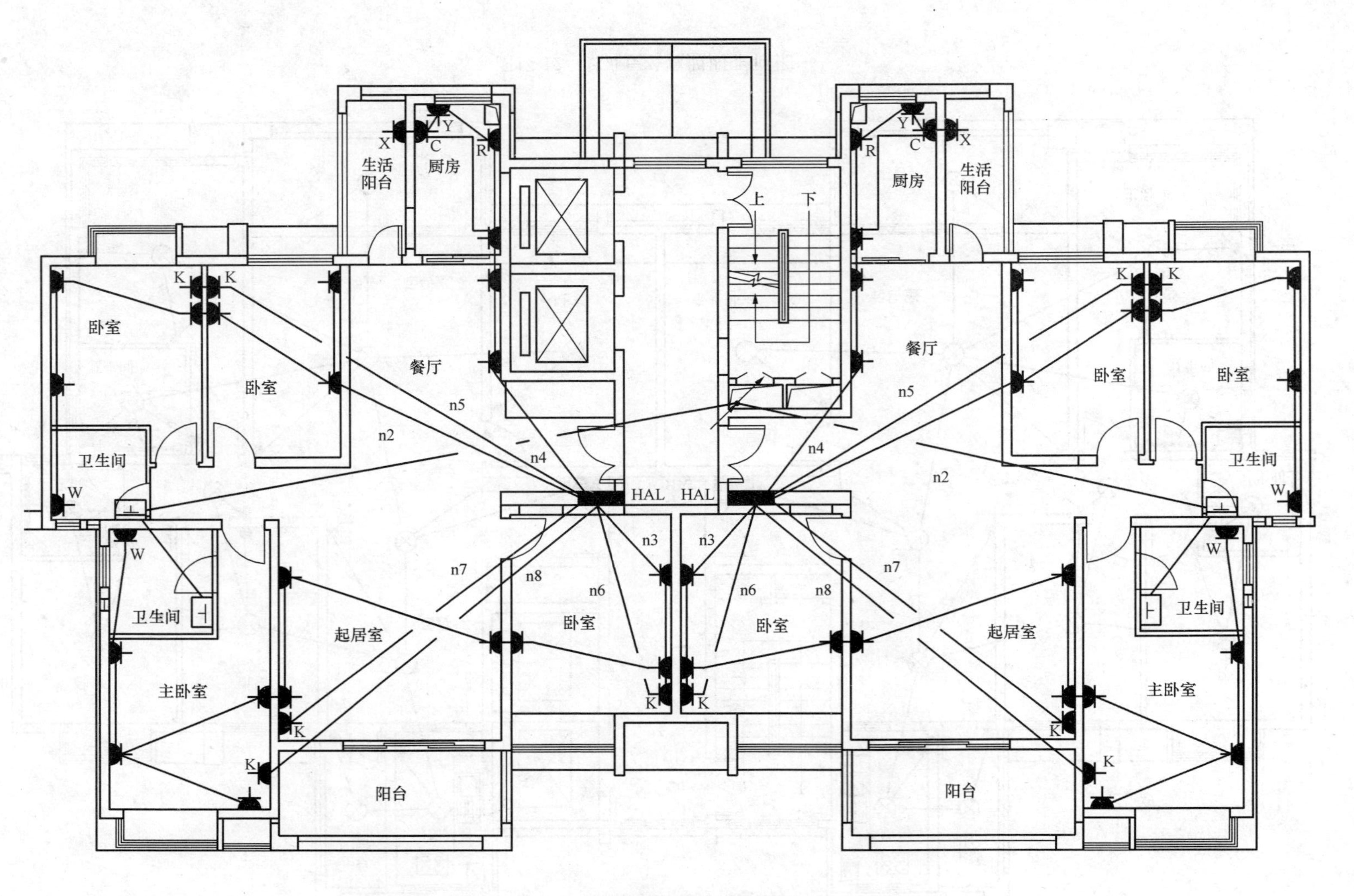

图1-11　某高层公寓标准层插座

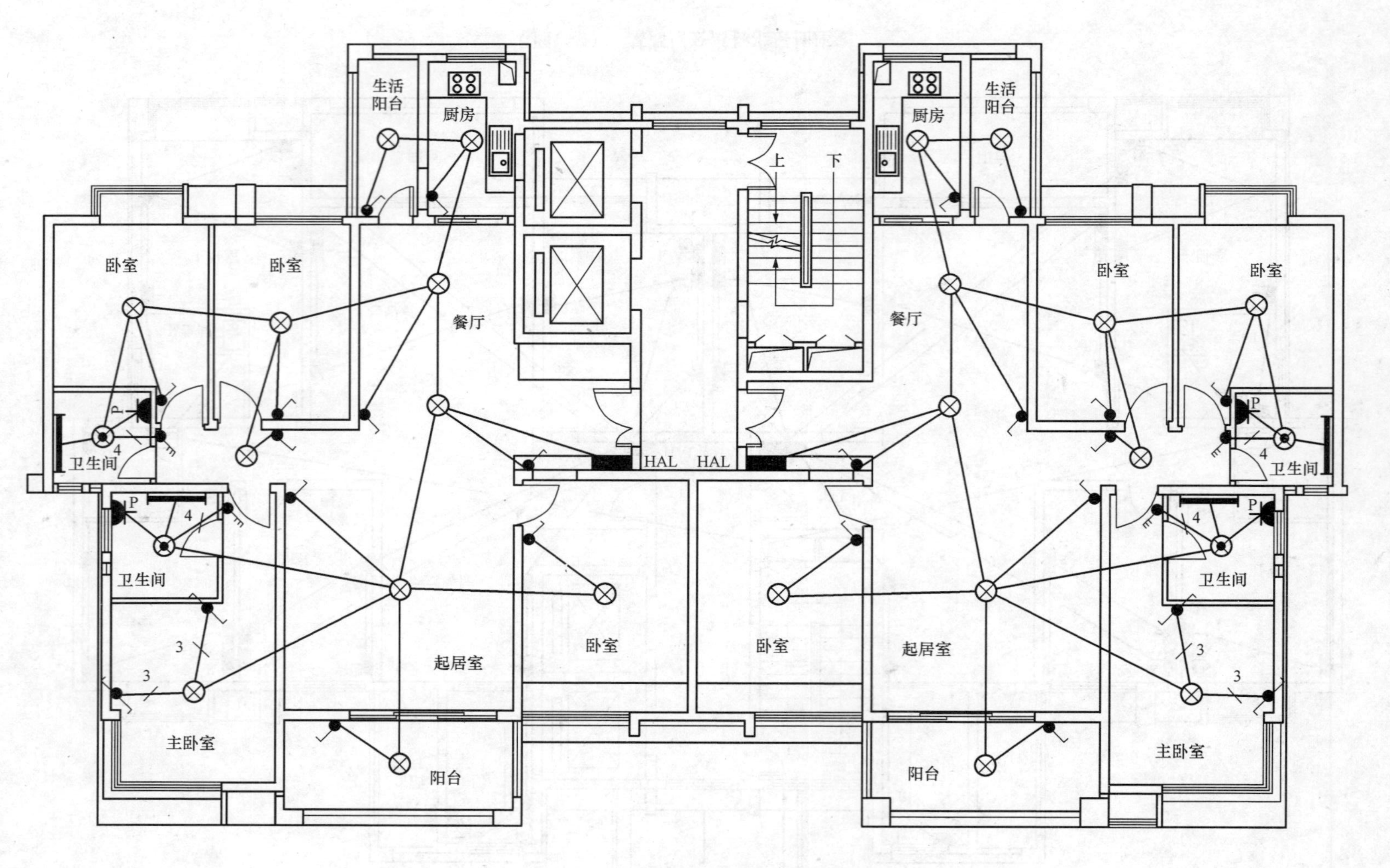

图1-12 某高层公寓照明平面图

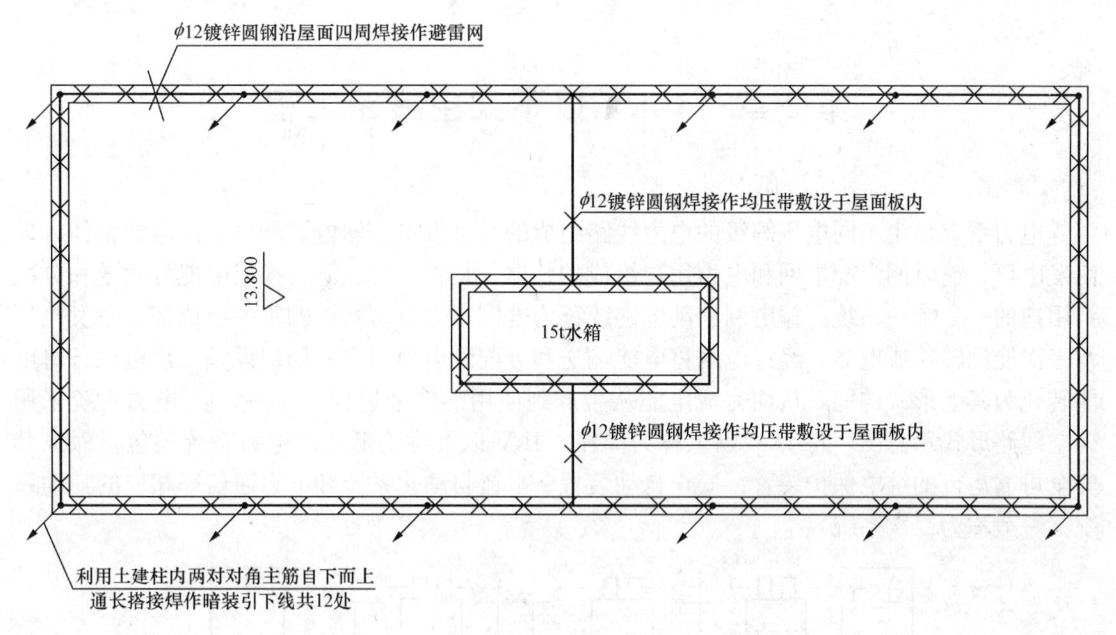

图 1-13　某办公楼屋顶防雷接地平面图

本 章 小 结

本章主要介绍了电气施工图的基础知识，包括电气施工图的特点及表达方法，电气施工图的阅读方法，并对常用电气施工图做了举例介绍。

习　　题

1. 简述电气施工图的组成。
2. 简述阅读施工图的一般顺序。
3. 简述设计说明包含的内容。
4. 简述照明配电系统图所包含的内容。

第2章 10kV以下架空线路工程

电力系统是由不同电压等级的电力线路组成的一个发电、输电、配电、用电的整体，即由发电厂、输电网、配电网和电力用户组成的整体，是将一次能源转换成电能并输送和分配到用户的一个统一系统。输电网和配电网统称为电网，是电力系统的重要组成部分。发电厂将一次能源转换成电能，经过电网将电能输送和分配到电力用户的用户设备，用电设备将电能转化为其他形式的能，从而完成电能从生产到使用的整个过程。如图2-1电力系统采用架空线路形式示意图。将1kV以上称为高压，1kV以下称为低压。电力系统还包括保证其安全可靠运行的继电保护装置、安全自动装置、电镀自动化系统和电力通信等相应的辅助系统（一般称为二次系统）。

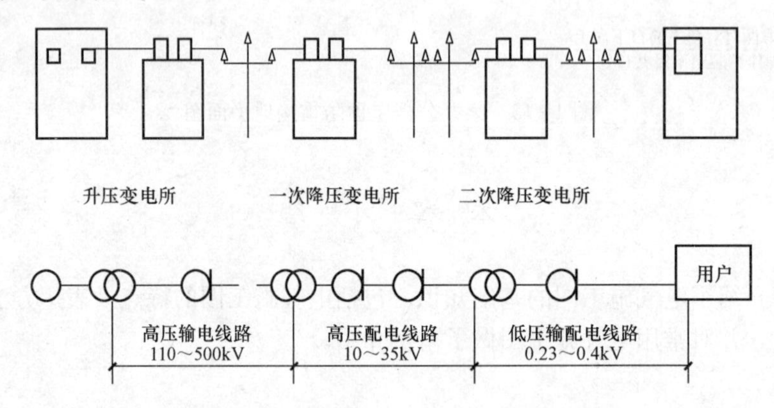

图2-1 电力系统采用架空线路形式示意图

输电网是电力系统中最高电压等级的电网，指架设在升压变电所与一次降压变电所之间的线路，专门用于输送电能，是电力系统中的主要网络（简称主网），在一个现代电力系统中既有超高压交流输电，又有超高压直流输电。这种输电系统通常称为交、直流混合输电系统。

配电网是从一次降压变电所至各用户之间的10kV及以下线路，它将电能从枢纽变电站直接分配到用户区或用户，它的作用是将电能分配到配电变电站后再向用户供电，也有一部分电力不经配电变电站，直接分配到大用户，由大用户的配电装置进行配电。

在电力系统中，电网按电压等级的高低分层，按负荷密度的地域分区。不同容量的发电厂和用户应分别接入不同电压等级的电网。大容量主力电网应接入主网，较大容量的电厂应接入较高压的电网，容量较小的可接入较低电压的电网。

电力系统的出现，使高效、无污染、使用方便、易于调控的电能得到广泛应用，推动了社会生产各个领域的变化，开创了电力时代，发生了第二次技术革命。电力系统的规模和技术水准已成为一个国家经济发展水平的标志之一。

一般来说，将电力电线路配线方式分为室外和室内两种形式。其中，架空线路、电缆线路属于室外施工形式；线槽、线管等属于室内施工形式。

2.1 10kV 以下架空线路基础知识

本章主要介绍 10kV 以下架空线路工程识图，架空线路结构组成，架空线路常用材料规格以及架空线路安装工艺流程，架空线路施工质量标准，架空线路预算的编制方法。首先了解架空线路图的识读。

2.1.1 10kV 以下架空线路工程识图

架空线路是用电杆和横担组合将导线悬空架设、直接向用户供电的电力配电线路。它是常见的一种配电线路外线施工形式。架空线路的工程平面图如图 2-2 所示。

架空线路工程设计所提供的图纸通常是有架空线路平面位置图、电杆杆型图等组成，至于其有关安装图多利用标准图集。

在架空电力线路工程图中，需要用相应的图形符号，将架空线路中使用的电杆、导线、拉线等表示出来。架空电力线路工程图常用图形符号见表 2-1。

表 2-1 架空电力线路工程图常用图形符号

图形符号	说 明	图形符号	说 明
	电杆一般符号		单横担杆
	双横担杆	或	拉线一般符号
	单接腿杆		双接腿杆
或	有高桩拉线的电杆		有 V 形拉线的电杆
kVA	规划设计的变电所		杆上规划设计的变电所
kVA	运行的变电所		杆上运行的变电站

【例 2-1】 上图是一条 10kV 高压架空电力线路工程平面图如图 2-2 所示。由于 10kV 高压线都是三条导线，图中是用单线表示多线方法，导线根数在标注 LGJ-3×95 中，LGJ 为导线型号是钢芯铝绞线，3 表示三根导线，截面积为 95mm^2。但对于其他线路来说，可以用单线加数字的方式进行标注，数字表示导线根数。

图中自 1 号杆到 8 号杆，8 号杆处装有一台变压器 T。数字 80、90、75 等是电杆档距，即两根相邻电杆之间的距离，一般单位为米，如 2 号和 3 号杆之间为 90，表明 2 号和 3 号杆之间的距离为 90m。新线路上 2、3 杆之间有一条电力线路，6、7 号杆之间有一条河流，电杆 2、3、6、7 为跨越电力线路和河流的跨越杆，6、7 跨越杆上加双向拉线加固。5 号杆上安装的是抗风拉线。在转角杆 4 号杆和终端杆 8 号杆上均装有普通拉线，其中转角杆 4 号杆在两边线路延长方向装有两组拉线。

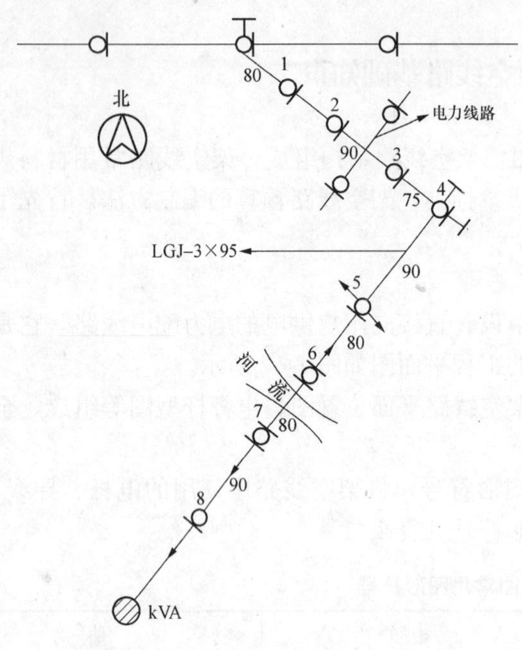

图 2-2 高压架空电力线路工程平面图

2.1.2 10kV 以下架空线路的组成

架空线路工程一般按电压等级分为高低压架空线路，1kV 及以下的为低压架空线路，1kV 以上的为高压架空线路。高压架空线路杆顶导线的排列为三角形，低压架空线路导线在横担上的排列为水平排列，一般可根据杆顶结构中导线排列的形式判断高压或低压线路。

架空线路结构主要由基础、电杆、导线、横担、拉线等部分组成。详见图 2-3 架空线路结构组成示意图。

架空线路具有所用设备材料简单，造价低，维修方便等优点；但易受到外界环境的影响，如受风雪雨霜等机械损伤，而容易发现故障，从而导致供电可靠性差，维护工作量大的缺陷。此外，架空线路需要占用地表面积，影响城市的市容美观。

目前工厂、建筑工地、由公用变压器供电的居民小区、偏远农村的低压输电线路很多采用电力架空线路。

一、架空线路的基础

架空线路的基础是对电杆地下部分的总称，它由底盘、卡盘和拉线盘组成，一般为钢筋混凝土制件或天然石材。其作用是防止电杆因承受垂直荷重、水平荷重及事故荷重等所产生的上拔、下压，甚至倾倒。底盘防止电杆因承受垂直载重而下陷。卡盘是用 U 形抱箍固定在电杆上埋于地下，其上口距地面不应小于 500mm，允许偏差为±50mm，一般是在电杆立起之后，四周分层回填土夯实。卡盘安装在线路上，应与线路平行，并应在线路电杆两侧交替埋设，承力杆上的卡盘应安装在承力侧，卡盘主要防止电杆上拔和倾倒。拉线盘主要是平衡电杆所受的导线不平衡的拉力，也是防止电杆倾倒的。铁塔的基础一般用混凝土现场浇筑。

二、电杆

电杆是架空配电线路的重要组成部分，是用来安装横担、绝缘子和架设导线的。电杆的高度有 9m、11m、13m、15m，电杆按电压分为高压电杆和低压电杆。按材质分为木杆、钢筋混凝土杆、金属塔杆。木杆由于木材供应紧张，且易腐烂，只在部分地区如山区应用；金属杆基础现浇筑水泥，造价高，金属容易腐蚀，只用在 35kV 以上长距离，大

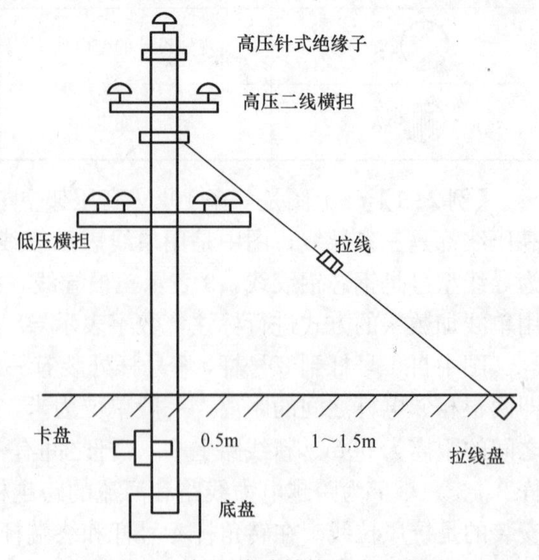

图 2-3 架空线路结构组成示意图

跨距，大跨线的线路上；钢筋混凝土杆应用较普遍，可以节约大量木材和钢材，钢筋混凝土杆坚实耐久，使用年限长一般 50 年左右，且维护工作量少，运行费用低，但比较笨重、容易断裂，运输比较困难。

电杆杆型是由电压等级、档距、地形、导线、气候条件决定的。同类杆型由于地形的限制，其结构也不相同。电杆在线路中的位置不同，它的作用和受力情况就不同，杆顶结构形式也就不同。一般按其在配电线路中的位置和作用，将电杆分为直线杆 Z、耐张杆 N、转角杆 J、终端杆 D、分支杆 F、跨越杆 K 等。

直线杆 Z，又被称为中间杆，位于线路的直线段上，仅作支持横担和导线用；承受导线自重和风压，不承受顺线路方向的导线的拉力，机械强度要求不高，杆顶结构简单，造价低。架空配电线路中，大多数为直线杆，一般约占全部电杆数的 80%。在直线杆上一般不设拉线，线路很长时，设置与线路方向垂直的人字形拉线、防风拉线或四方拉线。直线杆如图 2-4 所示。

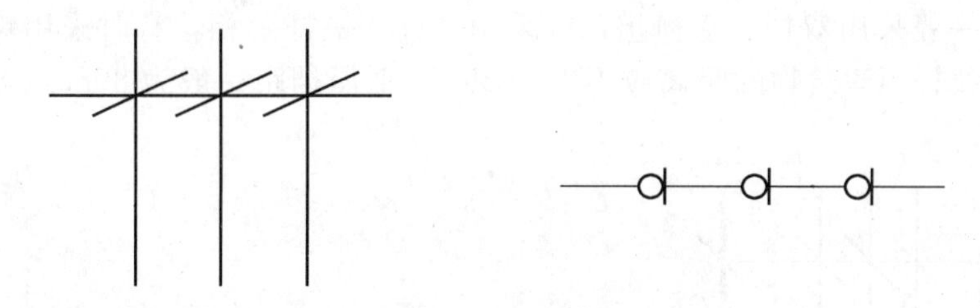

图 2-4　直角杆

耐张杆 N，其位于线路直线段上的直线杆之间，有的位于有特殊要求的地方（架空线路需要分段架设处）。在断线事故和架空线紧线时，能承受一侧导线拉力。耐张杆在线路正常运行时，所承受荷载与直线杆相同；在断线事故发生时，能承受一侧导线拉力的合力而不至倾倒，防止机械强度不高的直线杆歪倒，防止断线事故范围进一步扩大，从而起到将线路分段和控制倒杆事故范围扩大的作用，同时给在施工中分段进行紧线带来很多方便。在线路直线段上每 1～2km 加一个耐张力杆。耐张杆位于线路的直线部位机械强度要求较高，杆顶结构较直线杆复杂些，一般为双横担，造价较高，如图 2-5 所示。

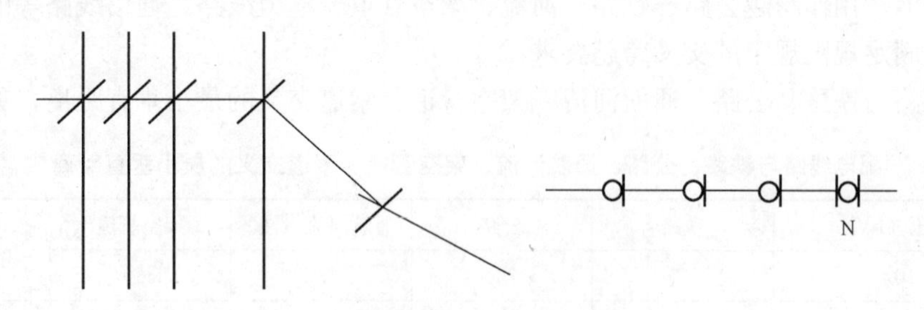

图 2-5　耐张杆

转角杆 J，位于线路需要改变方向的地方，它的结构一般根据转角的大小而定，转角杆所承受的荷重，除和其他电杆所承受的荷重相同之外，还承受两侧导线拉力的合力，正常情况下受力不平衡，因此要在拉线不平衡的反方向一面装设拉线。转角杆要求机械强度要高，杆顶结构复杂，一般为双横担，造价要高。示意图如图 2-6 所示。

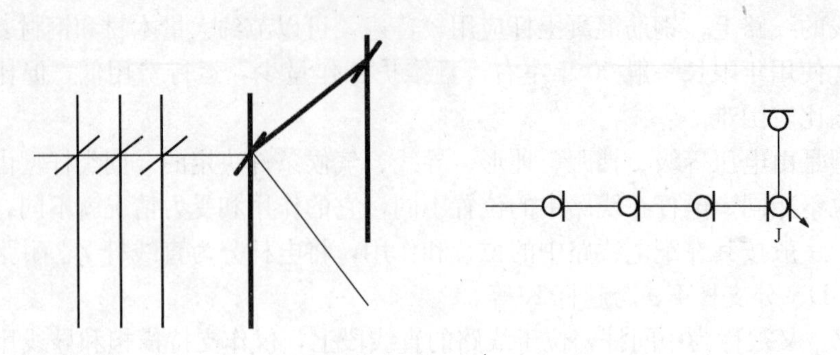

图 2-6　转角杆

终端杆 D，位于线路的起点和终点的电杆。由于终端杆只在一侧有导线或一端的导线比较短（用电缆做进户或接户线只有很短一段），所以在正常情况下，电杆要一侧承受线路方向全部导线的拉力，另一侧由拉线的拉力平衡。其杆顶结构和耐张杆相似，只是拉线有所不同，一般采用双杆、双横担，或采用三杆、一杆一相，有时采用铁塔。一般来说，最末端电线杆距建筑物的距离应不大于 25m，低压档距一般为 30m 或 50m，示意图如图 2-7 所示。

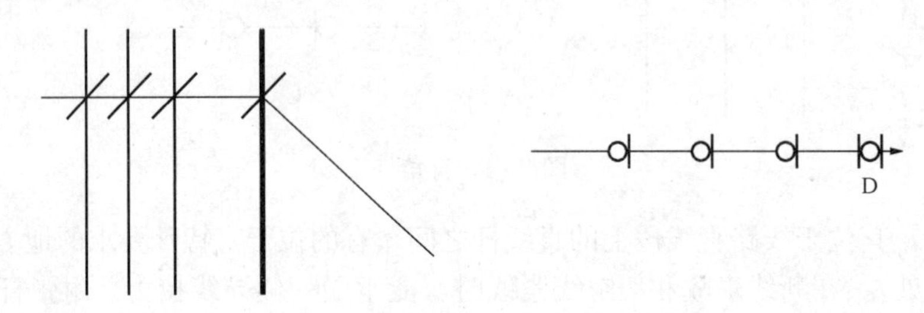

图 2-7　终端杆

分支杆 F，位于分支线与干线相连处，有直线分支杆和转角分支杆。在主干线路方向上分支时多为直线杆和耐张杆，尽量避免在转角杆上分支。在分支线路上，分支杆能够承受分支线路的全部拉力，机械强度要求较高，杆顶结构较复杂，造价高。

跨越杆 K，用作跨越公路、铁路、河流、架空管道、电力线路、通信线路等的电杆。施工时，必须满足规范规定的交叉跨越要求。

配电线路与铁路、公路、通航河流、架空管道、索道交叉的最小垂直距离，见表 2-2。

表 2-2　配电线路与铁路、公路、通航河流、架空管道、索道交叉的最小垂直距离　m

电路电压（kV）	铁路	公路	通航河流（注）	架空管道	索道
1～10	7.5	7.0	1.5	3.0	2.0
1 以下	7.5	6.0	1.0	1.5	1.5

注　通航河流的距离是指导线弧垂与最高航行水位的最高船桅顶的距离。

由以上的各电杆的分类定义可知，图 2-8 中各电杆分别为：1、5、11、14 为终端杆 D，2、9 为分支杆 F，3 为转角杆 F，4、6、7 为直线杆 Z，8 为耐张杆，12、13 为跨越杆。

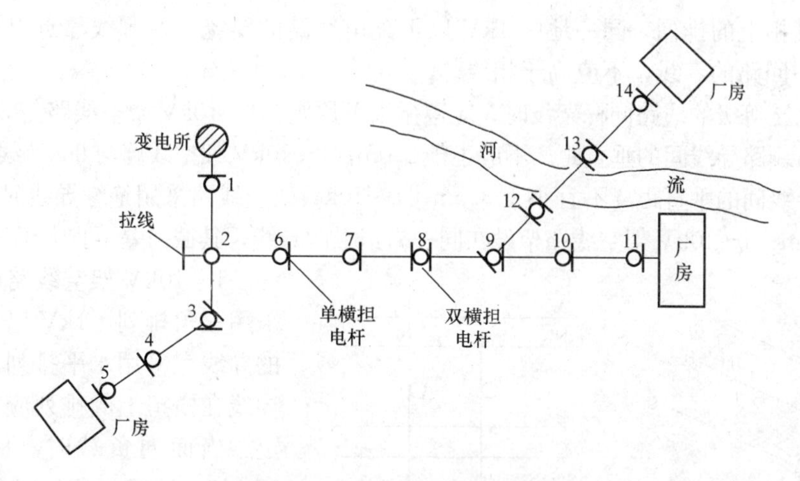

图 2-8　架空线路工程平面图

三、横担

架空线路的横担较为简单，它是装在电杆的上端，用来安装绝缘子，固定开关设备及避雷器等，应具有一定的长度及机械强度。横担按材质分木横担、铁横担、陶瓷横担。其中，铁横担由镀锌角钢制成，坚固耐用，使用广泛。陶瓷横担具有较高的绝缘能力，木横担使用较少。

直线杆上的横担应该架设在电杆靠负荷的一侧。城镇的 1～10kV 线路和 1kV 以下架空线路同杆架设时，应是同一电源并应有明显的标志，高压横担安装在上面，低压横担安装在下面；同杆上有路灯照明回路时，照明回路横担安装在最下层。

同电压等级同杆架设的双回线路或 1～10kV、1kV 以下同杆架设的线路、横担间的垂直距离不应小于表 2-3 所列数值。

表 2-3　同杆架设线路、横担之间的最小垂直距离　m

杆型 / 电压类型	直线杆	分支和转角杆
10kV 与 10kV	0.80	0.45/0.60（注）
10kV 与 1kV 以下	1.20	1.00
1kV 以下与 1kV 以下	0.60	0.30

注　转角或分支线如为单回线，则分支线横担距主干线横担为 0.6m；如为双回线，则分支线横担和上排主干线横担为 0.45m，距下排主干线横担为 0.6m。

同电压等级同杆架设的双回绝缘线路或 1～10kV、1kV 以下同杆架设的绝缘线路、横担间的垂直距离不应小于表 2-4 所列数值。

表 2-4　同杆架设绝缘线路横担之间的最小垂直距离　m

杆型 / 电压类型	直线杆	分支和转角杆
10kV 与 10kV	0.5	0.5
10kV 与 1kV 以下	1.0	—
1kV 以下与 1kV 以下	0.3	0.3

横担组装遵循施工方便的原则，一般都在地面上将电杆顶部的横担、金具等全部组装完毕，然后整体立杆。横担的安装位置，对于直线杆应安装在受电侧。对于转角杆、分支杆、终端杆以及受导线张力不平衡的地方，应安装在张力反方向侧。多层横担应装在同一侧，横担应装的水平并与线路方向垂直。

导线在横担上的排列，同一地区 1kV 以下配电线路的要统一，零线靠近电杆或靠近建筑物侧，同一回路的零线，不应高于相线。

当不同电压等级的线路同杆架设时，应遵循以下原则：1～10kV 架空线路与 35kV 线路同杆架设时，两线路导线间的垂直距离不应小于 2.0m；1～10kV 架空线路与 66kV 线路同杆架设时，两线路导线间的垂直距离不宜小于 3.5m；1～10kV 架空线路采用绝缘导线时，垂直距离不应小于 3.0m；1～10kV 架空线路架设在同一横担上的导线，其截面差不宜大于三级。

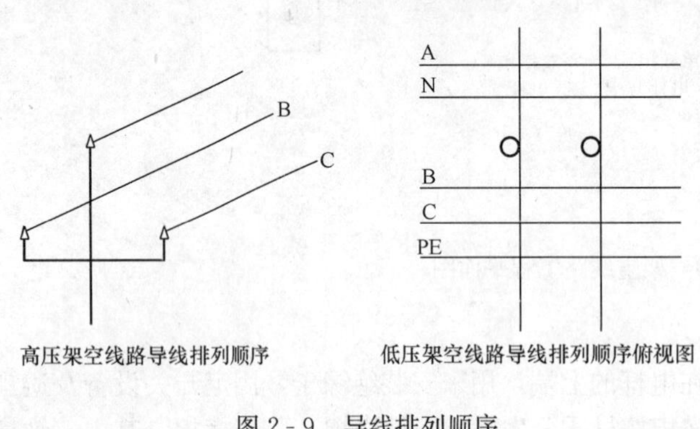

图 2-9 导线排列顺序

1～10kV 架空线路的导线一般采用三角排列，1kV 以下配电线路的导线宜采用水平排列。水平排列导线在横担上的排列应符合如下规定：当面向负载时，从左侧起为 L1(A)、N、L2(B)、L3(C)；和保护零线在同一横担上架设时导线相序排列的顺序是：面向负荷从左侧起为 L1(A)、N、L2(B)、L3(C)、PE；1～10kV 架空线路导线排列，面向负荷从左侧起为 A、B、C；下层单相照明横担：面向负荷，从左侧起为 A(或 B、C)、N、PE，如图 2-9 所示。

四、绝缘子

绝缘子，俗称瓷瓶。用来固定导线，并使导线与导线间，导线与横担，导线与电杆间保持绝缘，同时也承受导线的垂直荷重和水平荷重。因此，要求绝缘子必须具有良好的绝缘性能和足够的机械强度。绝缘子有高压（6kV、10kV、35kV）和低压（1kV）之分。架空配电线路中常用绝缘子有针式绝缘子、蝶式绝缘子、悬式绝缘子、拉紧绝缘子。各厂家的产品不同，绝缘子型号表示方法也有所不同。如下所示，针式绝缘子，主要用在直线杆上，型号如下：

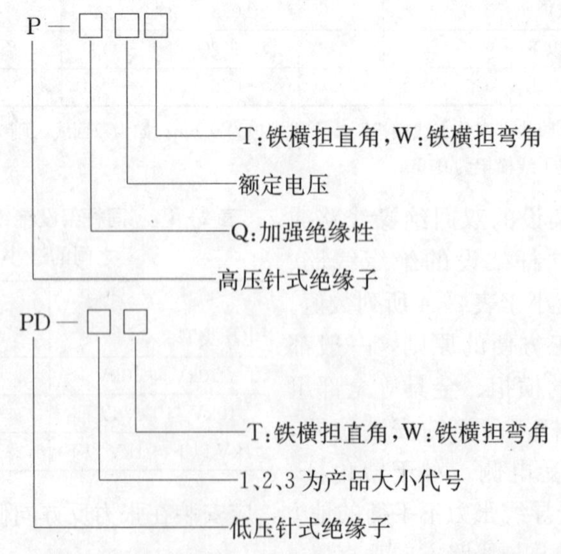

例如 P-10T，指的是高压针式绝缘子，额定电压 10kV，铁横担直角。

蝶式绝缘子，主要用在耐张杆上，包括高压蝶式绝缘子和低压蝶式绝缘子。其中，高压绝缘子用E表示，低压蝶式绝缘子用ED表示。

盘式瓷绝缘子是最早用在线路上的绝缘子，已有一百多年的历史。它具有良好的绝缘性能、抗气候变化的性能、耐热性和组装灵活等优点，被广泛用于各种电压等级的线路。盘式瓷绝缘子是属于可击穿型的，它是采用水泥将物理、化学性能各异的瓷件与金属件胶装而构成的，在长期经受电场、机械负荷和大自然的阳光、风、雨、雪、雾等的作用，会逐步劣化，对电网的安全运行带来威胁。

高压线路盘形悬式绝缘子型号表示方法见表2-5。

表2-5　高压线路盘形悬式绝缘子型号表示方法

<table>
<tr><td>绝缘子种类</td><td>X</td><td>P</td><td>□</td><td>□</td><td colspan="2">□</td></tr>
<tr><td>高压线路盘形悬式瓷绝缘子</td><td>产品形式</td><td>结构特征（包括外绝缘结构）</td><td>设计顺序号</td><td>机电破坏负荷KN数</td><td colspan="2">安装连接形式C-槽形，球形不表示</td></tr>
<tr><td rowspan="2">高压线路耐污盘形悬式玻璃绝缘子</td><td>L</td><td>X</td><td>HP</td><td>□</td><td>□</td><td>□</td></tr>
<tr><td>主绝缘结构材料特征</td><td>产品形式</td><td>结构特征</td><td>设计顺序号</td><td>机电破坏负荷kN数</td><td>安装连接形式C-槽形，球形不表示</td></tr>
<tr><td rowspan="2">高压架空线路绝缘地线用盘形悬式绝缘</td><td>X</td><td>P</td><td>□</td><td>□</td><td>□</td><td>□</td></tr>
<tr><td>产品形式</td><td>结构特征</td><td>设计顺序号</td><td>机电破坏负荷KN数</td><td>安装连接形式C-槽形</td><td>电极形式，C-耐张式，悬垂式不表示</td></tr>
</table>

注　□表示数字或字母，其中的内容见表中相对应的位置。例如XP2-70C中，XP表示以机电破坏负荷表示的普通型悬式瓷绝缘子；2为设计顺序号，数字70为额定机电破坏负荷（kN）；C为槽形连接（球形连接不表示）。

绝缘子的安装和制造必须严格按照有关规定。其中，绝缘子铁帽、绝缘件、钢脚三者应在同一轴线上，不应有明显的歪斜，并建立“标样”进行对照检查。对于优等品钢脚不应有明显的松动，瓷绝缘子应能耐受工频火花电压试验而不击穿或损坏。试验时间为连续5min。绝缘子还应能耐受3次温度循环试验而不损坏，试验温差为70℃。

五、金具

金具（铁件），在敷设架空线路中，横担的组装、绝缘子的安装、导线架设及电杆拉线的制作等都需要一些金属附件，这些金属附件统称为线路金具。在一些定额中，一般把绝缘子和金具综合在横担安装中。

六、拉线

拉线架在架空线路中是用来平衡电杆各方向的拉力，防止电杆弯曲或倾倒。因此，在承力杆上（终端杆、转角杆、耐张杆），均需安装拉线。常用拉线有普通拉线、水平拉线、弓型拉线等。其中拉线材料多为钢绞线，截面积规格一般为35mm^2、70mm^2、120mm^2。

普通拉线多用在终端杆、转角杆、分支杆及耐张杆等处，起平衡拉力的作用，如图2-10所示。

人字拉线，又被称为抗风拉线或四方拉线。由两根普通拉线组成，垂直线路方向装设在直线杆的两侧，增强抗风能力，如图2-11所示。

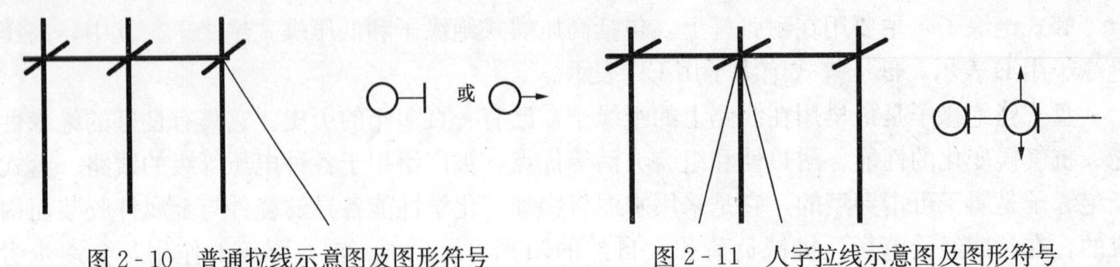

图 2-10 普通拉线示意图及图形符号　　图 2-11 人字拉线示意图及图形符号

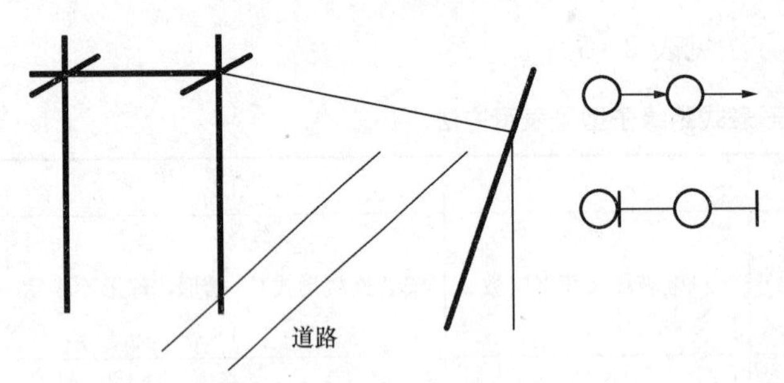

图 2-12 水平拉线示意图及图形符号

水平拉线，又称为高桩拉线、过道拉线。当电杆距离道路或障碍物太近，不能就地安装拉线或拉线需跨越障碍物时，采用水平拉线。即在道路的另一侧立一根拉线杆和一条普通拉线，如图 2-12 所示。

V(Y) 形拉线，分为垂直 V 形和水平 V 形或 Y 形拉线。垂直 V 或 Y 形拉线主要用在电杆较高，横担较多，架设线根数较多的电杆上。在拉力的合力点上下两处各安装一条拉线，其下部则合为一条。在 H 形杆上则安装成水平 V 形，如图 2-13 所示。

弓形拉线，又被称为自身拉线。为防止电杆弯曲，但因地形限制不能安装普通拉线时，则可采用弓形拉线，如图 2-14 所示。

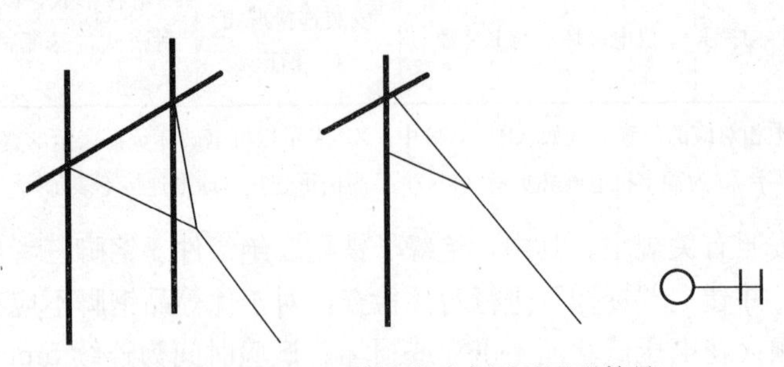

图 2-13 V(Y) 形拉线示意图及图形符号

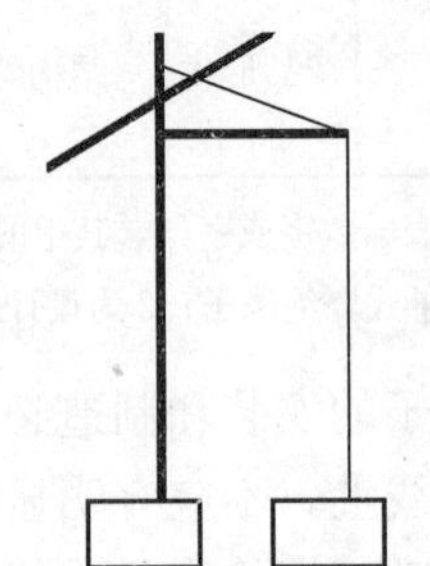

图 2-14 弓形拉线示意图

七、架空线路常用导线材料

架空线路中的导线，主要作用是用来传导电流，还要承受正常的拉力和并受风雪雨霜等气候影响，因此，要求导线应有一定的机械强度和耐腐蚀性能。架空配电线路导线主要使用绝缘线和裸线两类，常用裸线种类是裸铝绞线 LJ、裸铜绞线 TJ，钢芯铝绞线 LGJ 等，架空导线在结构上可分三类：单股导线、多股导线、复合材料多股绞线。在市区或者居民区进户端应采用绝缘线，以保证安全。常用的架空绝缘线有橡胶绝缘玻璃丝绕包铜芯线 BBX、橡胶绝缘玻璃丝绕包铝芯线 BBLX。在对进

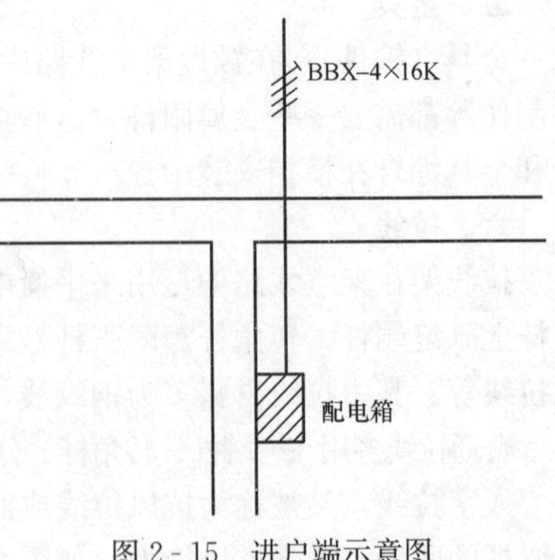

图 2-15 进户端示意图

户绝缘线的要求：导线总长度不超过 25m；导线距墙不小于 0.15m；导线横向间距不小于 0.25m；入户点距地大于 2.7m，在院内时应不小于 3.0m。低压进户线平面图，如图 2-15 其中 BBX-4×6K 表示橡皮或橡胶绝缘玻璃丝绕包铜芯线，4 根，线芯截面积为 $6mm^2$，K 表示架空进线，低压进户导线的截面应不小于表 2-6 的规定。

在图 2-15 中，进户线采用橡皮绝缘玻璃丝绕包的铜绞线，截面是 $16mm^2$，K 表示架空线路。

表 2-6　　低压进户线的最小截面

敷设方式	档　距（m）	最小截面（mm^2）	
		绝缘铝线	绝缘铜线
自电杆上引下	<10	4	2.5
	10～25	6	4
沿墙敷设	≤6	4	2.5

架空线的高度要满足安全规范的要求：导线对地面必须保证安全距离，不得低于表 2-7。

表 2-7　　导线对地面的安全距离　　m

情况	跨铁路、公路	交通要道、居民区	人行道、非居民区	乡村小道
安全距离	7.5	6	5	4

架空线路与甲类火灾危险的生产厂房、甲类物品库房和易燃易爆材料堆放场地以及可燃或易燃气储罐的防火间距应不小于电杆高度的 1.5 倍。

架空导线型号由汉语拼音字母和数字两部分组成，字母在前，数字在后。数字表示导线的根数和标称截面，截面积单位为平方毫米。导线的型号表示方法见表 2-8。

表 2-8　　导线的型号表示方法

导线种类	代表符号	导线类型举例	型　号　含　义
单股铝线	L	L-10	标称截面 $10mm^2$ 的单股铝线
多股铝绞线	LJ	LJ-16	标称截面 $16mm^2$ 的多股铝线
铜芯铝绞线	LGJ	LGJ-35/6	铝线部分标称截面 $35mm^2$ 的，铜芯部分标称截面 $6mm^2$ 的钢芯铝绞线
单股铜线	T	T-6	标称截面 $6mm^2$ 的单股铜线
多股铜绞线	TJ	TJ-50	标称截面 $50mm^2$ 的多股铜绞线
钢绞线	GJ	GJ-25	标称截面 $25mm^2$ 的钢绞线

架空线路一般采用裸导线，裸导线按结构分，有单股线和多股绞线，工厂供电系统中一般采用多股绞线。绞线按线芯的材料分为铜绞线、铝绞线和钢芯铝绞线。裸铜绞线，用字母 TJ 表示，具有较高的导线性能和足够的机械性能，抵抗气候影响及空气中各种化学杂质的侵蚀性能强，是理想的导线，但铜资源少，价格高，多用在超高压大容量、距离较长或有特殊要求的线路中。裸铝绞线 LJ，导电性能良好，重量轻，造价较低，但机械强度小，多用

在低压和相邻电杆距离较小的线路中。钢芯铝绞线 LGJ 具有上述线路没有的诸多优点，广泛应用于高压架空线路中。在机械强度要求较高和 35kV 及以上的架空线路上，则多采用钢芯铝绞线。钢芯铝绞线的线芯是钢线，用以增强导线的抗拉强度，弥补铝线机械强度较差的缺点，而其外围为铝线，用以传导电流，具有较好的导电性。由于交流在导线中的集肤效应，交流电流实际上只从铝线通过，从而弥补了钢线导电性差的缺点。钢芯铝线型号中表示的截面积就是导电的铝线部分的截面积，例如 LGJ - 185，其中 185 表示钢芯铝线（LGJ）中铝线（L）的截面积为 185mm²。

架空导线除了具有很强的抗腐蚀能力外，若电线杆太高，存在导线由于自身重力下垂的情况，所以导线还有机械强度的要求，架空导线的最小截面为：6/10kV 线路铝绞线居民区 35mm²，非居民区 25mm²；6～10kV 钢芯铝绞线居民区 25mm²，非居民区 16mm²；6～10kV 铜绞线，居民区 16mm²，非居民区 16mm²；＜1kV 线路铝绞线 16mm²；＜1kV 钢芯铝绞线 16mm²；＜1kV 铜线 10mm²，线直径 3.2mm；但是 1kV 以下线路与铁路交叉跨越档处，铝绞线的最小截面为 35mm²。

2.1.3 架空线路设计和施工

架空线路的设计必须贯彻国家的建设方针和技术经济政策，做到安全可靠、经济适用。配电线路设计必须从实际出发，结合地区特点，积极慎重地采用新材料、新工艺、新技术、新设备。主干配电线路的导线布置和杆塔结构等设计，应考虑便于带电作业。

架空线路路径的选择，应认真进行调查研究，综合考虑运行、施工、交通条件和路径长度等因素，统筹兼顾，全面安排，做到经济合理、安全适用。配电线路的路径，应与城镇总体规划相结合，与各种管线和其他市政设施协调，线路杆塔位置应与城镇环境美化相适应。还应该避开低洼地、易冲刷地带和影响线路安全运行的其他地段。

乡镇地区架空线路路径应与道路、河道、灌渠相协调，不占或少占农田。配电线路应避开储存易燃、易爆物的仓库区域，配电线路与有火灾危险性的生产厂房和库房、易燃易爆材料场以及可燃或易燃、易爆液（气）体储罐的防火间距不应小于杆塔高度的 1.5 倍。

架空线路设计采用的年平均气温应按下列方法确定：当地区的年平均气温在 3～17℃之间时，年平均气温应取与此数较邻近的 5 的倍数值。当地区的年平均气温小于 3℃或大于 17℃时，应将年平均气温减少 3～5℃后，取与此数邻近的 5 的倍数值。

一、架空电力线路使用线材

根据《10kV 及以下架空配电线路设计技术规程》规定：城镇架空线路，遇下列情况应采用架空绝缘导线：线路走廊狭窄的地段；高层建筑邻近地段；繁华街道或人口密集地区；游览区和绿化区；空气严重污秽地段；建筑施工现场。

1kV 以下三相四线制零线截面应与相线截面相同。由于三相负荷不平衡，民用家电谐波成分较高，零线截面与相线相同，可保证回路畅通，有利于安全使用。

架空线路导线截面的确定应符合下列规定，结合地区配电网发展规划和对导线截面确定，每个地区的导线规格宜采用 3～4 种。无架空配电网规划地区不宜小于表 2 - 9 所列数值。

根据《电气装置安装工程 35kV 及以下架空电力线路施工及验收规范》（GB 50173—1992）架空电力线路使用线材，架设前应进行外观检查，且应符合下列规定：

1）不应有松股、交叉、折叠、断裂及破损等缺陷。

2）不应有严重腐蚀现象。

3）钢绞线、镀锌铁线表面镀锌层应良好，无锈蚀。

4）绝缘线表面应平整、光滑、色泽均匀，绝缘层厚度应符合规定。绝缘线的绝缘层应挤包紧密，且易剥离，绝缘线端部应有密封措施。

表 2-9　导线截面　mm²

导线种类	1～10kV 配电线路			1kV 以下配电线路		
	主干线	分干线	分支线	主干线	分干线	分支线
铝绞线及铝合金线	120（125）	70（63）	50（40）	95（100）	70（63）	50（40）)
钢芯铝绞线	120（125）	70（63）	50（40）	95（100）	70（63）	50（40）
铜绞线	—	—	16	50	35	16
绝缘铝导线	150	95	50	95	70	50
绝缘铜导线	—	—		70	50	35

注　括号内的数字为圆线同心绞线（见《圆线同心绞架空导线》GB/T 1179—2008）。

为特殊目的使用的线材，除应符合上述规定外，尚应符合设计的特殊要求。由黑色金属制造的附件和紧固件，除地脚螺栓外，应采用热浸镀锌制品。各种连接螺栓宜有防松装置。防松装置弹力应适宜，厚度应符合规定。金属附件及螺栓表面不应有裂纹、砂眼、锌皮剥落及锈蚀等现象。螺杆与螺母的配合应良好。加大尺寸的内螺纹与有镀层的外螺纹配合，其公差应符合现行国家标准《普通螺纹公差》（GB/T 197—2003）的粗牙三级标准。

金具组装配合应良好，安装前应进行外观检查，且应符合下列规定：

1）表面光洁，无裂纹、毛刺、飞边、砂眼、气泡等缺陷。

2）线夹转动灵活，与导线接触面符合要求。

3）镀锌良好，无锌皮剥落、锈蚀现象。

绝缘子及瓷横担绝缘子安装前应进行外观检查，且应符合下列规定：

1）瓷件与铁件组合无歪斜现象，且结合紧密，铁件镀锌良好。

2）瓷釉光滑，无裂纹、缺釉、斑点、烧痕、气泡或瓷釉烧坏等缺陷。

3）弹簧销、弹簧垫的弹力适宜。

环形钢筋混凝土电杆制造质量应符合现行国家标准《环形钢筋混凝土电杆》（GB 396）的规定。安装前应进行外观检查，且应符合下列规定：

1）表面光洁平整，壁厚均匀，无露筋、跑浆等现象。

2）放置地平面检查时，应无纵向裂缝，横向裂缝的宽度不应超过 0.1mm。

3）杆身弯曲不应超过杆长的 1/1000。

预应力混凝土电杆制造质量应符合现行国家标准《环形预应力混凝土电杆》（GB 4623）的规定安装前应进行外观检查，且应符合下列规定：

1）表面光洁平整，壁厚均匀，无露筋、跑浆等现象。

2）应无纵、横向裂缝。

3）杆身弯曲度不应超过杆长的 1/1000。

混凝土预制构件的制造质量应符合设计要求。表面不应有蜂窝、露筋、纵向裂缝等缺陷。

采用岩石制造的底盘、卡盘、拉线盘，其强度应符合设计要求。安装时不应使岩石结构的整体性受到破坏。

二、电杆基坑及基础埋设

基坑施工前的定位应符合下列规定：

1）直线杆顺线路方向位移，35kV架空电力线路不应超过设计档距的1%；10kV及以下架空电力线路不应超过设计档距的3%。直线杆横线路方向位移不应超过50mm。

2）转角杆、分支杆的横线路、顺线路方向的位移均不应超过50mm。

3）电杆基础坑深度应符合设计规定。电杆基础坑深度的允许偏差应为＋100mm、－50mm。同基基础坑在允许偏差范围内应按最深一坑持平。

岩石基础坑的深度不应小于设计规定的数值。双杆基坑应符合下列规定：两杆坑深度宜一致。电杆基坑底采用底盘时，底盘的圆槽面应与电杆中心线垂直，找正后应填土夯实至底盘表面。底盘安装允许偏差，应使电杆组立后满足电杆允许偏差规定。

电杆基础采用卡盘时，应符合下列规定：

1）安装前应将其下部土壤分层回填夯实。

2）安装位置、方向、深度应符合设计要求。深度允许偏差为±50mm。当设计无要求时，上平面距地面不应小于500mm。

3）与电杆连接应紧密。

基坑回填土应符合下列规定：土块应打碎；35kV架空电力线路基坑每回填300mm应夯实一次；10kV及以下架空电力线路基坑每回填500mm应夯实一次；松软土质的基坑，回填土时应增加夯实次数或采取加固措施；回填土后的电杆基坑宜设置防沉土层。土层上部面积不宜小于坑口面积；培土高度应超出地面300mm；当采用抱杆立杆留有滑坡时，滑坡（马道）回填土应夯实，并留有防沉土层。现浇基础、岩石基础应按现行国家标准《110～500kV架空电力线路施工及验收规范》（GBJ 233）的有关规定执行。

三、电杆组立与绝缘子安装

根据《10kV及以下架空配电线路设计技术规程》（DL/T 5220—2005）配电线路绝缘子的性能，应符合现行国家标准各类杆型所采用的绝缘子，且应符合下列规定：对于1～10kV配电线路：直线杆采用针式绝缘子或瓷横担。耐张杆宜采用两个悬式绝缘子组成的绝缘子串或一个悬式绝缘子和一个蝴蝶式绝缘子组成的绝缘子串。结合地区运行经验采用有机复合绝缘子。对于1kV以下配电线路：直线杆宜采用低压针式绝缘子。耐张杆应采用一个悬式绝缘子或蝴蝶式绝缘子。

电杆顶端应封堵良好，当设计无要求时，下端可不封堵。钢圈连接的钢筋混凝土电杆宜采用电弧焊接，且应满足以下条件：

1）应由经过焊接专业培训并经考试合格的焊工操作。焊完后的电杆经自检合格后，在上部钢圈处打上焊工的代号钢印。

2）焊接前，钢圈焊口上的油脂、铁锈、泥垢等物应清除干净。

3）钢圈应对齐找正，中间留2～5mm的焊口缝隙。当钢圈有偏心时，其错口不应大于2mm。

4）焊口宜先点焊3～4处，然后对称交叉施焊。点焊所用焊条牌号应与正式焊接用的焊条牌号相同。

5）当钢圈厚度大于6mm时，应采用V形坡口多层焊接。多层焊缝的接头应错开，收口时应将熔池填满。焊缝中严禁填塞焊条或其他金属。

6）焊缝应有一定的加强面，其高度和遮盖宽度应符合表2-10的规定。

表2-10　焊接加强面尺寸　mm

项目	钢圈厚度 s（mm）	
	<10	10～20
高度 c	1.5～2.5	2～3
宽度 e	1～2	2～3

7）焊缝表面应呈平滑的细鳞形与基本金属平缓连接，无折皱、间断、漏焊及未焊满的陷槽，并不应有裂缝。基本金属咬边深度不应大于0.5mm，且不应超过圆周长的10%。

8）雨、雪、大风天气施焊应采取妥善措施。施焊中电杆内不应有穿堂风。当气温低于－20℃时，应采取预热措施，预热温度为100～120℃。焊后应使温度缓慢下降，严禁用水降温。

9）焊完后的整杆弯曲度不应超过电杆全长的2/1000，超过时应割断重新焊接。

10）当采用气焊时，应符合下列规定：

①钢圈的宽度不应小于140mm。

②加热时间宜短，并采取必要的降温措施，焊接后，当钢圈与水泥粘接处附近水泥产生宽度大于0.05mm纵向裂缝时，应予补修。

③电石产生的乙炔气体，应经过滤。

四、单电杆位置偏差

单电杆立好后应正直，其位置偏差应满足下列要求：直线杆的横向位移不应大于50mm；直线杆的倾斜，35kV架空电力线路不应大于杆长的3‰；10kV及以下架空电力线路杆梢的位移不应大于杆梢直径的1/2；转角杆的横向位移不应大于50mm；转角杆应向外角预偏、紧线后不应向内角倾斜，向外角的倾斜，其杆梢位移不应大于杆梢直径；终端杆立好后，应向拉线侧预偏，其预偏值不应大于杆梢直径。紧线后不应向受力侧倾斜。单回路电杆埋设深度应计算确定，宜取以下数值，见表2-11。

表2-11　单回路电杆埋设深度

电杆高度（m）	7	8	9	10	11	12
埋设深度（m）	1.2	1.4	1.5	1.7	2.0	2.5
底盘规格（m）	0.6×0.6			0.8×0.8		1.0×1.0
灰杆土方量（m^2）	1.36	1.78	2.02	3.39	4.6	8.76

五、双杆位置偏差

直线杆结构中心与中心桩之间的横向位移，不应大于50mm；转角杆结构中心与中心桩之间的横、顺向位移，不应大于50mm；迈步不应大于30mm；根开不应超过±30mm。

六、横担安装

线路单横担的安装，直线杆应装于受电侧；分支杆、90°转角杆（上、下）及终端杆应装于拉线侧。横担安装应平正，安装偏差应符合下列规定：横担端部上下歪斜不应大于20mm；横担端部左右扭斜不应大于20mm；双杆的横担，横担与电杆连接处的高差不应大于连接距离的5/1000；左右扭斜不应大于横担总长度的1/100。

七、绝缘子安装

对于绝缘子来说。安装应牢固，连接可靠，防止积水；应清除表面灰垢、附着物及不应有的涂料。悬式绝缘子与电杆、导线金具连接处，应无卡压现象；耐张串上的弹簧销子、螺栓及穿钉应由上向下穿。当有特殊困难时可由内向外或由左向右穿入；悬垂串上的弹簧销子、螺栓及穿钉应向受电侧穿入。两边线应由内向外，中线应由左向右穿入。

瓷横担绝缘子安装应该满足以下规定。当直立安装时，顶端顺线路歪斜不应大于10mm；当水平安装时，顶端宜向上翘起5°～15°；顶端顺线路歪斜不应大于20mm；当安装于转角杆时，顶端竖直安装的瓷横担支架应安装在转角的内角侧（瓷横担应装在支架的外角侧）。全瓷式瓷横担绝缘子的固定处应加软垫。35kV架空电力线路的瓷悬式绝缘子，安装前应采用不低于5000V的兆欧表逐个进行绝缘电阻测定。在干燥情况下，绝缘电阻值不得小于500MΩ。绝缘子裙边与带电部位的间隙不应小于50mm。

八、拉线安装

拉线盘的埋设深度和方向，应符合设计要求。拉线应采用镀锌钢绞线，其截面应按受力情况计算确定，且不应小于25mm²。空旷地区配电线路连续直线杆超过10根时，宜装设有防风拉线的钢筋混凝土电杆，当设置拉线绝缘子时，拉线绝缘子距地面处不应小于2.5m，地面范围的拉线应设置保护套。拉线棒与拉线盘应垂直，连接处应采用双螺母，其外露地面部分的长度为500～700mm。拉线坑应有斜坡，回填土时应将土块打碎后夯实。拉线坑宜设防沉层。此外还应符合下列规定：

1）安装后对地平面夹角与设计值的允许偏差，应符合下列规定：

①35kV架空电力线路不应大于1°。

②10kV及以下架空电力线路不应大于3°。

③特殊地段应符合设计要求。

2）承力拉线应与线路方向的中心线对正；分角拉线应与线路分角线方向对正；防风拉线应与线路方向垂直。

3）跨越道路的拉线，应满足设计要求，且对通车路面边缘的垂直距离不应小于5m。跨越道路的水平拉线，对路边缘的垂直距离，不应小于6m；拉线柱的倾斜角宜采用10°～20°；跨越电车行车线的水平拉线，对路面的垂直距离，不应小于9m。

4）当采用UT型线夹及楔形线夹固定安装时，应符合下列规定：

①安装前丝扣上应涂润滑剂。

②线夹舌板与拉线接触应紧密，受力后无滑动现象，线夹凸肚在尾线侧，安装时不应损伤线股。

③拉线弯曲部分不应有明显松股，拉线断头处与拉线主线应固定可靠，线夹处露出的尾线长度为300～500mm，尾线回头后与本线应扎牢。

④当同一组拉线使用双线夹并采用连板时，其尾线端的方向应统一。

⑤UT型线夹或花篮螺栓的螺杆应露扣，并应有不小于1/2螺杆丝扣长度可供调紧，调整后，UT型线夹的双螺母应并紧，花篮螺栓应封固。

5）当采用绑扎固定安装时，应符合下列规定：

①拉线两端应设置心形环。

②钢绞线拉线，应采用直径不大于3.2mm的镀锌铁线绑扎固定。绑扎应整齐、紧密，最小缠绕长度应符合表2-12的规定。

6）采用拉线柱拉线的安装，采用坠线的，不应小于拉线柱长的1/6；采用无坠线的，应按其受力情况确定。拉线柱应向张力反方向倾斜10°～20°；坠线与拉线柱夹角不应小于

30°；坠线上端固定点的位置距拉线柱顶端的距离应为 250mm；坠线采用镀锌铁线绑扎固定时，最小缠绕长度应符合表 2 - 12 的规定。

表 2 - 12　最小缠绕长度

钢绞线截面（mm^2）	最小缠绕长度（mm）				
	上段	中段有绝缘子的两端	与拉棒连接处		
			下端	花缠	上端
25	200	200	150	250	80
35	250	250	200	250	80
50	300	300	250	250	80

7）当一基电杆上装设多条拉线时，各条拉线的受力应一致。采用镀锌铁线合股组成的拉线，其股数不应少于 3 股。镀锌铁线的单股直径不应小于 4.0mm，绞合应均匀、受力相等，不应出现抽筋现象。合股组成的镀锌铁线的拉线，可采用直径不小于 3.2mm 镀锌铁线绑扎固定，绑扎应整齐紧密，缠绕长度为：5 股及以下的拉线，上端缠绕长度为 200mm；中端有绝缘子的两端缠绕长度为 200mm；与拉棒连接处，下端缠绕长度为 150mm，花缠 250mm，上端缠绕长度为 100mm。当合股组成的镀锌铁线拉线采用自身缠绕固定时，缠绕应整齐紧密，缠绕长度：3 股线不应小于 80mm，5 股线不应小于 150mm。混凝土电杆的拉线当装设绝缘子时，在断拉线的情况下，拉线绝缘子距地面不应小于 2.5m。

九、裸导线架设

导线在展放过程中，对已展放的导线应进行外观检查，不应发生磨伤、断股、扭曲、金钩、断头等现象。导线在同一处损伤，同时符合下列情况时，应将损伤处棱角与毛刺用 0 号砂纸磨光，可不作补修：一是单股损伤深度小于直径的 1/2；二是钢芯铝绞线、钢芯铝合金绞线损伤截面积小于导电部分截面积的 5%，且强度损失小于 4%；三是单金属绞线损伤截面积小于 4%。

1）“同一处”损伤截面积是指该损伤处在一个节距内的每股铝丝沿铝股损伤最严重处的深度换算出的截面积总和（下同）。

2）当单股损伤深度达到直径的 1/2 时按断股论。

当导线在同一处损伤需进行补修时，应满足表 2 - 13 的标准。

表 2 - 13　导线损伤补修处理标准

导线类别	损伤情况	处理方法
铝绞线	导线在同一处损伤程度已经超过有关规定，但因损伤导致强度损失不超过总拉断力的 5%时	以缠绕或修补预绞丝修理
铝合金绞线	导线在同一处损伤程度超过总拉断力的 5%时，但不超过 17%时	以补修管补修
钢芯铝绞线	导线在同一处损伤程度已经超过有关规定，但因损伤导致强度损失不超过总拉断力的 5%时，且截面损伤又不超过导电部分总截面积的 7%时	以缠绕或修补预绞丝处理
钢芯铝合金绞线	导线在同一处损伤程度超过总拉断力的 5%时，但不足 17%且截面积损伤也不超过导电部分截面积的 25%时	以补修管补修

当采用缠绕处理时，受损伤处的线股应处理平整；应选与导线同金属的单股线为缠绕材料，其直径不应小于2mm；缠绕中心应位于损伤最严重处，缠绕应紧密，受损伤部分应全部覆盖，其长度不应小于100mm。当采用补修预绞丝补修时，受损伤处的线股应处理平整；补修预绞丝长度不应小于3个节距，或应符合现行国家标准《电力金具》（GB 2315）预绞丝中的规定。

补修预绞丝的中心应位于损伤最严重处，且与导线接触紧密，损伤处应全部覆盖。

当采用补修管补修时，损伤处的铝（铝合金）股线应先恢复其原绞制状态；补修管的中心应位于损伤最严重处，需补修导线的范围应于管内各20mm处；当采用液压施工时应符合国家现行标准《架空送电线路导线及避雷线液压施工工艺规程》（SDJ 226）的规定。

导线在同一处损伤有下列情况之一者，应将损伤部分全部割去，重新以直线接续管连接；损失强度或损伤截面积超过表相关补修管补修的规定。连续损伤其强度、截面积虽未超过《电气装置安装工程35kV及以下架空电力线路施工及验收规范》（GB 50173）第6.0.3条以补修管补修的规定，但损伤长度已超过补修管能补修的范围。钢芯铝绞线的钢芯断一股。导线出现灯笼的直径超过导线直径的1.5倍而又无法修复。金钩、破股已形成无法修复的永久变形。

作为避雷线的钢绞线，其损伤处理标准，应符合表2-14的规定。

表2-14 钢绞线损伤处理标准

钢绞线股数	以镀锌铁丝缠绕	以补修管补修	锯断重接
7	不允许	断1股	断2股
19	断1股	断2股	断3股

不同金属、不同规格、不同绞制方向的导线严禁在档距内连接。导线与连接管连接前应清除导线表面和连接管内壁的污垢，清除长度应为连接部分的2倍。连接部位的铝质接触面，应涂一层电力复合脂，用细钢丝刷清除表面氧化膜，保留涂料，进行压接。当导线与接续管采用钳压连接时，接续管型号与导线的规格应配套。压口数及压后尺寸应符合相关规定。

10kV及以下架空电力线路在同一档距内，同一根导线上的接头，不应超过1个。导线接头位置与导线固定处的距离应大于0.5m，当有防震装置时，应在防震装置以外。10kV架空电力线路观测弧垂时应实测导线或避雷线周围空气的温度；弧垂观测档的选择，应满足当紧线段在5档及以下时，靠近中间选择1档；当紧线段在6～12档时，靠近两端各选择1档；当紧线段在12档以上时，靠近两端及中间各选择1档。

10kV及以下架空电力线路的导线紧好后，弧垂的误差不应超过设计弧垂的±5%。同档内各相导线弧垂宜一致，水平排列的导线弧垂相差不应大于50mm。导线或避雷线各相间的弧垂宜一致，在满足弧垂允许误差规定时，各相间弧垂的相对误差，不应超过200mm。导线或避雷线紧好后，线上不应有树枝等杂物。导线的固定应牢固、可靠。直线转角杆：对针式绝缘子，导线应固定在转角外侧的槽内；对瓷横担绝缘子导线应固定在第一裙内。直线跨越杆：导线应双固定，导线本体不应在固定处出现角度。裸铝导线在绝缘子或线夹上固定应缠绕铝包带，缠绕长度应超出接触部分30mm。铝包带的缠绕方向应与外层线股的绞制方向一致。10kV及以下架空电力线路的裸铝导线在蝶式绝缘子上作耐张且采用绑扎方式固定时，绑扎长度应符合表2-15的规定。

10kV及以下架空电力线路的引流线（跨接线或弓子线）之间、引流线与主干线之间的连接应该注意以下四个方面。

1）不同金属导线的链接应有可靠的过渡金具。

2）同金属导线，当采用绑扎链接时，绑扎长度应符合表2-16规定。

表2-15　绑扎长度值（一）

导线截面（mm^2）	绑扎长度（mm）
LJ-50、LGJ-50及以下	≥150
LJ-70	≥200

表2-16　绑扎长度值（二）

导线截面（mm^2）	绑扎长度（mm）
35及以下	≥150
50	≥200
70	≥250

3）绑扎链接应接触紧密、均匀、无硬弯，跨接线应呈均匀弧度。

4）当不同截面导线连接时，其绑扎长度应以小截面导线为准。

绑扎用的绑线，应选用与导线同金属的单股线，其直径不应小于2.0mm。1～10kV线路每相引流线、引下线与邻相的引流线、引下线或导线之间，安装后的净空距离不应小于300mm；1kV以下电力线路，不应小于150mm。线路的导线与拉线、电杆或构架之间安装后的净空距离，35kV时，不应小于600mm；1～10kV时，不应小于200mm；1kV以下时，不应小于100mm。

十、绝缘线架设

1kV以下电力线路当采用绝缘线架设时，展放中不应损伤导线的绝缘层和出现扭、弯等现象。导线固定应牢固可靠，当采用蝶式绝缘子作耐张且用绑扎方式固定时，绑扎长度应符合《电气装置安装工程35kV及以下架空电力线路施工及验收规范》（GB 50173）相关的规定。接头应符合有关规定，破口处应进行绝缘处理。沿墙架设的1kV以下电力线路，当采用绝缘线时，除应满足设计要求外，还应符合下列规定：

1）支持物牢固可靠。

2）接头符合有关规定，破口处缠绕绝缘带。

3）中性线在支架上的位置，设计无要求时，安装在靠墙侧。

十一、杆上电气设备的安装应满足的要求

1）安装应牢固可靠。

2）电气连接应接触紧密，不同金属连接，应有过渡措施。

3）瓷件表面光洁，无裂缝、破损等现象。

对于杆上变压器来说，其安装应满足水平倾斜不大于台架根开的1/100。一、二次引线排列整齐、绑扎牢固。油枕、油位正常，外壳干净。接地可靠，接地电阻值符合规定。套管压线螺栓等部件齐全。呼吸孔道通畅。

考虑安全因素，架空线路应该安装避雷器。关于避雷器的安装应该遵循：瓷套与固定抱箍之间加垫层。排列整齐、高低一致，相间距离：1～10kV时，不小于350mm；1kV以下时，不小于150mm。引线短而直、连接紧密，采用绝缘线时，其截面应符合下列规定：引上线：铜线不小于16mm^2，铝线不小于25mm^2；引下线：铜线不小于25mm^2，铝线不小于

$35mm^2$。与电气部分连接，不应使避雷器产生外加应力。引下线接地可靠，接地电阻值应考虑在雷雨季节，土壤干湿状态的影响。

十二、接户线

10kV及以下电力接户线的安装应符合下列规定：

1）档距内不应有接头。

2）两端应设绝缘子固定，绝缘子安装应防止瓷裙积水。

3）采用绝缘线时，外露部位应进行绝缘处理。

4）两端遇有铜铝连接时，应设有过渡措施。

5）进户端支持物应牢固。

6）在最大摆动时，不应有接触树木和其他建筑物现象。

7）1kV及以下的接户线不应从高压引线间穿过，不应跨越铁路。

10kV及以下由两个不同电源引入的接户线不宜同杆架设。其接户线固定端当采用绑扎固定时，其绑扎长度应符合表2-17的规定。

表2-17　绑扎长度

导线截面（mm^2）	绑扎长度（mm）	导线截面（mm^2）	绑扎长度（mm）
10及以下	≥50	25～50	≥120
16及以下	≥80	70～120	≥200

十三、接地工程

接地体规格、埋设深度应符合设计规定。接地装置的连接应可靠。连接前，应清除连接部位的铁锈及其附着物。接地体的连接采用搭接焊时，应符合下列规定：

1）扁钢的搭接长度应为其宽度的2倍，四面施焊。

2）圆钢的搭接长度应为其直径的6倍，双面施焊。

3）圆钢与扁钢连接时，其搭接长度应为圆钢直径的6倍。

4）扁钢与钢管、扁钢与角钢焊接时，除应在其接触部位两侧进行焊接外，并应焊以由钢带弯成的弧形（或直角形）与钢管（或角钢）焊接。

采用垂直接地体时，应垂直打入，并与土壤保持良好接触。采用水平敷设的接地体，接地体应平直，无明显弯曲。地沟底面应平整，不应有石块或其他影响接地体与土壤紧密接触的杂物。倾斜地形沿等高线敷设。接地引下线与接地体连接，应便于解开测量接地电阻接地引下线应紧靠杆身，每隔一定距离与杆身固定一次。接地电阻值，应符合有关规定。接地沟的回填宜选取无石块及其他杂物的泥土，并应夯实。在回填后的沟面应设有防沉层，其高度宜为100～300mm。

十四、工程交接验收

在验收时应按下列要求进行检查：

1）采用器材的型号、规格。

2）线路设备标志应齐全。

3）电杆组立的各项误差符号要求。

4）拉线的制作和安装。

5）导线的弧垂、相间距离、对地距离、交叉跨越距离及对建筑物接近距离。

6）电器设备外观应完整无缺损。

7）相位正确、接地装置符合规定。

8）沿线的障碍物、应砍伐的树及树枝等杂物应清除完毕。

十五、架空线路维护

一般要求：对厂区架空线路，一般要求每月进行一次巡视检查。如遇大风大雨及发生故障等特殊情况时，需临时增加巡视次数。

巡视项目：

1）电杆有无倾斜、变形、腐朽、损坏及基础下沉等现象。如有，应设法修理或更换。

2）沿线路的地面是否堆放有易燃、易爆和强腐蚀性物品。若有，应设法挪开。

3）沿线路周围，有无危险建筑物。应尽可能保证在雷雨季节和大风季节里，这些建筑物不至对线路造成损坏。

4）线路上有无树枝、风筝等杂物悬挂。若有，应设法清除。

5）拉线和板桩是否完好，绑扎线是否紧固可靠。如有缺陷，应设法修理或更换。

6）导线的接头是否接触良好，有无过热发红、严重氧化、腐蚀或断脱现象，绝缘子有无破损和放电现象。如有，应设法修理或更换。

7）避雷装置的接地是否良好，接地线有无锈断情况。在雷雨季节到来之前应重点检查，以确保防雷安全。

8）其他危及线路安全运行的异常情况。

在巡视中发现的异常情况，应记入专用记录簿内，重要情况应及时汇报上级，请示处理。架空线路档距见表 2-18。

表 2-18　架空线路档距　m

分类	高压	低压
城区	40～50	30～45
居住区	35～50	30～40
非居住区	50～100	40～60

【例 2-2】　低压架空电力线路工程平面图（图 2-16）。

这是一个建筑工地的施工用电总平面图，图中待建建筑为工程中将要施工的建筑，计划扩建建筑是准备将来建设的建筑。每个待建建筑上都标有建筑面积和用电量。

电源进线为 10kV 架空线，从场外高压线路引来。电源进线使用钢芯铝绞线（LGJ），LGJ-3×75 为 3 根 $75mm^2$ 导线，接至 1 号杆。在 1 号杆处为两台变压器。从 1 号杆到 14 号杆为 4 根 BBX 型导线，其中 BBX 表示橡皮绝缘玻璃丝绕包的铜芯绝缘线，14 号杆为终端杆，装一根拉线，从 13 号杆向 1 号建筑做架空接户线。线路在 4 号杆分为三路，第一路到 5 号杆；第二路到 2 号建筑物，到第二建筑物时需要做 1 条接户线；最后一路经 15 号杆接入 3 号建筑物。从 2 号杆到 8 号杆的线路上，采用 BBX 导线，3 根截面为 $70mm^2$，1 根截面积为 $35mm^2$，为建筑物 4、6、7 供电，从 8 号杆、7 号杆和 6 号杆处均做接户线。从 9 号杆到 12 号杆是给设备供电的专用动力线路，电源取自 7 号建筑物。

图中标出各个建筑物的供电负荷，由此负荷可以进行导线截面的选择。导线截面的选择对于架空线路来说，与其他场合导线选择原则一致。通常情况下，根据建筑物负荷得出计算电流，导线载流量应该不小于计算电流，达到满足发热条件和机械强度的要求。再根据电压损失进行校验，从而选择安全、经济的导线截面。

对住宅区进行供电时，需要进行杆上变压器和杆上避雷器的安装，除应该遵守上述施工规范的规定外。还必须设置危险指示牌或指示标志，防止发生误触电事故，保障人身安全。

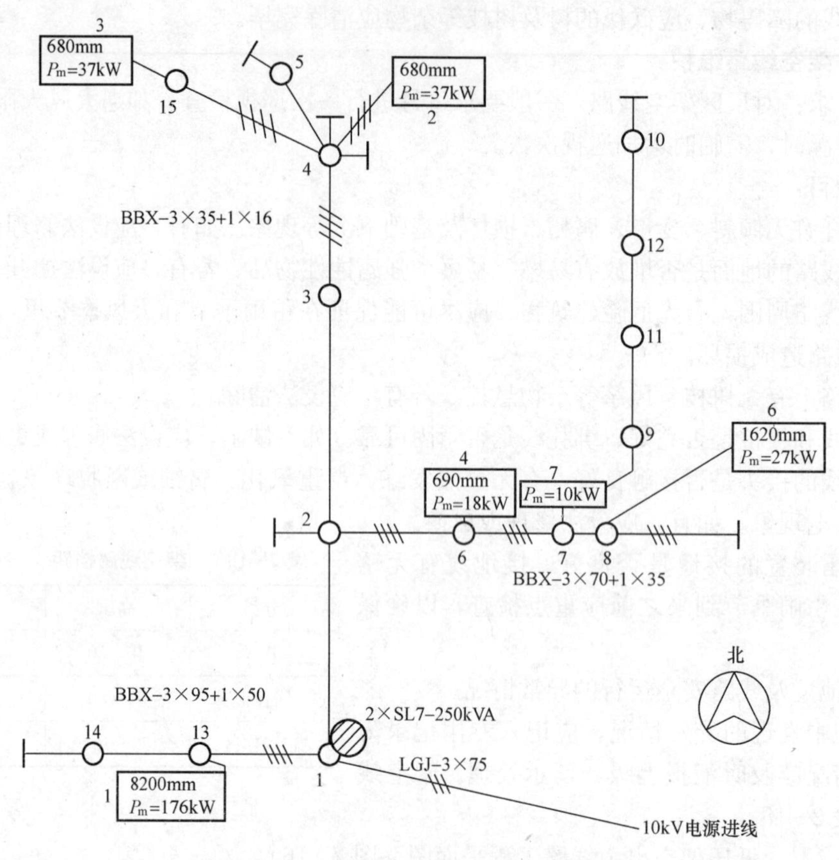

图 2-16　低压架空电力线路工程平面图

2.2　10kV 以下架空配电线路预算

2.2.1　架空线路定额简介

架空线路主要由基础、导线（绝缘导线和裸导线）、电杆、横担、拉线等组成，适用于从升压变电站到一次降压变电站（总降压站）输电线路、一次降压变电站到二次降压变电站以及到用户的高低压配电架空线路。在此讨论的主要是从一次降压变电所到用户的高低压输配电架空线路的预算。

按照山东省工程建设标准定额站的《山东省安装工程价目表》2011 年中，10kV 架空配电线路定额设置，架空线路预算项目主要包括：工地运输、土石方工程、底盘拉线盘卡盘的安装及电杆防腐、电杆组立、横担安装、拉线制作安装、导线架设、导线跨越及进户线架设、杆上变配电设备安装共 9 节 93 个子目，定额编号范围为 2-898～2-990。

对于架空线路预算，首先应该弄清工地运输、接腿杆、进户线、架空线路跨越以及杆上变压器的概念。工地运输指定额内未计价材料从材料堆放点或工地仓库运至杆位上的工程运输；接腿杆指钢筋混凝土电杆在浇筑成型时留有牛腿，以便于两接腿杆之间的连接。从架空线路电杆上引到建筑物上第一支持点之间的一段电源架空导线称为进户线；10kV 以下架空线路在导线架设时跨越障碍物，如电力线、通信线、公路、铁路、河流等，以及跨越间距大于 50m 时，所做的跨越架的搭设、拆除和运输，以及保证人身安全、保护导线不受损坏和被跨越物不受损坏等工作称为“架空线路跨越”；杆上变压器指将电力变压器用金属台安装在电杆上，且不需设置围栏的变电设备。一般适用于负荷较小的场所，变压器容量小，且可深入负荷中心，因此可减少电压损失和线路功率损耗。

工地运输，设置了 4 个子目，分为人力运输和汽车运输，人力运输包括平均运距 200m 以内和平均运距 200m 以上；汽车运输包括汽车的装卸和运输。工作内容包括线路器材外观检查、绑扎及抬运、卸至指定地点，装车、支垫、绑扎、运至指定地点，人力卸车。

土石方工程，设置了 6 个子目，包括普通土、坚土、松砂石、泥水坑、流沙坑、岩石等工作内容是复测、分坑、挖方、修整、操平、排水、装拆挡木板、岩石打眼、爆破、回填。

底盘、拉线盘、卡盘安装及电杆防腐，设置了 4 个子目，包括基坑整理、移运、盘安装、操平、找正、卡盘螺栓紧固、工器具转移、木杆根部烧焦涂防腐油。

电杆组立，设置了 25 个子目，编制了单杆、接腿杆、撑竿及钢圈焊接，工作内容有立杆、找正、绑地横木、根部刷油、稳固、工器具转移。

横担安装，设置了 16 个子目，编制了 10kV 以下横担、1kV 以下横担、进户线横担。

10kV 以下横担的工作内容有量尺寸、定位、上抱箍，装横担、支撑及杆顶支座、安装绝缘子。

1kV 以下横担工作内容有定位、上抱箍，装横担，支撑及杆顶支座，安装绝缘子。

进户线横担工作内容是测位、划线、打眼、钻孔、横担安装，装瓷瓶及防水弯头。

拉线制作、安装，设置了 6 个子目，包括普通拉线、水平及弓形拉线。工作内容包括拉线长度实测、放线、丈量与截割、装金具、拉线安装、紧线、调节、工器具转移。

导线架设，设置了 16 个子目，分为裸铝绞线、裸铜绞线、钢芯铝绞线、绝缘铝绞线、绝缘铜绞线。工作内容有线材外观检查、架线盘、放线、直线接头连接、紧线、弛度观测、耐张终端头制作、绑扎、跳线安装。

导线跨越及进户线架设，设置了 7 个子目，分为导线跨越和进户线架设。导线跨越工作内容是跨越架的搭、拆和运输，以及因跨越施工难度增加而增加工作量。

进户线架设工作内容：放线、紧线、瓷瓶绑扎、压接包头。

杆上变配电设备安装，其工作内容有支架、横担、撑铁安装，设备安装固定、检查、调整，油开关注油，配线、接线、接地。

10kV 以下架空输电线路安装定额是以在平原地区施工为准，如在其他地形条件下施工时，其人工和机械按表 2-19 所列地形类别予以调整。

表 2-19　调整系数

地形类别	丘陵（市区）	一般山地、沼泽地带
调整系数	1.20	1.60

地形划分的特征：

1）平地：地形一般比较平坦、地面比较干燥的地带。

2）丘陵：地形有起伏的矮岗、土丘等地带。

3）一般山地：指一般山岭或沟谷地带、高原台地等。

4）泥沼地带：指经常积水的田地或泥水淤积的地带。

2.2.2　架空线路预算工程量计算方法

一、工地运输

工地运输是指将架空配电线路所需的主要材料（未计价材料）从集中材料堆放点或工地

仓库运至杆位上的工程运输。

工地运输定额分为人力运输，汽车运输两个部分，人力运输定额按平均运距分项。对于汽车运输均含装卸和运输两项定额。运输工程量按“10t·km（10t）”计量。运输量应根据施工图设计将各类器材分类汇总，按定额规定运输量和包装系数计算。运输量计算式为

预算运输工程量＝施工图用量×(1＋损耗率)＋包装物重量(不需包装的可不计算包装物重量)

混凝土制品的损耗率为0.5%，安装1000根需要预算（1000＋5）根，见表2-20，主要材料运输重量的计算按照表2-21规定执行。

各种材料的损耗率见表2-20。

表2-20 各种材料的损耗率

材料	损耗率	材料	损耗率
混凝土制品	0.5%	裸软导线	1.3%
木杆材料	1.0%	绝缘导线	1.8%
绝缘子	2.0%	拉线材料	1.5%
金具	1.0%		

表2-21 主要材料运输重量的计算

材料名称		单位	运输重量（kg）	备注
混凝土制品	人工浇制	m^3	2600	包括钢筋
	离心浇制	m^3	2860	包括钢筋
线材	导线	kg	$w\times1.15$	有线盘
	钢绞线	kg	$w\times1.07$	无线盘
木杆材料		m^3	500	包括木横担
金具、绝缘子		kg	$w\times1.07$	
螺栓		kg	$w\times1.01$	

注 w为理论重量，未列入者均按净重计算。

经验公式为

工地运输费＝一次施工的人工工资总和乘以35%

二、土石方工程

区分不同土质（普通土、坚土、松砂石、泥水坑、流砂坑、岩石等）立项，以“$10m^3$”为计量单位。

普通土，指种植土、黏砂土、黄土和盐碱土等，主要利用锹、铲即可挖掘的土质。

坚土，指土质坚硬难挖的红土、板状黏土、重块土、高岭土，必须用铁镐、条锄挖松，再用锹、铲挖掘的土质。

松砂石，指碎石、卵石和土的混合体，各种不坚实砾岩、页岩、风化岩，节理和裂缝较多的岩石等（不需用爆破的方法开采），需要镐、撬棍、大锤、楔子等工具配合才能挖掘的土质。

岩石，一般指坚实的粗花岗岩、白云岩、片麻岩、石英岩、大理岩、石灰岩、石灰胶结的密实砂岩的石质，不能用一般挖掘工具进行开挖的，必须采用打眼、爆破或打凿才能开挖的土质。

泥水，指坑的周围经常积水，坑的土质松散，如淤泥和沼泽地等，挖掘时因水渗入和浸润而成泥浆，容易坍塌，需用挡土板和适量排水才能施工的土质。

流砂，指坑的土质为砂质或分层砂质，挖掘过程中砂层有上涌现象，容易坍塌，挖掘时需排水和采用挡土板才能施工的土质。

首先进行定额套用。按施工图设计资料，区分不同土（石）质（普通土、坚土、松砂石、泥水坑、流砂坑、岩石）套用相应子目。凡同一坑、槽、沟内出现两种或两种以上不同土（石）质时，则选用含量较大的一种确定其类别。当冻土厚度大于 0.3m 时，冻土层的挖方量按坚土定额乘以系数 2.5。其他土层仍按土质性质执行定额。不论开挖电杆坑或者拉线盘，只是区别不同材质执行同一定额；接着进行工程量计算。杆基挖地坑的土石方量按施工图杆基尺寸，区分不同土质，以“$10m^3$”为计量单位，

对于无底盘、卡盘的电杆坑土石方量，单电杆坑的挖土方体积为

$$V = 0.8 \times 0.8h$$

式中　h——坑深，m。

有底盘、卡盘的电杆坑土石方量，如图 2 - 17 所示杆坑图，当电杆坑的坑底和坑口的形状为方形时，可用以下公式计算。

单电杆坑土石方工程的计算式为

$$V_{单} = h/6[a^2 + (a + a_1)^2 + a_1^2]$$

$$a = 底拉盘底宽 L + 2 \times C$$

$$a_1 = a + 2h \times 边坡系数$$

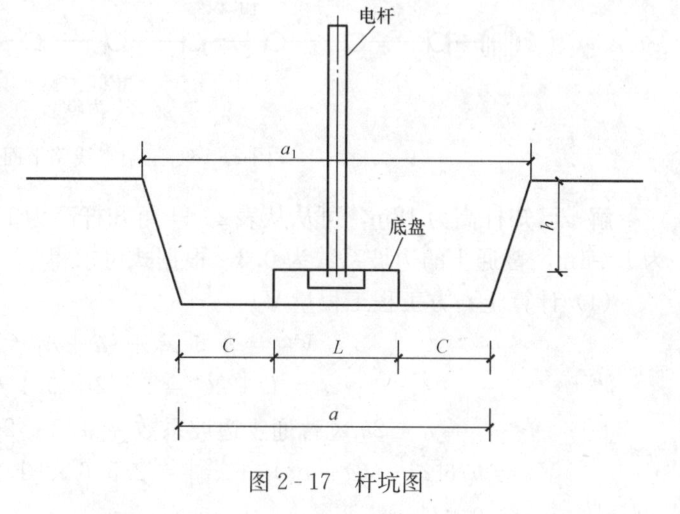

图 2 - 17　杆坑图

式中　$V_{单}$——土（石）方体积；

h——坑深，m；

a——坑底宽，m；

a_1——坑口宽；

h——坑深（数值可按表 2 - 23，也可按杆长的 1/6 或杆长的 1/10 加 0.7m）；

L——拉线盘底盘规格宽度；

C——施工操作裕度，取值 0.1，m；

$V_{总}$——土石方总工程量，计算式为 $V\times$（杆数＋拉线数）。

因为拉线也要挖坑，按电线杆计算，所套用定额价目表与电杆挖填土石方相同。

土石方工程量定额单位数＝土石方总工程量/10

各类土质的放坡系数按表 2 - 22 计算。

表 2 - 22　　各类土质的放坡系数

土质	普通土	坚土	松砂土	泥水、流砂、岩石
放坡系数	0.3	0.25	0.2	不放坡

装底盘、卡盘杆坑土方量见表 2 - 23（设计无规定时）。

表 2-23 **装底盘、卡盘杆坑土方量**

杆高（m）	7	8	9	10	11	12
坑深（m）	1.2	1.4	1.5	1.7	2.0	2.5
底盘规格（m）	0.6×0.6			0.8×0.8		1.0×1.0
灰杆土方量（m^2）	1.36	1.78	2.02	3.39	4.6	8.76

计算时需要注意：不论是开挖电杆坑或拉线盘坑，只是区分不同土质执行同一定额。土石方工程已经综合考虑了线路复测、分坑、挖方和土方的回填夯实工作。施工操作裕度按底拉盘底宽每边增加0.1m。杆坑土质按一个坑的主要土质而定，如果一个坑大部分为普通土，少量为坚土，则该坑应该全部按普通土计算。带卡盘的电杆坑，如原计算的尺寸不能满足卡盘安装时，因卡盘超长而增加的土（石）方量另计。

【例 2-3】 某架空线路平面图如图 2-18 所示，施工土质为普通土，杆高为 12m。试计算本工程的土石方工程量及施工直接费。

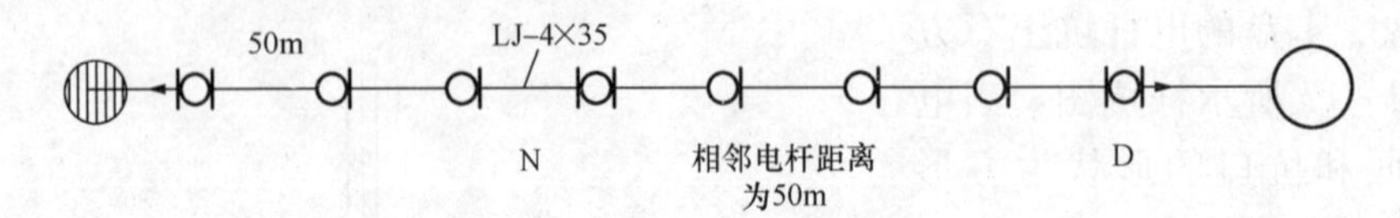

图 2-18 某架空线路平面图

解 已知杆高为12m，可从从表 2-11 可知杆高为 12m 的电杆坑深为 $h=2.5$m，底盘宽为 $L=1$m，普通土的边坡系数为 0.3。根据式可求得

（1）计算土石方工程工程量 $V_{总}$

$$V_{单} = h/6[a^2 + (a + a_1)^2 + a_1^2]$$

$$a = L + 2C = 1 + 2 \times 0.1 = 1.2\text{m}$$

$$a_1 = a + 2h \times 普通土边坡系数 = 1.2 + 2 \times 2.5 \times 0.3 = 2.7\text{m}$$

$$V_{单} = h/6[a^2 + (a + a_1)^2 + a_1^2] = 2.5/6 \times [1.2^2 + (1.2 + 2.7)^2 + 2.7^2] = 9.975\text{m}^3$$

从图中可知共有 8 个电杆，2 根拉线，则可知

$$V_{总} 土石方总工程量 = V_{单} \times (杆数 + 拉线数) = 9.975 \times (8 + 2) = 99.75\text{m}^3$$

（2）计算定额单位数（预算表格中的数量栏）

因为土石方工程定额单位为"10m^3"，则

$$定额单位数 = V_{总}/10 = 99.75/10 = 9.975$$

（3）计算施工直接费

因此项目中无主材，以此施工直接费为基价合价。

查定额见表 2-24。

表 2-24 **定 额 数 据**

定额编号	项目名称	单位	数量	基价单价	基价合价
2-902	普通土（土石方工程）	10m^3	9.975	293.83	2930.954

施工直接费为

$$\begin{aligned}\text{基价合价} &= \text{基价单价} \times \text{定额单位数} \\ &= 293.83 \times 9.975 = 2930.954\end{aligned}$$

此工程的土石方工程量为 $99.75m^3$，施工直接费为 2930.954 元。

三、电杆底盘、拉线盘、卡盘安装及电杆防腐

电杆底盘、卡盘、拉线盘的安装，应该注意的事项，底盘和卡盘均是用混凝土预制的，底盘是用来固定电杆的，卡盘是用来避免电杆倾斜的。底盘、拉盘、卡盘安装以"块"为计量单位计算工程量；电杆防腐以"根"为计量单位按设计用量计算工程量。其中底盘、拉盘、卡盘、拉线棒、抱箍、连接螺栓及金具是未计价材料要考虑损耗。如安装一块底盘实际消耗的底盘数量为 1.005 块。

【例 2-4】 计算图 2-18 中底盘、拉线盘、卡盘（图 2-19）安装工程量及主材数量是多少？

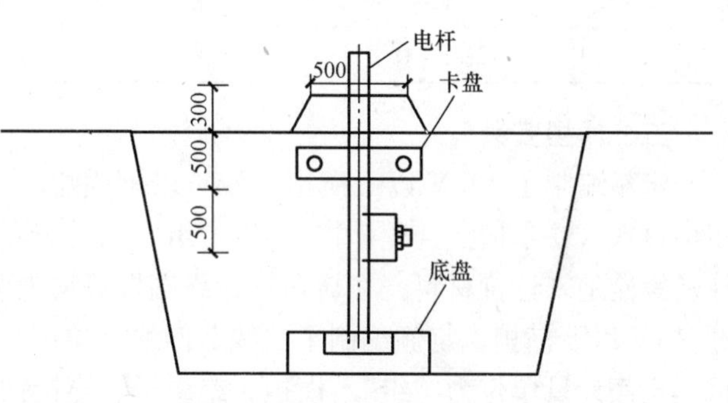

图 2-19　底盘和卡盘

图 2-18 中底盘工程量为 8 块，拉线盘工程量为 2 块，卡盘工程量为 9 块，因为耐张杆要有两块卡盘。其中底盘、拉线盘、卡盘、抱箍、拉线棒、连接螺栓及金具为未计价材料，由定额知安装一块卡盘消耗的主材为 1.005 块底盘、1.01 副抱箍、1.01 套连接螺栓及金具；安装一块拉线盘消耗主材为 1.005 块拉线盘、1.01 个拉线棒、1.01 套连接螺栓及金具，预算见表 2-25。

表 2-25　　预　算　表

定额编号	项目名称	单位	数量	定额编号	项目名称	单位	数量
2-908	底盘安装	块	8	2-910	拉盘安装	块	2
	底盘主材	块	8×1.005=8.04		拉盘主材	块	2
2-909	卡盘安装	块	9		拉线棒	个	2×1.01=2.02
	卡盘主材	块	9×1.005=9.045		连接螺栓及金具	套	(9+2) ×1.01=11.11 （卡盘和拉盘共用）
	抱箍	副	9×1.01=9.09				

四、电杆组立

电杆组立的预算定额根据电杆的类型不同，分为单杆、接腿杆及撑杆及钢圈焊接三种定额。注意线路一次施工工程量按 5 根以上考虑，若 5 根以下者，其全部人工、机械应乘以系数 1.3。

单杆的预算定额按木杆、混凝土杆、钢管杆及杆长分别立项。定额以"根"为单位计量，工程量按施工图图示数量计算，其中电杆、地横木为未计价材料。

接腿杆的预算定额分为单腿接杆（指由上下两段木电杆接成 1 根电杆）、双腿接杆（指下段两根电杆，上段 1 根接成）、混合接腿杆（指下段采用混凝土杆，上段为木杆接成）。各

种接腿杆均以杆长分项。计量单位为“根”，工程量按施工图图示数量计算。木电杆、地横木、连接铁件及螺栓为未计价材料。

撑杆指某些终端杆或需承受一定压力的中间杆，需采用斜撑来代替拉线用的电杆。撑杆安装的预算定额分为木撑杆和混凝土撑杆，并以杆长立项。定额计量单位为“根”，工程量按施工图图示数量计算。撑杆、圆木、连接铁件及螺栓为未计价材料。木杆电杆根部采用烧焦刷油防腐处理时，需另套定额，计量单位为“根”。图2-18中电杆组立的安装费和主材费见表2-26。

表2-26　电杆组立的安装费和主材费

定额编号	项目名称	单位	数量	基价单价	基价合价
2-917	混凝土杆	根	8	125.24	1001.92
	混凝土杆主材	根	8×1.005	1000	8040

五、横担安装

定额编制了10kV以下横担、1kV以下横担、进户横担等项目。10kV以下横担，区分横担材料（铁木横担、瓷横担），以“组”为计量单位计算工程量。横担、绝缘子、连接铁件及螺栓是未计价材料。在转角杆、终端杆等均为两组横担，双杆横担安装，基价乘以系数2。1kV以下横担。定额编制了二线、四线（单根、双根）、六线（单根、双根）、瓷横担项目，定额计量单位为“组”。横担、绝缘子、连接铁件、螺栓是未计价材料。

进户横担，定额编制了一端埋设式（二线、四线、六线），二端埋设式（二线、四线、六线），定额计量单位为“组”。横担、绝缘子、连接铁件、支撑铁件、螺栓是未计价材料。

图2-18中横担的安装预算表见表2-27。

表2-27　横担的安装预算表

定额编号	项目名称	单位	数量	基价单价	基价合价
2-942	四线　单根	组	5	16.40	82
2-943	四线　双根	组	3	25.49	76.47
	铁横担	根	11		
	绝缘子	个	(—)		
	链接铁件和螺栓	套	(—)		

六、拉线制作安装

拉线制作安装定额根据拉线截面积不同，按普通拉线、水平及弓形拉线分项。定额以“根”为计量单位。拉线、金具、抱箍为未计价材料，安装一根拉线实际消耗拉线为1.015根，如拉线材料为35mm^{2}的钢芯铝绞线即LGJ-35。

拉线制作安装的其工程量按照施工图纸设计的拉线根数计算。需要注意的是定额按单根拉线考虑，若安装V形、Y形或人字形拉线按两根考虑。一般拉线用导线制作，有些用钢绞线制作，需要注意导线主材费用时，一般计算是用“m”为单位计量的。因为在计算拉线的安装费时是用“根”为单位，计算拉线的主材费时是以m为单位，所以在计算拉线的主材时一定要将所消耗的拉线的根数换算成长度单位m，计算拉线长度时，按设计规定，无规定时，可按表2-28计算。

表2-28　　拉　线　长　度　　m/每根

项目		普通拉线	V（Y）形拉线	弓形拉线
标高（m）	8	11.47	22.94	9.33
	9	12.61	25.22	10.10
	10	13.74	27.48	10.92
	11	15.10	30.24	11.82
	12	16.14	32.28	12.62
	13	18.69	37.38	13.42
	14	19.68	39.36	45.12
水平拉线		26.47	—	—

图2-19中拉线安装直接费用见表2-29。

表2-29　　图2-19中拉线安装直接费用

定额编号	项目名称	单位	数量	基价单价	基价合价
2-954	普通拉线	根	2	29.74	59.48
	拉线的主材LGJ-35	m			
	铁横担	根	11		
	绝缘子	个	（—）		
	链接铁件和螺栓	套	（—）		

七、导线架设

导线架设的定额划分为裸铝绞线、钢芯铝绞线、绝缘铝绞线、绝缘铜绞线四种，并按导线截面划分子目。定额以“1km/单线”为计量单位，导线和金具为未计价材料。其工程量计算遵循的原则是，导线长度按线路总长度和预留长度（表2-30）之和计算。线路总长度根据平面图将相同规格的导线长度相加求得。注意计算主材消耗量时应另增加规定的损耗率。导线工程量的计算式为

导线工程量＝（线路总长度＋∑预留长度）×导线根数

式中，线路总长度由施工图标注的尺寸决定。

表2-30　　导线假设预留长度表

项目名称	预留长度	项目名称	预留长度
转角（高压）	2.5	交叉跳线转角（低压）	1.5
分支终端（高压）	2.0	与设备连接	0.5
分支终端（低压）	0.5	进户线	2.5

例如图2-18架空线路平面图，设架空线路采用裸铝绞线根数为4根，截面积为35mm²，电杆之间档距为50m，由平面图中导线根数可知，此线路为低压线路终端杆预留为0.5m，则线路中裸铝绞线工程量为

$$导线工程量=(线路总长度+\sum 预留长度)\times 导线根数$$
$$=(50\times 7+0.5\times 2)\times 4=1404\text{m}$$
$$定额单位数=总工程量/1000=1.404$$

导线主材数量 = 定额单位数 × 未计价主材 = 1.404 × 1013 = 1422.252m

假设裸铝导线单价为 10 元/m，则

导线主材费 = 导线主材数量 × 导线单价 = 1422.252 × 10 = 14 222.52 元

施工费与主材费预算见表 2-31。

表 2-31　　施工费与主材费预算表

序号	定额编号	项目名称	单位	数量	基价单价	基价合价	主材单价	主材合价
1	2-959	裸铝绞线 35mm^2	1km/单根	1.404	378.14	531		
2		裸铝绞线	m	1422.25			10	14 222.5

八、导线跨越及进户线架设

导线跨越的预算定额根据跨越对象有：跨越电力线、通信线或公路，跨越铁路，跨越河流。定额的计量单位为“处”，每个跨越间距按 50m 内考虑，$50\text{m}<L<100\text{m}$ 时，按两处，以此类推。一次跨越两个障碍物时，按两处跨越，依此类推。有多种（或多次）跨越物时，应根据跨越物种类分别执行定额。单线广播线不计算跨越物。跨越定额仅考虑因跨越而多耗的人工、机械台班和材料，在计算导线工程量时，不扣除跨越距的长度。

进户线架设，定额按导线截面积分项。计量单位为“100m/单线”，导线为未计价材料。需要注意的是低压进户线应从靠近建筑物而又便于引线的一根电杆上引下来，从电杆到建筑物上导线第一个支持点间的距离不宜大于 25m，否则要加进户线杆。工程量量计算公式为

$$导线工程量=(线路总长度+\sum 预留长度)\times 导线根数$$

九、杆上变配电设备安装

杆上变压器安装定额按变压器容量（kV·A）分项，计量单位为“台”。定额不包括变压器干燥、接地装置、检修平台和防护栏杆的制作安装，需另套相应定额。

杆上配电设备安装中杆上跌落式熔断器、避雷器、隔离开关安装以“组”计量；油开关、配电箱以“台”计量。其中配电箱安装定额中不包括焊（压）接线端子。

工作内容包括：支架、横担、撑铁安装，设备和绝缘子清扫、检查、安装，油开关注油，配线、接线、接地。但配电箱安装未包括焊（压）接线端子。

计算时注意：杆子、台架所用的铁杆、连引线材料、支持瓷瓶、线夹、金具等均作主要材料，依据设计的规格另行计算。接地装置安装和测试另套相应定额。杆上变压器及设备安装不包括检修平台或防护栏杆的制作安装，应另行计算。变压器干燥、检修平台和防护栏杆需另行计算。

【例 2-5】 有一架空线路工程共有 4 根电杆，人工费合计为 900 元，在山区施工，求人工增加费。

解 900×1.60×1.3−900=972 元

1）本例题是以山东省平原地区条件为准，如在在山区或者沼泽地区施工，可以把架空线路工程人工费的总和乘以系数 1.60 作为补偿。另外本计算是按照 5 根以上施工工程情况

测算的，如实际情况是5根或者不足5根，由于施工效率降低，需要补偿外线的全部人工费的30%。具体方法就是把以上人工费的总和再乘以系数1.3。

2）值得注意的是，当这两种系数都要考虑时，其人工费是累计计算的，而不是分别都用900作为基数。

【例2-6】 今有一外线工程，平面图如图2-20所示。采用LGJ-3×95导线，电杆高12m，档距均为50m，工地运输为人力运输设预算运输量为2000t，平均运距为5km；底盘的规格为1m×1m；进户线为BBX-3×95。求：

（1）列预算项目；

（2）写出各项工程量。

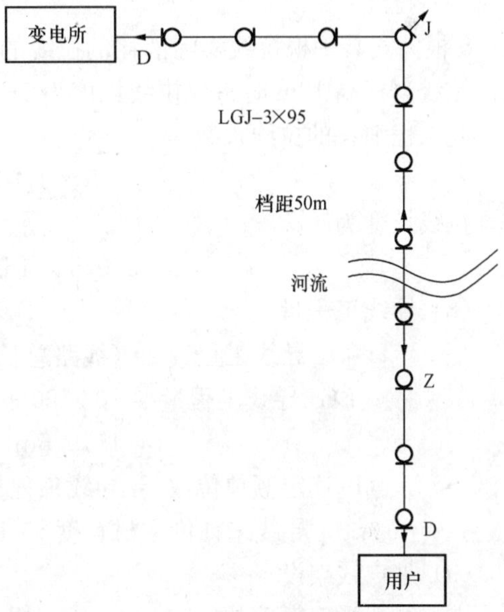

图2-20　某工程平面图

解　人力运输平均运距为5km，预算运输量为2000t，定额单位为"10t/km"，可知工地运输定额单位数为

$$(2000\div 10)\times(5\div 1)=1000$$

（1）计算土石方工程工程量$V_{总}$及定额单位数量

$$V_{单}=h/6[a^2+(a+a_1)^2+a_1^2]$$

$$a=L+2C=1+2\times 0.1=1.2\text{m}$$

$$a_1=a+2h\times 普通土边坡系数=1.2+2\times 2.5\times 0.3=2.7\text{m}$$

$$V_{单}=h/6[a^2+(a+a_1)^2+a_1^2]=2.5/6\times[1.2^2+(1.2+2.7)^2+2.7^2]$$

$$=9.975\text{m}^3$$

从图中可知共有11个电杆，5根拉线，则可知

$$V_{总}\ 土石方总工程量=V_{单}\times(杆数+拉线数)$$

$$=9.975\times(11+5)=159.6\text{m}^3$$

计算定额单位数（预算表格中的数量栏）。

因为土石方工程定额单位为"10m^3"，则

$$定额单位数=V_{总}/10=159.6/10=15.96$$

（2）底盘

11块，未计价材料为底盘主材块数为：11×1.005=11.055块。

（3）卡盘

13块（跨越杆按两块计算）卡盘主材块数为13×1.005=13.065块，安装卡盘的抱箍为13×1.01=13.13副，安装卡盘金具为13.13套。

（4）拉盘

5块实际消耗的拉线盘为5×1.005=5.025块，拉线棒为5×1.01=5.05个，安装卡盘的链接螺栓及金具5.05套。

（5）混凝土杆

11根，实际消耗电感为11×1.005=11.055根。

(6) 横担

11组，其中双横担5组，单横担6组，其中铁横担、绝缘子和链接铁件和螺栓为未计价材料，双横担每组消耗2根铁横担；进户横担2组。

(7) 拉线

5根。安装一根拉线实际消耗的拉线的数量为1.015根，拉线、抱箍和金具为未计价材料；拉线当杆高12m时每根拉线场度为16.14m。

此工程消耗的拉线根数为

$$5\times1.015=5.075\text{根}$$

拉线长度为

$$5.075\times16.14=81.9105\text{m}$$

(8) 导线工程量

导线工程量＝(线路总长度＋∑预留长度)×导线根数

LGJ导线工程量＝10×50＋2.0×2＋2.5×3

＝1519.5m(转角杆预留2.5m,终端杆预留2m)

LGJ定额单位数＝导线工程量/1000＝1519.5/1000＝1.5195

导线未计价主材长度＝1.5195×1013＝1539.2535m

(9) 进户线架设

进户线架设定额单位是“100m/单根”，进户线为未计价材料，每架设100m单根导线实际消耗导线数量为101.8m。

进户线工程量＝(线路总长度＋∑预留长度)×导线根数

＝(25×2＋2.0×2)×3

＝162m

进户线定额单位数为

定额单位数＝工程量/定额单位＝162/100＝1.62

实际消耗BBX导线长度为

进户线导线长度＝定额单位数×101.8＝1.62×101.8＝164.916m

(10) 导线跨越

由工程图可知架设导线跨越河流，河流宽度50m，工程量按1处计算。

预算见表2-32。

表2-32　　预　算　表

序号	定额号	项目名称	单位	数量	单价	合价	计费单价	计费基础
1	2-899	线路器材人力运输＞200m	10tk	100	4065.26	406526	4065.26	406526
2	2-902	挖普通土方	10	15.96	293.83	4690	267.86	4275
3	2-908	底盘	块	11	31.22	343	31.22	343
	主材-4130	底盘	块	11.06				
4	2-909	卡盘	块	13	13.62	177	13.62	177
	主材-4131	卡盘	块	13.07				

续表

序号	定额号	项目名称	单位	数量	单价	合价	计费单价	计费基础
	主材-4126	抱箍	副	13.13				
	主材-4135	连接螺栓及金具	套	13.13				
5	2-910	拉盘	块	5	11.08	55	11.08	55
	主材-4132	拉盘	套	5.03				
	主材-4134	拉线棒	个	5.05				
	主材-4135	连接螺栓及金具	套	5.05				
6	2-915	立混凝土杆 9m 内	根	11	68.7	756	47.86	526
	主材-4081	电杆	根	11.06				
7	2-942	四线单横担 1kV 内	组	6	16.4	98	13.62	82
	主材-4110	铁横担	根	6				
	主材-4506	绝缘子	个	24.48				
	主材-4136	连接铁件及螺栓	套					
8	2-953	普通拉线制安 $35mm^2$ 内	根	5	24.36	122	22.68	113
	主材-4549	拉线	根	5.08				
9	2-959	裸铝绞线架设单线 $35mm^2$ 内	km	1.52	378.14	575	220.06	334
	主材-2752	裸铝绞线	m	1539.25				
10	2-978	进户线架设单线 $35mm^2$ 内	hm	1.62	113.5	184	36.89	60
	主材-2751	导线	m	164.92				
11	2-977	导线跨越河流	处	1	467.87	468	350.65	351
12	说明-26	[措] 二册 脚手架搭拆费，二册人工费合计 412 842×4%，人工占 25%	元	1	16 513.68	16 514	4128.42	4128
		安装消耗量直接工程费				413 994		412 842
		安装消耗量定额措施费				16 514		4128

费用见表 2-33。

表 2-33　　　费　用　表

序号	费用名称	费率	费用说明	金额
1	一、直接费		(一) + (二)	556 012
2	(一) 直接工程费			413 994
3	其中：省价人工费 R_1			412 842
4	(二) 措施费		1+2+3	142 018
5	1. 参照定额规定计取的措施费			16 514
6	其中人工费			4128

续表

序号	费用名称	费率	费用说明	金额
7	2. 参照费率计取的措施费			125 504
8	（1）环境保护费	2.20%	R_1	9083
9	（2）文明施工费	4.50%	R_1	18 578
10	（3）临时设施费	12%	R_1	49 541
11	（4）夜间施工费	2.50%	R_1	10 321
12	（5）二次搬运费	2.10%	R_1	8670
13	（6）冬雨季施工增加费	2.80%	R_1	11 560
14	（7）已完工程及设备保护费	1.30%	R_1	5367
15	（8）总承包服务费	3%	R_1	12 385
16	其中人工费		(4) ×0.5＋［(5)＋(6)］×0.4＋［(1)＋(2)＋(3)＋(7)］×0.25	33 894
17	3. 施工组织设计计取的措施费			
18	其中：人工费 R_2		6＋16	38 022
19	二、企业管理费	42%	R_1+R_2	189 363
20	三、利润	20%	R_1+R_2	90 173
21	四、其他项目			
22	五、规费		1＋…＋6	43 532
23	（1）工程排污费	0.26%	一＋…＋四	2172
24	（2）定额测定费		一＋…＋四	
25	（3）社会保障费	2.60%	一＋…＋四	21 724
26	（4）住房公积金	0.20%	一＋…＋四	1671
27	（5）危险作业意外伤害险	0.15%	一＋…＋四	1253
28	（6）安全施工费	2%	一＋…＋四	16 711
29	六、税金	3.44%	一＋…＋五	30 240
30	七、设备费			
31	八、安装工程费用合计		一＋…＋七－社会保障费	887 596

本 章 小 结

1. 架空线路工程基础知识

10kV 以下架空线路是用电杆和横担组合将导线悬空架设、直接向用户供电的电力配电线路，架空配电线路由基础、电杆、导线、横担、绝缘子、金具等部分组成。10kV 以下架空线路的施工工序是电杆组立与绝缘子安装、电杆组立、横担安装、绝缘子安装、拉线安装、导线架设、杆上电气设备的安装。10kV 以下架空线路工程的施工工序、施工材料、施工方法等都要满足《建筑电气工程施工质量验收规范》(GB 50303—2002)。

2. 架空线路工程预算

架空线路预算项目主要包括工地运输、土石方工程、底盘拉线盘卡盘的安装及电杆防腐、电杆组立、横担安装、拉线制作安装、导线架设、导线跨越及进户线架设、杆上变配电设备安装。10kV 以下架空线路工程的工程量的计算依据是设计施工图、杆型图以及所附的设备材料表，计算顺序基本与预算项目相同。架空线路工程预算应根据定额预算项目，根据施工图计算各分项工程的工程量，套用相应定额子目，并计算未计价材料费用，得到施工直接费，最后汇总得到工程总造价。

习　题

1. 架空线路由什么组成？它有什么特点？

2. 按照电杆在线路中的作用，可将电杆分为哪几类？

3. 架空线路中常用的导线材料有哪些？

4. 10kV 以下架空线路中横担有哪几种类型？如何安装横担？

5. 为什么要装设拉线？如何计算拉线长度？

6. 本章定额是按平地施工条件考虑，如在其他地形条件下施工时，其人工和机械如何调整？

7. 10kV 以下架空线路，一次施工只有 5 根线杆以下时，怎样计算？

8. 10kV 以下架空线路杆坑土石方挖方量，当有杆坑施工图尺寸时，应如何计算挖方量？

9. 什么是 10kV 以下架空线路："导线架设跨越"？如何计算工程量？

第3章　电　缆　工　程

3.1　电缆工程基础知识

3.1.1　电缆配电线路

由于架空线路受自然环境、架设路线等因素影响，其应用受到很大的限制，电缆工程输配电线路已经成为城市电网建设的主要方向，在其规划、施工、运行的过程中也有特殊要求。

电缆线路和架空线路在电力系统中的作用完全相同，都作为传送和分配电能之用，电缆线路的基建费用，要比架空线路高出许多倍，但与架空线路相比，具有以下优点：

1）不受外界气候的干扰以及风筝、鸟害等的扰乱和影响，供电可靠。

2）有很长的使用寿命（一般长达30～40年或更长），安装敷设位置隐蔽，维护工作量小，线路安全性高。

3）一般埋于土壤中或敷设于室内、沟道、竖井中，因此不用杆塔，不占用道路空间，不影响市容美观，利于地上绿化建设。

4）具有向超高压、大容量发展的更为有利的条件，如低温超导电力电缆，并且与架空线路相比，截面相同时电缆导线的阻抗小。

电缆除具有可靠的电气性能外，还具有较强的防止化学腐蚀性，耐酸、碱和有机溶剂，对于电缆非油浸电缆还不受敷设落差的限制，可在任何落差甚至垂直的场合敷设。因此，电力电缆用于城市的地下电网，发电厂的引出线路，工矿企业，事业单位内部供电以及过江、过海峡的水下输电线路等。

电缆多用于对环境要求较高的城市供电线路，在现代建筑设施中得到广泛应用。但电缆线路与架空线路相比，又具有以下缺点：制造工艺复杂，造价高，投资费用大。敷设后更动困难，发生故障寻找困难，不便于维修。检修技术复杂，工作量大等。

一、电缆分类

电缆按其结构及作用可分为电力电缆、控制电缆K、电话电缆H、信号电缆P等；按电压可分为低压电缆（小于1kV）、高压电缆（大于1kV）；电缆按芯数分有一芯、二芯、三芯、四芯、五芯等。按绝缘材料分纸绝缘Z、橡皮绝缘X、聚氯乙烯绝缘V、聚乙烯绝缘Y和交联聚乙烯绝缘YJ电缆。电缆的种类很多，在输配电系统中最常用的是电力电缆和控制电缆。

（一）电力电缆

电力电缆主要用来输送和分配大功率电能的。电力电缆的主要特点是，线芯数少，线芯的截面积比较大，线芯材料分别为铝芯L和铜芯T，如图3-1所示电力电缆。按照所采用的绝缘材料分为纸绝缘Z、橡皮绝缘X、聚氯乙烯绝缘V、聚乙烯绝缘Y和交联聚乙烯绝缘

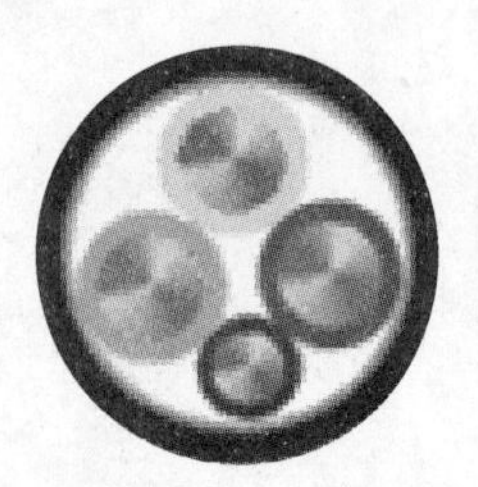
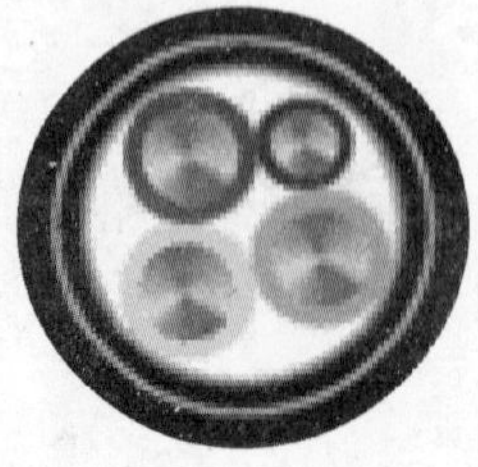

图3-1　电力电缆

YJ 电力电缆。

（1）纸绝缘电力电缆

纸绝缘电力电缆有油浸、不滴油电力电缆两种。油浸纸绝缘电力电缆具有使用寿命长、耐压强度高、热稳定性好等优点，且制造工艺及运行维护技术比较成熟，是传统的主要产品，目前在工程上应用较多，其内护层一般用铅包或者铝包。缺点是工艺要求复杂，敷设时容许弯曲半径不能太小，尤其低温时敷设困难，要先经过预先加热，电缆连接和电缆头的制作技术要求也比较高；敷设有位差时，造成低端漏油将铅包和铝包涨破，高端绝缘击穿。不滴油浸渍绝缘电力电缆则避免了油的流淌问题，特别适合有敷设位差、垂直敷设及在热带地区使用，制造工艺更加复杂，纸绝缘一般用在超高压等特殊情况下。

（2）塑料电缆

聚氯乙烯绝缘电力电缆、聚乙烯绝缘电力电缆、交联聚乙烯绝缘电力电缆，习惯简称为塑料电缆。塑料电缆没有敷设位差限制，制造工艺简单，施工及维修都比较方便，抗腐蚀性也比较好；电缆的敷设、维护、连接都比较方便，因此，目前在工程上得到了越来越广泛的应用，特别是在 1kV 以下电力系统中已基本取代了油浸纸绝缘电力电缆。

（3）橡皮绝缘电力电缆

一般在交流 500V 以下，直流 1kV 以下电力线路中使用。

电力电缆按照芯数分有单芯、双芯、三芯、四芯等几种。单芯电缆一般用来输送直流电、单相交流电或高压静电发生器的引出线；双芯电缆用于输送直流电和单相交流电；三芯电缆用于三相交流电网中，是应用最广泛的一种；四芯电缆用于中性点接地的三相四线制系统中。

（二）控制电缆

控制电缆其型号的第一个字母为 k，在配电装置中传输操作电流，连接电力仪表，继电保护和自动控制等回路用，属于低压电缆。运行电压一般在交流 500V 或直流 1kV 以下，电流不大，是间断性负荷；线芯为铜芯，截面较小，截面积一般为 1.5～10mm^2，均为多芯电缆，芯数从 4 芯到几十芯，图 3-2 为控制电缆。控制电缆的绝缘层材料及规格型号表示与电力电缆基本相同。控制电缆中还有耐高温控制电缆，它适用于交流额定电压 300/500V 及以下，用于高温环境中的信号检测。尤其适用于消防与保安系统保护回路的控制及动力的传输线。例如聚氯乙烯绝缘聚氯乙烯护套控制电缆 KVV 适用于额定电压 450/750V 及以下或 0.6/1kV 及以下控制、信号、保护及测量系统接线用。

图 3-2 控制电缆

控制电缆敷设要符合一定的施工规范，由于控制电缆主要传输控制信号，信号比较微弱，一般控制电缆不能有接头，但在下列情况下可有接头，但必须连接牢固，并不应受到机械拉力：当敷设的长度超过其制造长度时。必须延长已敷设竣工的控制电缆时。当消除使用中的电缆故障时。

另外还有特殊用途的电缆，由于特殊用途电缆种类繁多，在此仅做简单介绍。用于高温环境的氟塑料电缆，聚偏二氟乙烯绝缘、护套电缆连续工作温度 150℃，聚全氟乙丙烯绝缘、护套电缆连续工作温度 100℃，聚四氟乙烯绝缘、护套电缆连续工作温度 260℃。用于油污染环境的丁氰复合物绝缘电缆，运行最高额定温度 105℃。用于经常移动环境的硅橡胶电缆，运行最高额定温度180℃。此外，还有专用的低温、防水、防虫鼠害、矿用电缆等。常用电缆中，虽然聚氯乙烯护套电力电缆防水性能等方面优于聚乙烯护套电力电缆，但在火灾条件下，聚氯乙烯释放出的有害气体远超过聚乙烯。

电缆防火在实际工程应用中非常重要。阻燃电缆ZR，阻燃产品比非阻燃产品能提供15倍以上的逃生时间；阻燃材料烧掉的材料仅为非阻燃材料的1/2；阻燃材料的热释放率仅为非阻燃材料的1/4；燃烧产品总的毒气气体量，如以一氧化碳的相当量表示，阻燃产品仅为非阻燃产品的1/3；普通阻燃产品与非阻燃产品的产烟性能、产烟量无大的区别。阻燃电缆按标准分为A、B、C三类，在工程设计中宜选择A类阻燃电缆。减少在同一防火隔断（例如同一桥架、同一竖井）内的电缆数量，有助于提高电缆的阻燃能力。

耐火电缆NH：根据规定耐火试验温度分为两类：A类为950～1000℃，考核时间为90min，B类为750～800℃，考核时间为90min。即电缆在外部火源750～800℃（或950～1000℃）直接燃烧下，90min内仍能通电，就判定为B类或A类耐火电缆。

有机类耐火电缆在铜导体上包绕云母耐火带（耐高温800℃）作为耐火层，然后按不同型号挤上一定厚度的正常绝缘层，最后电缆芯间填充层和最外层的护套与普通电缆一样。无机类又称为矿物质绝缘型或者氧化镁绝缘电缆，其外护套为铜管或特种合金管，在外护套和铜芯导体之间填充氧化镁作为绝缘材料，由于氧化镁的熔点为2800℃，铜管（外护套）的熔点为1083℃，特种合金管可以保证在825℃无变形，因此只要外护套不受破坏，该电缆就能正常工作，其耐火性能远超过有机类耐火电缆。在工程设计中不要轻易提出要求使用A类耐火电缆，因为NH-YJV或NH-VV一般都达不到A类要求，而矿物质绝缘电缆耐火性能虽然优异，但造价远高于普通耐火电缆，对施工的要求更加严格，另外由于是独芯电缆，各相对N、对PE间距不同，单相短路、接地短路阻抗（电抗）有一定差异。

二、电缆的基本结构

电缆的基本结构都是由导电线芯、绝缘层及保护层3个主要部分组成。

(1) 导体

用来传导电流的，常采用铜或铝作电缆导体。

(2) 绝缘层

包在导体外面起绝缘作用。绝缘层所用材料有纸绝缘、橡皮绝缘和塑料绝缘三种。

(3) 保护层

保护层分为内护层和外护层两部分。内护层主要起保护绝缘层的作用。所用材料为铅包、铝包、聚氯乙烯套和聚乙烯套等。外护层是用来保护内护层的，防止内护层受到机械损伤或者化学腐蚀等，包括铠装层和外被层两部分。

其结构示意图如图3-3所示。

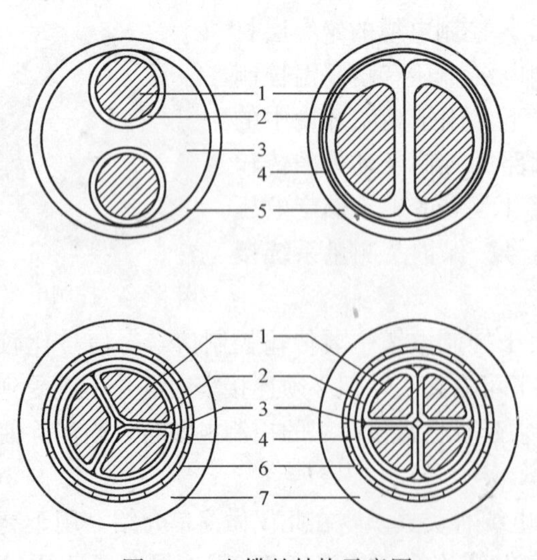

图3-3 电缆的结构示意图

1—铝（铜）芯导体；2—绝缘层；3—填充层；4—内护层；5—外护层；6—铠装层；7—外被层

三、电缆产品的型号和表示方法

电缆的型号表示的内容包括电缆的结构

种类、绝缘材料种类、导电线芯种类以及铠装保护层种类等。我国电缆产品的型号均采用汉语拼音和阿拉伯数字组成，按照电缆结构的排列顺序为：绝缘材料、导体材料、内护层、外护层。用汉语拼音的大写字母表示绝缘种类、导体材料、内护层材料和结构特点；用阿拉伯数字表示外护层构成，有两位数字，无数字表示无铠装层、无外被层，第一位数字表示铠装类型，第二位数字表示外被层类型。具体见表 3-1、表 3-2。

表 3-1　　电缆型号中字母含义及排列顺序

类　别	绝缘种类	线芯材料	内护层	其他特征	外护层	
电力电缆（不表示）	Z—纸绝缘		V—聚氯乙烯护套	D—不滴流		
K—控制电缆	V—聚氯乙烯		Y—聚乙烯护套	F—分相		
P—信号电缆	X—橡皮绝缘	L—铝	L—铝护套	CY—充油	铠装类型	外被层类型
Y—移动式软电缆	Y—聚乙烯	T—铜（省略）	Q—铅护套	P—贫油干绝缘		
H—电话电缆	YJ—交联		H—橡胶护套	P—屏蔽		
B—绝缘电缆	聚乙烯		F—氯丁橡胶护套	Z—直流		

表 3-2　　电缆外护层代号的含义

第一个数字		第二个数字	
代　号	铠装类型	代　号	外被层类型
0	无	0	无
1	—	1	纤维绕包
2	双钢带	2	聚氯乙烯护套
3	细圆钢丝	3	聚乙烯护套
4	粗圆钢丝	4	—

根据电缆的型号，就可以读出该电缆的名称。例如 ZLQD$_{22}$表示铝芯不滴油纸绝缘铅包双钢带铠装聚氯乙烯外护套电力电缆；KVV$_{22}$表示聚氯乙烯外护层、双钢带铠装、聚氯乙烯内护层、聚氯乙烯绝缘的铜芯控制电缆。

电缆型号实际上是电缆名称的代号，反映不出电缆的具体规格、尺寸。完整的电缆表示方法是在型号后再加上说明额定电压、芯数和标称截面积的阿拉伯数字。例如 VV$_{42}$-10-3×50 表示铜芯、聚氯乙烯绝缘、粗圆钢线铠装、聚氯乙烯护套、额定电压 10kV、3 芯、标称截面积 50mm^2 的电力电缆。

另外阻燃电缆在代号前加 ZR；耐火电缆在代号前加 NH。常见的电力电缆型号有：YJV、YJLV；YJV$_{22}$、YJLV$_{22}$；VV$_{22}$、VLV$_{22}$；VV、VLV；YJY、YJLV；YJY$_{23}$、YJLY$_{23}$。控制电缆型号见表 3-3。

四、电缆头

（一）电缆终端头、电缆中间头

电缆敷设好后，为使其成为一个连续的线路，各线段必须连接为一个整体，这些连接点则称为接头。电缆线路两末端的接头称为终端头，中间的接头称为中间头。它们可以使电缆保持密封，使线路畅通，并保证电缆连接头处的绝缘等级，使其安全可靠地运行。

（二）电缆头的分类

电力电缆头分为终端头和中间接头，按线芯材料可分为铝芯电力电缆头和铜芯电缆头；

按安装场所为户内式和户外式；按电缆头制作材料分为干包式、环氧树脂浇注式和热缩式三类。

表 3-3 控制电缆型号

型号	名称	芯数	标称截面
KVV	铜芯聚氯乙烯绝缘聚氯乙烯护套控制电缆	2～61 根	0.5～10mm²
KVVP	铜芯聚氯乙烯绝缘聚氯乙烯护套编织屏蔽控制电缆		
KVVPP2	铜芯聚氯乙烯聚绝缘氯乙烯护套铜带屏蔽控制电缆		
KVV_{22}	铜芯聚氯乙烯绝缘聚氯乙烯护套钢带铠装控制电缆		
KPR	铜芯聚氯乙烯绝缘聚氯乙烯护套控制软电缆		
KVVRP	铜芯聚氯乙烯绝缘聚氯乙烯护套编织屏蔽控制软电缆		
KVVP-22	铜芯聚氯乙烯聚氯乙烯护套铜丝编织屏蔽控制电缆钢带铠装		
KVVP2-22	铜芯聚氯乙烯绝缘聚氯乙烯护套铜带屏蔽钢带铠装控制电缆		

其中，干包式电力电缆头的制作、安装方法，不用任何绝缘浇注剂，而是用软“手套”和聚氯乙烯带干包成型。它的特点是体积小、重量轻、工艺简单、成本低廉。适用于户内低压橡皮电力电缆。在安装定额中列出了户内终端头和户内中间头。

环氧数脂浇注式电缆头是由环氧数脂外壳和套管，配以出线金具，经组装后浇注环氧数脂复合物而成。环氧树脂是一种优良的绝缘材料，特别具有机械强度高，成形容易，阻油能力强和粘接性优良等特点，因而获得了广泛应用，主要应用油浸纸绝缘电缆。安装定额中区分户内和户外两类，列有终端头和中间接头子目。

热缩式电缆头是近几年推出的一种新型电力电缆终端头，以橡塑共混的高分子材料加工成型，然后在高能射线的作用下，使原来的线性分子结构交联成网状结构。生产时将具有网状结构的高分子材料加热到结晶熔点以上，使分子链“冻结”成定型产品。施工时，对热缩型产品加热，“冻结”的分子链突然松弛，从而自然收缩，如有被裹的物体，它就紧紧包覆在物体的外面。适用于 0.5～10kV 交联聚乙烯电缆及各种类型的电力电缆。安装定额内区分户内式、户外式和终端头、中间头，并区分高压（10kV 以下）和低压（1kV 以下）。

3.1.2 电缆的敷设

电缆结构是导体、绝缘层及其保护层都容于一个整体之中，所以电缆线路工程实际就是电缆的敷设问题。

一、电缆敷设的一般规定

电缆的敷设方式比较多，究竟选择哪种敷设方式，应根据工程条件，电缆线路的长短，电缆的数量等条件具体决定，但是作为施工单位，只能依据设计图纸进行施工，电缆敷设时应遵循以下规定：

1）电力电缆型号、规格应符合施工图样的要求。

2）电缆敷设时不应损坏电缆沟、隧道、电缆井和人井的防水层。

3）并联运行的电力电缆其长度、型号、规格应相同。

4）电缆敷设时，在以下各处应预留一定长度：在电缆进出建筑物处；电缆中间头、终端头；进入高压柜、低压柜、动力箱处；过建筑物伸缩缝、过电缆井等处。电缆直埋敷设时还得预留“波纹长度”，一般按1.5%～2.5%，以防热胀冷缩受到拉力。对于电话电缆和射频同轴电缆的预留长度，电气安装工程定额也已经预留了20%的裕度。

5）电缆敷设时，弯曲半径不应小于表3-4的规定值。

表3-4 电缆最小允许弯曲半径与电缆外径的比值

<table>
<tr><th colspan="3">电缆形式</th><th>多芯</th><th>单芯</th></tr>
<tr><td colspan="3">控制电缆</td><td>10</td><td></td></tr>
<tr><td rowspan="3">橡皮绝缘电力电缆</td><td colspan="2">无铅包、钢铠护套</td><td colspan="2">10</td></tr>
<tr><td colspan="2">裸铅包护套</td><td colspan="2">15</td></tr>
<tr><td colspan="2">钢铠护套</td><td colspan="2">20</td></tr>
<tr><td colspan="3">聚氯乙烯绝缘电力电缆</td><td colspan="2">10</td></tr>
<tr><td colspan="3">交联聚乙烯绝缘电力电缆</td><td>15</td><td>20</td></tr>
<tr><td rowspan="3">油浸纸绝缘电力电缆</td><td colspan="2">铅包</td><td colspan="2">30</td></tr>
<tr><td rowspan="2">铅包</td><td>有铠装</td><td>15</td><td>20</td></tr>
<tr><td>无铠装</td><td>20</td><td></td></tr>
<tr><td colspan="3">自容式充油（铅包）电缆</td><td></td><td>20</td></tr>
</table>

6）油浸纸绝缘电缆最高点与最低点的最大位差不应超过表3-5的规定值。

表3-5 油浸纸绝缘电力电缆最大允许敷设位差

<table>
<tr><th>电压等级（1kV）</th><th>电缆护层结构</th><th>最大允许敷设位差（mm）</th></tr>
<tr><td rowspan="2">1</td><td>无铠装</td><td>20</td></tr>
<tr><td>有铠装</td><td>25</td></tr>
<tr><td>6～10</td><td>无铠装或有铠装</td><td>15</td></tr>
</table>

7）电缆垂直敷设或超过45°倾斜敷设时，在每个支架上均需固定，各支持点的距离应按设计规定。电缆支持点间的距离不应超过表3-6中的规定值；水平敷设时则只在电缆首末两端、转弯处及接头处的两端处固定。其中，当控制电缆与电力电缆在同一支架上敷设时，支持点间的距离应按控制电缆要求的数值处理。

表3-6 电缆各支持点间的距离

<table>
<tr><th colspan="2" rowspan="2">电缆种类</th><th colspan="2">敷设方式</th></tr>
<tr><th>水平</th><th>垂直</th></tr>
<tr><td rowspan="2">电力电缆</td><td>全塑型</td><td>400</td><td>1000</td></tr>
<tr><td>除全塑型外的中低压电缆</td><td>800</td><td>1500</td></tr>
<tr><td colspan="2">控制电缆</td><td>800</td><td>1000</td></tr>
</table>

8）电缆敷设时，电缆应从电缆盘的上端引出，避免电缆在支架上及地面上摩擦拖拉。用机械敷设时的最大牵引强度宜符合表3-7的要求。其敷设速度不宜超过15m/min。

9）敷设电缆时，敷设现场的温度不应低于表3-8的数值，否则对电缆进行加热处理。

10）敷设电缆时不宜交叉，应排列整齐，加以固定，并及时装设标志牌。装设标志牌应符合下列要求。

表 3-7　　电缆最大允许牵引强度　　N·mm^2

牵引方式	牵引头		钢丝网套		
受力部位	铜芯	铝芯	铅套	铝套	塑料护套
允许牵引强度	70	40	10	40	7

表 3-8　　电缆最低允许敷设温度

电　缆　类　型	电　缆　结　构	最低允许敷设温度（℃）
油浸纸绝缘电力电缆	充油电缆	−10
	其他油纸电缆	0
橡皮绝缘电力电缆	橡皮或聚氯乙烯护套	−15
	裸铅套	−20
	铅护套钢带铠装	−7
塑料绝缘电力电缆		0
控制电缆	耐寒护套	−20
	橡皮绝缘聚氯乙烯护套	−15
	聚氯乙烯绝缘聚氯乙烯护套	−10

①在电缆终端头、电缆中间接头、拐弯处、夹层内及竖井的两端、人井内等地方应装设标志牌。

②标志牌上应注明线路编号（当设计无编号时，则应注明规格、型号及起始点），标志牌的字迹应清晰不易脱落。当无编号时，应写明电缆型号，规格及起止地点；并联使用的电缆应有顺序号。

③标志牌的规格应统一，标志牌应能防腐，挂装应牢固。

注意：电缆的固定也应符合下列要求：

a. 在下列地方应将电缆加以固定：

(a) 垂直敷设或超过 45°倾斜敷设的电缆在每个支架上，桥架上每隔 2m 处。

(b) 水平敷设的电缆，在电缆首末两端及转弯、电缆接头的两端处，当对电缆间距有要求时，每隔 5～10m 处。

(c) 单芯电线的固定应符合设计要求。

b. 交流系统的单芯电缆或分相后的分相铅套电缆的固定夹具不应构成闭合磁路。

c. 裸铅（铝）套电缆的固定处，应加软衬垫保护。

d. 护层有绝缘要求的电缆，在固定处应加绝缘衬垫。

11）电力电缆接头盒位置应符合要求。地下并列敷设的电缆，接头盒的位置宜相互错开；接头盒外面应有防止机械损伤的保护盒（环氧树脂接头盒除外）。位于冻土层的保护盒，盒内应注满沥青，以防止水分进入盒内因冻胀而损坏电缆接头。

12）电缆进入电缆沟、竖井、建筑物以及穿入管子时，出入口应封闭，管口应封闭。

注意：三相四线制系统中应采用四芯电力电缆，不应采用三芯电缆另加一根单芯电缆或以导线、电缆金属护套作中性线。

二、电缆的敷设方法及施工注意事项

首先，要知道电缆线路安装应具备的条件：

1）相关预留孔洞、预埋件、电缆沟、隧道、竖井及人孔等土建工程结束且无积水，安置牢固；电缆沟、隧道、竖井及人孔等处的地坪及抹面工作结束。

2）电缆敷设沿线无障碍物，电缆层、电缆沟、隧道等处的施工临时设施、模板及建筑废料等清理干净、施工用道路畅通，盖板齐全。

3）敷设电缆用的脚手架搭设完毕且符合安全要求。

4）电缆竖井内敷设沿线照明应满足施工要求。

5）直埋电缆沟按规范要求挖好，电缆竖井施工完毕，底砂铺完并清除沟内杂物，盖板及砂子运到沟旁。

电力电缆可以敷设于室外，也可以敷设在室内。其主要敷设方式有直接埋地敷设、电缆沿沟支架敷设、电缆隧道内敷设、电缆桥架敷设、电缆线槽敷设和电缆竖井内敷设。在电气设备消耗量定额中列有电缆埋地敷设、穿管敷设、沿竖直通道敷设，以及其他方式敷设。

电缆工程敷设方式的选择，应视工程条件、环境特点和电缆类型、数量等因素，且要满足运行可靠，便于维护的要求和技术经济合理的原则来选择。在建筑工程中，埋地敷设是最常用、最经济的一种敷设方式。

（一）电缆直接埋地敷设

电缆直埋是指沿已确定的电缆线路挖掘沟道，将电缆埋在挖好的地下沟道内。因电缆直接埋设在地下不需要其他设施，故电缆直埋敷设的施工简便且造价低，节省材料。同时，由于埋在地下，电缆的散热性能好，对提高电缆的载流量有一定的好处。但同样存在容易受土壤中酸碱物质腐蚀的缺点。一般沿同一路径敷设的电缆根数较少（6 根以下），敷设的距离较长时多采用此法；而多于 6 根时则易采用电缆沟内沿支架敷设的方式。在电缆线路路径上有可能使电缆受到机械性损伤、化学作用、地下电流、振动、热影响、虫鼠等危害的地段，应采取保护措施。埋地敷设的电缆宜采用有外护层的铠装电缆。

电缆直埋敷设的施工方法比较简单，基本施工程序如下：测量画线→开挖电缆沟→铺沙或软土（100mm 厚）→敷设电缆→盖砂或软土（100mm 厚）→盖砖或保护板→回填土→设置标桩。

测量画线是指按图纸用白灰（或其他材料）在地面上划出电缆行径的线路和沟的宽度。电缆沟的宽度取决于电缆的数量，如数条电力电缆或与控制电缆在同一沟中，则应考虑散热等因素，其宽度见表 3-9。

电缆沟的形状及电缆埋设示意图如图 3-4 为电缆埋设示意图。

在敷设电缆时，应首先把运到现场的电缆进形核算，确定电缆的长度和中间头的安装位置。注意不要把电缆的接头放在道路的交叉处，建筑物的大门口以及其他管道交叉的地方，如在同一条电缆沟内有数条电缆并列敷设时，电缆接头的位置应相互错开，使接头保持在 2m 以上的距离，以便日后检修。

电缆的敷设一般有两种方法：人工敷设和机械牵引敷设。

电缆的上下均须铺以不小于 100mm 厚的细砂或软土，再在上面铺盖一层砖或水泥预制保护盖板，其覆盖宽度应超过电缆两侧各 50mm。以便将来挖土时，不易损伤电缆。电缆沟回填土应充分填实，覆土应高于地面 150～200mm，以备松土沉陷。

表 3-9 电缆壕沟宽度表

电缆壕沟宽度 B（mm）		控制电缆根数						
		0	1	2	3	4	5	6
10kV及以下电力电缆根数	0		350	380	510	640	770	900
	1	350	450	580	710	840	970	1100
	2	500	600	730	860	990	1120	1250
	3	650	750	880	1010	1140	1270	1400
	4	800	900	1030	1160	1290	1420	1550
	5	950	1050	1180	1310	1440	1570	1800
	6	1100	1200	1330	1460	1590	1720	1850

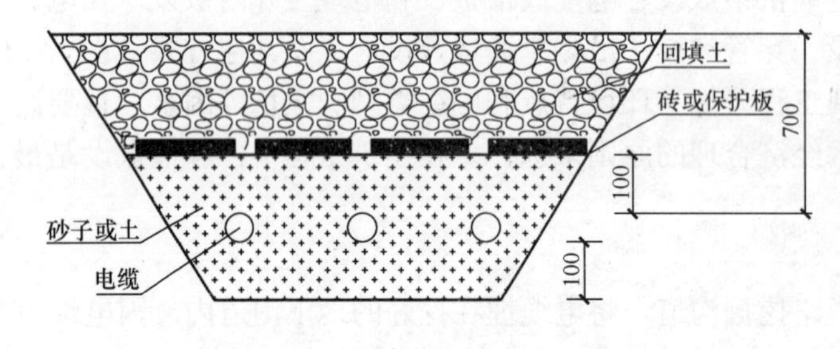

图 3-4 电缆埋设示意图

完工后，应沿电缆线路的两端和转弯处均竖立一根露在地面上的混凝土标桩，在标桩上注明电缆的型号、规格、敷设日期和线路走向等，以便日后检修。

（二）电缆埋地敷设的其他要求

1）必须使用铠装及防腐层保护的电缆。

2）电缆在室外直接埋地敷设时，电缆上部外皮至地面的深度不小于 0.7m。

3）经过农田或 66kV 以上的电缆敷设时，埋设深度不应小于 1000mm。

4）当遇到障碍物或冻土层较深的地方，则应适当加深，使电缆埋设与冻土层之下。当无法埋深时，要采取措施，防止电缆受到损伤。

5）当电缆与铁路、公路、城市街道、厂区道路交叉时，应敷设于坚固的保护管或隧道内。

6）电缆保护管顶面距轨底或公路面的距离不应小于 1m。保护管的两端宜伸出路基两边各 2m，伸出排水沟 0.5m，跨城市街道宜伸出车道路面。

7）多根电缆同敷于一沟时，10kV 以下电缆平行距离平均为 170mm，10kV 以上为 350mm。

8）电缆埋地敷设时，要留有电缆全长的 1.5%～2.5%曲折弯长度。

注意： 严禁将电缆平行敷设于管道的上方或下方。特殊情况应按下列规定执行：

1）不同使用部门的电缆，不同电压等级的电缆设于同一电缆沟内时，电缆与电缆之间用砖或隔板隔开，电缆间的平行距离可降为 100mm。若电缆与电缆之间不隔开，电缆间的平行距离不小于 500mm。

2）电力电缆间、控制电缆间以及它们相互之间，不同使用部门的电缆间在交叉点前后 1m 范围内，当电缆穿入管中或用隔板隔开时，其交叉净距可降为 250mm。

3）电缆与热管道（沟）、油管道（沟）、可燃气体及易燃液体管道（沟）、热力设备或其他管道（沟）之间，虽净距能满足要求，但检修管路可能伤及电缆时，在交叉点前后 1m 范围内，尚应采取保护措施，当交叉净距不能满足要求时，应将电缆穿入管中，其净距可减为250mm。

4）通过河流的电缆，应敷设于河床稳定及河岸很少受到冲损的地方。在码头、锚地、港湾、渡口及有船停泊处敷设电缆时，必须采取可靠的保护措施。当条件允许时，应深埋敷设。

（三）电缆穿保护管敷设

当电缆与铁路、公路、城市街道、厂区道路交叉，电缆进建筑物隧道，穿过楼板及墙壁以及其他可能受到机械损伤的地方时，应预先埋设电缆保护管，然后将电缆穿在管内。这样能防止电缆受到机械损伤，而且便于检修时电缆的拆换。电缆保护管的管材有多种，定额中列有铸铁管、混凝土管、石棉水泥管、钢管、塑料管。管的内径应不小于电缆直径的1.5倍，且敷设时要有0.1%的坡度。管道内部应清洁，无杂物堵塞。如果采用钢管，应在埋设前将管口加工成喇叭形，在电缆穿管时，可以防止管口割伤电缆。电缆穿管时，应符合以下规定：

1）每根电力电缆应单独穿入一根管内，但交流单芯电力电缆不得穿入钢管内。

2）裸铠装控制电缆不得与其他外护套电缆穿入同一根管内。

3）敷设在混凝土管、陶土管、石棉水泥管的电缆，可使用塑料护套电缆。

同时，电缆管不应有穿孔、裂缝和显著的凹凸不平，内壁应光滑，金属电缆管不应有严重锈蚀。硬质塑料管不得用在温度过高或过低的场所。在易受机械损伤的地方和在受力较大处直埋时，应采用足够强度的管材。电缆管的加工应符合下列要求：

1）管口应无毛刺和尖锐棱角，管口宜做成喇叭形。

2）电缆管在弯制后，不应有裂缝和显著的凹瘪现象，其弯扁程度不宜大于管子外径的10%；电缆管的弯曲半径不应小于所穿入电缆的最小允许弯曲半径。

3）金属电缆管应在外表涂防腐漆或涂沥青，镀锌管锌层剥落处也应涂上防腐漆。

混凝土管、陶土管、石棉、水泥管除应满足上述要求外，其内径尚不宜小于100mm。每根电缆管的弯头不应超过3个，直角弯不应超过2个。

另外，电缆管明敷时应符合下列要求：

1）电缆管应安装牢固；电缆管支持点间的距离，当设计无规定时，不宜超过3m。

2）当塑料管的直线长度超过30m时，宜加装伸缩节。

电缆在排管内的敷设，应采用塑料护套电缆或裸铠装电缆。电缆排管应一次留足备用管孔数，但电缆数量不宜超过12根。当无法预计发展情况时，可留1～2个备用孔。当地面上均匀荷载超过10t/m^{2}时或排管通过铁路及遇有类似情况时，必须采取加固措施，防止排管受到机械损伤。排管孔的内径不应小于电缆外径的1.5倍。但穿电力电缆的管孔内径不应小于90mm；穿控制电缆的管孔内径不应小于75mm。

电缆排管的敷设安装应符合下列要求：

1）排管安装时，应有倾向人孔井侧不小于0.5%的排水坡度，并在人孔井内设集水坑，以便集中排水。

2）排管顶部距地面不应小于0.7m，在人行道下面时不应小于0.5m。

3）排管沟底部应垫平夯实，并应铺设厚度不小于60mm的混凝土垫层。

排管可采用混凝土管、陶土管或塑料管。在转角、分支或变更敷设方式改为直埋或电缆沟敷设时，应设电缆人孔井。在直线段上，应设置一定数量的电缆人孔井，人孔井间的距离不宜大于100m。电缆人孔井的净空高度不应小于1.8m，其上部人孔的直径不应小于0.7m。

（四）电缆沿沟支架敷设

电缆沿电缆沟（或电缆隧道）敷设时室内外常见的一种敷设方式。电缆沟一般在地面以下，而电缆隧道是尺寸较大的电缆沟，有混凝土浇筑或用砖砌而成，沟顶用盖板盖住。有的沟内装有电缆支架，电缆均挂在支架上，支架可以为单侧也可以是双侧。表3-10为电缆支架允许间距。图3-5为电缆沿电缆沟内支架敷设示意图。

表3-10 电缆支架间或固定点间的最大间距 m

敷设方式	塑料护套、铝包、铅包、钢带铠装		钢丝铠装
	电力电缆	控制电缆	
水平敷设	0.8	0.8	3.0
垂直敷设	1.5	1.0	6.0

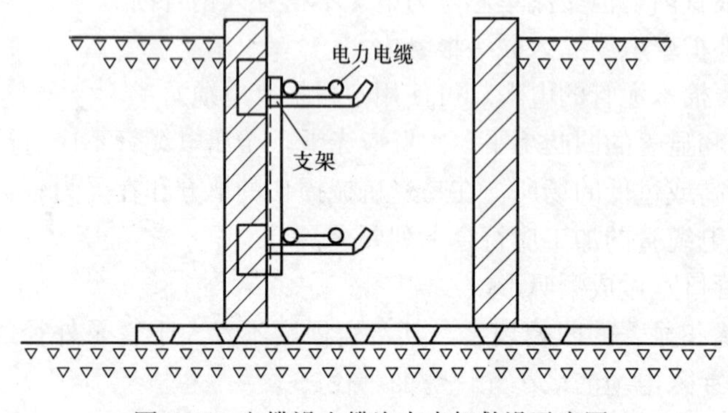

图3-5 电缆沿电缆沟内支架敷设示意图

同一路径敷设电缆较多，而且按规划沿此路径的电缆线路有增加时，为施工及今后使用、维护的方便，宜采用电缆沟敷设。电缆沟应采取防水措施，其底部应做成坡度不小于0.5%的排水沟，积水可直接排入排水管道或经集水坑用泵排出。电缆沟应设置有防火隔离措施，在进、出建筑物处一般设有隔水墙。

电缆沿电缆沟支架敷设的一般要求：

1）当电缆根数大于6时，宜采用电缆沟敷设或者电缆隧道内敷设。

2）电缆支架间安装的水平距离应满足表3-10的要求。

3）一般电力电缆与控制电缆同沟敷设，所设计支架的安装距离一般为800mm左右。

4）电缆沟验收：电缆沟应平整，且有0.5%的坡度，沟内要保持干燥，沟壁沟底应采用防水砂浆抹面，防止地下水渗入。室外电缆沟内应设置适当数量的积水坑，即将沟内的积水排出，一般每隔50m设一个，积水坑尺寸以400mm×400mm×400mm为宜。

5）支架上的电缆的排列应按设计要求，当设计无要求时，应符合以下要求：电力电缆和控制电缆应分开排列；当电力电缆和控制电缆敷设在同一侧支架上时，应将控制电缆放置电力电缆下面，1kV以下电缆应放在10kV以下电力电缆的下面（充油电缆除外）。

6）电缆支架或支持点间的距离可参照表3-6。

7）支架必须可靠接地并做防腐处理。

8）当电缆须在沟内穿越墙壁或楼板时，应穿钢管保护。

9）电缆敷设完毕后，将电缆沟用盖板盖好。

（五）电缆沿支架敷设

电缆沿支架敷设一般在车间、厂房和电缆沟内，在安装的支架上用卡子将电缆固定。

在厂房内电缆沿墙、柱敷设，方法与电缆支架安装相同。多条电缆的排列，应符合下列要求：

1）电力电缆和控制电缆不应配置在同一层支架上。

2）高低压电力电缆，强电，弱电控制电缆应按顺序分层配置，一般情况宜由上而下配置，但在含有35kV以上高压电缆引入柜盘时，为满足弯曲半径要求，可由下而上配置。

电缆支架的加工应符合下列要求：

1）钢材应平直，无明显扭曲。下料误差应在5mm范围内，切口应无卷边、毛刺。

2）支架应焊接牢固，无显著变形。各横撑间的垂直净距与设计偏差不应大于5mm。

3）金属电缆支架必须进行防腐处理。位于湿热、盐雾以及有化学腐蚀地区时，应根据设计作特殊的防腐处理。

电缆在支架上的敷设应符合下列要求：

1）控制电缆在普通支架上，不宜超过1层；桥架上不宜超过3层。

2）交流三芯电力电缆，在普通支吊架上不宜超过1层；桥架上不宜超过2层。

3）交流单芯电力电缆，应布置在同侧支架上。当按紧贴的正三角形排列时，应每隔1m用绑带扎牢。

（六）电缆沿钢索架设

钢索上电缆布线吊装时，水平敷设时，电力电缆固定点间的间距不应大于750mm：控制电缆固定点间的间距不应大于600mm。垂直敷设时，电力电缆固定点间的间距不应大于1500mm，控制电缆固定点间的间距不应大于750mm。

（七）电缆沿桥架敷设

电缆桥架是架设电缆的一种构架，通过电缆桥架把电缆从配电室或控制室送到用电设备。电缆桥架的优点是制作工厂化、系列化，质量容易控制，安装快速灵活，维护也方便；安装后的电缆桥架及支架整齐美观，具有耐腐蚀，抗酸碱等性能；桥架的主要配件均实现了标准化、系列化、通用化，易于配套使用。目前，电缆桥架行业仍无统一归口机构，产品型号命名是各生产厂家自定，产品结构形式呈多样化，技术数据、外形尺寸、标准符号字样也不一致，设计、施工中选用时应注意。

电缆桥架也称为桥架，由托盘、梯架的直线段、弯通、附件，以及支、吊架等组成。有的没有托盘，有的加个盖。它的优点是制作工厂化、系列化、安装方便，安装后整齐美观。桥架的高度一般为50～100mm。现正广泛应用于宾馆饭店、办公大楼、工矿企业的供配电线路中，特别是在高层建筑中。

电缆在桥架内敷设时，电缆总截面面积与桥架横断面面积之比，电力电缆不应大于40%，控制电缆不应大于50%。桥架距离地面的高度，不宜低于2.5m。

电缆明敷时，其电缆固定部位应符合表3-11的规定。

电缆桥架内每根电缆每隔50m处，电缆的首端、尾端及主要转弯处应设标记，注明电

表3-11 电缆的固定部位

敷设方式	构架形式	
	电缆支架	电缆桥架
垂直敷设	电缆的首端和尾端	电缆的上端
	电缆与每个支架的接触处	每隔1.5～2m处
水平敷设	电缆的首端和尾端	电缆的首端和尾端
	电缆与每个支架的接触处	电缆转弯处
		电缆其他部位每隔5～10m处

缆编号、型号规格、起点和终点。

常用桥架有钢制桥架、玻璃钢桥架、铝合金桥架和组合桥架四大类。

钢制桥架采用冷轧钢板，表面经过喷漆、电镀锌或粉末静电喷漆等工艺，从而增加桥架的防腐性能。玻璃钢桥架，是以玻璃钢为材料制成的电缆桥架。铝合金桥架，追求美观轻便，表面处理一般采用冷镀锌、电镀锌、塑料喷涂、镍合金电镀，其防腐性能比热浸镀锌提高了7倍。钢制桥架、玻璃钢桥架、铝合金桥架又分别有槽式桥架、梯式桥架和托盘式桥架三种。所以可以说常用桥架有槽式电缆桥架、梯级式电缆桥架、托盘式电缆桥架和组合桥架四大类。前三种桥架备有护罩，需要配护罩时可在订货时注明或按照护罩型号订货，其所有配件均通用。

(1) 槽式电缆桥架

槽式电缆桥架是一种全封闭型电缆桥架，它最适用于敷设计算机电缆、通信电缆、热电偶电缆及其他高灵敏系统的控制电缆等，它对控制电缆的屏蔽干扰和重腐蚀环境中电缆的防护都有较好的效果，考虑槽式直通作屏蔽时，表面处理用镀锌。槽式电缆桥架敷设是在专用支架上先放电缆槽，放入电缆后可以在上面加盖板，既美观又清洁。型号有DQJ-C，XQJ-C，如图3-6所示。槽钢、角钢立柱悬吊安装如图3-7所示。

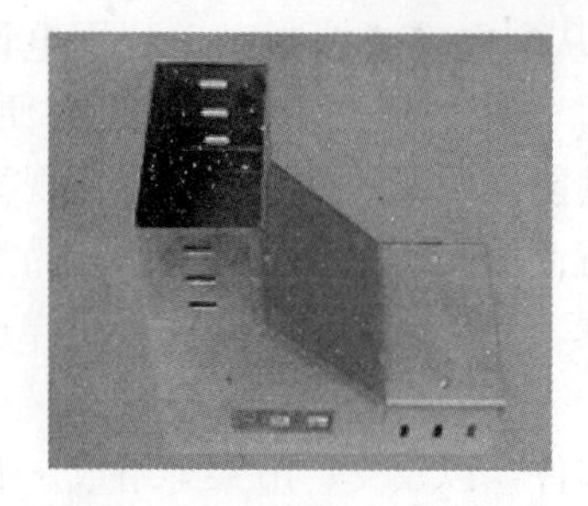

图3-6 槽式电缆桥架示意图

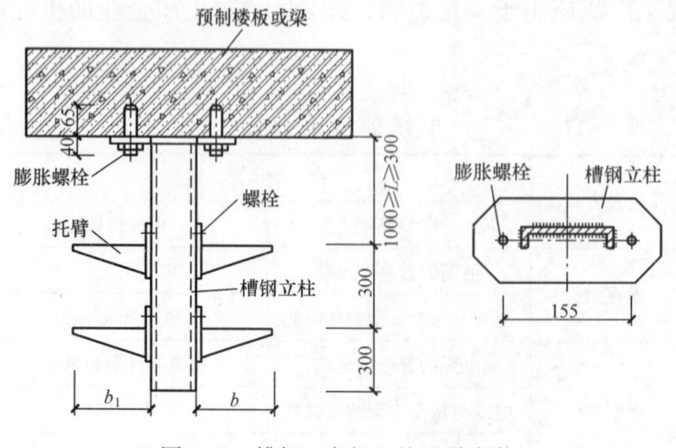

图3-7 槽钢、角钢立柱悬吊安装

(2) 梯级式电缆桥架

梯级式电缆桥架具有重量轻、成本低、造型别致、安装方便、散热、透气性好等优点，它适用于一般直径较大的电缆敷设，特别适用于高、低动力电缆的敷设。型号有DQJ-T、XQJ-T，如图3-8所示。梯级式桥架空间布置示意如图3-9所示。

(3) 托盘式电缆桥架

托盘式电缆桥架是石油、化

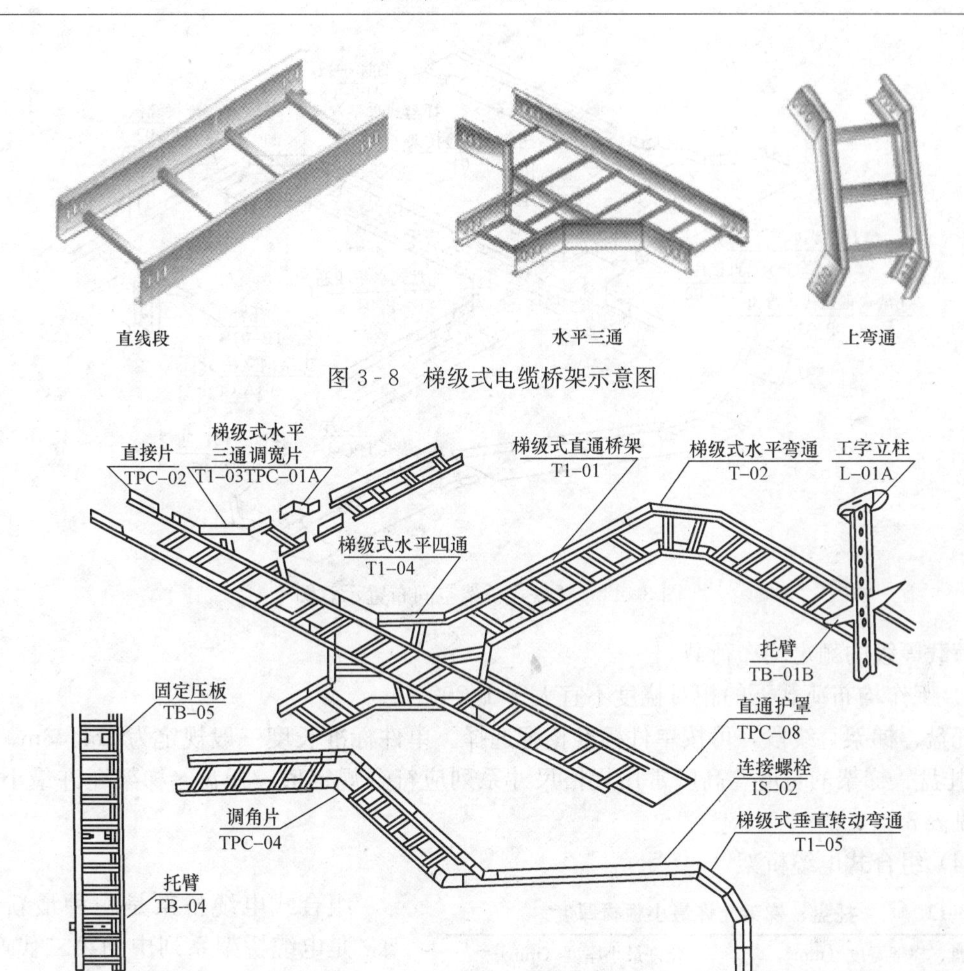

图 3-8　梯级式电缆桥架示意图

图 3-9　梯级式桥架空间布置示意图

工、电力、轻工、电视、电信等方面应用最广泛的一种理想敷设装置，它具有重量轻、载荷大、造型美观、结构简单、安装方便等优点，它既适合用于动力电缆的安装，也适用于控制电缆的敷设。型号有 DQJ-P、XQJ-P，如图 3-10 所示。托盘式桥架空间布置示意如图 3-11 所示。

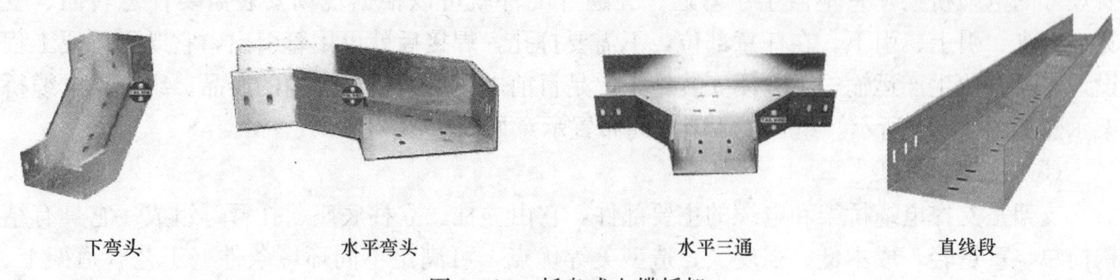

图 3-10　托盘式电缆桥架

注意：托盘、梯架的宽和高度，应按下列要求选择：

1）电缆在桥架内的填充率，电力电缆不应大于 40%；控制电缆不应大于 50%。并应留有一定的备用空位，以便今后为增添电缆用。

2）所选托盘、桥架规格的承载能力应满足规定。其工作均布荷载不应大于所选托盘、

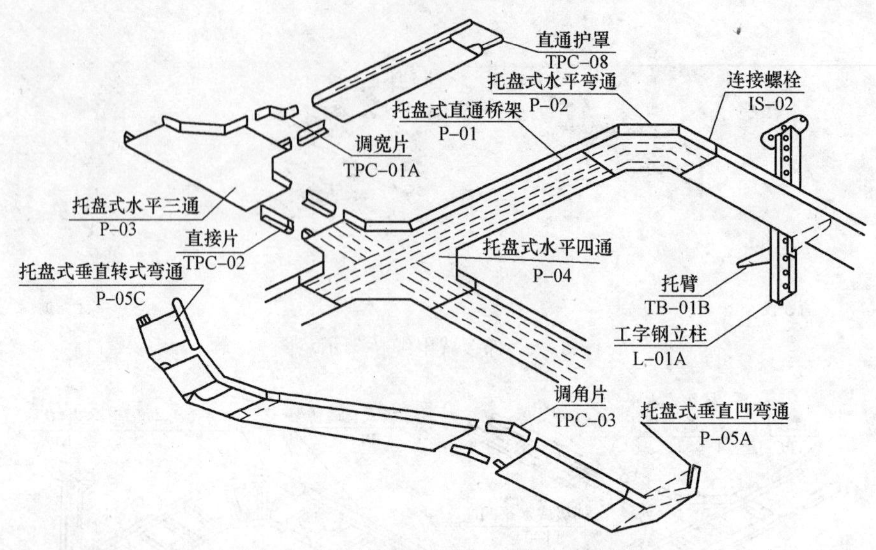

图 3-11　托盘式桥架空间布置示意图

梯架荷载等级的额定均布荷载。

3）工作均布荷载下的相对挠度不宜大于 1/200。

托盘、梯架直线段，可按单件标准长度选择。单件标准长度一般规定为 2m、3m、4m、6m。托盘、梯架的宽度与高度常用规格尺寸系列应符合规定值，托盘、梯架允许最小板材厚度见表 3-12。

（4）组合式电缆桥架

表 3-12　托盘、梯架允许最小板材厚度

托盘、梯架宽度（mm）	允许最小厚度（mm）
<400	1.5
400～800	2.0
>800	2.5

组合式电缆桥架是一种最新型桥架，是电缆桥架系列中的第二代产品。它适用于各种工程、各个单位、各种电缆的敷设。它适用各项工程各个单位、各种电缆的敷设，它具有结构简单、配置灵活、安装方便，形式新颖等优点。

组合式电缆桥架只要采用宽 100mm、150mm、200mm 的三种基型就可以组装成您所需要尺寸的电缆桥架，它不需生产弯通、三通等配件就可以根据现场安装需要任意转向、变宽、分支、引上、引下。在任意部位，不需要打孔，焊接后就可用管引出，它既可方便工程设计，又方便生产运输，更方便安装施工，是目前电缆桥架中最理想的产品。组合式电缆桥架示意如图 3-12 所示。组合式桥架空间布置示意如图 3-13 所示。

（5）支架、吊架

支架是支撑电缆桥架和电缆的主要部件，它由立柱、立柱底座、托臂等组成。它具有结构简单、重量轻、成本低、强度大、造型美等优点，可满足不同环境条件（工艺管道架上、楼板下、墙壁上、电缆沟内）安装成不同形式（悬吊式、直立式、侧壁式、单边、双边和多层等）的需要。支架示意如图 3-14 所示。托臂安装示意如图 3-15 所示。

电缆支架的加工应符合下列要求：

1）钢材应平直，无明显扭曲。下料误差应在 5mm 范围内，切口应无卷边、毛刺。

2）支架应焊接牢固，无显著变形。各横撑间的垂直净距与设计偏差不应大于 5mm。

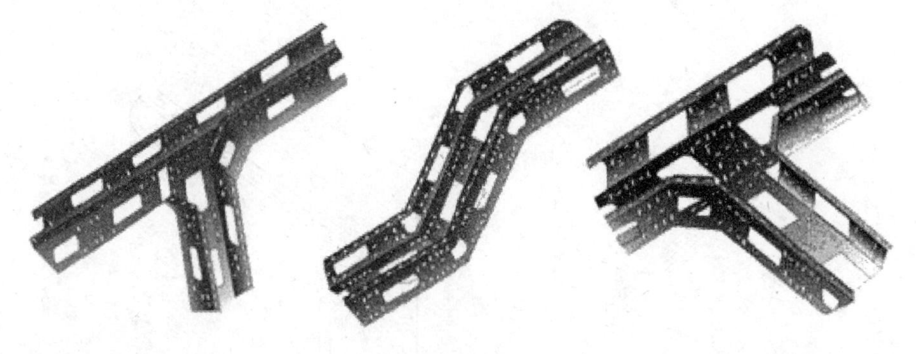

图 3-12 组合式电缆桥架示意图

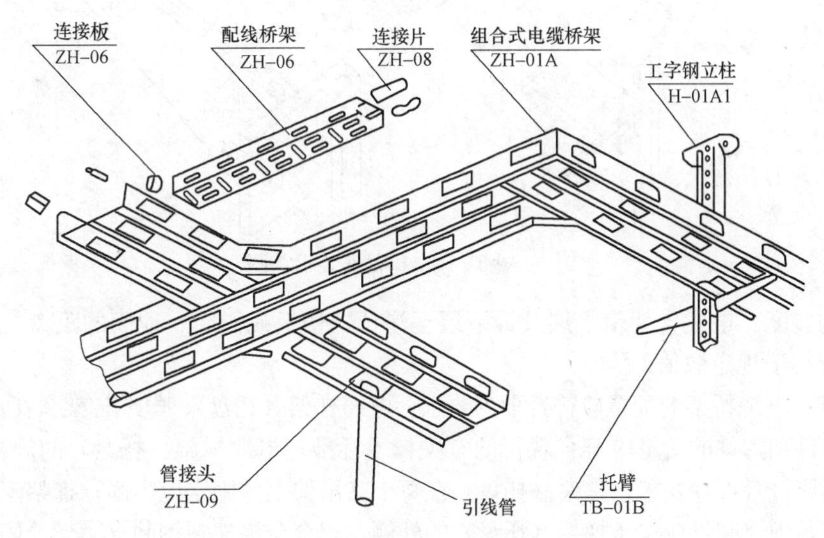

图 3-13 组合式桥架空间布置示意图

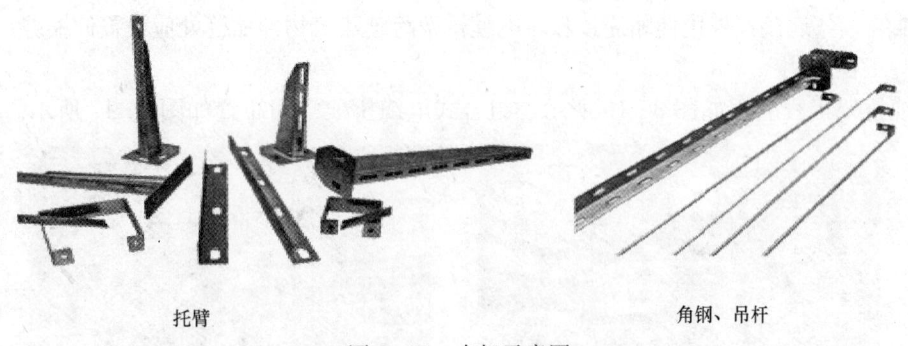

图 3-14 支架示意图

3）金属电缆支架必须进行防腐处理。位于湿热、盐雾以及有化学腐蚀地区时，应根据设计作特殊的防腐处理。

电缆支架应安装牢固，横平竖直，托架支吊架的固定方式应按设计要求进行。各支架的同层横挡应在同一水平面上，其高低偏差不应大于 5mm。托架支吊架沿桥架走向左右的偏差不应大于 10mm。在有坡度的电缆沟内或建筑物上安装的电缆支架，应有与电缆沟或建筑

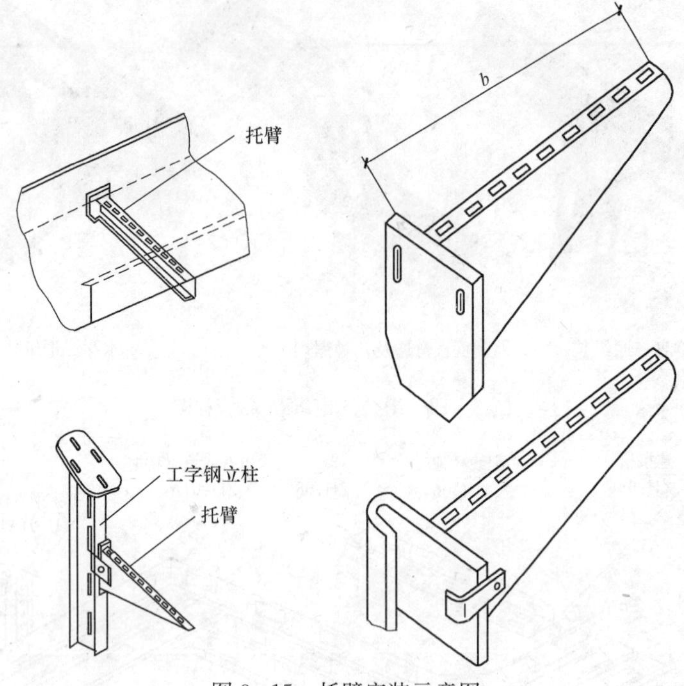

图 3-15 托臂安装示意图

物相同的坡度。电缆支架最上层及最下层至沟预、楼板或沟底、地面的距离，当设计无规定时，不宜小于规定数值。

注意： 电缆桥架的配置应符合下列要求：电缆梯架（托盘）、电缆梯架（托盘）的支（吊）架、连接件和附件的质量应符合现行的有关技术标准；电缆梯架（托盘）的规格、支吊跨距、防腐类型应符合设计要求；梯架（托盘）在每个支吊架上的固定应牢固；梯架（托盘）连接板的螺栓应紧固，螺母应位于梯架（托盘）的外侧，铝合金梯架在钢制支吊架上固定时，应有防电化腐蚀的措施。当直线段钢制电缆桥架超过 30m、铝合金或玻璃钢制电缆桥架超过 15m 时，应有伸缩缝，其连接宜采用伸缩连接板；电缆桥架跨越建筑物伸缩缝处应设置伸缩缝。

（6）工程应用

电缆桥架工程应用如图 3-16 所示。组合式电缆桥架空间布置如图 3-17 所示。

图 3-16 电缆桥架工程应用

下面简单介绍一下支、吊架以及桥架的安装以及电缆敷设施工方法：

1）支、吊架的安装。

电缆桥架水平敷设时，支撑跨距一般为 1.5～3m，垂直敷设时，固定点间距不宜大于

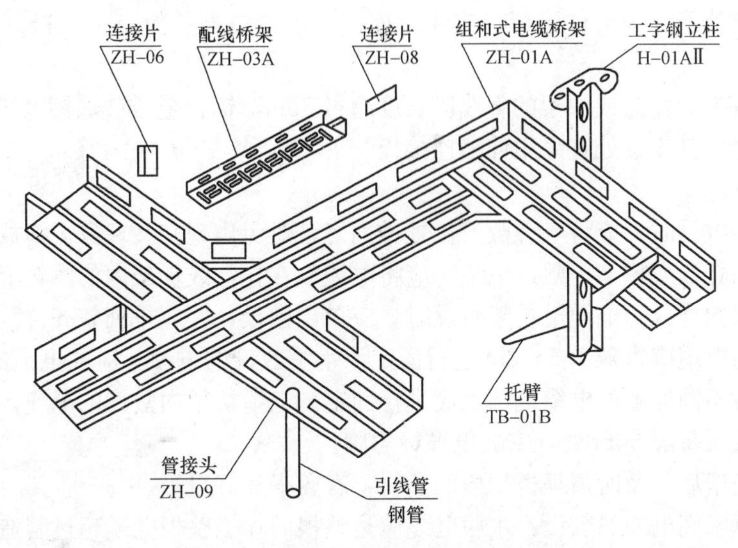

图 3-17 组合式电缆桥架空间布置图

2m。当桥架弯曲半径在300mm以内时，应在距离弯曲段与直线段接合处300～600mm的直线段侧设置一个支吊架。当弯曲半径大于300mm时，还应在弯通中部增设一个支吊架。

电缆桥架沿墙垂直安装时，常用U形角钢支架固定托盘、梯架。其安装方法有两种，即直接埋设法和预埋螺栓固定法。单层桥架埋深及预埋螺栓长度均为150mm。

综上，支、吊架安装时，应注意以下事项：

①支架与吊架所用钢材应平直，无显著扭曲。下料后长短偏差应在3mm范围内，切口处应无卷边、毛刺。

②钢支架与吊架应焊接牢固，无显著变形，焊接前厚度超过4mm的支架、铁件应打坡口，焊缝均匀平整，焊缝长度应符合要求，不得出现裂纹、咬边、气孔、凹陷、漏焊等缺陷。

③支架与吊架应安装牢固，保证横平竖直，在有坡度的建筑物上安装支架与吊架应与建筑物的坡度、角度一致。

④支架与吊架的规格一般不应小于扁钢30mm×3mm；角钢为25mm×25mm×3mm。

⑤严禁用电气焊切割钢结构或轻钢龙骨任何部位。

⑥万能吊具应采用定型产品，并应有各自独立的吊装卡具或支撑系统。

⑦固定支点间距一般不应大于1.5～2m。在进出接线盒、箱、柜、转角、转弯和变形缝两端及丁字接头的三端500mm以内应设固定支持点。

⑧严禁用木砖固定支架与吊架。

2）桥架的安装。

支、吊架安装好以后，即可安装托盘和梯架。安装托盘或梯架时，应先从始端开始，把始端托盘或梯架的位置确定好，用夹板或压板固定牢固，再沿桥架的全长逐段地对托盘或梯架进行安装。

电缆桥架水平敷设时，支撑跨距一般为1.5～3m，电缆桥架垂直敷设时固定点间距不宜大于2m。桥架弯通弯曲半径不大于300mm时，应在距弯曲段与直线段结合处300～600mm的直线段侧设置一个支、吊架。当弯曲半径大于300mm时，还应在弯通中部增设一个支、吊架。支、吊架和桥架安装必须考虑电缆敷设弯曲半径满足规范最小弯曲半径。

桥架的组装使用专用附件进行。应注意连接点不应放在支撑点上，最好放在支撑跨距1/4处。

钢制电缆桥架的托盘或梯架的直线段长度超过30m，铝合金或玻璃钢电缆桥架超过15m时，应有伸缩缝，其连接处宜采用伸缩连接板。

3）电缆敷设。

电缆沿桥架敷设时，应将电缆敷设位置排列好，避免出现交叉现象。拖放电缆时，对于在双吊杆固定的托盘或梯架内敷设电缆，应将电缆放在托盘或梯架内的滑轮上进行拖放，不得在托盘或梯架内拖放。电缆沿桥架敷设时，应单层敷设，并应排列整齐。

垂直敷设的电缆应每隔1.5～2m进行固定。水平敷设的电缆，应在电缆的首端、尾端、转弯处固定，对不同标高的电缆端部也应进行固定。电缆桥架内敷设的电缆，应在电缆的首端、尾端、转弯及每隔50m处，安装电缆标志牌。

电缆敷设完毕后，及时清理桥架内的杂物，有盖得盖好盖板。

另外要注意水底电缆的敷设：水底电缆应是整根的；当整根电缆超过制造厂的制造能力时，可采用软接头连接；水底电缆的敷设，必须平放水底，不得悬空；当条件允许时，宜埋入河床（海底）0.5m以下；水底电缆平行敷设时的间距不宜小于最高水位水深的2倍。

当埋入河床（海底）以下时，其间距按埋设方式或埋设机的工作活动能力确定；水底电缆引到岸上的部分应穿管或加保护盖板等保护措施，其保护范围，下端应为最低水位时船只搁浅及撑篙达不到之处，上端高于最高洪水位，在保护范围的下端，电缆固定。水底电缆的敷设方法、敷设船只的选择和施工组织的设计，应按电缆的敷设长度、外径、重量、水深、流速和河床地形等因素确定水底电缆的敷设；当全线采用盘装电缆时，根据水域条件，电缆盘可放在岸上或船上。敷设时可用浮筒浮托，严禁使电缆在水底拖拉。

水底电缆不能盘装时，应采用散装敷设法。其敷设程序应先将电缆圈绕在敷设船舱内，再经舱顶高架、滑轮、刹车装置至入水槽下水，用拖轮绑拖，自行敷设或用钢缆牵引敷设。水底电缆敷设应在小潮汛、憩流或枯水期进行，并应视线清晰，风力小于五级。水底电缆敷设时，两岸应按设计设立导标。敷设时应定位测量，及时纠正航线和校核敷设长度。水底电缆引到岸上时，应将余线全部浮托在水面上，再牵引至陆上。浮托在水面上的电缆应按设计路径沉入水底。水底电缆敷设后，应作潜水检查，电缆应放平，河床起伏处电缆不得悬空，并测量电缆的确切位置，在两岸必须按设计设置标志牌。

3.1.3 电缆敷设工程识图

电缆线路工程设计中提供电缆敷设平面图、剖面图，在电缆数量较多时还提供电缆排列图，电缆的具体安装方法通常都是使用标准图集。电缆线路工程图常用图形符号见表3-13。

表3-13 电缆线路工程图常用图形符号

序号	图形符号	说明
1	*	电缆桥架，*为注明回路及电缆截面芯数
2		电缆穿保护，可加注文字符号表示其规格数量
3	3 3	电缆中间接线盒

续表

序号	图形符号	说 明
4		电缆分支接线盒
5		电缆密封终端头（示例为带一根三芯电缆）
6		人孔一般符号
7		手孔的一般符号

图 3-18 所示为 10kV 电缆线路工程的平面图，图中标出了电缆线路的走向、敷设方式、各段线路的长度及局部处理方法。

电缆采用直接埋地敷设，电缆从××路北侧 1 号杆引下，穿过道路沿路南侧敷设，到达××大街转向南，沿街东侧敷设，终点为造纸厂。

剖面图 A—A 是整条电缆埋地敷设的情况，采用铺砂盖保护板的敷设方法，剖切位置在图中 1 号杆位置左侧，剖面 B—B 是电缆穿过道路时加保护管的情况，剖切位置在图中 1 号杆下方路面上。

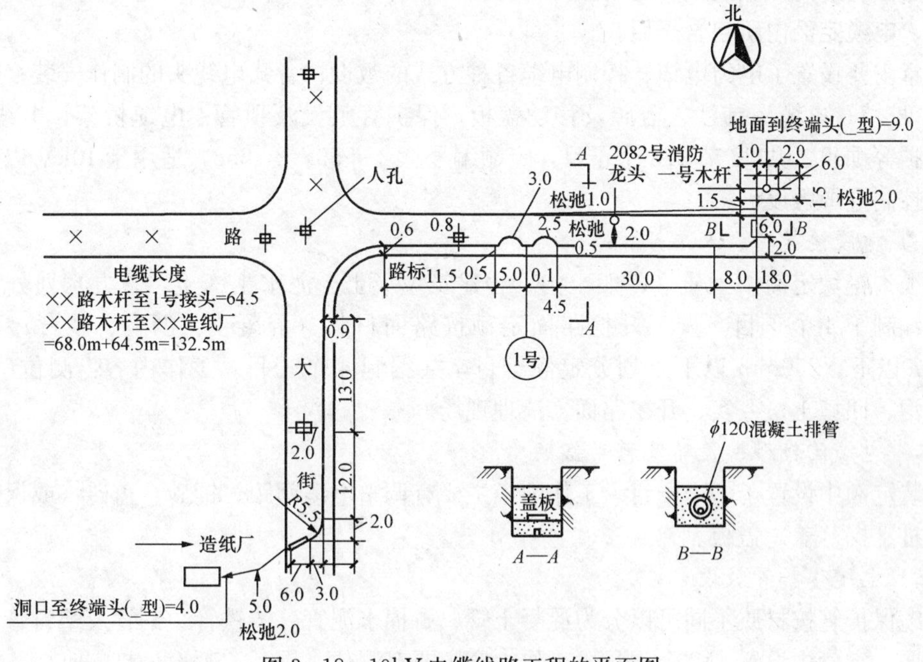

图 3-18 10kV 电缆线路工程的平面图

3.2 电缆安装工程概预算

3.2.1 电缆工程定额内简介

本节内容主要按照《山东省安装工程消耗量定额》（2011）第二册电气设备安装工程中第八章电缆的内容讲述。

本章定额的适用范围：10kV 以下电力电缆及控制电缆敷设。主要设置了 22 节 273 个子目，定额编号从 2-556～2-858。值得注意的是，定额中的材料一般有以下两种表现形式。

(1) 定额中的未计价材料

未计价材料是指在定额中只规定了它的名称、规格、品种和消耗量，定额基价中未计入材料的价值的这部分材料。分部分项工程中的主材大都为未计价材料。

山东省价安装工程价目表中只列出了未计价材料的损耗量，而没有列出预算单价。在编制预算时将"未计价材料"单独列项计算后计入直接费。

计算方法 1 为

未计价材料数量＝按施工图算出的工程量×括号内的材料消耗量

未计价材料价值＝未计价材料数量×材料单价

计算方法 2（价目表中只列出了未计价材料的损耗量）为

未计价材料数量＝按施工图算出的工程量×（1＋施工损耗率）

未计价材料价值＝未计价材料数量×材料单价

(2) 定额中的已计价材料

在定额制定时，将消耗的辅助或次要材料价值，计入定额基价中，这些材料就称为计价材料。如上面两个定额表格中那些列出材料，在数量栏中不带括号，都是计价材料，其价值已计入定额基价内，编制预算时不应另行计算。

一、电缆定额内所包含子目

本章主要设置了电力电缆、控制电缆各种方式的敷设；各式电缆头的制作安装；电缆沟（路面）挖填；电缆沟铺沙、盖砖及移动盖板；保护管敷设及顶管；电缆桥架；电缆槽架；电缆防护等项目，共 22 节 273 个子目，定额编号从 2-556～2-858，适用于 10kV 以下电力电缆及控制电缆敷设。

（一）电缆沟挖填、人工开挖路面

电缆沟挖填定额按土质（一般土沟、含建筑垃圾土、泥水土冻土、石方）划分定额子目，共编制了 4 个子目。人工开挖路面定额按路面材料（混凝土、沥青、砂石）及厚度（150mm 以下、250mm 以下）划分定额子目，共编制 4 个子目。工作内容：测位、划线、挖电缆沟、回填土、夯实、开挖路面、清理现场。

（二）电缆沟铺砂、盖砖及移动盖板

安装定额中设置了 7 个子目。工作内容主要有调整电缆间距、铺砂、盖砖（或保护板）、埋设标桩、揭（盖）盖板。

（三）电缆保护管敷设

电缆保护管按材质不同可以分为混凝土管、石棉水泥管、铸铁管、钢管及塑料管。依材质的不同，定额中设置了 8 个子目。工作内容主要有测位、锯断、敷设、打喇叭口。

（四）电缆桥架安装

1）钢制、玻璃钢、铝合金等材质的槽式、梯式桥、托盘式桥架，规格（宽＋高）自 100～1500m 不等共 49 个子目；工作内容主要有组对、焊接或者螺栓固定，弯头、三通或者四通、盖板、隔板、附件安装。

2）组合式桥架、桥架支撑 2 个子目；工作内容主要有桥架组对、螺栓连接、安装固定、立柱、托臂膨胀螺栓或焊接固定、螺栓固定在支架立柱上。

（五）电缆敷设

电缆敷设按埋地敷设、穿管敷设、沿竖直通道敷设、其他方式敷设编制了4个项目，电力电缆分铜芯、铝芯分别编有截面10～400mm^{2}多个子目；控制电缆单独列项，编有6～48芯五种规格。

（六）电缆头的制作、安装

电力电缆按电缆头制作安装材料包括干包式、浇注式、热缩式等电缆头三类，区分安装场所分户内和户外，又分铜芯、铝芯分别编有截面10～400mm^{2}多个子目；控制电缆头区分终端头和中间头设置了6～48芯五种规格。

（七）其他子目

（1）塑料电缆槽、混凝土电缆槽安装

定额中设置了6个子目。工作内容主要有测位、划线、安装、接口。

（2）电缆防火涂料、堵洞、隔板及槽盒安装

定额中设置了7个子目。工作内容主要有清扫、堵洞、安装防火隔板（阻燃槽盒）、涂防火涂料、清理。

（3）电缆防护（包括防腐、缠石棉绳、刷漆、缠麻层、剥皮）

定额中设置了4个子目。工作内容主要有配料、加垫、灌防腐料、铺砖、缠石棉绳、管道（电缆）刷色漆、电缆剥皮。

二、定额中有关问题说明

1）本章的电缆敷设定额适用于10kV以下的电力电缆和控制电缆敷设。

2）电缆在一般山区、丘陵地区敷设时，其定额人工乘以系数1.3。该地段所需的施工材料、加固定桩、夹具等按实另计。

3）电缆敷设定额未考虑因波形敷设增加长度、弛度增加长度、电缆绕梁（柱）增加长度以及电缆与设备连接、电缆接头等必要的预留长度，该增加长度应计入工程量之内。

4）电力电缆敷设定额均按3芯（包括三芯连地）考虑的，5芯电力电缆敷设定额乘以系数1.3，6芯电力电缆乘以系数1.6，每增加一芯定额增加30%，以此类推。

5）电缆沟挖填方定额亦适用于电气管道沟等的挖填方工作。

6）移动盖板或揭或盖，定额均按一次考虑，如又揭又盖，则按两次计算。

7）直径ϕ100以下的电缆保护管敷设执行本册配管配线章有关定额。

8）本章电缆敷设系综合定额，已将裸包电缆、铠装电缆、屏蔽电缆等因素考虑在内，因此凡10kV以下的电力电缆和控制电缆均不分结构形式和型号，一律按相应的电缆截面和芯数执行定额。

9）电缆防火堵洞每处按0.25m^{2}以内考虑。电缆刷色相漆按一遍考虑。

10）桥架安装。

①桥架安装包括运输、组合、螺栓或焊接固定，弯头制作，附件安装，切割口防腐，桥式或托板式开孔，上管件隔板安装，盖板及钢制梯式桥架盖板安装。

②桥架支撑架定额适用于立柱、托臂及其他各种支撑架的安装。本定额已经综合考虑了采用螺栓、焊接和膨胀螺栓三种固定方式，实际施工重，不论采用何种固定方式，定额均不做调整。

③玻璃钢梯式桥架和铝合金梯式桥架定额均按不带盖考虑，如这两种桥架带盖，分别执

行玻璃钢槽式桥架定额和铝合金槽式桥架定额。

④钢制桥架主结构设计厚度大于3mm时，定额人工、机械乘以系数1.2。

⑤不锈钢桥架按本章钢制桥架定额乘以系数1.1。

⑥桥架、托臂、立柱、隔板、盖板为外购件成品。连接用螺栓和连接件随桥架成套购买，计算重量可按桥架总重的70%计算。

11）本章定额未包括下列工作内容：

①隔热层、保护层的制作与安装。

②电缆冬季施工的加温工作和在其他特殊施工条件下的施工措施费和施工降效增加费。

③电缆头制作安装的固定支架及防护（防雨）罩。

3.2.2 电缆工程定额套用及工程量计算

一、电缆长度及敷设工程量计算

电缆定额的应用：电缆敷设按照电缆所适用的电压等级（kV）不同，用途不同，应分别套用不同定额。比如10kV以下电压电力电缆套用第二册第九章定额；35～220kV电压电力电缆套用第三册送电线路工程第七章定额；通信电缆套用第四册通信设备安装工程第四章定额。

本定额未包括以下工作内容：

1）隔热层、保护层的制作安装。

2）电缆冬季施工的加温工作和在其他特殊施工条件下施工措施费和施工降效增加费。

3）电缆终端制作安装的固定支架及防护（防雨）罩。

（一）电缆长度计算

电缆敷设按单根延长米计算，如一个沟内（或架上）敷设3根各长100m的电缆时，应按300m计算，以此类推。

计算时注意：电缆敷设定额没有考虑因波形敷设增加长度、弛度增加长度、电缆绕梁（柱）增加长度以及电缆与设备连接、电缆接头等必要的预留长度，因此该长度也是电缆敷设长度的组成部分。

每条电缆敷设长度＝（水平长度＋垂直长度＋预留长度）×（1＋2.5%曲折弯余量）

$$L = (L_1 + L_2 + L_3) \times (1 + 2.5\%)$$

式中 L——电缆总长，m；

L_1——电缆水平长度，m；

L_2——电缆垂直长度，m；

L_3——电缆预留长度，m；

2.5%——电缆曲折弯余量系数。

电缆敷设长度应根据敷设路径的水平和垂直敷设长度，按表3-14的规定增加预留长度。

（二）电缆敷设

电力电缆敷设区分敷设方式（直埋、穿管、沿竖直通道等其他敷设方式）和电缆线芯材质（是铜芯还是铝芯），均按照电缆截面规格大小，以“100m”为计量单位。

控制电缆敷设区分敷设方式（直埋、穿管、沿竖直通道等其他敷设方式）。按照电缆芯数，以“100m”为计量单位。

主材应按电缆敷设量及其损耗量另行计算。

表3-14 电缆敷设的预留长度

序列	项 目	预留长度（附加）	说 明
1	电缆敷设弛度、波形弯度、交叉	2.5%	按电缆全长计算
2	电缆进入建筑物	2.0m	规范规定最小值
3	电缆进入沟内或吊架时引上（下）	1.5m	规范规定最小值
4	变电所进线、出线	1.5m	规范规定最小值
5	电力电缆终端头	1.5m	检修余量最小值
6	电缆中间接头盒	两端各留2.0m	检修余量最小值
7	电缆进控制、保护屏及模拟盘等	高+宽	按盘面尺寸
8	高压开关柜及低压配电盘、箱	2.0m	盘下进出线
9	电缆至电动机	0.5m	从电机接线盒算起
10	厂用变压器	3.0m	从地坪算起
11	电缆绕过梁柱等增加长度	按实计算	按被绕物的断面情况计算增加长度
12	电梯电缆与电缆架固定点	每处0.5m	规范规定最小值

二、电缆直接埋设的工程量计算

（一）电缆沟挖填及人工开挖路面

（1）电缆沟挖填

电缆沟挖填应区分土质：一般土沟、含建筑垃圾土、泥水土、冻土和石方等，均以“m^3”为单位计算。直埋电缆的挖、填土（石）方工程量，除特殊要求外，可按表3-15计算土方量。

表3-15 直埋电缆沟的挖、填土（石）方量

项 目	电缆根数	
	1～2	每增一根
每米沟长挖方量（m^3）	0.45	0.153

注意：1）上表中两根以内的电缆沟，系按上口宽度600mm，下口宽度400mm，深度900mm计算的常规土方量（深度按规范的最低标准）。

2）每增加一根电缆，其宽度增加170mm。

3）以上土方量系按埋深从自然地坪起算，如设计埋深超过900mm时，多挖的土方量应另行计算。

4）电缆沟挖填方定额亦适用于电气管道沟等的挖填方工作。

（2）人工开挖路面

电缆经过道路，需要人工开挖路面时，应区分路面结构特征（混凝土路面、沥青路面和砂石路面）及其开挖路面的厚度套相应定额。以“m^2”为计量单位计算工程量。

（二）电缆沟内铺砂、盖砖及移动盖板

（1）铺砂、盖砖（或盖保护板）工程量

区分“铺砂盖砖”和“铺砂盖保护板”，按照电缆“1～2根”和“每增一根”分别以沟长度“100m”为单位计算。

（2）揭（盖）盖板

电缆采用电缆沟敷设时，需要盖（或揭）电缆沟水泥盖板，应区分每块盖板的长度按每盖（或揭）一次，以延长米“100m”为单位计算，但是如又揭又盖，则按2次计算。电缆沟盖板费用在定额中未包括，应另行计算。

三、电缆保护管敷设的工程量计算

电缆保护管敷设应区分管径大小和管道材质（铸铁管、混凝土管、石棉水泥管、钢管及塑料管）套相应定额子目。定额的计量单位为“10m”。各种管材及管件为未计价材料。

工程内容包括沟底夯实、锯管、接口、敷设、刷漆、堵管口。各种管材及附件应按施工图设计另外计算。钢管敷设管径 ϕ100mm 以下套用《全国统一安装工程预算定额》第二册的第十章配管、配线相应项目单价。

电缆保护管长度，按设计规定长度计算外，遇有下列情况，应按规定增加保护管长度，见表3-16。

表3-16 电缆保护管增加长度

项　目	增　加	项　目	增　加
横穿道路	路基宽度两端增加2m	穿建筑物外墙	按基础外缘以外增加1m
垂直敷设	管口距地面增加2m	穿排水沟	按沟壁外缘以外增加0.5m

注意：1）钢管敷设管径100mm以下套用第十章“配管配线”项目相应单价。

2）电缆保护管埋地敷设土方量，凡有施工图注明的，按施工图计算；无施工图的，一般按沟深0.9m，沟宽按最外边的保护管两侧边缘外各增加0.3m工作面计算。

计算公式为

$$V=(D+2\times0.3)hL$$

式中 D——保护管外径，m；

h——沟深，m；

L——沟长，m；

0.3——工作面尺寸，m。

四、电缆桥架安装工程量计算

电缆桥架安装工作内容包括运输，组对，吊装固定，弯头或三、四通修改、制作组对，切割口防腐，桥架开孔，上管件，隔板安装，盖板安装，接地、附件安装等。

定额中按桥架材质和形式分有钢制桥架、玻璃钢桥架、铝合金桥架，组合桥架及桥架支撑架安装，桥架支撑架适用于立柱、托臂及其他的各种支撑的安装。

（一）钢制桥架、玻璃钢桥架、铝合金桥架

三种桥架又分别有槽式桥架、梯式桥架和托盘式桥架三种，均区分桥架规格（宽+高），以“10m”为计量单位，不扣除弯头、三通、四通等所占长度。其中桥架、盖板和隔板的主材费另计。

另外注意：

1）不锈钢桥架按本章钢制桥架定额乘以系数1.1。

2）钢制桥架主结构设计厚度大于3mm时，定额人工、机械乘以系数1.2。

3）玻璃钢梯式桥架和铝合金梯式桥架定额均按不带盖考虑，如这两种桥架带盖板，则分别执行玻璃钢槽式桥架和铝合金槽式桥架项目的定额。

（二）组合桥架

组合桥架以每片长度2m为一个基型片，需要在施工现场将基型片进行组合成桥架，已综合了宽为100mm、150mm、200mm三种规格，工程量以“100片”为计量单位计算，主材费另计。

（三）桥架支撑架

桥架支撑架以“100kg”为计量单位。适用于立柱、托臂及其他各种支撑架的安装。本定额已综合考虑了采用螺栓、焊接和膨胀螺栓三种固定方式，实际施工中，不论采用何种固定方式，定额均不作调整。

（四）桥架、托臂、立柱、隔板、盖板

桥架、托臂、立柱、隔板、盖板为外购件成品，连接用螺栓和连接件随桥架成套购买，计算重量可按桥架总重的7%计算。

五、电缆支架及吊索工程量计算

电缆支架、吊架、槽架制作安装以“t”为单位计算。套用“铁件制作安装”定额，即《全国统一安装工程预算定额》第二册电气设备安装工程第六章中的有关定额。

六、电缆在钢索上敷设的工程量计算

电缆在钢索上敷设时，钢索的计算长度以两端固定点为准，不扣除拉紧装置的长度。吊电缆的钢索及拉紧装置，应按相应定额另行计算。

七、电缆终端头与中间头的制作、安装

在室外制作6kV及以上电缆终端与接头时，其空气相对湿度宜为70%及以下；当湿度大时，可提高环境温度或加热电缆。110kV及以上高压电缆终端与接头施工时，应搭临时工棚，环境湿度应严格控制，温度宜为10～30℃。制作塑料绝缘电力电缆终端与接头时，应防止尘埃、杂物落入绝缘内。严禁在雾或雨中施工。在室内及充油电缆施工现场应备有消防器材。室内或隧道中施工应有临时电源。

制作电缆终端与接头时，从剥切电缆开始应连续操作直至完成，缩短绝缘暴露时间。剥切电缆时不应损伤线芯和保留的绝缘层。附加绝缘的包绕、装配、热缩等应清洁。充油电缆线路有接头时，应先制作接头，两端有位差时，应先制作低位终端头。充油电缆终端和接头包绕附加绝缘时，不得完全关闭压力箱。制作中和真空处理时，从电缆中渗出的油应及时排出，不得积存在瓷套或壳体内。塑料绝缘电缆在制作终端头和接头时，应彻底清除半导电屏蔽层。对包带石墨屏蔽层，应使用溶剂擦去碳迹；对挤出屏蔽层，剥除时不得损伤绝缘表面，屏蔽端部应平整。电缆终端和接头应采取加强绝缘、密封防潮、机械保护等措施。6kV及以上电力电缆的终端和接头。尚应有改善电缆屏蔽端部电场集中的有效措施，并应确保外绝缘相间和对地距离。

35kV及以下电缆终端与接头应符合下列要求：

1）形式、规格应与电缆类型如电压、芯数、截面、护层结构和环境要求一致。

2）结构应简单、紧凑，便于安装。

3）所用材料、部件应符合技术要求。

4）主要性能应符合现行国家相关标准的规定。

下面简单介绍几种常见的电缆头的制作、安装。

1）户内浇注式电力电缆终端头、户内干包电力电缆终端头、电力电缆中间头制作安装区分1kV以下和10kV以下，分别按电缆截面积规格的不同，均以“个”为单位计算。

计算时注意：

电力电缆和控制电缆均按一根电缆有两个终端头，中间电缆头根据设计规定确定，设计没有规定的，按实际情况计算（或按平均250m一个中间头考虑）。

户内浇注式电力电缆终端头制作安装内容包括定位、量尺寸、锯断、焊接地线，弯绝缘管、缠涂绝缘层、压接线端子、装外壳、配料浇注、安装固定。电缆终端盒价值另计。

干包电缆头适用于塑料绝缘电缆和橡皮绝缘电缆。

电缆中间头制作安装不包括保护盒与铅套管在价值内，应按设计需要另行计算。

2）户外电力电缆终端头制作安装，区分为浇注式0.5～10kV、干包式1kV以下和10kV以下三个分项工程定额，每个分项又按电缆截面划分为35mm²、120mm²、240mm²三个子项工程，均分别以“个”为计算单位套用单价。其工作内容包括定位、量尺寸、锯断、焊接地线、缠涂绝缘层、压接线柱、装终端盒或手套、配料浇注、安装固定、塑料手套、塑料雨罩、电缆终端盒、抱箍，螺栓应另计价计算。

3）控制电缆头制作安装按“终端头”和“中间头”芯数6、14、24、37以内分别以“个”为单位计算。保护盒及套管另行计价。37芯以下控制电缆套用35mm²以内电力电缆敷设定额。

4）电缆敷设及电缆头制作安装均按铝芯编制定额，铜芯电缆敷设按相应截面定额的人工和机械乘以系数1.4；电缆头制作安装按相应定额乘以系数1.2。

5）电缆隔热层、保护层的制作安装，电缆的冬季施工加温工作不包括在定额内，应按有关定额相应项目另行计算。

电缆头的制作在电气工程中非常重要，所以，制作电缆头时必须保证电缆头的施工质量，应做到以下几点：保证密封、保证绝缘强度、保证电气距离、保证接头良好并有一定的机械强度。

八、电缆防火堵洞、阻燃槽盒安装及电缆防护工程量计算

1）电缆防火堵洞每处按1.25m²以内考虑；防火涂料以“10kg”为计量单位，防火隔板安装以“m²”为计量单位，阻燃槽盒安装以“10m”为计量单位。

2）阻燃槽盒安装和电缆防腐、缠石棉绳、刷漆、缠麻层、剥皮均以“10m”为计量单位。电缆刷色相按一遍考虑。

3.2.3 电缆不同敷设方法预算费用组成

一、电力电缆埋地敷设施工图预算费用组成

电力电缆埋地敷设施工图预算费用计算包括以下五项费用：电缆沟挖填人工开挖路面、电缆沟铺砂盖砖、电力电缆埋地敷设费用、电缆中间接头制作安装、电缆终端头制作安装。下面就每一项费用工程量计算和定额的套用进行详细的说明。

（一）电缆沟挖填、人工开挖路面

电缆沟挖填定额分不同土质以立方米为单位（m³），人工开挖路面额分不同土质以平方米为单位（m²），如定额内容见表3-17。

表 3-17 电缆沟挖填、人工开挖路面定额

定额编号	项 目 名 称	单位	基价（元）	其 中		
				人工费	材料费	机械费
2-556	电缆沟挖填 一般土沟	m^3	26.18	26.18	—	—
2-557	电缆沟挖填 含建筑垃圾土	m^3	45.32	45.32	—	—
2-558	电缆沟挖填 泥水土冻土	m^3	98.10	47.86	—	50.24
2-559	电缆沟挖填 石方	m^3	155.82	140.98	14.84	—
2-560	人工开挖路面 混凝土路面厚度150mm以下	m^2	92.26	43.30	—	48.96
2-561	人工开挖路面 混凝土路面厚度250mm以下	m^2	175.15	101.71	—	73.44
2-562	人工开挖路面 沥青路面厚度250mm以下	m^2	30.21	30.21	—	—
2-563	人工开挖路面 砂石路面厚度250mm以下	m^2	15.11	15.11	—	—

电缆沟挖填工程量计算公式为

$$V = 1/2(\text{电缆沟下底} + \text{上底}) \times \text{电缆沟深} \times \text{电缆线路长度}$$

【例 3-1】 电缆沟上口宽度 600mm，下口宽度为 400mm，深度按 900mm，电缆线路长度为 100m。求电缆沟挖填施工费。

解 （1）计算电缆沟挖填工程量

$$V = 1/2 \times (0.4 + 0.6) \times 0.9 \times 100 = 0.45 \times 100 = 45\text{m}^3$$

（2）计算定额单位数

单位数＝工程量/定额单位＝45/1＝45

（3）电缆沟挖填施工费：如是一般土沟定额基价为 26.18 元

工程施工费＝定额单位数×基价＝45×26.18＝1178.1 元

所以此工程电缆沟挖填施工费为 1178.1 元，见表 3-18。

表 3-18 电缆沟挖填预算费用表

序号	定额号	工程项目	单位	数量	基价	人工单价	基价合价	人工合价
1	2-556	电缆沟挖填土方	m^3	45	26.18	26.18	1178.1	1178.1

（二）电缆沟铺砂、盖砖及移动盖板

定额单位为：100m，见表 3-19。

电缆沟铺砂盖砖工程量＝施工图线路长度

定额单位数＝工程量/定额单位

工程费用＝定额单位数×基价单价

当电缆埋设根数为 1～2 根时查定额编号为 2-564 基价单价为 1008.32 元，当每增 1 根时基价单价增加为 358.09 元，当电缆埋设根数为 n 根时，n 根电缆沟的铺砂盖砖基价单价为：1～2 根基价＋($n-2$) 每增加 1 根基价单价。

表 3-19 电缆沟铺砂、盖砖及移动盖板定额

定额编号	项目名称	单位	基价（元）	其中		
				人工费	材料费	机械费
2-564	铺砂盖砖 1～2根	100m	1008.32	314.71	693.61	—
2-565	铺砂盖砖 每增加1根	100m	358.09	84.11	273.98	—
2-566	铺砂盖保护板 1～2根	100m	2185.61	314.71	1870.9	—
2-567	铺砂盖保护板 每增加1根	100m	972.38	84.11	888.27	—
2-568	揭（盖）盖板 板长500m以下	100m	443.08	443.08	—	—
2-569	揭（盖）盖板 板长1000m以下	100m	750.22	750.22	—	—
2-570	揭（盖）盖板 板长1500m以下	100m	1057.35	1057.35	—	—

【例3-2】 电缆埋设根数为3根时，3根电缆沟铺砂盖砖基价单价为多少？

解 1～2根基价＋每增加一根基价单价＝1008.32＋358.09＝1366.41元

【例3-3】 电缆埋设根数为5根时，5根电缆沟铺砂盖砖基价单价为多少？

解 1～2根基价＋（5－2）每增加一根基价单价＝1008.32＋3×358.09＝2082.59元

【例3-4】 电缆埋地敷设电缆根数为5根，线路总长度为100m，求此工程的铺砂盖砖工程施工费。

解 电缆沟铺砂盖砖工程量＝施工图线路长度＝100m

定额单位数＝工程量/定额单位＝100/100＝1

工程费用＝定额单位数×基价单价

计算5根电缆沟铺砂盖砖基价单价为

1～2根基价＋（5－2）×每增加一根基价单价＝1008.32＋3×358.09＝2082.59元

电缆沟铺砂盖砖工程费用＝定额单位数×基价单价＝1×2082.59＝2082.59元

电缆沟铺砂盖砖预算费用见表3-20。

表 3-20 电缆沟铺砂盖砖预算费用

序号	定额号	工程项目	单位	数量	基价	合价	人工单价	人工合价
1	2-564	电缆沟铺砂盖砖1～2根	100m		1008.32		314.71	
2	2-565	每增加1根	100m		358.09		84.11	
3		5根电缆沟铺砂盖砖	100m	1	2082.59	2082.59	398.82	398.82

（三）电力电缆埋地敷设费用

电缆敷设按单根延长米计算，定额单位为100m，电缆主材为未计价材料，在直接费中单独计算电缆主材费，每敷设100m电缆实际消耗电缆数量为101m，即敷设一个定额单位的电缆实际消耗电缆为101m。

工程中实际消耗的电缆数量计算公式为

实际消耗电缆长度＝定额单位数×101

电缆敷设的定额费用根据线芯的材料和线芯的截面积不同分别套定额，见表3-21和表3-22，分别表示铝芯电力电缆和铜芯电力电缆不同截面积的定额价目表。

表 3-21　铝芯电力电缆埋地敷设定额

定额编号	项目名称	单位	基价（元）	其中		
				人工费	材料费	机械费
2-647	电缆　截面 $10mm^2$ 以下	100m	135.80	119.25	8.03	8.52
2-648	电缆　截面 $35mm^2$ 以下	100m	212.95	193，98	10.45	8.52
2-649	电缆　截面 $120mm^2$ 以下	100m	441.12	385.84	12.66	42.62
2-650	电缆　截面 $240mm^2$ 以下	100m	664.33	398.56	15.04	250.73
2-651	电缆　截面 $400mm^2$ 以下	100m	1263.07	659.85	19.70	583.52

表 3-22　铜芯电力电缆埋地敷设定额

定额编号	项目名称	单位	基价（元）	其中		
				人工费	材料费	机械费
2-652	电缆　截面 $10mm^2$ 以下	100m	183.50	166.95	8.03	8.52
2-653	电缆　截面 $35mm^2$ 以下	100m	290.86	271.89	10.45	8.52
2-654	电缆　截面 $120mm^2$ 以下	100m	612.40	540.07	12.66	59.67
2-655	电缆　截面 $240mm^2$ 以下	100m	923.40	557.56	15.04	350.80
2-656	电缆　截面 $400mm^2$ 以下	100m	1795.88	923.26	19.70	816.92

【例 3-5】　已知如图 3-19 所示电缆敷设采用电缆埋地敷设线路长度为 100m，电缆根数为 5 根，电缆预算价格每米单价为 300 元，求电缆敷设直接费。

解　电缆埋地敷设工程直接费包括电缆敷设费和电缆主材费，计算过程如下：

按图中计算电缆敷设工程量，并考虑电缆在各处预留长度，查预留长度系数表得系数分别为：进建筑物 2.0m；变电所进线、出线 1.5m；电缆进入沟内 1.5m；高压开关柜及低压配电箱宽＋高＝2.0m；电力电缆终端头 1.5m，2.5%为电缆敷设时的曲折弯余量。

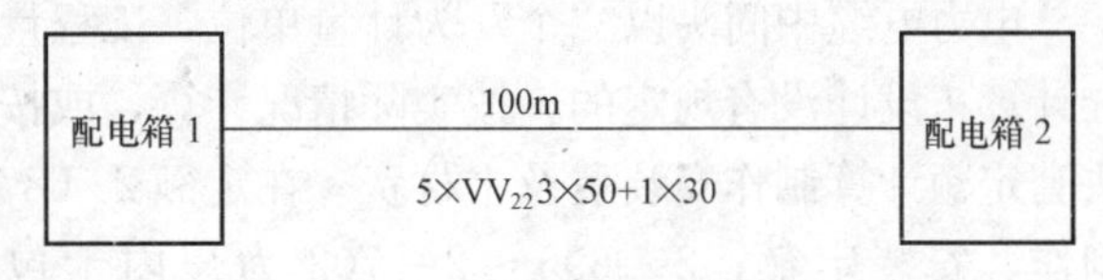

图 3-19　电缆埋地敷设

(1) 电缆埋地敷设工程量

每条电缆敷设长度＝（水平长度＋垂直长度＋预留长度）×（1＋2.5%曲折弯余量），即 $L_{单}$＝（L_1＋L_2＋L_3）×（1＋2.5%），$L_{总}$＝$L_{单}$×电缆根数；其中，$L_{总}$为电缆总长（m）；L_1 为电缆水平长度（m）；L_2 为电缆垂直长度（m）；电缆预留长度（m）；2.5%为电缆曲折弯余量系数。

L_1＝图中线路的长度 100m

L_2＝电缆埋深＋设备安装高度＝(0.8＋0.2)×2＝2m

L_3＝进出建筑物预留＋进出电缆沟预留＋配电箱预留＋电缆终端头预留

＝(1.5＋2＋1.5)×2＋2＋1.5＝13.5

$L_{总}$＝(L_1＋L_2＋L_3)×(1＋2.5%)×5

＝(100＋2＋13.5)×(1＋2.5%)×5＝591.937 5m

（2）计算定额单位数

定额单位为100m，定额单位数为

591.937 5/100=5.919 4

（3）计算电缆埋地敷设费

电缆埋地敷设工程费= 定额单位数×基价单价

= 5.919 4×760.28 = 4500.401 4元

（4）计算电缆主材费

电缆主材费计算公式= 定额单位数×101×电缆预算价格每米单价

= 5.919 4×101×300 = 179 357.82元

（5）此工程电缆敷设直接费

工程直接费= 工程安装施工费＋主材费

= 3672.26＋181 693.95 = 185 366.21元

电缆埋地敷设预算费用见表3-23。

表3-23　电缆埋地敷设预算费用

序号	定额号	工程项目	单位	数量	基价单价	基价合价	材料费单价	材料费合价
1	2-654	电力电缆埋地敷设（电缆截面 $120mm^2$ 以内）	100m	5.919 4	760.28	4500.40		
2		电缆主材费	m	595.274			300	179 357.82

（四）电缆中间接头制作、安装

电力电缆中间头以“个”为计量单位，工程量确定根据设计图中所示中间电缆头个数为准计算；设计没有规定的，按实际情况计算，或按平均250m一个中间头考虑。根据施工方法套定额计算制作安装费及主材费。在定额2-687～2-694为户内干包式铝芯电力电缆头的制作、安装定额；2-695～2-702为户内干包式铜芯电力电缆头的制作、安装定额；2-763～2-782为浇注式电力电缆中间头的制作、安装定额；2-783～2-802为热塑式电力电缆中间头的制作、安装定额；在这就不一一列举了，用到时查表即可。

（五）电缆终端头制作、安装

电缆终端头制作安装定额单位是“个”，确定工程量时，一根电缆按两个终端头计算，根据具体的施工方法套定额计算制作安装费和主材费。

如5根电缆终端头制作安装工程量为10个；制作安装方法为户内热缩式，套定额可计算出，制作安装费为1815.1元。

定额中2-703～2-712为户内浇注式铝芯电力电缆终端头的制作、安装定额表；2-713～2-722为户内浇注式铜芯电力电缆终端头的制作、安装定额。另外还有定额中2-723～2-742户内热缩式电力电缆中间头和终端头的制作、安装定额，户外热缩式、浇注式电力电缆中间头和终端头的制作、安装定额等，这里就不一一列举，用到时查表即可。电缆终端头制作、安装定额见表3-24。

二、电力电缆穿保护管敷设施工图预算费用组成

电力电缆穿保护管敷设施工图预算费用计算包括以下五项费用：电缆沟挖填人工开挖路

面、电力电缆保护管敷设及顶管、电力电缆穿管敷设、电缆中间接头制作安装、电缆终端头制作安装。下面就每一项费用工程量计算和定额的套用进行详细说明。

表 3-24　电缆终端头制作、安装定额

序号	定额号	工程项目	单位	数量	基价单价	基价合价	人工单价	人工合价
2	2-735	户内热缩铜芯终端头 1kV 120mm² 内	个	10	233.17	2331.7	112.86	1128.6

电缆沟挖填、电力电缆穿管敷设、电缆中间头终端头制作安装等工程量计算与前面所讲的内容相同，套定额时根据不同施工方法分别进行套用。直接费的组成同样包括施工费和主材费。

电力电缆保护管的敷设以“10m”为定额单位，保护管分不同材质和管径分别套定额，管材有混凝土管、石棉水泥管、铸铁管、钢管、塑料管等。顶管安装分别以“根”为单位，分别分为长 10m、20m 两种规格进行套用定额。

电缆保护管敷设工程量按延长米计算，定额单位为 10m，电缆保护管主材为未计价材料，在直接费中单独计算电缆保护管主材费，每敷设 10m 电缆保护管实际消耗电缆保护管数量为 10.05m 或 10.03m，即敷设一个定额单位的电缆保护管实际消耗电缆保护管为 10.05m 或 10.03m。

工程中实际消耗的电缆保护管数量计算公式为

保护管敷设工程量＝线路长度＋垂直长度

定额单位数＝保护管工程量/10

实际消耗电缆保护管长度＝定额单位数×10.05

电力电缆穿保护管敷设定额见表 3-25。

表 3-25　电力电缆穿保护管敷设定额

定额编号	项目名称	单位	基价（元）	其中		
				人工费	材料费	机械费
2-571	混凝土管　石棉水泥管　管径 100mm 以下	10m	68.10	52.89	15.21	—
2-572	混凝土管　石棉水泥管　管径 200mm 以下	10m	126.02	103.24	22.78	—
2-573	铸铁管管径 200mm 以下	10m	92.38	67.47	24.91	—
2-574	钢管管径 100～150mm 以下	10m	375.29	282.97	72.70	19.62
2-575	塑料管管径 150mm 以下	10m	176.71	109.29	59.37	8.05
2-576	塑料管管径 200mm 以下	10m	253.81	133.93	111.83	8.05
2-577	顶管 Φ100 长 10m 以下	根	859.16	342.91	265.97	250.28
2-578	顶管 Φ100 长 20m 以下	根	1222.64	528.68	401.41	292.55

【例 3-6】　已知电缆敷设采用穿管敷设，线路如图 3-20 所示：5 根电缆分别穿 5 根 SC50 钢管做保护，计算电缆穿管敷设土方工程费及保护管敷设直接费。

解　(1) 计算电缆穿管敷设土方量预算费用

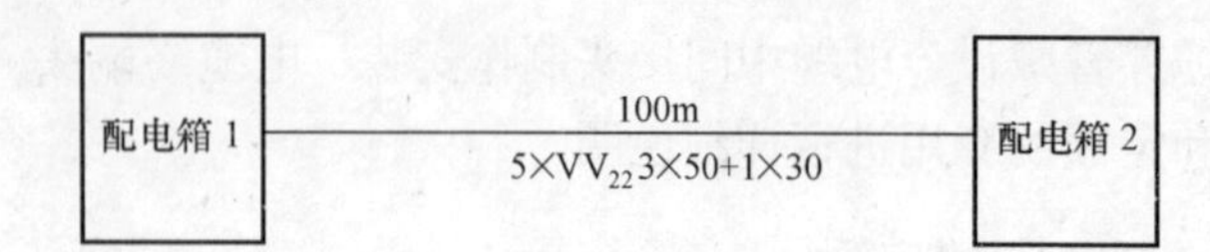

图 3-20 电缆穿 SC50 钢管敷设

电缆保护管埋地敷设土方量，凡有施工图注明的，按施工图计算；无施工图的，一般按沟深 0.9m，沟宽按最外边的保护管两侧边缘外各增加 0.3m 工作面计算。计算公式为

$$V=(D+2\times 0.3)hL$$

式中 D——保护管外径，m；

h——沟深，m；

L——沟长，m；

0.3——工作面尺寸，m。

SC50 是后壁钢管管内径为 50mm，设壁厚为 5mm，则保护管外径为 60mm，一共 5 根保护管则

$$D=0.06\times 5=0.3\text{m}$$

$$V=(D+2\times 0.3)hL=(0.3+2\times 0.3)\times 0.9\times 100=81\text{m}^3$$

计算定额单位数套定额计算土方量预算费用。定额每立方米土方量费用为 26.18 元。

电缆穿管敷设土方量预算费用为

81/1×26.18=2120.58 元

(2) 电缆保护管敷设费用

电缆保护管的敷设工程量=线路长度+垂直长度

根据保护管敷设工程量计算定额单位数，从而可计算出保护管敷设费用为

SC50 保护管工程量=100×5=500m

定额单位数=工程量/定额单位=500/100=5

SC50 敷设 100m 基价单价为 1408.24 元。

电缆保护管敷设费=定额单位数×基价单价=5×1408.24=7041.2 元

SC50 保护管消耗的主材在定额中为未计价材料，安装 100m 保护管实际消耗保护管长度为 103m，所以在此工程中保护管的总消耗量可用以下公式计算

电缆保护管主材长度= 定额单位数 × 103 = 5 × 103 = 515m

电缆保护管主材费用= 主材长度 × 每米单价 = 515 × 20.33 = 10 469.95 元

电缆保护管敷设直接工程费= 基价合价(施工费) + 主材费

= 7041.2 + 10 469.95 = 17 511.15 元

电缆穿保护管敷设费用见表 3-26。

表 3-26 电缆穿保护管敷设费用

序号	定额号	工程项目	单位	数量	基价单价	基价合价	主材单价	主材合价
1	2-556	电缆沟挖填土方一般土	m^3	81	26.18	1120.23		
2	2-1225	砖混凝土结构暗配钢管 DN50 内	100m	5	1408.24	7041.2		
3		钢管主材费	m	515			20.33	10 469.95

【例 3-7】 某电缆敷设工程，采用电缆沟铺砂盖砖直埋，并列敷设5根VV29（4×50）电力电缆，如图3-21所示，变电所配电柜至室内部分电缆穿SC50钢管做保护，共5m长。室外电缆敷设共100m长，中间穿过热力管沟，在配电间有10m穿SC50钢管保护。试列出预算项目和工程量，并计算直接费。

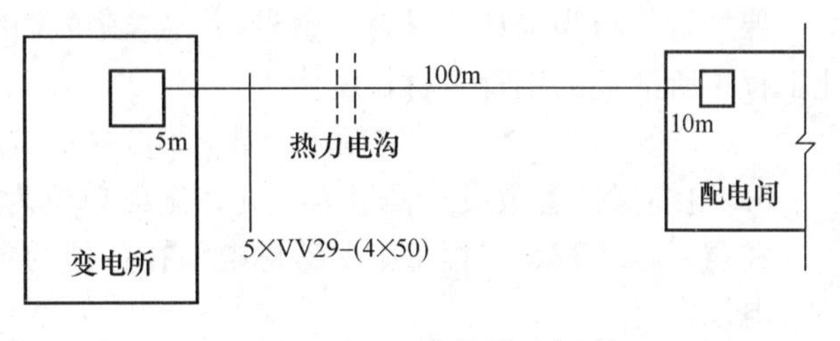

图3-21 电缆敷设示意图

解 （1）预算工程项目

电缆敷设工程分为电缆沟挖填土方量、电缆敷设、电缆沟铺砂盖砖、保护管敷设、电缆终端头制作等项。

（2）计算工程量

1）电缆沟挖填土方量工程量为

$$(0.45+0.153\times3)\times100+(0.06\times5+0.3\times2)\times0.9\times15=103.05\text{m}^3$$

2）电缆沟铺砂盖砖工程量为100m。

每增加1根工程量为

$$(100\times3)\text{m}=300\text{m}$$

3）按图中计算电缆敷设工程量，并考虑电缆在各处预留长度，查预留长度系数表得系数分别为：进建筑物2.0m；变电所进线、出线1.5m；电缆进入沟内1.5m；高压开关柜及低压配电箱宽+高2.0m；电力电缆终端头1.5m。

电缆埋地敷设工程量为

$$L_{单}=(L_1+L_2+L_3)\times(1+2.5\%)$$

$$L_{总}=L_{单}\times\text{电缆根数}$$

式中 $L_{总}$——电缆总长，m；

L_1——电缆水平长度，m；

L_2——电缆垂直长度，m；

L_3——电缆预留长度，m；

2.5%——电缆曲折弯余量系数。

$L_1=$ 图中线路的长度100m

$L_2=$ 电缆埋深＋设备安装高度 $=0.8+0.2=1\text{m}$

$L_3=$ 进出建筑物预留＋进出电缆沟预留＋配电箱预留＋电缆终端头预留

$=(2+1.5+2+1.5)\times2=14$

$L_{总}=(L_1+L_2+L_3)\times(1+2.5\%)\times5$

$=(100+1+14)\times(1+2.5\%)\times5=589.375\text{m}$

电缆敷设定额单位数=589.375/100=5.893 8

4）电缆保护管SC50工程量为

$$(5+10+1.0\times2)\times5=85\text{m}$$

定额单位为10m，定额单位数为

$$85/100=0.85$$

保护管主材为未计价材料：敷设一个定额单位的保护管实际消耗钢管的长度为10.03m，此工程中所消耗的钢管主材长度为

$$定额单位数\times103=0.85\times103=87.55$$

5）电缆保护管敷设工程量为85m；定额单位为100m，定额数量为0.85。

注意：电缆敷设工程量中要考虑电缆在各处的预留长度，而没考虑电缆的施工损耗。

电缆主材为

$$(589.375+85)\times(1+1\%)=681.119m$$

即电缆敷设定额单位为100m，每敷设一个定额单位的电缆实际消耗电缆的数量为101m，电缆总的定额单位数为5.893 8+0.85=6.743 8，实际消耗VV29（4×50）电缆总长度为6.743 8×101=681.119m

（3）套用定额，并列出定额预算

定额预算见表3-27。

表3-27　定额预算表

序号	定额号	工程项目	单位	数量	单价	合价	计费单价	计费基础
1	2-556	电缆沟挖填一般土沟		117.68	26.18	3081	26.18	3081
2	2-564	电缆沟铺砂盖砖1～2根	hm	1	1008.32	1008.32	314.71	314.7
3	2-565	电缆沟铺砂盖砖增1根	hm	4	358.09	1432	84.11	336
4	2-1225	砖混凝土结构暗配钢管DN50内	100m	0.85	1408.24	1197	282.97	240.5
	主材-766	钢管	m	87.55				
	主材-2615	管件（混凝土管）	套					
5	2-654	铜芯电力电缆埋地敷设120mm^{2}内	hm	5.893 8	612.4	3609.1	540.07	3239
	主材-3001	电缆	m	595.28				
	主材-3793	标志桩	个					
6	2-664	铜芯电力电缆穿管敷设120mm^{2}内	hm	0.85	671.56	571	570.81	485
	主材-3001	电缆	m	85.85				
7	2-753	户外热缩铜芯终端头10kV 10mm^{2}内	个	10	181.51	1815	106.74	1067
	主材-3769	户外热缩式电缆终端头	套	10.2				
8	说明-26	［措］二册脚手架搭拆费，二册人工费合计10 616×4%，人工占25%	元	1	424.64	425	106.16	106
		安装消耗量直接工程费				13 772		10 616
		安装消耗量定额措施费				425		106

三、电缆沿沟支架敷设施工图预算

电缆沿沟支架敷设施工图预算费用计算包括以下五项费用：电缆沟挖填人工开挖路面、电缆沟盖揭保护板、支架的制作安装、电力电缆敷设费用、电缆中间接头制作安装、电缆终端头制作安装。各费用计算方法与前面所述内容相似，只是在预算中要注意，保护板的主材费和电缆沟的砌筑在本册定额中没涉及，费用按土建预算考虑。

支架的制作、安装工程量计算与线路的长度、电缆固定点间距及支架层数有关系，支架

制作安装工程量=线路长度/电缆固定点间距×支架层数×每根支架的质量。

【例3-8】 某电缆工程，采用电缆沿沟支架敷设，并列敷设10根VLV_{22}（3×95）电力电缆，如图3-22所示，线路长度400m，支架水平间距1m，2层支架，每根支架质量为5kg，则计算此工程预算直接费。

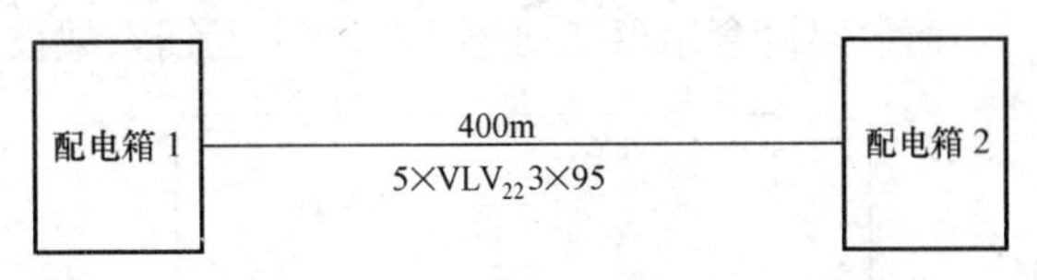

图3-22 电缆埋地敷设

（1）电缆沟的挖填（m^3）。

$$挖填工程量 = 1/2(上口宽 + 下口宽) \times h \times L_{线路长度}$$

（2）电缆沟壁砌筑（查阅土建定额）。

（3）支架的制作安装。

1）支架制作安装工程量=400/1×2×5=4000kg

2）支架制作费=4000/100×766.44=30 657.6kg

安装费=4000/100×431.76=17 270.4

3）至材消耗费=4000/100×105=4200kg

（4）电力电缆敷设费用。

（5）盖保护板费用（保护板主材另行计算）100m。

（6）电缆终端头制作20个。

（7）电缆中间接头制作10个。

套用第二册第四章二十二铁构件制作、安装定额，根据工程量和定额计算支架制作、安装费，并另计支架主材费。

套用定额，并列出定额预算表见表3-28。

表3-28 **定 额 预 算 表**

序号	定额号	项目名称	单位	数量	单价	合价	计费单价	计费基础
1	2-363	一般铁构件制作	100kg	40	766.44	30 657.6	543.78	21 751
	主材-313	型钢	kg	4200				
2	2-364	一般铁构件安装	100kg	40	431.76	17 270.4	353.46	14 138

四、电缆沿支架敷设施工图预算方法

电缆沿沟支架敷设施工图预算费用计算包括以下四项费用：支架的制作安装、电力电缆敷设费用、电缆中间接头制作安装、电缆终端头制作安装。各费用计算方法与前面所述内容相似。

五、电缆沿钢索敷设施工图预算

电缆沿钢索敷设施工图预算费用计算包括以下四项费用：钢索架设、电力电缆敷设费用、电缆中间接头制作安装、电缆终端头制作安装。钢索架设工程量计算根据电缆平行还是垂直敷设两种方法来计算。

电缆平行钢索敷设时

$$钢索架设工程量 = 线路长度$$

电缆垂直钢索敷设时

钢索架设工程量＝线路长度/固定点间距×每根钢索长度

钢索架设套用第二册第十二章十五钢索架设定额，并另计主材费。

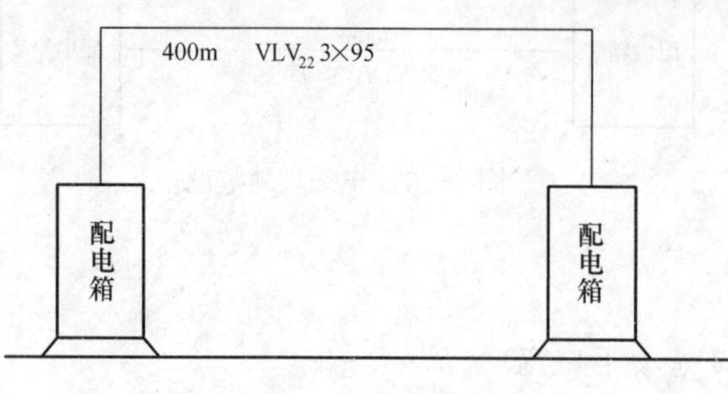

图 3-23 电缆敷设

【例 3-9】 已知某电缆工程，采用电缆沿钢索敷设，并列敷设 1 根 VLV_{22}（3×99）电力电缆，如图 3-23 所示，线路长度 400m，钢索高度 3m，配电箱的高度 1.5m，宽 1m。计算此工程预算直接费。

解 （1）电缆平行钢索

钢索工程量＝线路长度＝400m

（2）电缆敷设工程量

$$(L_{水平}+L_{垂直}+L_{预留})\times(1+2.5\%)$$
$$=(400+2\times1.5+2\times2+2\times1.5+2.5\times2)\times1.025$$
$$=425.375\text{m}$$

定额单位为 100m，定额数量为 4.253 75。

（3）电缆终端头制作 2 个。

（4）电缆中间接头制作 1 个。

套用定额，并列出定额预算见表 3-29，费用见表 3-30。

表 3-29 **定额预算表**

序号	定额编号	项目名称	单位	数量	单价	合价	计费单价	计费基础
1	2-1526	钢索架设圆钢 ϕ9（平行）	hm	4	245.94	984	150.57	602
	主材-405	钢索	m	420				
2	2-679	铝芯电力电缆其他敷设 120mm² 内	hm	4.254	626.3	2664	455.69	1939
	主材-3001	电缆	m	429.63				
3	2-730	户内热缩铝芯终端头 10kV 120mm² 内	个	2	225.18	450	85.6	171
	主材-3768	户内热缩式电缆终端头	套	2.04				
4	2-770	浇注式铝芯中间头 10kV 120mm² 内	个	1	523.96	524	129.9	130
	主材-3784	电缆中间接头盒	套	1.02				
	主材-3796	铅套管	m					
5	说明-26	［措］二册脚手架搭拆费，二册人工费合计 3191×4%，人工占 25%	元	1	128.12	128	32.03	32
		安装消耗量直接工程费				5212		3203
		安装消耗量定额措施费				128		32

表3-30 费 用 表

序号	费用名称	费率	费用说明	金额
1	一、直接费		（一）＋（二）	6314
2	（一）直接工程费			5212
3	其中：省价人工费 R_1			3203
4	（二）措施费		1＋2＋3	1102
5	1. 参照定额规定计取的措施费			128
6	其中人工费			32
7	2. 参照费率计取的措施费			974
8	（1）环境保护费	2.20%	R_1	70
9	（2）文明施工费	4.50%	R_1	144
10	（3）临时设施费	12%	R_1	384
11	（4）夜间施工费	2.50%	R_1	80
12	（5）二次搬运费	2.10%	R_1	67
13	（6）冬雨季施工增加费	2.80%	R_1	90
14	（7）已完工程及设备保护费	1.30%	R_1	42
15	（8）总承包服务费	3%	R_1	96
16	其中人工费		(4)×0.5＋[(5)＋(6)]×0.4＋[(1)＋(2)＋(3)＋(7)]×0.25	263
17	3. 施工组织设计计取的措施费			
18	其中：人工费 R_2		6＋16	295
19	二、企业管理费	42%	R_1+R_2	1469
20	三、利润	20%	R_1+R_2	700
21	四、其他项目			
22	五、规费		1＋…＋6	442
23	（1）工程排污费	0.26%	一＋…＋四	22
24	（2）定额测定费		一＋…＋四	
25	（3）社会保障费	2.60%	一＋…＋四	221
26	（4）住房公积金	0.20%	一＋…＋四	17
27	（5）危险作业意外伤害险	0.15%	一＋…＋四	13
28	（6）安全施工费	2%	一＋…＋四	170
29	六、税金	3.44%	一＋…＋五	307
30	七、设备费			
31	八、安装工程费用合计		一＋…＋七－社会保障费	9011

六、电缆桥架敷设施工图预算

电缆桥架敷设施工图预算费用计算包括以下四项费用：电缆桥架安装、电力电缆敷设费用、电缆中间接头制作安装、电缆终端头制作安装。各费用计算方法与前面所述内容相似。

本 章 小 结

1. 电缆敷设工程基础知识

电缆线路和架空线路在电力系统中的作用完全相同，都作为传送和分配电能之用。电缆的种类很多，在输配电系统中最常用的是电力电缆和控制电缆。电缆敷设的方式有很多，直接埋地敷设、电缆沟内敷设、电缆隧道内敷设、电缆桥架敷设、电缆线槽敷设、电缆竖井内敷设等，其中埋地敷设是最常用、最经济的一种敷设方式。电缆敷设的施工工序、施工材料、施工方法等都要满足《建筑电气工程施工质量验收规范》(GB 50303—2002)。

2. 电缆敷设工程预算

电缆敷设定额系综合定额，已将裸包电缆、铠装电缆、屏蔽电缆等因素考虑在内，因此10kV以下的电力电缆和控制电缆均不区分结构形式和型号，一律按相应的电缆截面和芯数执行定额。电缆敷设工程预算时，要依据工程的具体情况，区分电缆的敷设方式而选择计算电缆沟挖填、人工开挖路面；电缆沟铺砂、盖砖及移动盖板；电缆保护管敷设；电缆桥架安装；电缆敷设；电缆头制作、安装等其他子目的工程量，并套用相应定额子目，并计算定额中的未计价材料，最后形成施工直接费。

习 题

1. 室内低压电缆常用的敷设方式有哪些？分别适用于什么环境和条件？
2. 简述电缆线路安装应具备的条件。
3. 电缆沿电缆沟敷设有哪些敷设要求？
4. 我国电缆产品的型号和名称有哪些？
5. 简述电缆直埋敷设程序，其预算费用包括哪几项内容？
6. 如何计算电力电缆敷设及其电缆头制作安装工程量？
7. 电缆保护管长度，除按照设计规定长度计算外，还应按哪些规定增加保护管长度？
8. 直埋电缆的挖、填土石方，除特殊要求外，应如何计算土方量？
9. 某电缆敷设工程，采用电缆沟铺砂盖砖直埋，4根VV22(3×35+1×25)电力电缆进入建筑物时电缆穿管SC50，如图3-24所示，电缆室外水平距离100m，进入1号车间后10 m到配电柜，从配电室到配电柜外墙5m。试列出概算项目和工程量，并计算定额直接费。

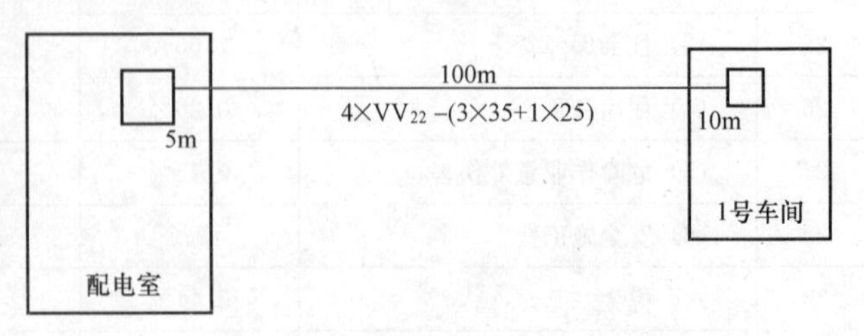

图3-24 电缆敷设工程示意图

第 4 章　控制设备及低压电器

4.1　控制设备及低压电器工程基础知识

电气控制设备主要是低压盘（屏）、柜、箱的安装，以及各式开关、低压电气器具、盘柜、配线、接线端子等动力和照明工程常用的控制设备与低压电器的安装。

4.1.1　常用低压电器

电器是根据外界特定的信号和要求，自动或手动接通和断开电路，断续或连续地改变电路参数，实现对电路或非电对象的切换、控制、保护、检测和调节用的电器设备。按我国现行标准规定，低压电器通常是指用于交流、直流 1000V 级以下的电路中起通断、保护、控制或调节作用的电器产品。

低压电器种类繁多，按它在电气线路中所处的地位和作用可分为低压配电电器和低压控制电器两大类。低压配电电器，主要用于低压供配电系统，当电路出现故障（过载、短路、欠压、失压、断相、漏电等）起保护作用，断开故障电路。例如低压断路器、熔断器、刀开关和转换开关等。低压控制电器主要用于电力传动控制系统。能分断过载电流，但不能分断短路电流。例如接触器、继电器、起动器、主令电器、控制器、电阻器、变阻器和电磁铁等。低压电器的分类及用途见表 4 - 1。

一、低压断路器

低压断路器是建筑电气工程中应用最广泛的一种控制设备，又称自动开关、空气开关，相当于刀开关、熔断器、热继电器、过电流继电器和欠压继电器的组合，具有短路、过载、失压、欠压与漏电等多种保护，是低压配电系统中应用最多的保护电器之一。它还可作为电源开关用来不频繁地启动电动机或接通、断开电路，在照明线路的配电箱中应用较多。

表 4 - 1　　低压电器的分类及用途

电器名称		主要品种	用　途
配电电器	刀开关	大电流刀开关 熔断器式刀开关 开关板用刀开关 负荷开关	主要用于电路隔离，也能接通和分断额定电流
	转换开关	组合开关 换向开关	用于两种以上电源或负载的转换和通断电路
	断路器	框架式断路器 塑料外壳式断路器 限流式断路器 漏电保护断路器	用于线路过载、短路或欠压保护，也可用作不频繁接通和分断电路
	熔断器	有填料熔断器 无填料熔断器 快速熔断器 自复熔断器	用于线路或电气设备的短路和过载保护

续表

电器名称		主要品种	用　　途
控制电器	接触器	交流接触器 直流接触器	主要用于远距离频繁起动或控制电动机，以及接通和分断正常工作的电路
	控制继电器	电流继电器 电压继电器 时间继电器 中间继电器 热继电器	主要用于远距离频繁起动或控制其他电器或作主电路的保护
	起动器	磁力起动器 减压起动器	主要用于电动机的起动和正反方向控制
	控制器	凸轮控制器 平面控制器	主要用于电器控制设备中转换主回路或励磁回路的接法，以达到电动机起动、换向和调速的目的
	主令电器	按钮 限位开关 微动开关 万能转换开关	主要用于接通和分断控制电路
	电阻器	铁基合金电阻	用于改变电路和电压、电流等参数或变电能为热能
	变阻器	励磁变阻器 起动变阻器 频繁变阻器	主要用于发电机调压以及电动机的减压起动和调速
	电磁铁	起重电磁铁 牵引电磁铁 制动电磁铁	用于起重、操作或牵引机械装置

低压断路器按灭弧介质可分为空气断路器和真空断路器等；按用途可分为配电用断路器、电动机用断路器、照明用断路器和漏电保护断路器等。低压断路器按照结构形式可分为框架和塑料外壳式两大类。自动开关的外形结构和符号示意图如图 4-1 所示。

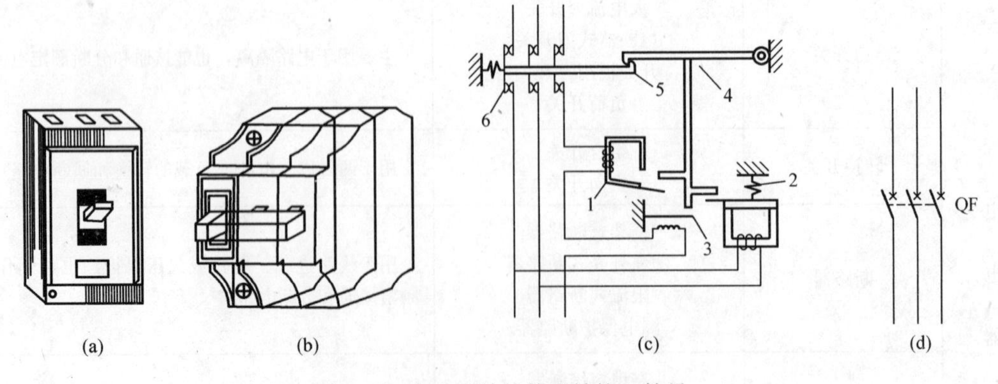

图 4-1　自动开关的外形结构和符号

(a) 电力线路用；(b) 照明线路用；(c) 电力自动开关示意图；(d) 图形符号及文字符号

1、2—衔铁；3—双金属片；4—杠杆；5—搭扣；6—主触头国产低压空气断路器全型号的表示和含义如下：

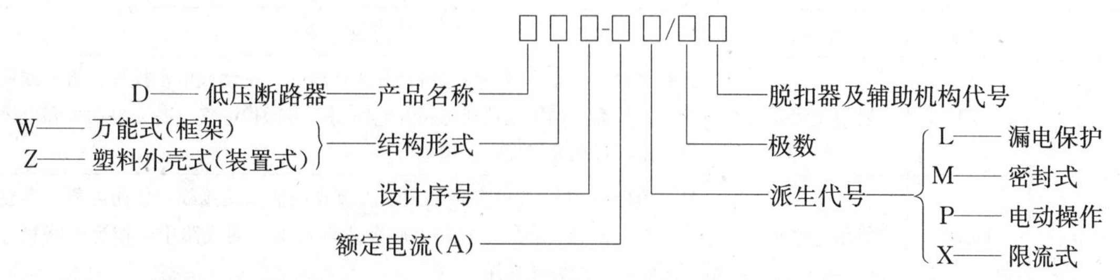

万能式空气断路器又称框架式自动空气开关，它可以带多种脱扣器和辅助触头，操作方式多样，装设地点灵活，故名“万能式”或“框架式”。目前常用的型号有 AE（日本三菱）、DW12、DW15、ME（德国 AEG）等系列，主要用作配电网络的保护开关。

塑料外壳式断路器又称装置式自动空气开关，它的全部元件都封装在一个塑料外壳内，在壳盖中央露出操作手柄，用于手动操作，在民用低压配电中用量很大。常见的型号有 DZ13、DZ15、DZ20、C45、C65 等系列，其种类繁多。部分常用低压断路器的基本特点及主要用途见表 4-2，低压断路器的主要技术参数见表 4-3。

表 4-2　部分常用低压断路器的基本特点及主要用途

序号	型号	类型	特点及用途
1	DW10	一般用途万能式	具有板前进出线、板后进出线等多种接线方式，可采用手柄直接操作、杠杆操作、电磁铁或电动机操作等多种操作方式，具有多种脱扣方式适用于交流 50Hz、电压 380V 及直流电压 440V 的配电电路中，作过载、短路及失压保护，以及在正常工作条件下作不频繁转换电路用
2	DW15	一般用途万能式	触点系统具有电动补偿效果，灭弧罩采用去离子栅片，并装灭焰片，采用弹簧储能半轴自由脱扣机构，触点的闭合速度与操作慢无关，用于作选择性保护系统的分支电路开关及作大容量电动机直接起动和保护用低压电网负荷中心作为主开关、联络开关及配电支路的保护开关。具有多种脱相器
3	DW17 (ME)	一般用途万能式	引进德国 AEG 公司产品。适用于额定工作电压交流至 660V，直流到 440V 的配电电路，作不频繁转换之用。对线路及电气设备的过载、欠电压和短路进行保护，并具有分级保护作用，能直接起动电动机
4	DW (3WE)	一般用途万能式	引进德国西门子公司产品。适用于交流 40～60Hz、电压至 1000V、电流 630～1600A 的输配电网络，作为发电机、电动机、变压器、整流器和电缆等设备和线路的控制和保护开关。在正常条件下，还可作为电路的不频繁转换及电动机的不频繁起动之用
5	DW18 (AE-S)	一般用途万能式	引进日本在菱公司产品。适用于额定频率 50Hz、额定电压 660V、额定电流量 200A 及以下的配电电路中，作过载、失压和短路保护，以及在正常条件下，作为线路的不频繁转换之用
6	DW914 (AH)	一般用途万能式	引进日本寺崎公司产品。适用于额定频率 50Hz（60Hz）、交流电压 660V 及以下、直流电压 440V 及以下，电流 600～4000A 的配电系统中，作过载、负压和短路保护，以及在正常条件下，作为线路的不频繁转换之用
7	DZ5	一般用途塑壳式	外形尺寸小，复式脱扣，按钮操作，板前接线。作为电动机及其他用电设备的过载和短路保护用，也可作为不频繁操作的小容量电动机的直接起动用

续表

序号	型号	类型	特点及用途
8	DZ10	一般用途塑壳式	具有多种脱扣器，可附分励脱扣和欠压脱扣，手动或电动操作，板前或板后接线；作为不频繁地接通与断开电路用，可保护电气设备、电动机和电缆不因短路、过载而损坏，应用最广
9	DZ12	一般用途塑壳式	具有单极、2极、3极多种形式，压板式或插入式接线，使用方便。主要用于宾馆、公寓、公共场所和工矿企业等处的照明线路中，作为线路和过载、短路以及线路转换用
10	DZ15	一般用途塑壳式	小型，通用性强。在电路中作为配电、电动机、照明线路和过载、短路保护用，同时还可作为线路的不频繁切换及电动机的不频繁起动

表4-3　低压断路器的主要技术参数

序号	项　目	含 义 及 要 求
1	额定电压和额定绝缘电压（V）	常用的额定电压 U_N 为：交流 220，380，660，1140；直流 110，220，440，750，850，1000，1500。绝缘电压大于或等于额定电压
2	额定电流（A）	常用的额定电流 I_N 为：6，10，16，20，32，40，（60），100，（150），160，200，250，315，400，（600），630，800，1000，1250，（1500），1600，2000，（3000），3150 等
3	短路通断能力	在规定的操作条件下，开关按通与分断短路电流的能力，一般用最大短路电流有效值表示

二、熔断器

熔断器是最简单的保护电器，利用的熔点的金属丝作为主要材料，当其熔体被通过大于额定值很多的电流时，熔体发生过热而熔断，实现对电路的保护。熔断器按其结构可分为开启式、半封闭式和封闭式三类。开启式很少采用，半封闭式如瓷插式熔断器，封闭式又可分为有填料管式、无填料管式及有填料螺旋式等。常用低压熔断器的种类及基本特点见表4-4。熔断器结构示意如图4-2所示。

表4-4　常用低压熔断器的种类及基本特点

序号	名称	主要型号系列	基本特点	用　途
1	插入式熔断器	RC1A	由装有熔丝的瓷盖、瓷底等组成，更换熔丝方便，分段能力小	380V及以下线路末端，作为配电支线及电气设备的短路保护
2	螺旋式熔断器	RL1 RL2	由瓷帽、熔体、底座等组成，熔体内填石英砂，分段能力大	500V以下，200A以下电路中，作过载及短路保护
3	有填料封闭式熔断器	RT0	由装有石英砂的瓷管及底座等组成，分段能力较大	500V以下，1kA以下具有大短路电流电路中，作过载及短路保护
4	无填料封闭式熔断器	RM7 RM10	由无填料纤维密闭熔管和底座等组成，熔断能力较大	500V以下，1kA以下具有大电路中，短路保护及防止连续过载
5	快速式熔断器	RLS RS0	分段能力大，熔断速度快	硅半导体器件作过载保护

续表

序号	名称	主要型号系列	基本特点	用　　途
6	管式熔断器	R1	由装有熔丝的玻璃管、底座等组成	线路、设备的过载及短路保护
7	高分段能力熔断器	RT16 (NT)	高分段能力	与熔断器配合使用

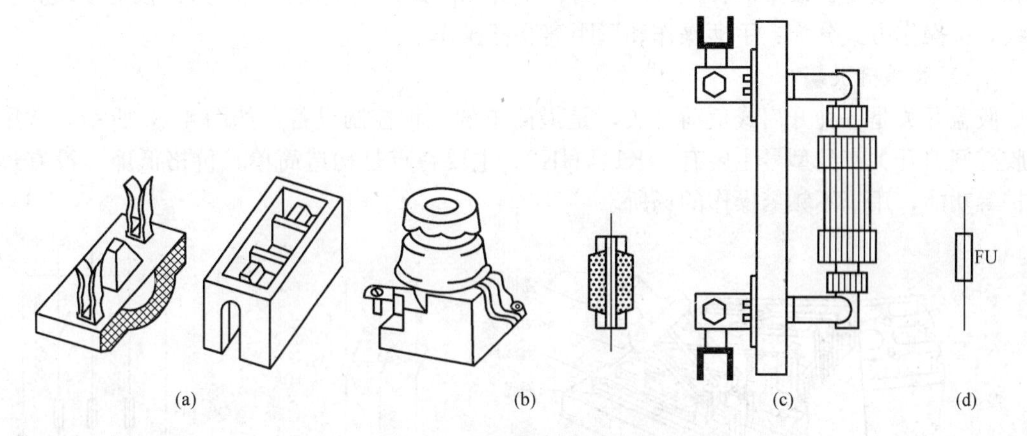

图4-2　熔断器结构示意图

(a) RC型；(b) RL型；(c) RM型；(d) 图形符号

熔断器的型号表示及含义：

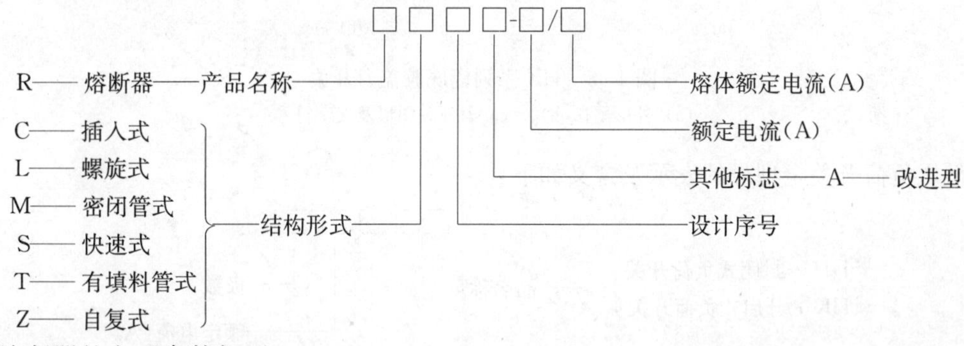

熔断器的主要参数如下：

额定电压：熔断器长期工作时和分断后能够耐受的电压，其值一般等于或大于电气设备的额定电压。额定电流：熔体的额定电流：熔体长期通过而不会熔断的电流值。支持件的额定电流：熔断器长期工作所允许的温升电流值。极限分断能力：熔断器在规定的额定电压和功率因数（或时间常数）的条件下，能分断的最大电流值。

熔断器的选择：熔断器的额定电压和额定电流应不小于线路的额定电压和所装熔体的额定电流。熔断器的分断能力必须大于电路中可能出现的最大故障电流。

熔体额定电流的选择：

1）对于电炉和照明等电阻性负载，可用作过载保护和短路保护，熔体的额定电流应稍大于或等于负载的额定电流。

2）电动机的启动电流很大，熔体的额定电流应考虑启动时熔体不能熔断而选得较大些，因此对电动机只宜作短路保护而不能作过载保护。

对单台电动机，熔体的额定电流（I_{fN}）应不小于电动机额定电流（$\sum I_N$）的1.5～2.5倍，即$I_{fN} \geqslant (1.5 \sim 2.5) I_N$。

三、刀开关

开关是最简单的手动控制设备，功能是隔离电源，不频繁的接通电路。按有无熔断器分：带熔断器和不带熔断器；按刀的级数分：单极、双极和三极；按灭弧装置分：带灭弧装置和不带灭弧装置；按刀的转换方向分为：单掷和双掷；按接线方式分为：板前接线和板后接线；按操作方式分为：手柄操作和远距离联杆操作。

（一）胶盖开关

胶盖开关是一种开启式负荷开关，是最简单的一种控制设备，如图4-3所示。常用瓷底胶盖闸刀开关产品型号主要有HK1、HK2。主要特点是构造简单，价格低廉，没有过载保护等功能，用于不频繁操作的场所。

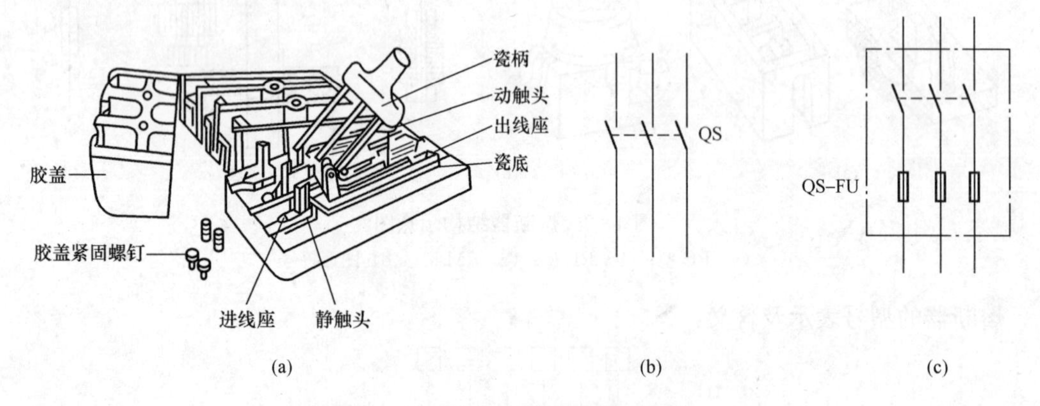

图4-3 HK系列瓷底胶盖刀开关

(a) 外形图；(b)、(c) 刀开关图形及文字符号

低压负荷开关全型号的表示及含义如下：

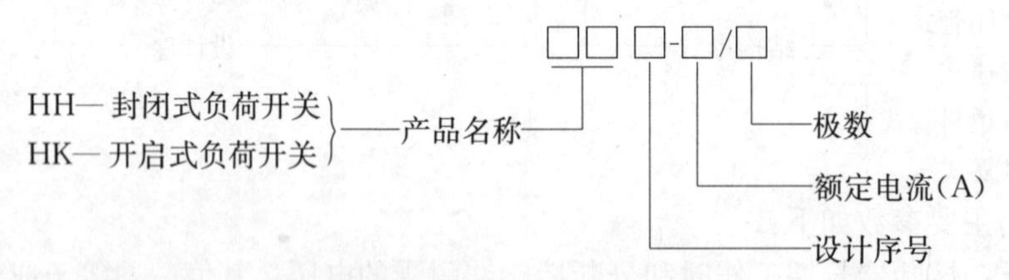

HK1系列瓷底胶盖闸刀开关的基本技术参数，见表4-5。

表4-5 HK1系列瓷底胶盖闸刀开关的基本技术参数

型号	极数	额定电流（A）	额定电压（V）	熔体线径 ϕ（mm）
HK1-10	2	10	220	1.45～1.59
HK1-15	2	15	220	2.30～2.75
HK1-30	2	30	220	3.36～4.00

瓷底胶盖闸刀开关的选用

1）对于普通负载（照明和电热负载）：胶盖闸刀开关额定电压大于或等于线路的额定电

压；额定电流等于或稍大于线路的额定电流。

2）对于电动机：胶盖闸刀开关额定电压大于或等于线路的额定电压，额定电流可选电动机额定电流的3倍左右。

（二）铁壳开关

铁壳开关是带灭弧装置和熔断器的封闭式负荷开关，其图形符号与胶盖开关相同，文字符号为HH。主要用于多灰尘场所，适宜小功率电动机的起动和分断。常用型号有HH3、HH4、HH10、HH11等系列。具有如下特点：有灭弧能力；有铁壳保护和联锁装置（即带电时不能开关），所以操作安全；只用在不频繁操作的场合。

四、低压接触器

接触器也称为电磁开关，是一种频繁地接通或切断电动机或其他负载主电路的一种电磁式控制电器。它是利用电磁铁的引力来控制触头动作的。按电流分为直流接触器和交流接触器（在建筑工程中常用交流接触器）。

接触器的图形和文字符号如图4-4所示。

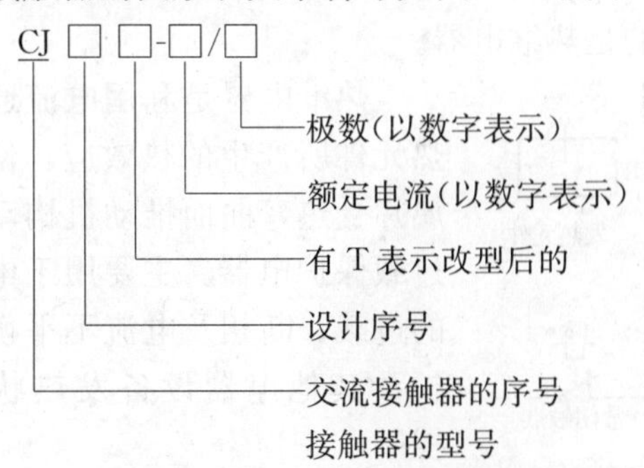

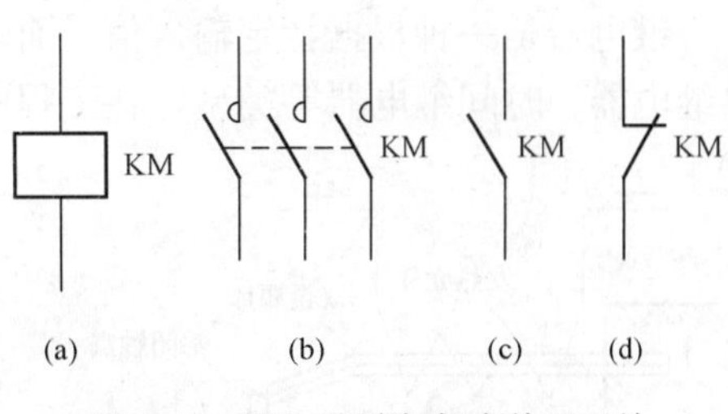

图4-4　HK系列瓷底胶盖刀开关

（a）线圈；（b）主触点；（c）辅助常开触点（动合触点）；（d）辅助常闭触点（动断触点）

例如，CJ12-250/3为CJ12系列交流接触器，额定电流250A，三个主触点。CJ12T-250/3为CJ12系列改型后的交流接触器，额定电流250A，三个主触点。接触器的主要技术参数见表4-6。

表4-6　接触器的主要技术参数

项目	符号	含义及标准
额定电压	U_N	在规定条件下，保证接触器正常工作的电压值。通常，最大工作电压即为额定绝缘电压，一个接触器常常规定几个额定电压，同时列出相应的额定电流或控制功率
额定电流	I_N	由电器的工作条件所决定的电流值，在380V时，额定工作电流可近似等于控制功率的2倍
通断能力	I	接通能力是指开关的闭合时不会造成触点熔焊的能力，断开能力是指开关断开时能可靠灭弧的能力，通常，$I=(1.5\sim10)I_N$

接触器的选用：

1）根据负载性质选择接触器类型。（交/直流接触器）。

2）根据类别确定接触器系列（参考电工标准）。

3）根据负载额定电压确定接触器的额定电压。交流接触器的电压大于或等于线路电压。

4）根据负载电流确定接触器的额定电流，并根据外界实际条件加以修正。

①接触器安装在箱柜内，电流要降低10%～20%使用（冷却条件变差）。

②接触器工作于长期工作制，通电持续率不超过40％时，若敞开安装，电流允许提高10％～25％，若箱拒安装，允许提高5％～10％。

5）根据控制电路的电压选择吸引线圈的额定电压。

6）根据负载情况复核操作频率，看是否在额定范围之内。

接触器的特点：

1）用按钮控制电磁线圈，电流小，控制安全可靠。当环境潮湿时，可以选用电磁线圈电压为36V的安全电压进行控制。

2）电磁力动作迅速，可以频繁操作。

3）可以用附加按钮实现多处控制一台电机或实现遥控。

4）具有失压或欠压保护作用。当电压过低时，电磁线圈吸力变小，拉力弹簧时衔铁和拉杆动作，接触器自动断电。

五、继电器

继电器是一种根据特定输入信号而动作的自动控制电器，其种类很多，有中间继电器、热继电器、时间继电器等类型，在工程中常用的是热继电器。

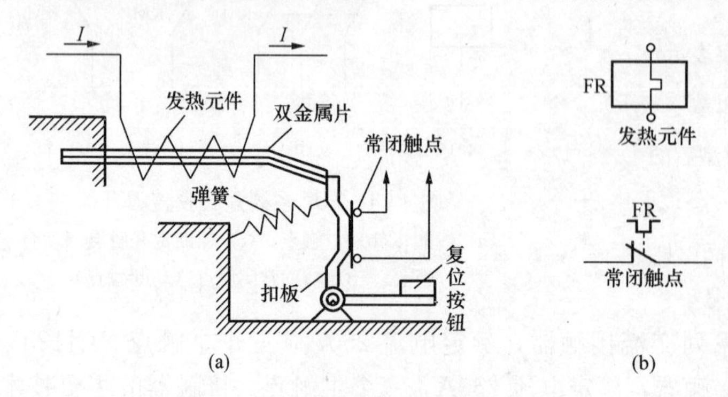

图4-5 热继电器的结构图形符号

(a) 热继电器结构；(b) 图形符号

热继电器是利用电流通过发热元件所产生的热效应，使双金属片受热弯曲而推动机构动作的过载保护电器。主要用于电动机的过载、断相及电流不平衡的保护及其他电器设备发热状态的控制。

热继电器的结构图形符号如图4-5所示。

目前我国生产并广泛使用的热继电器主要有JR16、JR20系列；引进产品有施耐德公司的LR2D系列，其特点是具有过载与缺相保护、测试按钮、停止按钮，还具有脱扣状态显示功能以及在湿热的环境中使用的强适应性。

以JR20系列为例，其型号含义如下：

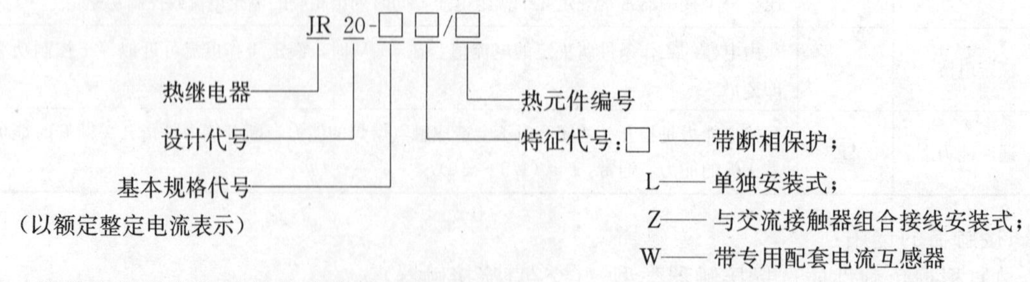

热继电器的规格及技术参数见表4-7。

热继电器的主要参数及选用。

热继电器的整定电流指热元件在正常持续工作中不引起热继电器动作的最大电流值；热继电器额定电流指热继电器中可以安装的热元件的最大整定电流值；热元件的额定电流指热

元件的最大整定电流值。

表4-7　JR16系列热继电器的主要技术数据

型　号	额定电流（A）	热元件额定电流（A）	额定电流调节范围（A）	主要用途
JR0-20/3 JR0-20/3D JR16-20/3 JR16-20/3D	20	0.35 0.5 0.72 1.1 1.6 2.4 3.5 5.0 7.2 11 16 22	0.25～0.3～0.35 0.32～0.4～0.5 0.45～0.6～0.72 0.68～0.9～1.1 1.0～1.3～1.6 1.5～2.0～2.4 2.2～2.8～3.5 3.2～4.0～5.0 4.5～6.0～7.2 6.8～9.0～11.0 10.0～13.0～16.0 14.0～18.0～22.0	供500V以下电气回路中作为电动机的过载保护之用，D表示带有断相保护装置
JR0-40/3 JR16-40/3D	40	0.64 1.0 1.6 2.5 4.0 6.4 10 16 25 40	0.40～0.64 0.64～1.0 1.0～1.6 1.6～2.5 2.5～4.0 4.0～6.4 6.4～10 10～16 16～25 25～40	

1）根据负载的额定电流选择继电器的额定电流和整定电流范围。

2）根据负载性质，选择热继电器的极数和复位形式。

六、按钮

按钮是一种短时接通或断开小电流电路的手动电器，常用于控制电路中发出启动或停止等指令，以控制接触器、继电器等电器的线圈电流的接通或断开，再由它们去接通或断开主电路。

按钮的触点分常闭触点（动断触点）和常开触点（动合触点）两种。常闭触点是按钮未按下时闭合、按下后断开的触点。常开触点是按钮未按下时断开、按下后闭合的触点。按钮按下时，常闭触点先断开，然后常开触点闭合；松开后，依靠复位弹簧使触点恢复到原来的位置。

按钮由按钮帽、复位弹簧、桥式动触头、静触头和外壳等组成。按钮的结构图形符号如图4-6所示。

按钮型号：LAY3、LAY6、LA10、LA18、LA19、LA20、LA25等系列。

其型号含义如下：

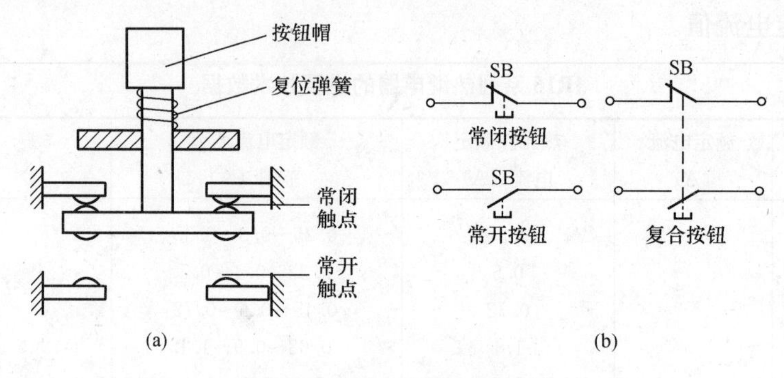

图 4-6　按钮的结构图形符号
（a）按钮结构；（b）图形符号

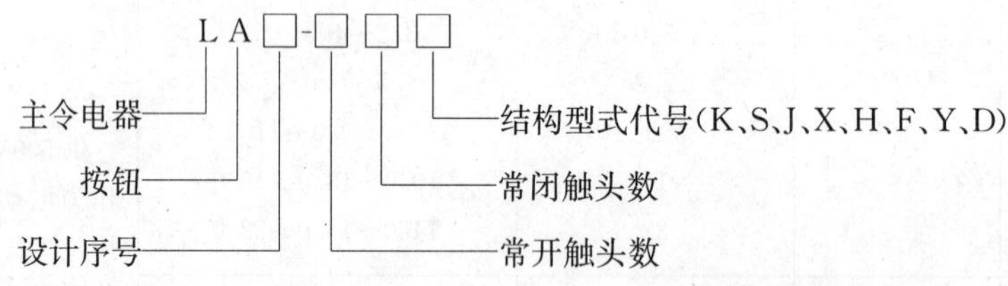

七、行程开关

行程开关也称为位置开关，能实现运动部件极限位置的保护。主要用于将机械位移变为电信号，以实现对机械运动的电气控制。当机械的运动部件撞击触杆时，触杆下移使常闭触点断开，常开触点闭合；当运动部件离开后，在复位弹簧的作用下，触杆回复到原来位置，各触点恢复常态。行程开关的结构图形符号如图 4-7 所示。

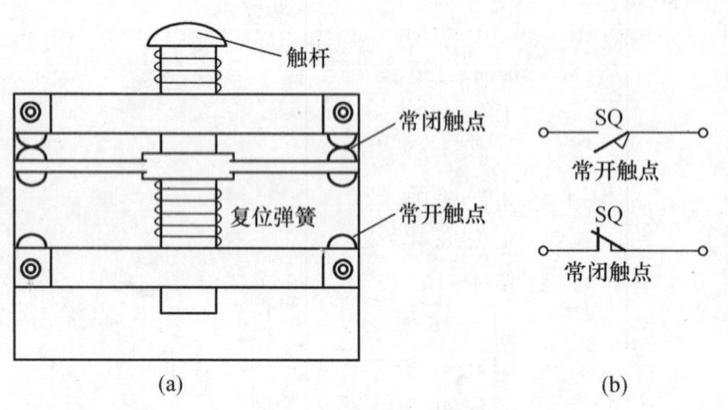

图 4-7　行程开关的结构图形符号
（a）行程开关结构；（b）图形符号

目前机床中常用的行程开关有 LX19 和 JLXK1 等系列，JLXK1 系列型号含义如下：

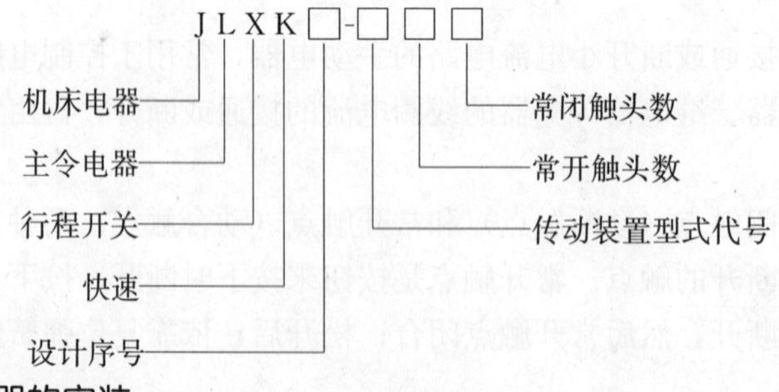

4.1.2　常用低压电器的安装

（1）低压电器安装前，建筑工程应具备的条件

低压电器安装前，建筑工程应具备下列条件：

1）屋顶、楼板应施工完毕，不得渗漏。

2）对电器安装有妨碍的模板、脚手架等应拆除，场地应清扫干净。

3）室内地面基层应施工完毕，并应在墙上标出抹面标高。

4）环境湿度应达到设计要求或产品技术文件的规定。

5）电气室、控制室、操作室的门、窗、墙壁、装饰棚应施工完毕，地面应抹光。

6）设备基础和构架应达到允许设备安装的强度；焊接构件的质量应符合要求，基础槽钢应固定可靠。

7）预埋件及预留孔的位置和尺寸，应符合设计要求，预埋件应牢固。

设备安装完毕，投入运行前，建筑工程应符合下列要求：

1）门窗安装完毕。

2）运行后无法进行的和影响安全运行的施工工作完毕。

3）施工中造成的建筑物损坏部分应修补完整。

（2）低压电器安装的一般规定

1）做好低压电器安装前的检查：

①设备铭牌、型号、规格，应与被控制线路或设计相符。

②外壳、漆层、手柄，应无损伤或变形。

③内部仪表、灭弧罩、瓷件、胶木电器，应无裂纹或伤痕。

④螺钉应拧紧。

⑤具有主触头的低压电器，触头的接触应紧密，采用0.05mm×10mm的塞尺检查，接触两侧的压力应均匀。

⑥附件应齐全、完好。

2）低压电器的安装高度，应符合设计规定；当设计无规定时，应符合下列要求：

①落地安装的低压电器，其底部宜高出地面50～100mm。

②操作手柄转轴中心与地面的距离，宜为1200～1500mm；侧面操作的手柄与建筑物或设备的距离，不宜小于200mm。

3）低压电器的固定，应符合下列要求：

①低压电器根据其不同的结构，可采用支架、金属板、绝缘板固定在墙、柱或其他建筑构件上。金属板、绝缘板应平整；当采用卡轨支撑安装时，卡轨应与低压电器匹配，并用固定夹或固定螺栓与壁板紧密固定，严禁使用变形或不合格的卡轨。

②当采用膨胀螺栓固定时，应按产品技术要求选择螺栓规格；其钻孔直径和埋设深度应与螺栓规格相符。

③紧固件应采用镀锌制品，螺栓规格应选配适当，电器的固定应牢固、平稳。

④有防震要求的电器应增加减震装置；其紧固螺栓应采取防松措施。

⑤固定低压电器时，不得使电器内部受额外应力。

4）电器的外部接线，应符合下列要求：

①接线应按接线端头标志进行。

②接线应排列整齐、清晰、美观，导线绝缘应良好、无损伤。

③电源侧进线应接在进线端，即固定触头接线端；负荷侧出线应接在出线端，即可动触头接线端。

④电器的接线应采用铜质或有电镀金属防锈层的螺栓和蝶钉，连接时应拧紧，且应有防松装置。

5）成排或集中安装的低压电器应排列整齐；器件间的距离，应符合设计要求，并应便于操作及维护。

6）室外安装的非防护型的低压电器，应有防雨、雪和风沙侵入的措施。

7）电器的金属外壳、框架的接零或接地，应符合现行国家标准《电气装置安装工程接地装置施工及验收规范》（GB 50169—2006）的有关规定。

8）低压电器的试验，应符合现行国家标准《电气装置安装工程电气设备交接试验标准》（GB 50150—2006）的有关规定。

一、低压断路器的安装

低压断路器的安装技术要求

1）低压断路器的安装，应符合产品技术文件的规定；当无明确规定时，宜垂直安装，其倾斜度不应大于5°。

2）低压断路器与熔断器配合使用时，熔断器应安装在电源侧。

3）低压断路器操作机构的安装，应符合下列要求：

①操作手柄或传动杠杆的开、合位置应正确；操作力不应大于产品的规定值。

②电动操作机构接线应正确；在合闸过程中，开关不应跳跃；开关合闸后，限制电动机或电磁铁通电时间的联锁装置应及时动作；电动机或电磁铁通电时间不应超过产品的规定值。

③开关辅助接点动作应正确可靠，接触应良好。

④抽屉式断路器的工作、试验、隔离三个位置的定位应明显，并应符合产品技术文件的规定。

⑤抽屉式断路器空载时进行抽、拉数次应无卡阻，机械联锁应可靠。

低压断路器的接线，应符合下列要求：

1）裸露在箱体外部且易触及的导线端子，应加绝缘保护。

2）有半导体脱扣装置的低压断路器，其接线应符合相序要求，脱扣装置的动作应可靠。

低压断路器使用注意事项：

①低压断路器的整定脱扣电流一般指的是在常温下的动作电流，在高温或低温时会有相应的变化。

②有欠压脱扣器的断路器应使欠压脱扣器通以额定电压，否则会损坏。

③断路器手柄可以处于三个位置，分别表示合闸、断开、脱扣三种状态，当手柄处于脱扣位置时，应向下扳动手柄，使断路器再扣，然后合闸。

二、低压熔断器的安装

（一）熔断器安装技术要求

1）熔断器及熔体的容量，应符合设计要求，并核对所保护电气设备的容量与熔体容量相匹配；对后备保护、限流、自复、半导体器件保护等有专用功能的熔断器，严禁替代。

2）熔断器安装位置及相互间距离，应便于更换熔体。

3）有熔断指示器的熔断器，其指示器应装在便于观察的一侧。

4）瓷质熔断器在金属底板上安装时，其底座应垫软绝缘衬垫。

5）安装具有几种规格的熔断器，应在底座旁标明规格。

6）有触及带电部分危险的熔断器，应配齐绝缘抓手。

7）带有接线标志的熔断器，电源线应按标志进行接线。

8）螺旋式熔断器的安装，其底座严禁松动，电源应接在熔芯引出的端子上。

（二）熔断器的使用注意事项

1）熔体熔断后，应先查明故障原因，排除故障后方可换上原规格的熔体，不能随意更改熔体规格，更不能用铜丝代替熔体。

2）在配电系统中，选各级熔断器时要互相配合，以实现选择性。

3）对于动力负载，因其起动电流大，故熔断器主要起短路保护作用，其过载保护应选用热继电器。

三、常用刀开关的安装

（一）一般刀开关的安装技术要求

1）开关应垂直安装。当在不切断电流、有灭弧装置或用于小电流电路等情况下，可水平安装。水平安装时，分闸后可动触头不得自行脱落，其灭弧装置应固定可靠。

2）可动触头与固定触头的接触应良好；大电流的触头或刀片宜涂电力复合脂。

3）双投刀闸开关在分闸位置时，刀片应可靠固定，不得自行合闸。

4）安装杠杆操作机构时，应调节杠杆长度，使操作到位且灵活；开关辅助接点指示应正确。

5）开关的动触头与两侧压板距离应调整均匀，合闸后接触面应压紧，刀片与静触头中心线应在同一平面，且刀片不应摆动。

（二）胶盖闸刀开关的安装技术要求

1）胶盖闸刀开关必须垂直安装，在开关接通状态时，瓷质手柄应朝上，不能有其他位置，否则容易产生误操作。

2）电源进线应接入规定的进线座，出线应接入规定的出线座，不得接反。否则易引发触电事故。

（三）安装铁壳开关时应注意事项

1）铁壳开关必须垂直安装，安装高度按设计要求，若设计无要求，可取操作手柄中心距地面1.2～1.5m。

2）铁壳开关的外壳应可靠接地或接零。

3）铁壳开关进出线孔的绝缘圈（橡皮、塑料）应齐全。

4）采用金属管配线时，管子应穿入进出线孔内，并用管螺帽拧紧。如果电线管不能进入进出线孔内，则可在接近开关的一段，用金属软管（蛇皮管）与铁壳开关相连。金属软管两端均应采用管接头固定。

5）外壳完好无损，机械联锁正常，绝缘操作连杆固定可靠，可动触片固定良好，接触紧密。

四、接触器的安装

（一）低压接触器安装前的检查应符合的要求

1）衔铁表面应无锈斑、油垢；接触面应平整、清洁。可动部分应灵活无卡阻；灭弧罩之间应有间隙；灭弧线圈绕向应正确。

2）触头的接触应紧密，固定主触头的触头杆应固定可靠。

3）当带有常闭触头的接触器与磁力起动器闭合时，应先断开常闭触头，后接通主触头；

当断开时应先断开主触头，后接通常闭触头，且三相主触头的动作应一致，其误差应符合产品技术文件的要求。

（二）低压接触器安装完毕后应进行的检查

1）接线应正确。

2）在主触头不带电的情况下，起动线圈间断通电，主触头动作正常，衔铁吸合后应无异常响声。

（三）真空接触器安装前应进行的检查

1）可动衔铁及拉杆动作应灵活可靠、无卡阻。

2）辅助触头应随绝缘摇臂的动作可靠动作，且触头接触应良好。

3）按产品接线图检查内部接线应正确。

五、热继电器的安装

（一）热继电器的安装技术要求

1）热继电器在接线时，其发热元件串联在电路当中，接线螺钉应旋紧，不得松动。辅助触头连接导线的最大截面积不得超过 $2.5mm^2$。

2）为使热继电器的额定电流与负载电流相符，可以旋动调节旋钮使所需的电流值对准红色的箭头，旋钮上指示额定电流值和所需电流值之间可能有些误差。若需要可在实际使用时按情况微调。

（二）热继电器的使用注意事项

1）热继电器整定电流必须与被保护的电动机额定电流相同，若不符合将失去保护作用。

2）除了接线螺钉外，热继电器的其他螺钉均不得拧动，否则其保护性能将会改变。

3）热继电器在出厂时均调整为自动复位形式，如需要手动复位，可在购货时提出要求，或进行有关的调整。

六、按钮的安装

按钮的安装应符合下列要求：

1）按钮之间的距离宜为50～80mm，按钮箱之间的距离宜为50～100mm；当倾斜安装时，其与水平的倾角不宜小于30°。

2）按钮操作应灵活、可靠、无卡阻。

3）集中在一起安装的按钮应有编号或不同的识别标志，“紧急”按钮应有明显标志，并设保护罩。

七、行程开关的安装

行程开关的安装、调整，应符合下列要求：

1）安装位置应能使开关正确动作，且不妨碍机械部件的运动。

2）碰块或撞杆应安装在开关滚轮或推杆的动作轴线上。对电子式行程开关应按产品技术文件要求调整可动设备的间距。

3）碰块或撞杆对开关的作用力及开关的动作行程，均不应大于允许值。

4）限位用的行程开关，应与机械装置配合调整；确认动作可靠后，方可接入电路使用。

万能转换开关是具有更多操作位置和触点，能换接多个电路的一种手控电器。

用途：主要用于控制电路换接，也可用于小容量电动机的启动、换向、调速和制动控制。

4.1.3　常用控制设备

建筑电气安装工程中的低压控制设备主要指各种控制屏（台、箱、柜）等电气设备，其中常用的是低压开关柜、配电箱（盘）等，在低压配电系统中作为控制、保护和计量之用。

一、低压开关柜

低压开关柜是按一定的接线方案要求将有关的设备组装而成的成套装置。一般作为动力和照明等用电设备的配电线路。低压开关柜又称低压配电柜，户内型按结构分有固定式和抽屉式、混合式。国产老系列低压配电屏的全型号格式和含义如下：

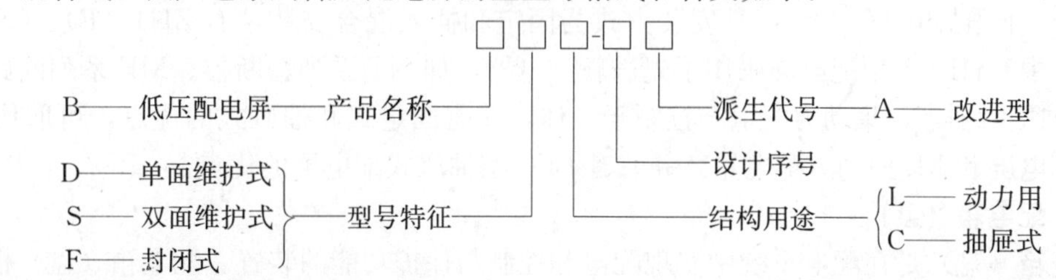

固定式低压开关柜是最简单的配电装置，所有电器元件都为固定安装、固定接线。其正面板上部为测量仪表，中部为操作手柄（面板后有刀开关），下部为向外双开启的门，内有互感器、继电器等。母线应布置在屏的最上部，依次为刀开关、熔断器、低压断路器。互感器和电度表等都装与屏后，这样便于屏前后双面维护，检修方便，价格便宜，多为变电所和配电所用作低压配电装置。

目前使用较广的固定式配电屏有 PGL、GGL、GGD 等型号，其中 GGD 型是较新的国产产品，全部采用新型电器元件，具有分断能力强、热稳定性好、接线方案灵活、组合方便、结构新颖及外壳防护等级高等优点，是国家推广应用的一种新产品。固定式低压配电屏适用于发电厂、变电所及工矿企业等电力用户作动力和照明配电之用。

PGL 型交流低压配电屏是国产的传统产品。可取代过去的 BSL 系列产品，本产品系户内安装，为开启式双面维护的低压配电装置。具有结构合理，电路配置安全可靠等优点。产品型号含义：

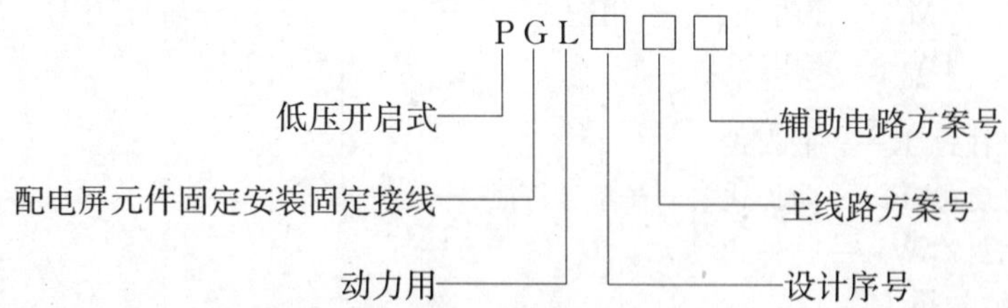

抽屉式低压配电屏，电器元件安装在各个抽屉内，再按一、二次线路方案将有关功能单元的抽屉叠装在封闭的金属柜体内，可按需要推入或抽出。其封闭性好，可靠性高。故障或检修时将抽屉抽出，随即换上同类型抽屉，以便迅速供电，既提高了供电可靠性又便于设备检修。但是，它与固定式相比设备费用高，结构复杂，钢材用量多。常用的抽屉式配电屏（柜）有 BFC、GCL、GCS 和 GCK 等型号，适用于三相交流系统中作为负荷或电动机控制中心的配电和控制装置。

GCS 型低压抽出式开关柜适用于发电厂、石油、化工、冶金、纺织、高层建筑等行业的配电系统。在大型发电厂、石化系统等自动化程度高，要求与计算机接口的场所，作为三相交流频率为 50（60）Hz、额定工作电压为 380V（400）、（660），额定电流为 4000A 及以下的发、供电系统中的配电、电动机集中控制、无功功率补偿使用的低压成套配电装置。

产品型号含义：

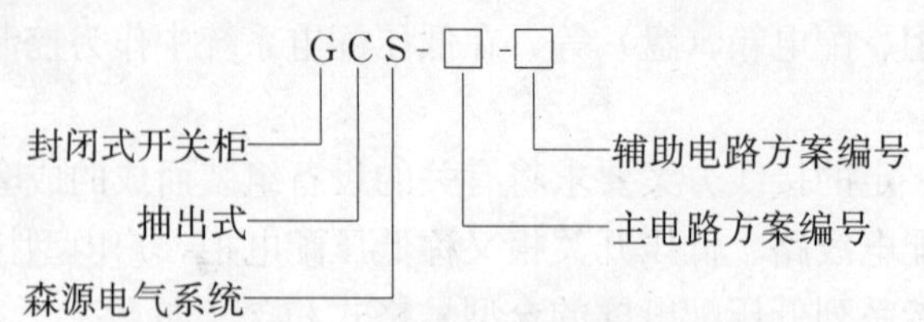

混合式低压配电屏（柜）：其安装方式为固定和插入混合安装，有 ZH1（F）、GHL 等型号，其中 GHL-1 型配电屏采用了先进新型电器，如 NT 系列熔断器、ME 系列断路器及 CJ20 系列接触器等，集动力配电与控制于一体，兼有固定式和抽屉式的优点，可取代 PGL 型低压配电屏和 XL 型动力配电箱，并兼有 BFC 型抽屉式配电屏的优点。

二、配电箱（盘）

配电箱（盘）是在配电系统中实现配电和控制与保护功能的装置。配电箱（盘）根据用途不同可分为电力配电箱（盘）和照明配电箱（盘）、电度表箱、插座箱等。根据安装方式可分为落地式安装、明装（悬挂式）和暗装（嵌入式），以及半明半暗安装等。根据制作材质可分为铁制、木制及塑料制品，现场运用较多的是铁制配电箱。配电箱（盘）按产品生产方式划分有定型产品（标准配电箱、盘）、非定型成套配电箱（非标准配电箱、盘）及现场制作组装的配电箱（盘）。标准配电箱（盘）是由工厂成套生产组装的；非标准配电箱（盘）是根据设计或实际需要订制或自行制作。如果设计为非标准配电箱（盘），一般需要用设计的配电系统图到工厂加工定做。

配电箱的全型号格式和含义如下：

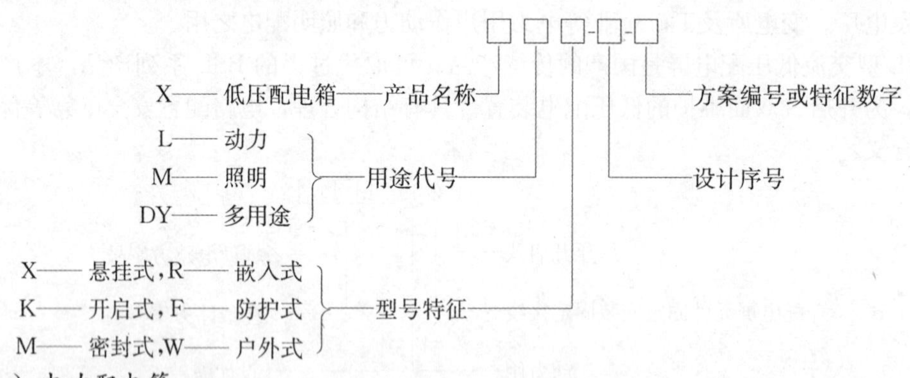

（一）电力配电箱

通常具有配电和控制两种功能，主要用于动力配电与控制，但也可供照明配电与控制。常用的有 XL、XF-10、XLCK、BGL-1、SGL1、BGM-1 等多种型号，其中 BGL-1、BGM-1 型号多用于高层住宅建筑的照明和动力配电。XL-3 型、XL-4 型、XL-10 型、XL-11 型、XL-12 型、XL-14 型和 XL-15 型均属于老产品，目前仍在继续生产和使用。常见动力配电箱技术参数见表 4-8～表 4-10。

（二）照明配电箱

照明配电箱适用于工业及民用建筑在交流 50Hz、额定电压 500V 以下的照明和小动力控制回路中，作线路的过载、短路保护以及线路的正常转换之用。按安装方式分，动力和照明配电箱均有落地式、悬挂式、嵌入式等。落地式一般配电箱靠墙落地安装；悬挂式是配电箱挂柱或墙明装；嵌入式是配电箱嵌入柱或墙暗装。

表 4 - 8　　XL - 10 型动力配电箱技术参数表

产品名称	型号	额定电压（V）	回路电流（A）	组合开关型号×数量	熔断器型号×数量	质量（kg）
动力配电箱	XL - 10 - 1/5	380	15×1	HZ10 - 25/3×1	RL1 - 15×3	10
	XL - 10 - 2/15		15×2	HZ10 - 25/3×2	RL1 - 15×6	22
	XL - 10 - 3/15		15×3	HZ10 - 25/3×3	RL1 - 15×9	28
	XL - 10 - 4/15		15×4	HZ10 - 25/3×4	RL1 - 15×12	40
	XL - 10 - 1/35		35×1	HZ10 - 60/3×1	RL1 - 60×3	12
	XL - 10 - 2/35		35×2	HZ10 - 60/3×2	RL1 - 60×6	28
	XL - 10 - 3/35		35×3	HZ10 - 60/3×3	RL1 - 60×9	40
	XL - 10 - 4/35		35×4	HZ10 - 60/3×4	RL1 - 60×12	45
	XL - 10 - 1/60		60×1	HZ10 - 60/3×1	RL0 - 100×3	12
	XL - 10 - 2/60		60×2	HZ10 - 100/3×2	RL0 - 100×6	28
	XL - 10 - 3/60		60×3	HZ10 - 100/3×3	RL0 - 100×9	40
	XL - 10 - 4/60		60×4	HZ10 - 100/3×4	RL0 - 100×12	45

由于国家只对照明配电箱用统一的技术标准进行审查和鉴定，而不做统一设计，且国内生产厂家繁多，故规格、型号很多。选用标准照明配电箱时，应查阅有关的产品目录和电气设计手册等书籍。

表 4 - 9　　XGM1 型技术参数

1	2	3	4			5	6
产品名称	箱型代号	最多可安装元件数	外形尺寸			安装尺寸（mm）	备　注
			宽	高	厚		
照明配电箱	06	6	325	240	120或180	详见厂家产品尺寸	1. 第3项系指以开关为模的DZ12（DZ13）元件数，1个DZ12（DZ13L）的外形相当2个DZ12（DZ13）尺寸； 2. 装过路端子（T）的产品箱厚为18mm； 3. C45E4CB系列均可按模数选
	09	9	400				
	12	12	425				
	15	15	550				
	18	18	500	605			
	24	24		680			

三、配电箱（柜）的选择

1）根据负荷性质和用途，确定是照明配电箱还是电力配电箱或是计量箱、插座箱等。

2）根据控制对象负荷电流的大小、电压等级以及保护要求，确定配电箱内主回路和各支路的开关电器、保护电器的容量和电压等级。

3）从使用环境和使用场合的要求选择配电箱的结构形式，如确定选用明装还是暗装式，以及外观颜色、防潮、防火等要求。

表 4-10 **PZ20、PZ30 型技术参数**

1	2	3		4	5	6	7
外壳材料	额定电压（V）	单排负载总电流（A）		总单元数	额定短路电流分断能力（kA）	外壳防护等级	外壳允许温升（K）
		单相	三相				
金属	220V、380V	100A	32、63	6、9、10、12、15、18、30、45	20	IP30 IP40	30
全塑				2、4、6、9、10、12、15、18、24、36			40

在选择各种配电箱时，一般应尽量选用通用的标准配电箱，以利于设计和施工。若因建筑设计的需要，也可以根据设计要求向生产厂家订货加工所需要的非标准箱。

4.1.4 常用控制设备的安装

建筑电气安装工程中常用控制设备的安装主要指低压配电柜、照明和动力配电箱、板以及箱内组装的各种电气元件（控制开关、熔断器、计量仪表、盘柜配线等）。

一、低压配电柜的安装

低压配电柜安装的一般规定：

1）配电箱上的母线其相线应用颜色标出，L1 相应用黄色；L2 相应用绿色；L3 相应用红色；中性线 N 相宜用蓝色；保护地线（PE 线）应用黄绿相间双色。

2）柜（盘）与基础型钢间连接紧密，固定牢固，接地可靠，柜（盘）间接缝平整。

3）盘面标志牌、标志框齐全，正确并清晰。

4）小车、抽屉式柜推拉灵活，无卡阻碰撞现象；接地触头接触紧密，调整正确；推入时接地触头比主触头先接触，退出时接地触头比主触头后脱开。

5）有两个电源的柜（盘）母线的相序排列一致，相对排列的柜（盘）母线的相序排列对称，母线色标正确。

6）盘内母线色标均匀完整；二次结线排列整齐，回路编号清晰、齐全，采用标准端子头编号，每个端子螺丝上接线不超过两根。柜（盘）的引入、引出线路整齐。

7）柜、屏、台、箱、盘的金属框架及基础型钢必须接地（PE）或接零（PEN）可靠；装有电器的可开门，门和框架的接地端子间应用裸编织铜线连接，且有标识。

8）低压成套配电柜、控制柜（屏、台）和动力、照明配电箱（盘）应有可靠的电击保护。柜（屏、台、箱、盘）内保护导体应有裸露的连接外部保护导体的端子，当设计无要求时，柜（屏、台、箱、盘）内保护导体最小截面积 S_p 不应小于表 4-11 的规定。

表 4-11 **相应的保护导体的最小截面积 S_p**

装置的相、导线的截面积 S	相应的保护导体的最小截面积 S_p
$S \leqslant 16$	$S_p = S$
$16 < S \leqslant 35$	$S_p = 16$
$35 < S \leqslant 400$	$S_p = S/2$

9）柜内相间和相对地间的绝缘电阻值应大于 10MΩ。

低压配电柜的安装工艺：

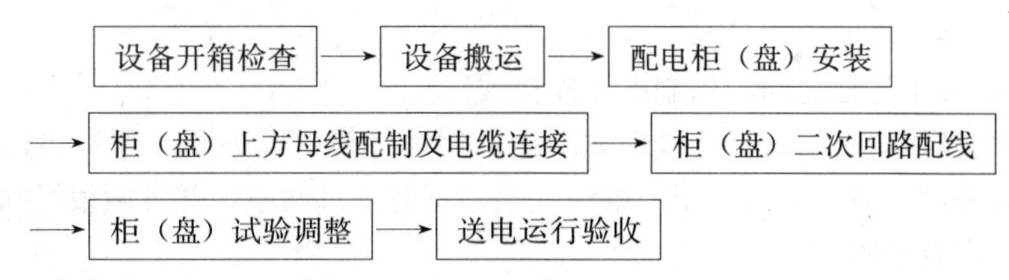

（一）设备开箱检查

1）施工单位、供货单位、监理单位共同验收，并做好进场检验记录。

2）按设备清单、施工图纸及设备技术资料，核对设备及附件、备件的规格型号是否符合设计图纸要求；核对附件、备件是否齐全；检查产品合格证、技术资料、设备说明书是否齐全。

3）检查箱、柜（盘）体外观无划痕无变形油漆完整无损等。

4）箱、柜（盘）内部检查：电气装置及元件的规格、型号、品牌是否符合设计要求。

5）柜、箱内的计量装置必须全部检测，并有法定部门的检测报告。

（二）设备搬运

设备运输由起重工作业，电工配合。根据设备重量、距离长短采用人力推车运输或卷扬机、滚杠运输，也可采用汽车吊配合运输。采用人力车搬运，注意保护配电柜外表油漆，配电柜指示灯不受损。汽车运输时，必须用麻绳将设备与车身固定，开车要平稳，以防撞击损坏配电柜。

（三）配电柜安装

(1) 基础型钢安装

1）将有弯的型钢调直，然后按图纸、配电柜（盘）技术资料提供的尺寸预制加工型钢架，并刷防锈漆做防腐处理。

2）按设计图纸将预制好的基础型钢架放于预埋铁件上，用水平尺找平、找正，可采用加垫片方法，但垫片不得多于3片，再将预埋铁、垫片、基础型钢焊接一体。最终基础型钢顶部应高于抹平地面100mm以上为宜。

3）基础型钢与地线连接：基础型钢安装完毕后，将室外或结构引入的镀锌扁钢引入室内（与变压器安装地线配合）与型钢两端焊接，焊接长度为扁钢宽度的两倍，再将型钢刷两道灰漆。

(2) 配电柜（盘）安装

1）按设计图纸布置将配电柜放于基础型钢上，然后按柜安装固定螺栓尺寸在基础型钢上用手电钻钻孔。一般无要求时，钻ϕ16.2孔，用M16镀锌螺钉固定。

2）柜（盘）就位、找平、找正后，柜体与基础型钢固定，柜体与柜体、柜体与侧挡板均用镀锌机螺钉连接。

3）每台配电柜（盘）单独与接地干线连接。每台柜从下部的基础型钢侧面上焊上M10螺栓，用6mm^{2}铜线与柜上的接地端子连接牢固。

（四）柜（盘）上方母线配制及电缆连接

柜（盘）上方母线配制详见硬母线安装要求。配电柜电缆进线采用电缆沟下进线时，需加电缆固定支架。

（五）柜（盘）二次回路配线

1）按原理图逐台检查柜（盘）上的全部电器元件是否相符，其额定电压和控制、操作电源电压必须一致。

2）按图敷设柜与柜之间的控制电缆连接线。

3）控制线校线后，将每根芯线煨成圆圈，用镀锌螺钉、眼圈、弹簧垫连接在每个端子板上。端子板每侧一般一个端子压一根线，最多不能超过两根，并且两根线间加眼圈。多股线应涮锡，不准有断股。

（六）柜（盘）试验调整

1）所有接线端子螺钉再紧固一遍。

2）绝缘摇测：用500～1000V绝缘电阻摇表在端子板处测试每回路的绝缘电阻，保证大于10MΩ。

3）接临时电源：将配电柜内控制、操作电源回路的熔断器上端相线拆下，接上临时电。

4）模拟试验：按图纸要求，分别模拟控制、连锁、操作、继电器保护动作正确无误、灵敏可靠。

5）拆除临时电源，将被拆除的电源线复位。

（七）送电运行验收

送电空载24h无异常现象，办理验收手续，收集好产品合格证、说明书、试验报告。

二、照明配电箱（盘）安装

照明配电箱安装一般分为成套照明配电箱的明装、成套照明配电箱的安装和现场制作配电箱的安装等。但无论采用哪种安装方式都要符合照明配电箱（盘）安装的一般规定：配电箱（板）不应采用可燃材料制作，在干燥无尘场所采用的木制配电箱（板）应做阻燃处理。配电箱（盘）安装时，其底口距地一般为1.5m；明装时底口距地1.2m；明装电度表板底口距地不得小于1.8m。配电箱内不宜装设不同电压等级的电气装置，必须设置时，交流、直流或不同电压等级的电源，应具有明显的标志。配电箱（板）内，应分别设置中性线N和保护地线（PE线）汇流排，中性线N和保护地线应在汇流排上连接，不得绞接，并应有编号。导线引出板面，均应套设绝缘管。配电箱上应标明用电回路名称。配电箱安装垂直偏差不应大于3mm。暗设时，其面板四周边缘应紧贴墙面，箱体与建筑物接触的部分应刷防腐漆。配电箱内装设的螺旋式熔断器（RL1），其电源线应接在中间触点的端子上，负荷线接在螺纹的端子上。

（一）成套照明配电箱明装

成套照明配电箱明装安装顺序：支架的制作安装→配电箱安装固定→导线连接→送电前检查→送电运行。

根据设计要求找出配电箱位置，并按照箱的外形尺寸进行弹线定位；弹线定位的目的是对有预埋木砖或铁件的情况，可以更准确地找出预埋件，或者可以找出金属胀管螺栓的位置。配电板位置应选择在干燥无尘埃的场所，且应避开暖卫管、窗门及箱柜门。在无设计要求时，配电板底边距地高度不应小于1.8m。小型配电箱可直接固定在墙上。直接安装在墙上时，应先埋设固定螺栓，固定螺栓的规格和间距应根据配电箱的型号和重量以及安装尺寸决定。膨胀螺栓固定配电箱：箱体的固定及墙体内暗配管的连接。中大型配电箱可采用铁支架，铁支架可采用角钢和圆钢制作。在柱子上安装时，可用抱箍固定配电箱。成套配电箱明装支架固定配电箱如图4-8所示。

施工时，先量好配电箱安装孔尺寸，在墙上划好孔位，然后打洞，埋设螺栓（或用金属膨胀螺栓）或预埋制作好的支架。待填充的混凝土牢固后，即可安装配电箱。安装配电箱时，要用水平尺校正其水平度，同时要校正其安装的垂直度。配电箱安装固定完成后，进行配电箱的外部接线，即配电箱内的开关与配管配线中的导线连接，然后进行送电前的检查，以及送电运行。

（二）成套照明配电箱暗装

成套照明配电箱暗装安装顺序：配电箱安装固定→导线连接→送电前检查→送电运行。

此安装方式通常是按设计指定位置，在土建砌墙时先把与配电箱尺寸和厚度相等的木框架嵌在墙内，使墙上留出配电箱安装的孔洞，待土建结束，配线管安装工作结束，敲去木框架将配电箱嵌入墙内，校正垂直和水平，垫好垫片将配电箱固定好，并做好线管与箱体的连接固定，然后在箱体四周填入水泥砂浆。预埋前应需要砸下敲落孔压片，配电箱严禁用电、气焊开孔，箱体上不应开长孔，也不允许在箱体侧面开孔。当墙壁的厚度不能满足嵌入式要求时，可采用半嵌入式安装，使配电箱的箱体一半在墙面外，一半嵌入墙内，其安装方法与嵌入式相同。配电箱安装固定完成后，进行配电箱的外部接线，然后进行送电前的检查，以及送电运行。

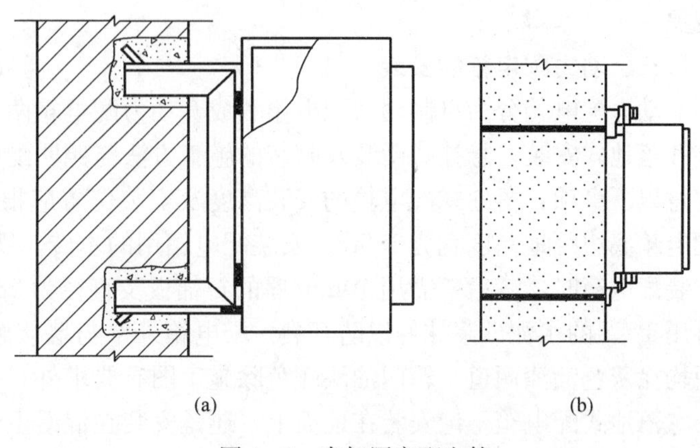

图4-8　支架固定配电箱

(a) 用支架固定；(b) 用抱箍固定铁架固定配电箱

（三）现场制作照明配电箱安装

现场制作照明配电箱的暗装程序：弹线定位→箱体安装→盘面安装→箱内配线→线路检查绝缘遥测。

此安装方式中，配电箱箱体根据平面图设计的位置安装，明装和暗装方法与以上相同，此外要进行配电盘内电器元件的安装、箱内配线和线路检查绝缘遥测等程序。

配电盘内电器元件的安装：实物排列：将盘面板放平，再将全部电具、仪表置于其上，进行实物排列。带电体之间的电气间隙和漏电距离不应小于相关规定；

加工：位置确定后，用方尺找正，画出水平线，分均孔距。然后撤去电具、仪表，进行钻孔。钻孔后除锈，刷防锈漆及灰油漆。

固定电具：油漆干后装上绝缘管头，并将全部电具、仪表摆平、找正，用螺丝固定牢固。

规范规定：盘上总开关应垂直装在盘面板的左面。当计算负荷电流在30A及以上时应装电流互感器。盘面上电器控制回路的下方，要设所控制的回路名称编号的标志牌。

配电箱内布线：导线应一线一孔通过盘面与器具或端子等对应连接。同一端子上，导线不应超过两根。工作零线和保护线应在汇流排上采用螺栓连接，不应并头绞接。多股铝导线和截面超过2.5mm^{2}与电气器具的端子连接应焊接或压接端子后再连接。

开关、互感器等应上端进电源，下端接负荷或左侧电源右侧负荷。相序应一致，面对开关从左侧起为L1、L2、L3或L1（L2、L3）N。当配电箱盘板面导线连接完成后，必须清除箱内杂物，检查盘面安装的各种元件是否齐全、牢固，并整理好配管内的电源和负荷线。

配电箱的进出线应有适当余量，以便检修，管内导线引入盘面时应理顺整齐，盘后的导线应沿箱体的周边成把成束布置，中间不应有接头，多回路之间的导线不能有交叉错乱现象。

三、动力配电箱的安装

动力配电箱分为自制动力配电箱和成套动力配电箱两大类，其安装方式有悬挂明装、暗装和落地式安装，悬挂式明装及暗装的施工方法与照明配电箱相同。落地式动力配电箱安装注意以下事项：落地式配电箱的安装高度及安装位置应根据图纸设计确定。无详细规定者，配电箱底边距地高度宜为1.5m。安装配电箱用的木砖、铁构件应预埋。在240mm厚的墙内安装配电箱时，其后壁需用10mm厚的石棉板及直径为2mm、网孔为10mm的铁丝网钉牢，再用1∶2的水泥砂浆抹好以防开裂。配电箱外壁与墙接触部分均应涂防腐漆。箱内壁及盘面均涂灰色油漆两道，箱门油漆颜色除施工图有要求外，一般均与工程中门窗的颜色相同。

落地式配电箱不论安装在地面上，还是安装在混凝土台上，均要埋设地脚螺栓，以便固定配电箱。埋设地脚螺栓时，要使地脚螺栓之间的距离与配电箱安装孔尺寸一致，且地脚螺栓不可倾斜，其长度要适当，使紧固后的螺栓高出螺帽3～5扣为宜。

配电箱安装在混凝土台上时，混凝土的尺寸应视贴墙或不贴墙两种安装方式而定。不贴墙时，四周尺寸均应超出配电箱50mm为宜；贴墙安装时，除贴墙的一边外，其余各边应超出配电箱50mm。待地脚螺栓或混凝土台干固后，即可将配电箱就位，进行水平和垂直调整，水平误差不应大于1/1000，垂直误差不应大于1.5/1000，符合要求后，将螺帽拧紧固定。

安装在震动场所时，应采取防震措施：在盘与基础之间加以适当厚度的橡皮垫（其厚度一般不小于10mm）。

4.2 控制设备及低压电器工程概预算

控制设备及低压电器安装工程，是指对电器设备进行控制的，各种控制设备的安装工程，分成套控制设备及低压电器和单体控制设备及低压电器安装。

4.2.1 本章定额简介

一、本章定额设置内容

本章包括控制屏（台、箱、柜）等电气设备安装，控制器、接触器、启动器、开关按钮等低压电器安装，盘、柜配线，焊（压）接线端子，穿通板制作、安装，基础槽钢、角钢制作安装，各种铁构件、支架制作、安装，共25节147个子目，定额编号为2-236～2-382。

（一）控制、继电、模拟及配电屏安装

控制屏、继电（信号）屏、模拟屏及低压配电屏（开关柜子）等的外形尺寸，一般为(600～800)mm×2200mm×600mm（宽×高×深），设备正面安装，背后敞开。集装箱式配电室为户内或户外组合封闭式成套低压配电装置，在箱体内装有各种控制配电屏。

控制屏，继电、信号屏，配电屏（低压开关柜），弱电控制返回屏，集装箱式配电室(10t)分别编制了1个子目。模拟屏区分宽度编制了2个子目。集装箱式配电室的定额计量单位为“10t”，其他定额计量单位是“台”。

工作内容：开箱、检查、安装，电器、表计及继电器附件的拆装，送交试验，盘内整理及一次校线、接线。

（二）硅整流柜安装

区分电流大小划分了5个子目。

工作内容：开箱、检查、安装、一次接线、接地。定额计量单位是“台”。

（三）可控硅整流柜安装

区分负荷大小划分了3个子目。定额计量单位是“台”。

工作内容：开箱、检查、安装、一次接线、接地。

（四）直流屏及其他电气屏（柜）安装

根据直流屏及其他电气屏（柜）功能不同共编制了12个子目。

定额工作内容：开箱、检查、安装，电器、表计及继电器等附件的拆装，送交试验，盘内整理及一次接线。定额计量单位是“台”。

（五）控制台、控制箱安装

控制台区分长度编制了2个子目。集中控制台编制了1个子目，适用于长度在2～4m之间的集中控制台。定额计量单位：“台”。

定额工作内容：开箱、检查、安装，各种电器、表计等附件的拆装，送交试验，盘内整理，一次接线。

（六）成套配电箱安装

不区分动力箱和照明箱，只区分安装方式（落地式和悬挂嵌入式）划分定额项目，对于悬挂式配电箱，还区分半周长划分定额项目，共编制了5个子目。

半周长指配电箱“高＋宽”的长度，如配电箱高为700mm，宽为400mm，其半周长为1100mm。

工作内容：开箱、检查、安装、查校线、接地等。定额计量单位为“台”。

（七）控制开关安装

自动空气开关区分万能式、塑料外壳式，依据极数和额定电流大小共编制了7个子目。漏电保护开关区分单式、组合式，依据极数或回路数共编制了5个子目。刀型开关区分操作方式（手柄式、操作机构式、带熔断器式）编制了3个子目。胶盖闸刀开关区分相数编制了2个子目。组合控制开关区分普通型、防爆型编制了2个子目。铁壳开关、万能转换开关分别编制了1个子目。

定额工作内容：开箱、检查、安装、接线、接地。定额计量单位为“个”。

（八）熔断器、限位开关安装

熔断器安装定额区分瓷插式（螺旋式）、管式、防爆式编制了3个子目；限位开关区分普通式、防爆式编制了2个子目。

定额工作内容：开箱、检查、安装、接线、接地。定额计量单位为“个”。

（九）控制器、接触器、启动器、电磁铁、快速自动开关安装

控制器区分主令、鼓型（凸轮）编制了2个子目；接触器、起动器、电磁铁安装分别编制了1个子目；快速自动开关区分额定电流大小编制了3个子目。磁力起动器安装套用接触器安装。

定额工作内容：开箱、检查、安装、触头调整、注油、接线、接地。定额计量单位为“台”。

(十) 电阻器、变阻器安装

电阻器区分箱数编制了2个子目，定额计量单位为“箱”。变阻器安装编制了1个子目，定额计量单位为“台”。

定额工作内容：开箱、检查、安装、触头调整、注油、接线、接地。

(十一) 按钮、电笛、电铃安装

按钮、电笛分别区分普通型、防爆型编制了2个子目；电铃编制了1个子目。

定额工作内容：开箱、检查、安装、接线、接地。定额计量单位为“个”。

(十二) 水位电气信号装置

定额区分机械式、电子式、液位式编制了3个子目。

定额工作内容：测位、划线、安装、配管、穿线、接线、刷油。定额计量单位为“套”。

(十三) 仪表、电器、小母线安装

仪表、电器、小母线等安装共编制了6个子目。

定额工作内容：开箱、检查、盘上划线、钻眼、安装固定、写字编号、下料布线、上卡子。小母线安装定额计量单位为“10m”，其他项目定额计量单位为“个”。

(十四) 分流器安装

分流器广泛用于扩大仪表测量电流范围，有固定式定值分流器和精密合金电阻器，均可用于通信系统、电子整机、自动化控制的电源等回路作限流，均流取样检测。分流器区分电流大小编制了4个子目。

定额工作内容：接触面加工、钻眼、连接、固定。定额计量单位为“个”。

(十五) 盘柜配线

盘、柜配线是指现场组装配电箱中，盘、柜内组装电气元件间的连接导线。盘、柜配线区分导线截面大小，编制了7个定额子目。定额工作内容：放线、下料、包绝缘带、排线、卡线、校线、接线。定额计量单位为“10m”。

(十六) 端子箱、端子板安装及端子板外部接线

端子是为了方便导线的连接而应用的，是用来连接导线的断头金属导体。所谓端子箱，是指箱体内只设有接线端子板，而无开关、熔断器、电能表等器件。

端子板安装编制了1个定额项目，定额计量单位是“组”。端子箱安装应区分户内和户外两种形式编制了2个定额项目，定额计量单位是“台”。

端子板外部接线是指在终端线的接线板外部接线。有端子接线是在端子箱外部有端子接线，有端子接线可采取焊接和压接。定额区分有端子和无端子两种形式，按照导线截面规格($2.5mm^2$、$6mm^2$)划分项目，编制了4个子目，定额计量单位是“10个”。

工作内容：开箱、检查、安装、表计拆装、试验、校线、套绝缘管、压绝缘管、压焊端子、接线。

(十七) 焊铜接线端子

焊接线端子是指截面$6mm^2$以上多股单芯导线与设备或电源连接时必须加装的接线端子。接线端子按材质有铜接线端子和铝接线端子，铜接线端子有焊接和压接两种形式，铝接线端子只有压接。

焊铜接线端子定额区分导线截面积大小划分定额项目，编制了6个项目，定额计量单位是“10个”。

工作内容：剥削线头、套绝缘管、焊接头、包缠绝缘带。

（十八）压铜接线端子

压铜接线端子定额区分导线截面大小划分定额项目，编制8个项目，定额计量单位是“10个”。工作内容：剥削线头、套绝缘管、压接头、包缠绝缘带。

工作内容：剥削线头、套绝缘管、压接头、包缠绝缘带。

（十九）压铝接线端子

定额区分导线截面积大小划分定额项目，编制了7个项目。定额计量单位是“10个”。

工作内容：剥削线头、套绝缘管、压接头、包缠绝缘带。

（二十）穿通板制作、安装

穿通板制作所用材料不同编制了4个子目，定额计量单位是“块”。

穿通板分高压和低压两种，塑料板和石棉水泥板适用于低压；电木板和环氧树脂适用于高压。

工作内容：平直、下料、制作、焊接、打洞、安装、接地、油漆。

（二十一）基础槽钢、角钢制作安装

高压开关柜、低压开关柜（屏）和控制屏、继电信号屏等，以及落地式动力、照明配电箱安装，均需设置在基础槽钢或角钢上。

定额共编制了基础槽钢、角钢制作安装2个项目。定额计量单位是“10m”。

工作内容：平直、下料、钻孔、安装、接地、油漆。

（二十二）铁构件制作、安装以及箱、盒制作

按型钢厚度大小划分为一般铁构件（厚度3mm以上）和轻型铁构件（厚度3mm以下），并区分制作、安装划分定额项目，共编制了4个项目；箱盒制作，网门、保护网制作、安装，二次喷漆分别编制了1个子目。网门、保护网制作、安装定额计量单位是“m^2”，其余是“100kg”。

工作内容：制作、平直、划线、下料、钻孔、组对、焊接、刷油（喷漆）、安装、补刷油。

（二十三）木配电箱制作、安装

木配电箱制作、安装定额区分木配电箱半周长大小编制了4个子目，定额计量单位是“套”。

工作内容：选料、下料、净面、拼缝、拼装、砂光、喷涂防火涂料。

（二十四）配电板制作、安装

木配电箱制作区分所用材料（木板、塑料板、胶木板）编制了3个子目，木板包铁皮编制了1个子目，定额计量单位是“m^2”；木配电箱安装区分半周长大小编制了3个子目，计量单位是“块”。

工作内容：制作、下料、拼缝、钻孔、拼装、砂光、喷涂防火涂料、包钉铁皮、安装、接线、接地。

（二十五）床头控制柜安装

定额区分控制回路数编制了2个子目，定额计量单位是“台”。工作内容：开箱、检查、

安装、试验、校线、接线、接地。

二、本章定额中有关问题的说明

1）本章编列电气控制设备、低压电器的安装，盘、柜配线，焊（压）接线端子，穿通板制作、安装，基础槽、角钢及各种铁构件、支架制作、安装。

2）控制设备安装，除限位开关及水位电气信号装置外，其他均未包括支架制作、安装。发生时壳执行本章相应定额。

3）屏上辅助设备安装，包括标签框、光字牌、信号灯、附加电阻、连接片等，但不包括屏上开孔工作。

4）设备的补充油按设备考虑。

5）各种铁构件制作，均不包括镀锌、镀锡、镀铬、喷塑等其他金属防护费用。发生时应另行计算。

6）轻型铁构件系指结构厚度在 3mm 以内的构件。

7）铁构件制作、安装定额适用于本册范围内的各种支架、构件的制作与安装。

8）控制设备安装未包括的工作内容有：

①二次喷漆及喷字。

②电器及设备干燥。

③焊、压接线端子。

④端子板外部（二次）接线。

9）集装箱式低压配电室是指组合型低压配电装置，内装多台低压配电箱（屏），箱的两端开门，中间为通道。

10）可控硅变频调速柜安装，按可控硅相应定额人工乘以系数 1.2。

11）蓄电池屏安装，未包括蓄电池的拆除与安装。

12）配电板制作安装，不包括板内设备元件安装及端子板外部接线。

13）刀开关、铁壳开关、漏电开关、熔断器、控制器、接触器、起动器、电磁铁、自动快速开关、电阻器、变阻器等定额内均已包括接地端子，不得重复计算。

14）水位信号装置安装，未包括电气控制设备、继电器安装及水泵房至水塔、水箱的管线敷设。

4.2.2 定额套用及工程量计算

一、控制、继电、模拟及配电屏安装工程量

控制屏，继电、信号屏，配电屏（低压开关柜），弱电控制返回屏，集装箱式配电室安装以“台”或“10t”为计量单位，根据施工图纸上相应屏柜尺寸计算工程量，套用相应定额。其中模拟显示屏则应区分屏面宽度，套用相应定额。

另外注意：

1）上述各种电气控制屏、柜安装均不包括基础槽钢、角钢的制作安装。

2）各种箱屏、柜、箱、台安装定额，均包括端子板外部接线的工作内容。

二、配电箱、柜、板安装工程量

（一）成套配电箱/柜安装

不区分动力箱和照明箱，只区分安装方式（落地式和悬挂嵌入式），以“台”为计量单位根据施工图纸系统图上成套配电箱/柜相应数量计算工程量，套用有关定额项目。对于悬

挂式和嵌入式配电箱，还应区分半周长套用不同定额项目。

插座箱、电表箱安装可按成套配电箱的安装定额执行。

计算时注意：

1）成套配电箱安装所需要的基础槽钢或角钢制作、安装应另行计算，套相应定额。

2）成套配电箱端子板外部接线或焊、压接线端子的工程量套相应定额子目。

（二）木制配电箱的制作及配电板制作、安装工程量

木制配电箱的制作区分半周长，以“套”为计量单位根据施工图纸计算工程量。另外木制配电箱的制作定额不包括箱内配电板的制作和各种电气元件的安装及箱内配线等工作；木制配电箱制作定额已包括了主材费用，不得另行计算。

配电板制作区分不同材质（木板、塑料板、胶木板），按施工图纸上配电板图示外形尺寸，以“m^2”为计量单位计算工程量。另外配电板制作定额中均已包括其主材费用，不得另外计算。配电板安装则区分半周长，以“块”为单位计算工程量。

三、控制开关、控制器、启动器、电阻器、变阻器类安装

1）各种控制开关（空气开关、铁壳开关、胶盖开关、组合开关、万能转换开关、漏电保护开关等）、熔断器、限位开关、按钮、电笛、电铃、继电器的安装，根据施工图纸配电箱、盘、板设计系统图中的相应设计数量，区分不同类别，分别以“个”为计量单位统计工程量套用相关定额子目。

2）控制器、接触器、启动器等安装。

控制器、接触器、启动器等安装，根据施工图纸配电箱、盘、板设计系统图中的相应设计数量，区分不同类别，分别以“台”为计量单位统计工程量套用相关定额子目。其中控制器区分主令控制器、鼓形和凸轮控制器，应分别计算工程量套用相关定额子目；接触器安装不区分接触器类型和规格与磁力起动器安装均套用同一定额子目2-295。

3）电阻器、变阻器安装。

电阻器、变阻器安装根据施工图纸配电箱、盘、板设计系统图中的相应设计数量，区分不同类别，分别以“箱/台”为计量单位统计工程量套用相关定额子目。

4）水位电气信号装置安装。

区分机械式、电子式、液位式分别以“套”为计量单位，根据施工图纸配电箱、盘、板设计系统图中的相应设计数量，统计工程量套用定额子目。

四、盘、柜配线

（1）盘、柜配线区分导线截面大小以“10m”为计量单位，根据设计图纸计算工程量，套用相关定额子目。盘、柜配线只适用于盘、柜内组装电气元件之间的连配线，不适用于工厂的修、配、改工程。

计算工程量时，可按下式计算：

$$L=(B+H)\times n$$

式中　L——盘、柜配线总长度，m；

B——盘、柜一边宽，m；

H——盘、柜一边高，m；

n——盘、柜配线回路数（即导线根数）。

（2）盘、箱、柜的外部进出线预留长度按表4-12计算。

表 4-12　　盘、箱、柜的外部进出线预留长度　　m/根

序号	项　目	预留长度	说　明
1	各种箱、柜、盘、板、盒	高+宽	盘面尺寸
2	单独安装的铁壳开关、自动开关、刀开关、启动器、箱式电阻器、变阻器	0.5	从安装对象中心算起
3	继电器、控制开关、信号灯、按钮、熔断器等小电器	0.3	从安装对象中心算起
4	分支接头	0.2	分支线预留

五、端子板安装及外部接线端子板安装

（一）端子箱安装

端子箱安装应区分户内和户外两种形式，以“台”为计量，根据设计图纸计算工程两套用相关定额子目，主材费另计。

（二）端子板安装及外部接线

端子板安装以“组”为计量单位（安装 10 个头为一组），根据设计图纸统计工程量套用相关定额子目。端子板外部接线有端子和无端子两种形式，按照导线截面规格，以“10 个”为计量单位，根据施工图纸统计工程量并套用有关定额子目。

通常单股铜线采用直接与开关压接不加端子，可按端子板外部接线（无端子）计费，若小于 $10mm^2$ 的多股软铜线可按端子板外部接线有端子计费。

各种配电箱、盘安装均未包括端子板的外部接线工作内容，应根据按设备盘、箱、柜、台的外部接线图上端子板的规格、数量，另套“端子板外部接线”定额。

（三）焊、压接线端子工程量

焊、压接线端子是指截面 $6mm^2$ 以上多股单芯导线与设备或电源连接时必须加装的接线端子。接线端子按材质有铜接线端子和铝接线端子，铜接线端子有焊接和压接两种形式，铝接线端子只有压接。工程量计算区分导线材质和导线截面积规格大小，分别以“个”为计量单位，根据施工图纸统计工程量套用相关定额另外注意：

1）接线端子（俗称接线鼻子）已经包括在定额内，不得另计。

2）焊（压）接线端子定额只适用于导线。电缆终端头制作安装定额中已包括压接线端子，不得重复计算。

六、铁构件制作、安装及箱、盘、盒制作

（一）铁构件制作、安装工程量计算

铁构件区分制作、安装，按施工图设计尺寸，以成品重量“100kg”为计量单位计算工程量并套用相关定额子目。

铁构件制作、安装定额，适用于电气设备安装工程的各种支架的制作安装。

（二）箱盒制作

箱盒制作以“100kg”为计量单位计算工程量套用相关定额子目，主材费另计。网门、保护网制作安装，按网门或保护网设计图示的外围尺寸，以“m^2”为计量单位计算工程量并套用相关定额子目。

七、基础槽钢和角钢制作安装工程量

高压开关柜、低压开关柜（屏）和控制屏、继电信号屏等，以及落地式动力、照明配电

箱安装，均需设置在基础槽钢或角钢上。若有多台相同型号的柜、屏安装在同一公共型钢基础上（图4-19），其基础型钢设计长度按下式计算

或根据实际需要设计长度为所有配电柜箱的底边周长。

$$L=2(A+B)$$

式中　L——基础槽钢或角钢设计长度，m。

工程量计算区分基础槽钢和角钢，分别以“10m”为计量单位，按照图纸设计用量计算工程量并套用相关定额子目。其中槽钢为未计价材料。

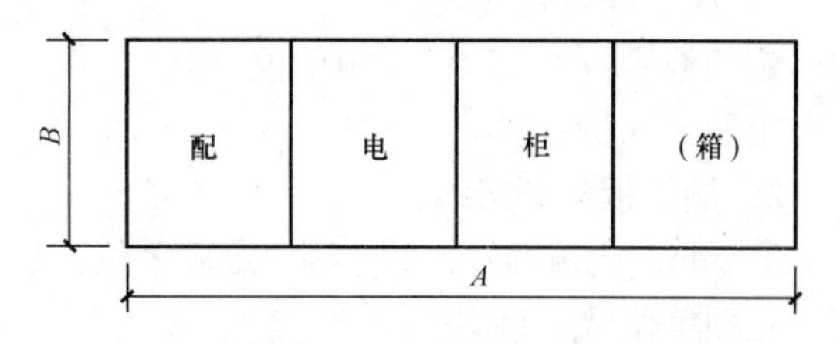

图4-9　多台配电柜（箱）的安装示意图

A—单列屏（柜）总长度（m）；

B—屏（柜）深（或厚）度（m）

【例4-1】　图4-10为某住宅楼安装24台成套照明配电箱，24台配电箱系统全部相同，规格为（200mm×400mm）且嵌入式安装，图4-10为此照明配电箱系统图。试计算此照明配电箱安装的工程量。

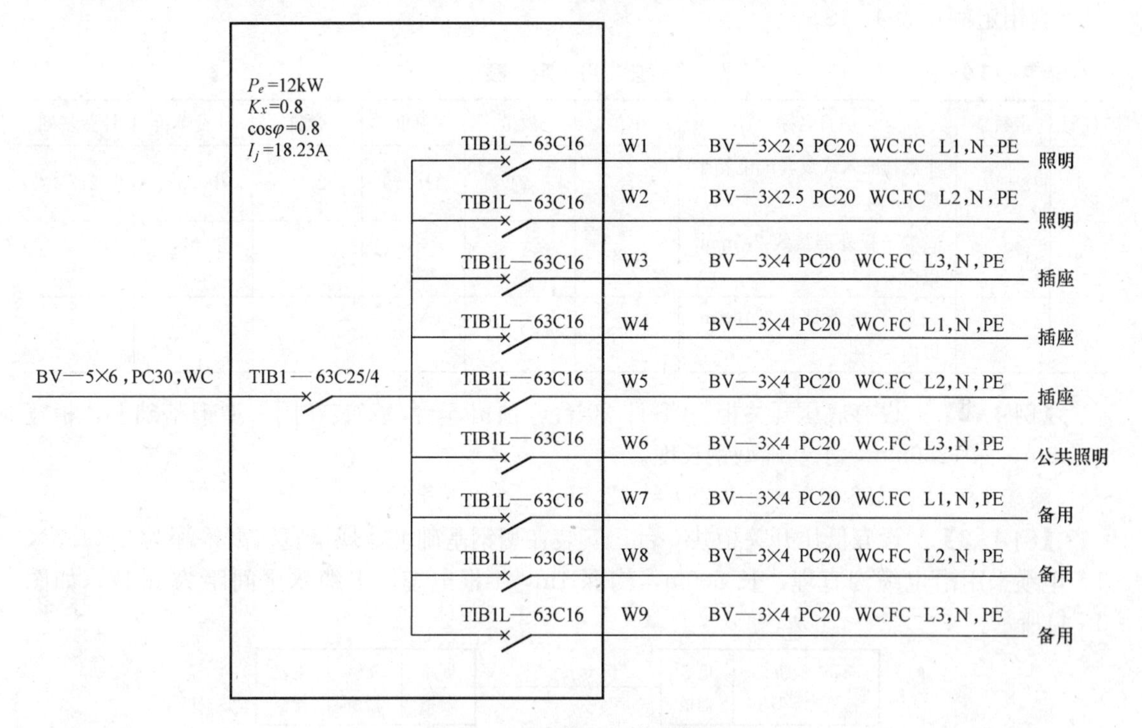

图4-10　照明配电箱系统图

解　（1）列出预算项目

成套配电箱安装、端子板外部接线

（2）工程量计算

1）成套配电箱安装24台。

2）端子板外部接线：

2.5mm² 端子板外部接线　6×24=144个

4mm² 端子板外部接线　21×24=504个

6mm^2 端子板外部接线　5×24=120 个

(3) 定额套用

1) 成套配电箱安装。

定额编号：2-264　定额单位：台

定额工程量：24 台

2) 端子板外部接线。

2.5mm^2 定额编号：2-334　定额单位：10 个

定额单位数：14.4

4mm^2 定额编号：2-335　定额单位：10 个

定额单位数：50.4

6mm^2 端子板外部接线 120 个，定额工程量为 12，6mm^2 以内端子板外部接线定额单位数为

$$12+50.4=62.4$$

套用定额见表 4-13。

表 4-13　套用定额

序号	定额号	项目名称	单位	数量	单价	合价	计费单价	计费基础
1	2-264	悬挂嵌入式成套配电箱半周 1m 内	台	24	116.19	2789	90.63	2175
2		端子板外部接线 2.5mm^2 以内	10 个	14.4				
3		端子板外部接线 6mm^2 以内	10 个	62.4				

【例 4-2】　设有底压开关柜 GCS 计 20 台，预留 5 台，安装在同一型钢基础上，柜宽 800mm，深 1250mm，求基础型钢长度。

解　$L=2\times(25\times0.8+1.25)=42.5\text{m}$

【例 4-3】　设有低压开关柜共 6 台，安装在型钢基础上，规格宽×高×深为 2×1.5×1，电缆采用沿电缆沟直埋，长 500m，沟深 1m，4 根电缆，电缆水平间距为 0.17，如图 4-11所示。

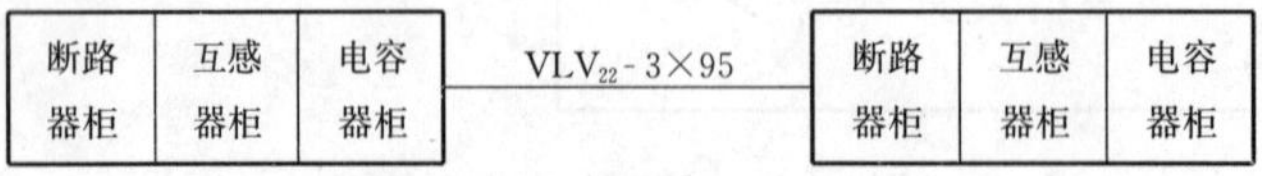

断路器柜	互感器柜	电容器柜	VLV_{22}-3×95	断路器柜	互感器柜	电容器柜

图 4-11　[例 14-3] 图

解　(1) 电缆直埋的预算费用

电缆沟的挖填 (m^3)

$$挖填工程量=1/2\times(上口宽+下口宽)\times h\times L_{长度}$$

$$下口宽=根数\times电缆水平间距=4\times0.17=0.68\text{m}$$

$$上口宽=下口宽+2\times h\times边坡系数=0.68+2\times1\times0.3=1.28$$

$$V=1/2(1.28+0.68)\times1\times500=490\text{m}^3$$

(2) 电缆沟铺沙盖砖盖沙

1）1～2根工程量＝线路长度＝500m

2）每增一根的工程量＝（根数－2）×线路长度

＝（4－2）×500＝1000m

（3）电缆敷设100m单根

$$L_{单根}=(l_{水平}+l_{垂直}+l_{预留})\times(1+2.5\%)$$
$$=[500+2.2+2.5\times2+(1.5+2+1.5+2)\times2]\times1.025=534.23m$$
$$L_{总}=n\times L_{单根}=4\times543.23=2136.92m$$

（4）基础制作安装

基础工程量＝柜底边周长的和

＝(2＋1)×2×3×2＝36m

预算见表4-14。

表4-14　　预　算　表

序号	定额号	项目名称	单位	数量	单价	合价	计费单价	计费基础
1	2-362	基础角钢	10m	3.6	129.42	466	78.07	281
	主材-319	角钢	m	37.8				
2	2-100	高压成套单母线断路器柜	台	2	553.42	1107	427.98	856
3	2-101	高压成套单母线互感器柜	台	2	442.39	885	341.37	683
4	2-102	高压成套单母线电容器柜，其他柜	台	2	305.23	610	204.95	410
5	2-556	电缆沟挖填一般土沟		490	26.18	12 828	26.18	12 828
6	2-564	电缆沟铺砂盖砖1～2根	hm	5	1008.32	5042	314.71	1574
7	2-565	电缆沟铺砂盖砖增1根	hm	10	358.09	3581	84.11	841
8	2-649	铝芯电力电缆埋地敷设120mm² 内	hm	21.369	441.12	9426	385.84	8245
	主材-3001	电缆	m	2158.29				
	主材-3793	标志桩	个					
9	2-730	户内热缩铝芯终端头10kV 120mm² 内	个	8	225.18	1801	85.6	685
	主材-3768	户内热缩式电缆终端头	套	8.16				
10	2-770	浇注式铝芯中间头10kV 120mm² 内	个	4	523.96	2096	129.9	520
	主材-3784	电缆中间接头盒	套	4.08				
	主材-3796	铅套管	m					
11	说明-26	［措］二册脚手架搭拆费，二册人工费合计26 923×4%，人工占25%	元	1	1076.92	1077	269.23	269
		安装消耗量直接工程费				37 842		26 923
		安装消耗量定额措施费				1077		269

费用见表 4 - 15。

表 4 - 15 费 用 表

序号	费用名称	费率	费用说明	金额
1	一、直接费		(一)+(二)	47 104
2	(一)直接工程费			37 842
3	其中：省价人工费 R_1			26 923
4	(二)措施费		1+2+3	9262
5	1. 参照定额规定计取的措施费			1077
6	其中人工费			269
7	2. 参照费率计取的措施费			8185
8	(1)环境保护费	2.20%	R_1	592
9	(2)文明施工费	4.50%	R_1	1212
10	(3)临时设施费	12%	R_1	3231
11	(4)夜间施工费	2.50%	R_1	673
12	(5)二次搬运费	2.10%	R_1	565
13	(6)冬雨季施工增加费	2.80%	R_1	754
14	(7)已完工程及设备保护费	1.30%	R_1	350
15	(8)总承包服务费	3%	R_1	808
16	其中人工费		(4)×0.5+[(5)+(6)]×0.4+[(1)+(2)+(3)+(7)]×0.25	2210
17	3. 施工组织设计计取的措施费			
18	其中：人工费 R_2		6+16	2479
19	二、企业管理费	42%	R_1+R_2	12 349
20	三、利润	20%	R_1+R_2	5880
21	四、其他项目			
22	五、规费		1+…+6	3404
23	(1)工程排污费	0.26%	一+…+四	170
24	(2)定额测定费		一+…+四	
25	(3)社会保障费	2.60%	一+…+四	1699
26	(4)住房公积金	0.20%	一+…+四	131
27	(5)危险作业意外伤害险	0.15%	一+…+四	98
28	(6)安全施工费	2%	一+…+四	1307
29	六、税金	3.44%	一+…+五	2365
30	七、设备费			
31	八、安装工程费用合计		一+…+七－社会保障费	69 403

本 章 小 结

1. 控制设备及低压电器工程基础知识

控制设备及低压电器工程是指低压盘（屏）、柜、箱的安装，以及各式开关、低压电气器具、盘柜、配线、接线端子等动力和照明工程常用的控制设备与低压电器的安装。控制设备包括各种控制屏、继电信号屏、配电屏、整流柜、成套配电箱、控制箱、箱式配电站等。低压电器包括各种控制开关、控制器、接触器、启动器等。控制设备及低压电器的施工工序、施工材料、施工方法等都要满足《建筑电气工程施工质量验收规范》(GB 50303—2002)。

2. 控制设备及低压电器工程预算

控制设备及低压电器安装定额中控制屏（台、箱、柜）等电气设备安装是成套设备安装，计算工程量套用定额时就不必再计算箱内各种电器设备的安装；而定额中的控制器、接触器、启动器、开关、按钮等低压电器安装是单体安装，因此控制设备及低压电器安装工程做预算时要分清是成套设备安装还是单体设备安装。

在控制设备及低压电器安装计算工程量时，要特别注意哪些项目需要另外计算，哪些已经包括在内不需要计算。例如计算成套配电箱安装时，进出配电箱柜的导线应需要另外计算端子板外部接线或焊、压接线端子的工作量，套用相应定额子，若进出配电箱柜的电缆，其电缆头的制作安装定额中已经包括焊、压接线端子（或端子板外部接线），故不得重复计算。

习 题

1. 控制设备及低压电器的含义是什么？
2. 焊压接线端子定额有哪些要求？
3. 成套配电屏、柜、箱安装定额有哪些要求？
4. 低压电器安装定额有哪些要求？
5. 控制开关安装包括哪些设备？
6. 如何计算焊压接线端子工程量？

第5章 配管、配线

5.1 配管、配线工程基础知识

5.1.1 室内配电线路

配管、配线是指由配电屏（箱）接到各用电器具的供电和控制线路的安装，配管一般有明配管和暗配管两种方式。明配管通常用管卡子固定于砖、混凝土结构上或固定于钢结构支架及钢索上，即敷设于建筑物墙壁、柱子、顶棚等表面，能够看到线路的走向及敷设方式，代号用E表示。暗配管是需要配合土建施工，将管子预敷设在墙、顶板、梁、柱内部，表面看不到管子具体走向，代号用C表示。在导线的标注公式中，会看到最后一个字母是E或C，如BV-3×6G30FC和BV-3×4PC25WE。配管、配线工程是电气施工预算的重点内容之一，其施工预算在整个电气工程预算中所花费的时间最长，计算最复杂，计算结果出入最大。

室内导线敷设方式有多种，根据线路用途和供电安全要求，配线可分为线管配线、瓷夹和瓷瓶配线、线槽配线、塑料护套线明敷设、钢索配线、桥架配线、车间带型母线安装等，其中线管配线是应用最多的一种配线方式。

一、线管配线

把绝缘导线穿在管内敷设，称为线管配线。优点是安全可靠，可避免腐蚀性气体的侵蚀和机械损伤，更换电线方便。普遍用于重要建筑和工业厂房中，以及易燃、易爆及潮湿的场所。

电气工程中常使用的线管有水煤气管、焊接钢管，其管径以内径计算、电线管（即薄壁管，管径以外径计算）、普利卡金属套管、硬塑料管、半硬塑料管、塑料波纹管、软塑料管和软金属管（俗称蛇皮管）等。钢管分镀锌钢管和非镀锌管（俗称黑铁管）两种。

1）阻燃PVC管，近年来有取代其他管材之势，这种管材有很多优点。

①施工剪裁方便，用一种专用管刀，很容易裁断，用一种专用粘合剂容易把PVC管粘结起来。

②耐腐蚀，抗酸碱能力强。耐高温，符合防火规范的要求。

③重量轻，只有钢管重量的六分之一，便于运输，施工省力。

④价格便宜，比钢管廉价，又有许多连接头配件，如三通、四通、接线盒等，可提高工作效率。

2）焊接钢管，代号SC，为厚壁钢管，其管径以内径计算。抗压强度高，若是镀锌钢管还比较耐腐蚀。

3）水煤气管，代号为G，是厚壁钢管，抗压强度高，密闭性较好，造价较高。

4）电线管，即薄壁管，管径以外径计算，代号TC，抗压强度较SC差。

5）硬塑料管，代号PC，特点是耐腐蚀性能较好，但是不耐高温，属非阻燃型管。含氧气指数低于27%，不符合防火规范的要求。

6）阻燃型半硬塑料管，代号PVC，含氧指数高于27%，符合防火规范的要求。

二、普利卡金属套管配线

一般敷设在较小型电动机的接线盒与钢管口的连接处，用来保护电缆或导线不受机械损伤。普利卡金属套管的敷设要求：

1）钢管与电气设备、器具间的电线保护管宜采用金属软管或可挠金属电线保护管；金属软管的长度不宜大于2m。

2）金属软管应敷设在不易受机械损伤的干燥场所，且不应直埋于地下或混凝土中。当在潮湿等特殊场所使用金属软管时，应采用带有非金属护套且附配套连接器件的防液型金属软管，其护套应经过阻燃处理。

3）金属软管不应退绞、松散。中间不应有接头；与设备、器具连接时，应采用专用接头，连接处应密封可靠；防液型金属软管的连接处应密封良好。

4）金属软管的安装应符合下列要求：

①弯曲半径不应小于软管外径的6倍。

②固定点间距不应大于1m，管卡与终端、弯头中点的距离宜为300mm。

③与嵌入式灯具或类似器具连接的金属软管，其末端的固定管卡，宜安装在自灯具、器具边缘起沿软管长度的1m处。

5）金属软管应可靠接地，且不得作为电气设备的接地导体。

三、瓷夹和瓷瓶配线

瓷夹和瓷瓶配线就是利用瓷夹或瓷瓶支持导线的一种配线方式。瓷夹（或塑料线夹）配线适用于用电量较小，且无机械损伤的干燥明显处。瓷瓶配线适用于用电量较大的干燥或潮湿的场所，如地下室、浴室及户外场所。这种配线方式费用少，安装简单便利。

瓷夹配线由瓷夹、瓷套管及截面在$10mm^2$以下的导线组成。瓷夹有两线式及三线式两种，配线时导线夹于底板和盖板之间，用木螺钉固定，要求横平竖直，导线拉紧。瓷夹之间距离应符合要求，在直线段：$1\sim4mm^2$的导线为600mm；$6\sim10mm^2$的导线为800mm。在距离开关、插座、灯具、接线盒以及距导线转角，分支点40～60mm处，也要安装瓷夹。

室内瓷瓶配线所用瓷瓶有鼓形瓷瓶、针式瓷瓶、蝶式瓷瓶等。施工时可根据导线的规格进行选用，见表5-1。

表5-1　瓷瓶型号选择表

导线截面（mm^2）	鼓形瓷瓶	针式瓷瓶	蝶式瓷瓶
10以下	导线半径与瓷瓶颈半径相当	PD-1，PD-3	ED-3，ED-4
16～50	G-20，G-35	PD1-2	ED-2
75以上	G-38，G-50	PD1-1	ED-1

四、线槽配线

当导线的数量较多时，多用线槽配线（穿管线最多8根）。线槽按材质分，有金属线槽和塑料线槽。

（一）金属线槽敷设配线

一般适用于正常环境的室内场所明敷，但对金属线槽有严重腐蚀的场所不应采用。具有槽盖的封闭式金属线槽，可在建筑顶棚内敷设。金属线槽应做防腐处理。地面内暗装金属线槽配线适用于正常环境下大空间且隔断变化多、用电设备移动性大或敷有多种功能线路的场所，暗敷于现浇混凝土地面、楼板或楼板垫层内。电缆和导线敷设要求：

①同一回路的所有相线和中性线（如果有中性线时），应敷设在同一金属线槽内。同一路径无电磁兼容要求的线路，可敷设于同一金属线槽内。

②线槽内电线或电缆的总截面积（包括外护层）不应超过线槽内截面积的20%，载流导线不宜超过30根。控制和信号线路的电线或电缆，其总截面积不应超过线槽内截面积的50%，电线或电缆根数不限。

③电线或电缆在金属线槽内不宜有接头，但在易于检查的场所，可允许在线槽内有分支接头。

（二）塑料线槽配线

一般适用于正常环境的室内场所，在高温和易受机械损伤的场所不宜采用。弱电线路可采用阻燃型带盖塑料线槽在建筑顶棚内敷设。塑料线槽必须选用阻燃型的，外壁应有间距不大于1m的连续阻燃标记和制造厂标。

强、弱电线路不应同时敷设在同一根线槽内。同一路径无电磁干扰要求的线路，可以敷设在同一根线槽内。线槽内导线的规格和数量应符合设计规定；当设计无规定时，包括绝缘层在内的导线总截面积不应大于线槽截面积的20%。

五、塑料护套线配线

塑料护套线具有防潮和耐腐蚀等性能，可应用于比较潮湿有腐蚀性的特殊场所，塑料护套线多用于照明线路，可以直接敷设在楼板、墙壁等建筑物表面上，用塑料线卡或铝片卡（钢精扎头）作为导线的支持物。

塑料护套线敷设要求：

1）塑料护套线不应直接敷设在抹灰层、吊顶、护墙板、灰幔角落内。室外受阳光直射的场所，不应明配塑料护套线。

2）塑料护套线与接地导体或不发热管道等的紧贴交叉处，应加套绝缘保护管；敷设在易受机械损伤场所的塑料护套线，应增设钢管保护。

3）塑料护套线的弯曲半径不应小于其外径的3倍；弯曲处护套和线芯绝缘层应完整无损伤。

4）塑料护套线进入接线盒（箱）或与设备、器具连接时，护套层应引入接线盒（箱）内或设备、器具内。

5）沿建筑物、构筑物表面明配的塑料护套线应符合下列要求：

①应平直，并不应松弛、扭绞和曲折。

②应采用线卡固定，固定点间距应均匀，其距离宜为150～200mm。

③在终端、转弯和进入盒（箱）、设备或器具处，均应装设线卡固定导线，线卡距终端、转弯中点、盒（箱）、设备或器具边缘的距离宜为50～100mm。

④接头应设在盒（箱）或器具内，在多尘和潮湿场所应采用密闭式盒（箱）；盒（箱）的配件应齐全，并固定可靠。

6）塑料护套线或加套塑料护层的绝缘导线在空心楼板板孔内敷设时，应符合下列要求：

①导线穿入前，应将板孔内积水、杂物清除干净。

②导线穿入时，不应损伤导线的护套层，并便于更换导线。

③导线接头应设在盒（箱）内。

六、钢索配线

钢索配线一般适用于屋架较高，跨距较大，灯具安装高度要求较低的工业厂房内。特别是纺织工业用的较多，因为厂房内没有起重设备，生产所要求的亮度大，标高又限制在一定的高度。钢索配线就是在钢索上吊瓷瓶配线、吊钢管（或塑料管）配线或吊塑料护套线配线；同时灯具也吊装在钢索上。钢索两端用穿墙螺栓固定，并用双螺母紧固，钢索用花篮螺栓拉紧。

钢索配线要求：

1）在潮湿、有腐蚀性介质及易积储纤维灰尘的场所，应采用带塑料护套的钢索。

2）配线时宜采用镀锌钢索，不应采用含油芯的钢索。

3）钢索的单根钢丝直径应小于 0.5mm，并不应有扭曲和断股。

4）钢索的终端拉环应牢固可靠，并应承受钢索在全部负载下的拉力。

5）钢索与终端拉环应采用心形环连接；固定用的线卡不应少于 2 个；钢索端头应采用镀锌铁丝扎紧。

6）当钢索长度为 50m 及以下时，可在其一端装花篮螺栓；当钢索长度大于 50m 时，两端均应装设花篮螺栓。

7）钢索中间固定点间距不应大于 12m；中间固定点吊架与钢索连接处的吊钩深度不应小于 20mm，并应设置防止钢索跳出的锁定装置。

8）在钢索上敷设导线及安装灯具后，钢索的弛度不宜大于 100mm。

9）钢索应可靠接地。

5.1.2　配管、配线工程施工

一、配管、配线工程施工程序

1）定位划线。根据施工图纸，确定电器安装位置、导线敷设路径及导线穿过墙壁和楼板的位置。

2）预留预埋。在土建施工过程中配合土建搞好预留预埋工作，或在土建抹灰前将配线所有的固定点打好孔洞。

3）敷设保护管。

4）敷设导线。

5）测试导线绝缘、连接导线。

6）校验、自检、试通电。

二、配管工程施工

（一）配管敷设的一般规定

1）敷设在多尘或潮湿场所的电线保护管，管口及其各连接处均应密封。

2）当线路暗配时，电线保护管宜线路最短，并应弯曲最少。埋入建（构）筑物内的电线保护管，与建（构）筑物表面的距离不应小于 15mm。

3）进入落地式配电箱的电线保护管，排列应整齐，管口宜高出配电箱基础面 50～80mm。

4）电线保护管不宜穿过设备或建（构）筑物的基础，当必须穿过时，应采取保护措施。

5）电线保护管明配时，弯曲半径不宜小于管外径的 6 倍；当两个接线盒间只有一个弯曲时，其弯曲半径不小于管外径的 4 倍。当线路暗配时，弯曲半径不应小于管外径的 6 倍；

当埋设于地下或混凝土内时，其弯曲半径不应小于管外径的10倍。

6）当电线保护管遇到下列情况之一时，中间应增设接线盒或拉线盒，且接线盒或拉线盒的位置应便于穿线。管长度每超过30m，无弯曲；管长度每超过20m，有1个弯曲；管长度每超过15m，有2个弯曲；管长度每超过8m，有3个弯曲。

7）垂直敷设电线保护管遇下列情况之一时，应增设固定导线用的拉线盒。管内导线截面50mm² 及以下，长度每超过30m；管内导线截面70～95mm²，长度每超过20m；管内导线截面120～240mm²，长度每超过18m。

8）水平或垂直敷设的明配电线保护管，其水平或垂直安装的允许偏差1.5‰，全长偏差不应大于管内径的1/2。

9）在TN-S、TN-C-S系统中，当金属电线保护管、金属盒（箱）、塑料电线保护管、塑料盒（箱）混合使用时，金属电线保护管和金属盒（箱）必须与保护地线（PE线）有可靠的电气连接。

10）明配的刚管应排列整齐，固定点间距均匀，安装牢固；在终端、弯头中点或柜、台、箱、盘等边缘的距离150～500mm范围内设有管卡，中间直线段管卡间的最大距离应符合表5-2的规定。

表5-2　管卡间最大距离

敷设方式	导管种类	导管直径（mm）				
		15～20	25～32	32～40	50～65	65以上
		管卡间最大距离（m）				
支架或沿墙明敷	壁厚＞2mm刚性钢导管	1.5	2.0	2.5	2.5	3.5
	壁厚≤2mm刚性钢导管	1.0	1.5	2.0	—	—
	刚性绝缘导管	1.0	1.5	1.5	2.0	2.0

（二）线管的选择

首先根据敷设环境决定采用哪种管子，然后决定管子的规格。

1）在室内干燥场所内明、暗敷设，可选用管壁较薄、质量较轻的电线管。

2）在潮湿、有轻微腐蚀性气体及防爆场所室内明暗敷设，并且有可能受机械外力作用时，应选用管壁较厚的水煤气管。

3）在有酸碱性腐蚀或较潮湿的场所明暗敷设，应选用硬塑料管。

管子规格的选择应根据管内所穿导线的根数和截面决定，一般规定管内导线的总截面积（包括绝缘层）不应超过管子内孔截面积的40%。所选用的线管不应有裂痕和扁折，无堵塞。钢管内应无铁屑及毛刺，切断口应锉平，尖角应刮光。

（三）线管的加工

需要敷设的线管在敷设前进行一系列的加工：管子切割、管子套丝、钢管的防腐处理、管子弯曲。

（1）管子切割

钢管的切割方法很多，管子批量大时可以使用无齿锯，批量小时可使用钢锯或割管器；严禁使用电、气焊切割钢管。管子切断后，断口处应与管轴线垂直，管口应锉平、刮光，使管口整齐光滑。硬质塑料管的切断多用钢锯条，也可以使用厂家配套供应的专用截管器裁剪管子。

（2）管子套丝

管子和管子连接，管子和接线盒、配电箱的连接，都需要在管子末端部进行套丝。套管长度宜为线管外径的1.5～3倍。套丝完成后，应将管口部和内壁的毛刺用锉刀磨光，以免穿线时将导线绝缘层破坏。

（3）钢管的防腐处理

对于钢管，为防止生锈，在配管前应对管子进行除锈、涂防腐漆。钢管外壁刷漆要求与敷设方式和钢管种类有关：

1）埋于混凝土内的钢管不刷防锈漆。

2）埋入砖墙内的钢管应刷红丹漆等防腐漆。

3）埋入道渣垫层和土层内的钢管应刷两道沥青或使用镀锌钢管。

4）钢管明敷时，焊接钢管应刷一道防锈漆，一道普通面漆（如设计无规定颜色，一般用灰色漆），或使用镀锌钢管。

5）埋入有腐蚀土层中的钢管，应按规定进行防腐处理。电线管一般因为已刷防腐黑漆，故只需在管子焊接处和连接处以及漆脱落处补刷同样色漆。

（4）管子弯曲

根据线路敷设的需要，线管改变方向需要将管子弯曲。但在线路中，管子弯曲多会给穿线和维护换线带来困难。因此在施工时尽量减少弯头。其弯曲半径符合相应的规范规定。钢管的弯曲有冷煨或热煨两种。冷煨，就是在常温下采用手动弯管器或电动弯管器对钢导管进行弯曲。手动弯管器适用于直径50mm以下、小批量的钢管。热煨，就是将钢导管先均匀加热后进行弯曲，适用于管径较大的黑铁管。硬质塑料管的弯曲也有冷煨或热煨两种。

（四）线管连接

（1）钢管连接

明配钢管或暗配的镀锌钢管与盒（箱）连接应采用锁紧螺母或护圈帽固定，用锁紧螺母固定的管端螺纹宜外露锁紧螺母2～3扣。钢管与盒（箱）连接时，钢管管口使用金属护圈帽（护口）保护导线时，应将套螺丝后的管端先拧上锁紧螺母（根母），顺直插入盒与管外径相一致的敲落孔内，露出2～3扣的管口螺纹，再拧上金属护圈帽（护口），把管与盒连接牢固。当配管管口使用塑料护圈帽（护口）保护导线时，由于塑料护圈帽机械强度不足以固定管盒，应在盒内外管口处均拧锁紧螺母固定盒子，留出管口螺纹2～3扣，再拧塑料护圈帽（也可在管内穿线前拧好护圈帽）。

钢管与设备直接连接时，应将钢管敷设到设备的接线盒内。对室外或室内潮湿场所，钢管端部应增设防水弯头，导线应加套保护软管，经弯成滴水弧状后，再引入到设备的接线盒。与设备连接的钢管管口与地面的距离宜大于200mm。

钢管与钢管的连接用螺纹连接和焊接连接两种方法。镀锌钢管和薄壁钢管应用螺纹连接或套管紧定螺钉连接，不应采用熔焊连接。钢管与钢管间用螺纹连接时，管端螺纹长度不应小于管接头长度的1/2；连接后，螺纹宜外露2～3扣。钢管与钢管间用套管连接时，套管长度宜为管外径的1.5～3倍，管与管的对口处应位于套管的中心。套管采用焊接连接时，焊缝应牢固严密。

暗配的黑色钢管与盒（箱）连接可采用焊接连接，管口宜高出盒（箱）内壁 3～5mm，且焊后应补涂防腐漆。在管与盒的外壁焊接的累计长度不宜小于管外周长的 1/3。也可以用 ϕ6mm 钢筋与钢管横向焊牢，另一端焊在盒的棱边上。

（2）硬质塑料管的连接

难燃型硬质塑料管的管与管或管与盒连接，应使用专用的管接头、管卡头并涂以专用的胶粘剂贴接。管子的连接常使用插入法连接，将阴管端部加热软化后，将阳管管端涂上胶合剂，迅速插入阴管，插接长度为连接管外径 1.1～1.8 倍，待两管同心后冷却。套接法连接，即用比连接管管径大一级塑料管做套管，长度宜为连接管外径的 1.5～3 倍，把涂好胶合剂的连接管，从两端插入套管内，连接管对口处应在套管中心，且紧密牢固。硬质 PVC 管的连接，也可以采用成品管接头，连接管两端需涂套管专用的胶合剂粘接。在建筑物顶层暗配管施工中允许采用不涂胶合剂直接套接的方法（在混凝土中则必须使用专用的胶合剂粘接）。

硬质塑料管与盒（箱）连接时，管外径应与盒（箱）敲落孔相一致，管口平整、光滑，一管一孔顺直进入盒（箱），露出长度应不小于 5mm。多根管进入配电箱时应长度一致、排列间距均匀。管与盒（箱）连接应固定牢固。硬质塑料管与盒（箱）的连接，可以采用成品管盒连接件，管插入深度宜为管外径的 1.1～1.8 倍，连接处结合面涂专用胶合剂。

（五）线管敷设

一般从配电箱开始，逐段配至用电设备处，有时也可从用电设备端开始，逐段配至配电箱。

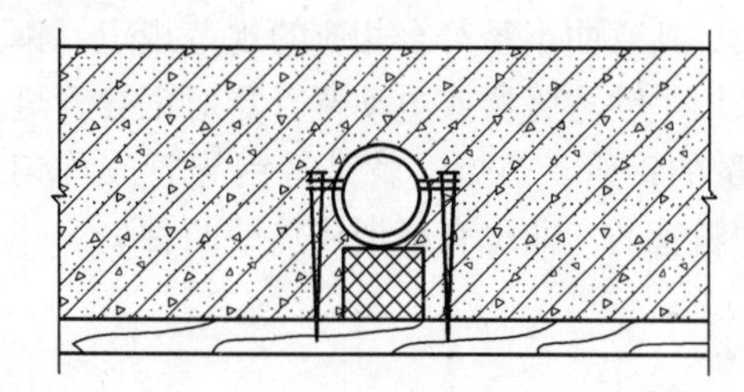

图 5-1 木模板上管子的固定方法

（1）暗配管

暗配管是在土建施工时，将管子预先埋设在墙壁、楼板或天棚内，然后再向管子内穿线。在现浇混凝土构件内敷设管子，可用铁丝将管子绑扎在钢筋上，也可以用钉子将管子钉在木模板上，将管子用垫块垫起，用铁线绑牢，如图 5-1 所示。

当线管配在砖墙内时一般是随土建砌砖时预埋；否则，应事先在砖墙上留槽或砌砖后开槽。线管在砖墙内的固定方法，可先在砖缝里打入木楔，再在木楔上钉钉子，用铁线将管子绑扎在钉子上，再将钉子打入，使管子充分嵌入槽内。应保证管子离墙表面净距不小于 15mm。

在地坪内，需在土建浇制混凝土前埋设，固定方法可用木桩或圆钢等打入地中，用铁丝将管子绑牢。为使管子全部埋设在地坪混凝土层内，应将管子垫高，离土层 15～20mm，这样可减少地下湿土对管子的腐蚀作用。当许多管子并排敷设在一起时，必须使其离开一定距离，以保证其间也灌上混凝土。为避免管口堵塞影响穿线，管子配好后应将管口用木塞或牛皮纸堵好。管子连接处以及钢管与接线盒连接处，要做好接地处理。暗敷设工程中应尽量使用镀锌钢管。除了埋入凝土内的钢管外壁不需防腐处理外，钢管内外壁均应涂樟丹油一道。

埋入地下的电线管路不宜穿过设备基础，在穿过建筑物基础时，应加保护管保护。当电线管路遇到建筑物伸缩缝或沉降缝时，应在伸缩缝或沉降缝的两侧分别装设补偿盒，图 5-2 配管变形缝补偿安装。补偿盒在靠近伸缩缝或沉降缝的侧面开一长孔，将通过伸缩缝或沉降缝管子插入长孔中，无须固定，而管子在另一补偿盒中则要用六角螺母与接线盒拧紧固定。

（2）明配管

明配管是用固定卡子将管子固定在墙、柱、梁、顶板和钢结构表面等处上。明配管应排列整齐，固定点间距均匀。钢管、塑料管管卡间的最大距离应符合表 5 - 2 规定。管卡与终端、弯头中点、电气器具或盒（箱）边缘的距离宜为 150～500mm。

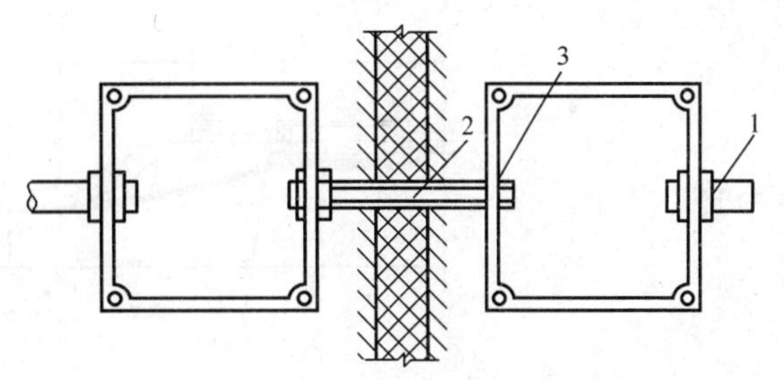

图 5 - 2　配管变形缝补偿安装

1—硬制塑料管或钢管；2—钢保护管；3—箱上开长孔处

当管子沿墙、柱或屋架等处敷设时，可用管卡固定（图 5 - 3、图 5 - 4）；当管子沿建筑物的金属构件敷设时，若金属构件允许电焊，可把厚壁管用电焊直接点焊在钢构件上。管卡与终端、转弯中点、电气器具或盒（箱）边缘的距离宜为 150～500mm。管子贴墙敷设进入盒（箱）内时，应将管子煨成双弯（鸭脖弯），不能将管子斜插到盒（箱）内。同时要使管子平整地紧贴建筑物表面，在距接线盒 150～500mm 处用管卡将管子固定。

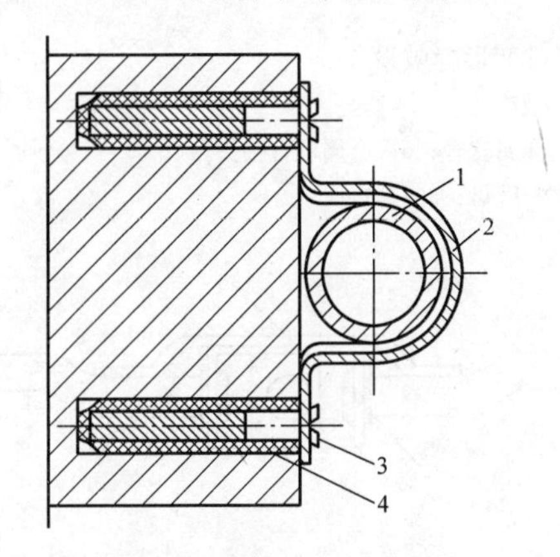

图 5 - 3　钢管沿墙敷设

1—钢管；2—管卡子；3—ϕ4mm×30mm～ϕ4mm×40mm 木螺钉；4—ϕ6～ϕ7 塑料胀管

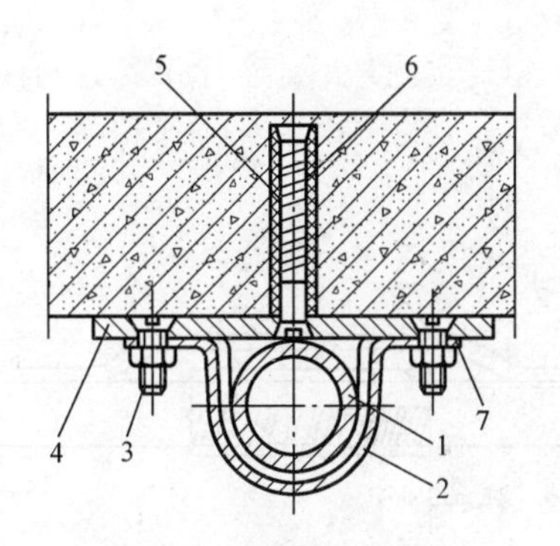

图 5 - 4　钢管沿楼板下敷设

1—钢管；2—管卡子；3—M4×10 沉头钉；4—底板；5—ϕ4mm×30mm～ϕ4mm×40mm 木螺钉；6—ϕ6～ϕ7 塑料胀管；7—焊点

明配管在通过建筑物伸缩缝和沉降缝应做补偿装置，如图 5 - 5 所示。

（六）接地

镀锌钢管不得熔焊跨接接地线，应采用专用接地跨接卡，两卡间连线若为铜芯软导线，截面积应不小于 4mm^2。非镀锌钢管采用螺纹连接时，连接处的两端焊跨接接地线；当镀锌钢管采用螺纹连接时，连接处的两端用专用接地卡固定跨接接地线。

黑色钢管之间及管与盒（箱）之间采用螺纹连接时，为了使管路系统接地（接零）良好、可靠，要在管接头的两端及管与盒（箱）连接处，用相应圆钢或扁钢焊接好跨接接地线，使整个管路可靠地连成一个导电的整体。钢管管与管及管与盒（箱）跨接接地线的做法，如图 5 - 6 所示。明配钢管的连接、管与盒（箱）的连接应采用螺纹连接，使用全扣管接头，并应在管接头两端箍好接地跨接线，不应将管接头焊死。镀锌钢管或可挠金属电线保护管（普利卡金属套管）的跨接接地线直径应根据钢管的管径来选择，见表 5 - 3。

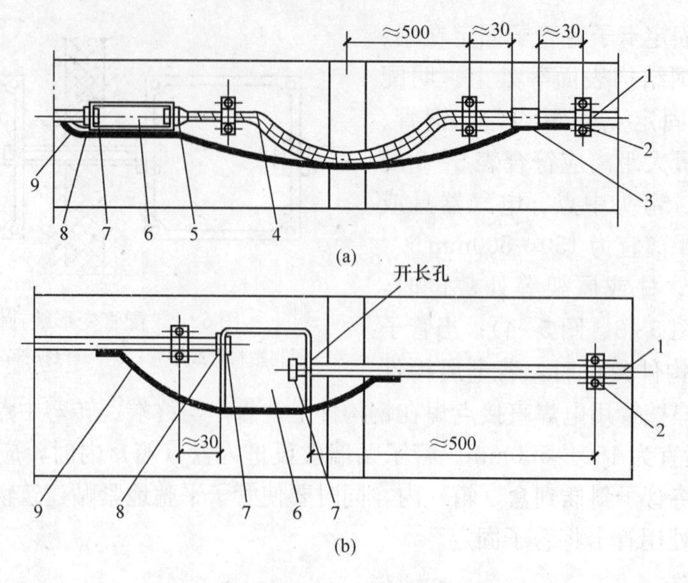

图 5-5　明配钢管沿墙过变形缝敷设

（a）做法之一；（b）做法之二

1—钢管；2—管卡子；3—过渡接头；4—金属软管；5—金属软管接头；
6—拉线箱；7—护圈帽；8—锁紧螺母；9—跨接线

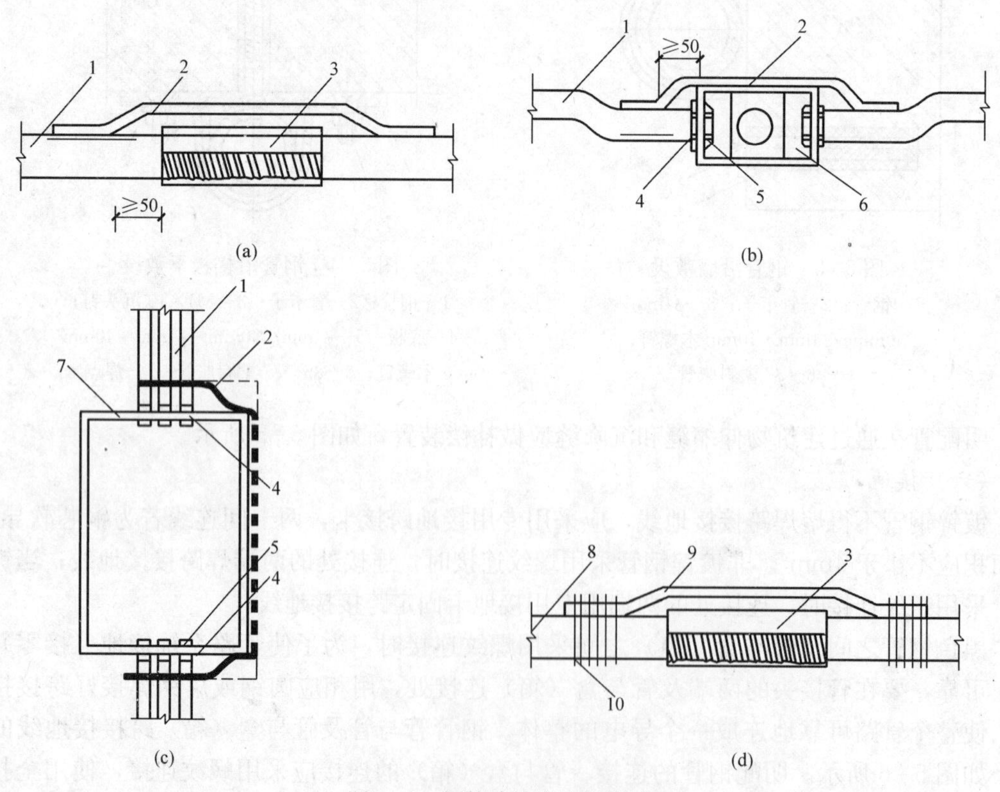

图 5-6　钢管跨接接地线做法

（a）钢管与钢管连接；（b）钢管与盒的连接；（c）钢管与箱连接；（d）薄壁钢管的连接

1—钢管；2—跨接接地线；3—全扣管接头；4—锁紧螺母；5—护圈帽；
6—灯位盒；7—配电箱；8—电线管；9—≥ϕ5mm 铜线；10—铜绑线锡焊

表 5-3 接地跨接线规格

直径（mm）		跨接线（mm）		直径（mm）		跨接线（mm）	
电线管	钢管	圆钢	扁钢	电线管	钢管	圆钢	扁钢
≤32	≤25	ϕ6		50	40～50	ϕ10	
40	32	ϕ8		70～80	70～80	ϕ12 以上	25×4

三、线管配线工程施工

（一）配线的一般规定

1）对穿管敷设的绝缘导线，其额定电压不应低于500V。导线截面应能满足供电质量和机械强度的要求。

2）导线在连接和分支处，不应受机械力的作用，导线与电器端子的连接要牢靠压实。

3）穿入保护管内的导线，在任何情况下都不能有接头，必须接头时，应把接头置于接线盒、开关盒或灯头盒内。

4）不同回路、不同电压等级和交流与直流的导线，不得穿在同一根管内，但下列几种情况或设计有特殊规定的除外：

①电压为50V及以下的回路。

②同一台设备的电机回路和无抗干扰要求的控制回路。

③照明花灯的所有回路。

④同类照明的几个回路，可穿入同一根管内，但管内导线总数不应多于8根。

5）同一交流回路的导线应穿于同一钢管内。

6）管内导线包括绝缘层在内的总截面积不应大于管子内空截面积的40%。

7）电气线路经过建（构）筑物的沉降缝或伸缩缝处应装设两端固定的补偿装置，导线应留有余量。

（二）管内穿线

管内穿线工作一般应在管子全部敷设完毕及建筑物抹灰、粉刷及地面工程结束后进行。在穿线前应将管中的积水及杂物清除干净。

导线穿管时，应先穿一根钢丝作引线，当管路较长或弯曲较多时，也可在配管时就将引线穿好。拉线时应由两人操作，较熟练的一人担任送线，另一人担任拉线，两人送拉动作要配合协调，不可硬拉硬送。当导线拉不动时，两人应反复来回拉1～2次再往前拉，不可过分勉强而为之。

导线穿入钢管时，管口处应装设护线套保护导线；在不进入接线盒（箱）的垂直管口，穿入导线后应将管口密封。在较长的垂直管路中，为防止由于导线的本身自重拉断导线或拉脱接线盒中的接头，导线应在管路中间增设的拉线盒中加以固定。

常用绝缘导线按其绝缘材料分为橡皮绝缘导线和聚氯乙烯绝缘导线；按线芯材料有铜线和铝线之分，按线芯性能有硬线和软线之分。导线的这些特点都是通过其型号表示的。

表5-4给出了常用绝缘导线的型号、名称和用途。

（三）导线连接

导线连接的要求：

表 5-4 常用绝缘导线的型号、名称和用途

型 号	名 称	用 途
BX（BLX） BXF（BLXF） BXR	铜（铝）芯橡皮绝缘线 铜（铝）芯氯丁橡皮绝缘线 铜芯橡皮绝缘软线	适用于交流 500V 及以下或直流 1000V 及以下的电器设备及照明装置
（BLV） BVV（BV BLVV） BVVB（BLVVB） BVR BV-105	铜（铝）芯聚氯乙烯绝缘线 铜（铝）芯聚氯乙烯绝缘聚氯乙烯护套圆型电线 铜（铝）芯聚氯乙烯绝缘聚氯乙烯护套平行电线 铜芯聚氯乙烯绝缘软电线 铜芯耐热 105℃聚氯乙烯绝缘软电线	适用于各种交流、直流电器装置，电工仪表、仪器，电信设备，动力及照明线路固定敷设
RV RVB RVS RV-105 RXS RX	铜芯聚氯乙烯绝缘软线 铜芯聚氯乙烯绝缘平行软线 铜芯聚氯乙烯绝缘绞型软线 铜芯耐热 105℃聚氯乙烯绝缘连接软电线 铜芯橡皮绝缘电棉纱编织绞型软电线 铜芯橡皮绝缘电棉纱编织圆型软电线	适用于各种交、直流电器、电工仪器、小型电动工具、动力及照明装置的连接

1）当设计无特殊规定时，导线的芯线应采用焊接、压板压接或套管连接，最后才考虑绞接。因为绞接最不能保证接头接触良好，可靠性较差，尤其是铝导线，应避免用绞接法连接。

2）导线与设备、器具的连接应符合下列要求：

①截面为 $10mm^2$ 及以下的单股铜芯线和单股铝芯线可直接与设备、器具的端子连接。

②截面为 $2.5mm^2$ 及以下的多股铜芯线的线芯应先拧紧搪锡或压接端子后再与设备、器具的端子连接。

③多股铝芯线和截面大于 $2.5mm^2$ 的多股铜芯线的终端，除设备自带插接式端子外，应焊接或压接端子后再与设备、器具的端子连接。

3）熔焊连接的焊缝，不应有凹陷、夹渣、断股、裂缝及根部未焊合的缺陷；焊缝的外形尺寸应符合焊接工艺评定文件的规定，焊接后应清除残余焊药和焊渣。

4）锡焊连接的焊缝应饱满，表面光滑；焊剂应无腐蚀性，焊接后应清除残余焊剂。

5）压板或其他专用夹具，应与导线线芯规格相匹配；紧固件应拧紧到位，防松装置应齐全。

6）套管连接器和压模等应与导线线芯规格相匹配；压接时，压接深度、压口数量和压接长度应符合产品技术文件的有关规定。

7）剖开导线绝缘层时，不应损伤芯线；芯线连接后，绝缘带应包缠均匀紧密，其绝缘强度不应低于导线原绝缘层的绝缘强度；在接线端子的根部与导线绝缘层间的空隙处，应采用绝缘带包缠严密。

常用的导线按芯线股数不同，有单股、7 股和 19 股等多种规格，其连接方法也各不相同。对于绝缘导线的连接，其基本步骤为：剥切绝缘层，线芯连接（焊接或压接），恢复绝缘层。

（1）单芯铜导线连接

1）直线连接，有绞接法和缠卷法。

绞接法适用于4.0mm^2及以下的单芯线连接。缠卷法有加辅助线和不加辅助线的两种，适用于6.0mm^2及以上的单芯线直接连接。

将两线互相交叉，用双手同时把两芯线互绞两圈后，扳直与连接线成90°，将每个芯线在另一芯在线缠绕五回，剪断余头如图5-7（a）所示。双芯线连接时，两个连接处必须错开距离，如图5-7（b）所示。

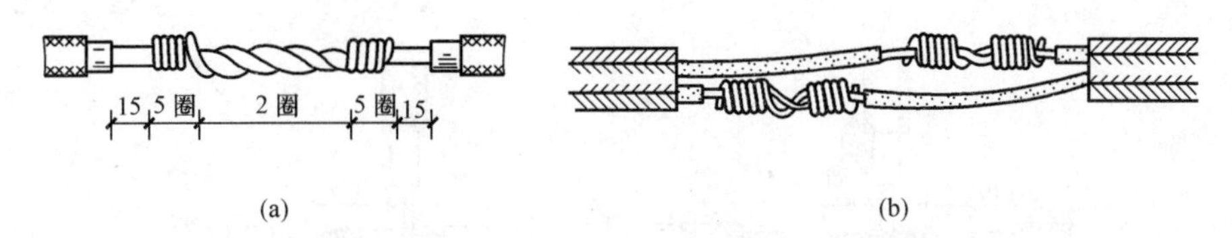

图5-7 直线连接的绞接法

（a）单芯线连接；（b）双芯线的连接

将两线相互并合，加辅助线（填一根同径芯线）后，用绑线在并合部位中间向两端缠卷，长度为导线直径的10倍。然后将两线芯端头折回，在此向外再单卷五圈，与辅助线捻绞二圈，余线剪掉如图5-8所示。

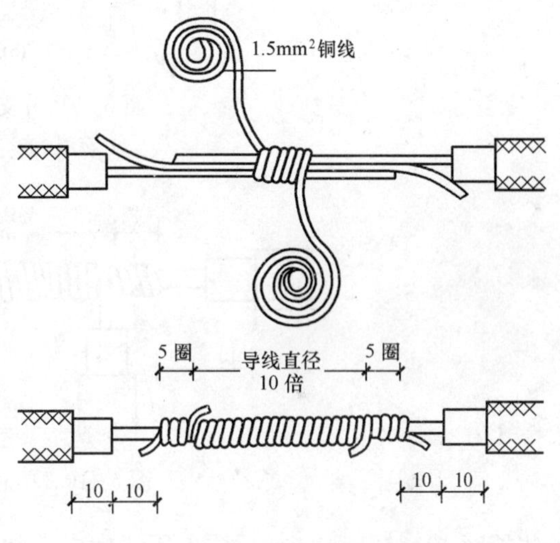

图5-8 单芯线直线缠绕接法

2）分支连接。

分支连接适用于分支线路与主线路的连接。连接方法有绞接法和缠卷法以及用塑料螺旋接线钮或压线帽连接。绞接法适用于4.0mm^2以下的单芯线，用分支的导线的芯线往干线上交叉，先粗卷1～2圈，然后再密绕五圈，余线剪去，如图5-9所示。十字分支连接做法如图5-9（b）所示。

缠卷法适用于6.0mm^2以上的单芯线连接。将分支导线折成90°紧靠干线，其粗卷长度为导线直径10倍，单卷5圈后剪断余线如图5-10所示。

3）并接连接。

接线盒内单芯线并接两根导线时，将连接线端相并合，在距绝缘层15mm处将芯线捻绞2圈，留余线适当长剪断折回压紧，防止线端部插破所包扎的绝缘层，如图5-11所示。单芯线并接在三根及以上导线时，将连接线端相并合，在距绝缘层15mm处用其中一根芯线，在其连接线端缠绕5圈剪断，如图5-12所示。

4）压接连接。

单芯铜导线塑料压线帽（图5-13）压接，可以用在接线盒内铜导线的连接，也可用在夹板配线的导线连接。单芯铜导线塑料压线帽，用于1.0～4.0mm^2铜导线的连接，是将导线连接管（镀银紫铜管）和绝缘包缠复合为一体的接线器件，外壳用尼龙注塑成型。

使用压线帽进行导线连接时，在导线的端部剥削绝缘后，根据压线规格、型号分别露出

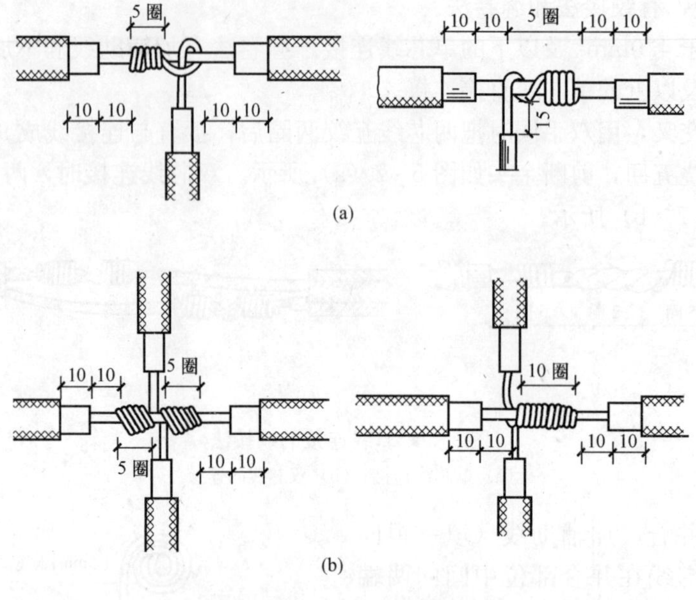

图 5-9　分支连接的绞接法

(a) 分支绞接法；(b) 十字分支连接

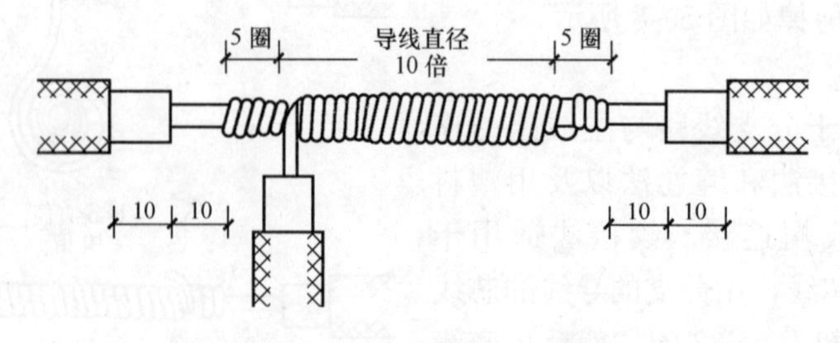

图 5-10　单芯线分支缠卷法

线芯长度 13、15、18mm，插入压线帽内，如填不实再用 1～2 根同材质同线径的线芯插入压线帽内填补，也可以将线芯剥出后回折插入压线帽内，使用专用阻尼式手握压力钳压实。

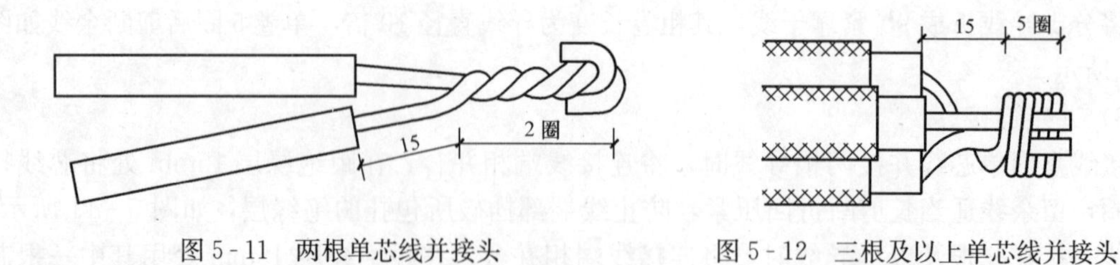

图 5-11　两根单芯线并接头　　　　图 5-12　三根及以上单芯线并接头

（2）多芯铜导线连接

有直线连接、分支连接、人字连接、用接线端子连接。其中铜导线与接线端子连接适用于 2.5mm² 以上的多股铜芯线的终端连接。常用的连接方法有锡焊连接和压接连接。锡焊连接是把铜导线端头和铜接线端子内表面涂上焊锡膏，双根导线放入熔化好的焊锡锅内挂满焊锡，将导线插入端子孔内，冷却即可。

铜导线与端子压接可使用手动液压钳及配套的压模进行压接。剥去导线绝缘层的长度要

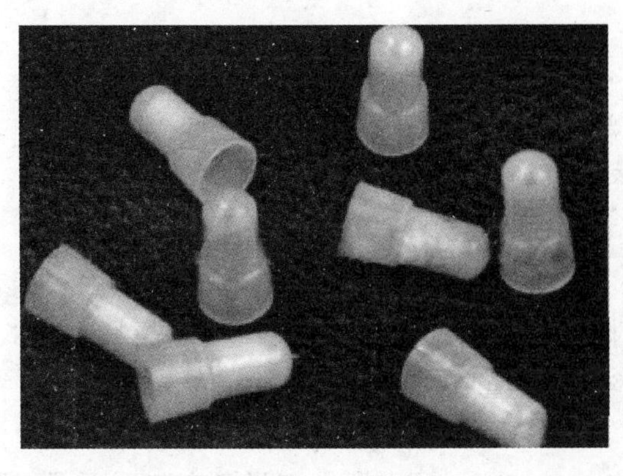
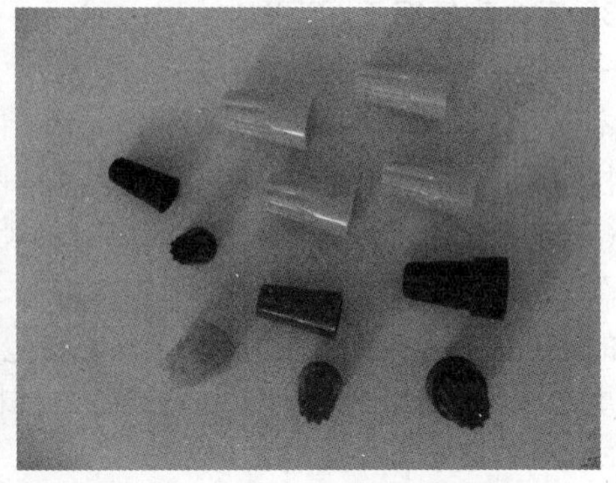

图 5-13 压线帽

适当，不要碰伤线芯。清除接线端子孔内的氧化膜，将芯线插入，用压接钳压紧。

（3）铜导线锡焊连接

对于 $10mm^2$ 及以下的铜导线接头用电烙铁锡焊，将发热的电烙铁放在涂好焊剂的导线接合处的下端，待导线达到一定温度后，用焊锡丝或焊锡条与导线接合处接触，或者将焊锡丝或焊锡条接触在烙铁上，焊锡即可附着在导线上，如图 5-14 所示。

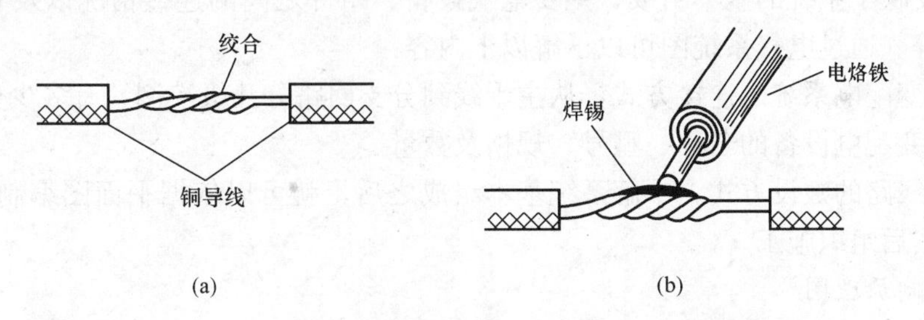

图 5-14 电烙铁焊锡

对于 $16mm^2$ 及以上的导线接头，锡焊常采用浇焊法。把焊锡放在锡锅内加热熔化，当焊锡在锅内达到很高温度后，锡表面呈磷黄色，把导线接头调直，放在锡锅上面，用勺盛上熔锡从上面浇下，如图 5-15 所示为锡锅浇焊。

（4）铝导线的连接

铝导线在空气中极易氧化，生成一层导电性不良并难于熔化的氧化铝膜。铝导线连接稍不注意，就会影响接头质量，因此必须十分重视。铝导线之间的连接，最好采用铝接线管（直线连接）、铝压线帽、铝鼻头（终端）等器材，再采取压接、纤焊、电阻焊及气焊等方法。若有困难，方可用绞接法。

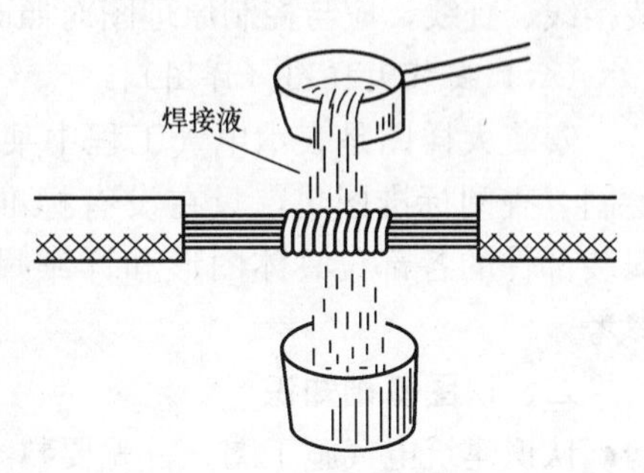

图 5-15 锡锅浇焊

（5）导线与设备的连接

为保证导线线头与电气设备的电接触和其机械性能，除 $10mm^2$ 以下的单股铜芯线、$2.5mm^2$ 及以下的多股铜芯线和单股铝芯线能直接与电器设备连接外，大于上述规格的多股或单股芯，通常都应在线头上焊接或压接接线端子后再与设备、器具的端子连接。

5.1.3 室内电气施工图识图

一、室内电气施工图的组成

室内电气施工图的内容包括图纸、设计说明、主要材料设备表、平面布置图、电气系统图、控制原理图、安装接线图以及安装大样图等。

(一) 图纸目录、设计说明、主要材料设备表

图纸目录、设计说明包括包括图纸内容、数量、工程概况、设计依据以及图中未能表达清楚的各有关事项。主要材料设备表主要包括工程中所使用的各种设备和材料的名称、型号、规格、数量等，它是编制购置设备、材料计划的重要依据之一。

(二) 平面布置图

平面布置图是电气施工图中的重要图纸之一，如变、配电所电气设备安装平面图、照明平面图、防雷接地平面图等。通过阅读电气平面图可知以下内容：

1) 建筑物的平面布置、轴线、尺寸及比例。

2) 各种变配电、用电设备的编号、名称及它们在平面上的位置。

3) 各种变配电线路的起点、终点、敷设方式及在建筑物中的走向。

(三) 电气系统图

系统图反映了系统的基本组成、主要电气设备、组件之间的连接情况以及它们的规格、型号、参数等。通过电气系统图可以了解以下内容：

1) 整个变配电系统的连接方式，从主干线到分支回路分几级控制，有多少分支回路。

2) 主要变配电设备的名称、型号、规格及数量。

3) 主干线路的敷设方式。了解系统基本组成之后，就可以依据平面图编制工程预算和施工方案，然后组织施工。

(四) 控制原理图

控制原理图包括系统中各所用电气设备的电气控制原理，用以指导电气设备的安装和控制系统的调试运行工作。

(五) 安装接线图

安装接线图是表现某一设备内部各种电气组件之间位置及连接的图纸，用来指导电气安装接线、查线，应与控制原理图对照阅读，进行系统的配线和调校。

(六) 安装大样图 (详图)

安装大样图是表示电气工程中某一部分或某一部件的安装要求和做法的图纸，一般不绘制，查阅标准图集，只在没有标准图可用而又有特殊情况时绘出。通过此图可以了解安装部件的各部位具体图形和详细尺寸，是进行安装施工和编制工程材料计划时的重要参考。

二、识图基础知识

认识建筑电气施工图，首先要熟悉电气图例符号，弄清图例、符号所代表的内容。常用的电气工程图例及文字符号可参见国家颁布的《电气图形符号标准》。

(一) 配电线路在平面图上的标注

配电线路的标注用以表示线路的敷设方式及敷设部位，采用英文字母表示。

导线的文字标注形式为

$$a-b(c\times d)e-f$$

其中，a——线路的编号；

b——导线的型号；

c——导线的根数；

d——导线的截面积（mm^2）；

e——敷设方式；

f——线路的敷设部位和明敷设或暗敷设。

例如：WP1-BV（3×50+1×35）G50CE

表示：1号动力线路，导线型号为铜芯塑料绝缘线，3根50mm^2、1根35mm^2，穿水煤气管沿柱明敷设。

又如：WL2-BV（3×2.5）SC15WC

表示：2号照明线路、3根2.5mm^2铜芯塑料绝缘导线穿焊接钢管沿墙暗敷。线路敷设方式及附设部位的文字符号见表5-5、表5-6。

表5-5 线路敷设方式的文字符号

序号	中文名称	英文名称	新符号	备注
1	暗敷	Concealed	C	
2	明敷	Exposed	E	
3	铝吕皮线卡	Aluminum	AL	
4	电缆桥架	Cable tray	CT	
5	金属软管	Flexible metallic conduit	F	
6	水煤气管	Gas tube（pipe）	G	
7	瓷绝缘子	Porcelain insulator	G	
8	钢索架设	Supported messenger wire	M	
9	金属线槽	Metallic raceway	MR	
10	电线管	Electrical metallic tubing	T	
11	塑料管	Plastic conduit	P（PC）	
12	塑料线卡	Plastic clip	PL（PCL）	
13	塑料线槽	Plastic raceway	PR	
14	焊接钢管	Steel conduit	S（SC）	
15	半硬塑料管	Semiflexible P. V. C. conduit	FPC	
16	直接埋设	Directs Burial	DB	

（二）照明及动力设备在平面图上的标注

（1）用电设备的文字标注

用电设备的文字标注为

$$a/b \text{ 或 } a/b+c/d$$

其中，a——设备编号；
b——额定功率，kW；
c——线路首端熔断器体或断路器整定电流，A；
d——安装标高，m。

表 5-6 线路附设部位的文字符号

表达内容	英文代号	表达内容	英文代号
沿钢索敷设	SR	暗敷在梁内	BC
沿屋架或层架下弦明敷设	BE	暗敷在柱内	CLC
沿柱明敷设	CLE	暗敷在屋面内或顶板内	CEC
沿墙明敷设	WE	暗敷在地面或者地板内	FC
沿天棚明敷设	CEE	暗敷在不能进入人的吊顶内	SCC
在能进人的吊顶内敷设	SCE	暗敷在墙内	WC

例如：DT2/25kW 表示 2 号电梯功率为 25kW。

(2) 配电箱的文字标注

配电箱的文字标注为：ab/c 或 a-b-c。

例如：AP4 (XL-3-2) /40

表示 4 号动力配电箱，其型号为 XL-3-2，功率为 40kW。

又如：AL4-2 (XRM-302-20) /10.5

表示第四层的 2 号配电箱，其型号为 XRM-302-20，功率为 10.5kW。

(3) 照明灯具的标注

灯具的标注是在灯具旁按灯具标注规定标注灯具数量、型号、灯具中的光源数量和容量、悬挂高度和安装方式。

照明灯具的标注格式为：a-b (c×d×L) /e f。灯具的安装方式标注文字符号的意义见表 5-7。

表 5-7 灯具安装方式的标注符号

表达内容	英文代号	表达内容	英文代号
线吊式	CP	嵌入式（嵌入不可进人的顶棚）	R
自在器线吊式	CP	顶棚内安装（嵌入可进人的顶棚）	CR
固定线吊式	CP1	墙壁内安装	WR
防水线吊式	CP2	台上安装	T
吊线器式	CP3	支架上安装	SP
链吊式	Ch	壁装式	W
管吊式	P	柱上安装	CL
吸顶式或直附式	S	座装	HM

例如：5-YZ402×40/2.5Ch

表示 5 盏 YZ40 直管型荧光灯，每盏灯具中装设 2 只功率为 40W 的灯管，灯具的安装高度为 2.5m，灯具采用链吊式安装方式。

如果灯具为吸顶安装，那么安装高度可用“-”号表示。在同一房间内的多盏相同型号、相同安装方式和相同安装高度的灯具，可以标注一处。

例如：20 - YU601×60/3CP

表示 20 盏 YU60 型 U 形荧光灯，每盏灯具中装设 1 只功率为 60W 的 U 形灯管，灯具采用线吊安装，安装高度为 3m。

（4）开关及熔断器的标注

开关及熔断器的表示，也为图形符号加文字标注，其文字标注格式一般为

a - b - c/i

例如：标注 Q3DZ10 - 100/3 - 100/60

表示编号为 3 号的开关设备，其型号为 DZ10 - 100/3，即装置式 3 极低压空气断路器，其额定电流为 100A，脱扣器整定电流为 60A。

三、室内电气施工图的识读

阅读建筑电气施工图，在了解电气施工图的基本知识的基础上，按照一定顺序进行，才能快速地读懂图纸，从而实现识图的目的。一套建筑电气施工图所包括的内容较多，图纸往往有很多张，一般应按一定的顺序阅读，并应相互对照阅读。

（一）首先看图纸目录、设计说明、设备材料表

看标题栏及图纸目录，了解工程名称、项目内容、设计日期及图纸内容、数量等。看设计说明，了解工程概况、设计依据等，了解图纸中未能表达清楚的各有关事项。看设备材料表，了解工程中所使用的设备、材料的型号、规格和数量。

（二）再看系统图

读懂系统图，对整个电气工程就有了一个总体的认识。电气照明工程系统图是表明照明的供电方式、配电线路的分布和相互联系情况的示意图，可以了解以下内容：

1）建筑物的供电方式和容量分配。

2）供电线路的布置形式，进户线和各干线、支线、配线的数量、规格和敷设方法。

3）配电箱及电度表、开关、熔断器等的数量、型号等。

（三）结合系统图看各平面图

根据平面图标示的内容，识读平面图要沿着电源、引入线、配电箱、引出线、用电器具这样沿“线”来读。在识读过程中，要注意了解导线根数、敷设方式，灯具型号、数量、安装方式及高度，插座和开关安装方式、安装高度等内容。

识读平面图的内容和顺序：

1）电源进户线：位置、导线规格、型号根数、引入方法（架空引入时注明架空高度，从地下敷设时注明穿管材料、名称、管径等）。

2）配电箱的位置（包括配电柜、配电箱）。

3）各用电器材、设备的平面位置、安装高度、安装方法、用电功率。

4）线路的敷设方法，穿线器材的名称、管径，导线名称、规格、根数。

（四）从各配电箱引出回路及编号

以一栋二层砖混结构，现浇混凝土楼板的别墅为例，说明照明工程图的识读过程，见图 5 - 16～图 5 - 20。主要设备材料见表 5 - 8。

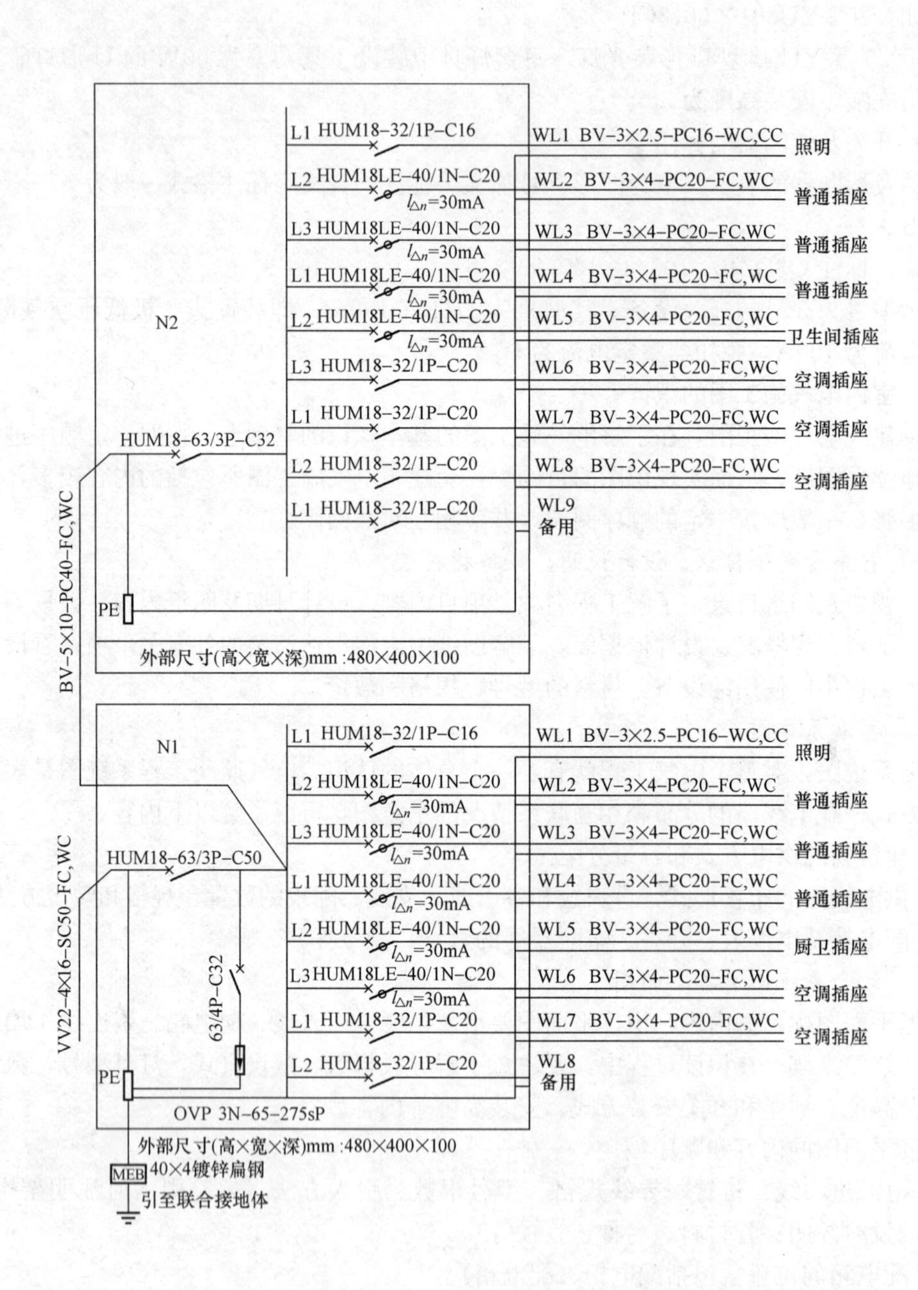
L1 HUM18-32/1P-C16
WL1 BV-3×2.5-PC16-WC,CC
照明
L2 HUM18LE-40/1N-C20
$I_{\triangle n}$=30mA
WL2 BV-3×4-PC20-FC,WC
普通插座
L3 HUM18LE-40/1N-C20
$I_{\triangle n}$=30mA
WL3 BV-3×4-PC20-FC,WC
普通插座
L1 HUM18LE-40/1N-C20
$I_{\triangle n}$=30mA
WL4 BV-3×4-PC20-FC,WC
普通插座
N2
L2 HUM18LE-40/1N-C20
$I_{\triangle n}$=30mA
WL5 BV-3×4-PC20-FC,WC
卫生间插座
L3 HUM18-32/1P-C20
WL6 BV-3×4-PC20-FC,WC
空调插座
L1 HUM18-32/1P-C20
WL7 BV-3×4-PC20-FC,WC
空调插座
HUM18-63/3P-C32
L2 HUM18-32/1P-C20
WL8 BV-3×4-PC20-FC,WC
空调插座
L1 HUM18-32/1P-C20
WL9
备用
BV-5×10-PC40-FC,WC
PE
外部尺寸(高×宽×深)mm :480×400×100
N1
L1 HUM18-32/1P-C16
WL1 BV-3×2.5-PC16-WC,CC
照明
L2 HUM18LE-40/1N-C20
$I_{\triangle n}$=30mA
WL2 BV-3×4-PC20-FC,WC
普通插座
L3 HUM18LE-40/1N-C20
$I_{\triangle n}$=30mA
WL3 BV-3×4-PC20-FC,WC
普通插座
HUM18-63/3P-C50
L1 HUM18LE-40/1N-C20
$I_{\triangle n}$=30mA
WL4 BV-3×4-PC20-FC,WC
普通插座
L2 HUM18LE-40/1N-C20
$I_{\triangle n}$=30mA
WL5 BV-3×4-PC20-FC,WC
厨卫插座
63/4P-C32
L3 HUM18LE-40/1N-C20
$I_{\triangle n}$=30mA
WL6 BV-3×4-PC20-FC,WC
空调插座
VV22-4×16-SC50-FC,WC
L1 HUM18-32/1P-C20
WL7 BV-3×4-PC20-FC,WC
空调插座
PE
L2 HUM18-32/1P-C20
WL8
备用
OVP 3N-65-275sP
外部尺寸(高×宽×深)mm :480×400×100
MEB
40×4镀锌扁钢
引至联合接地体

图 5-16　配电系统图

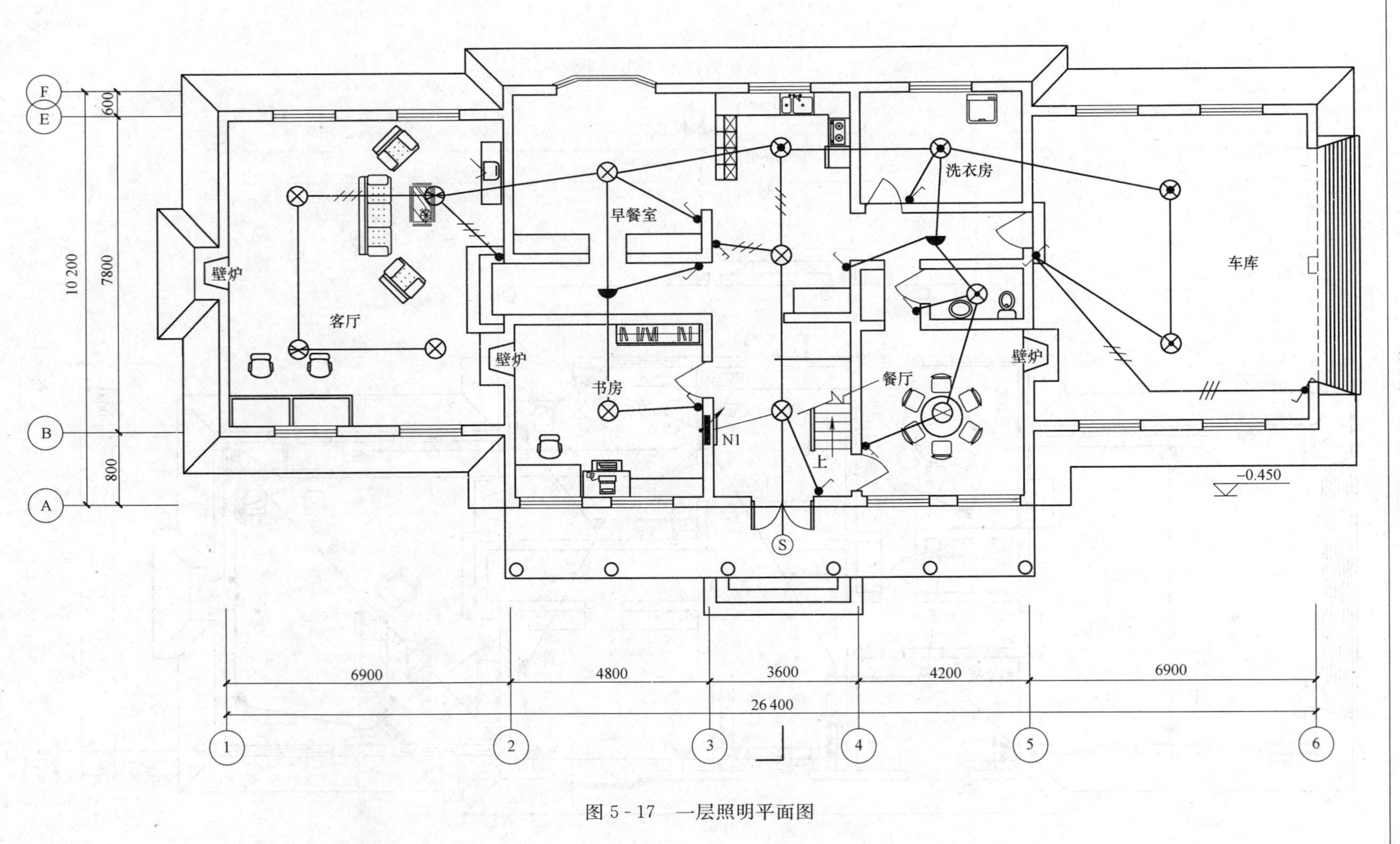

图 5-17 一层照明平面图

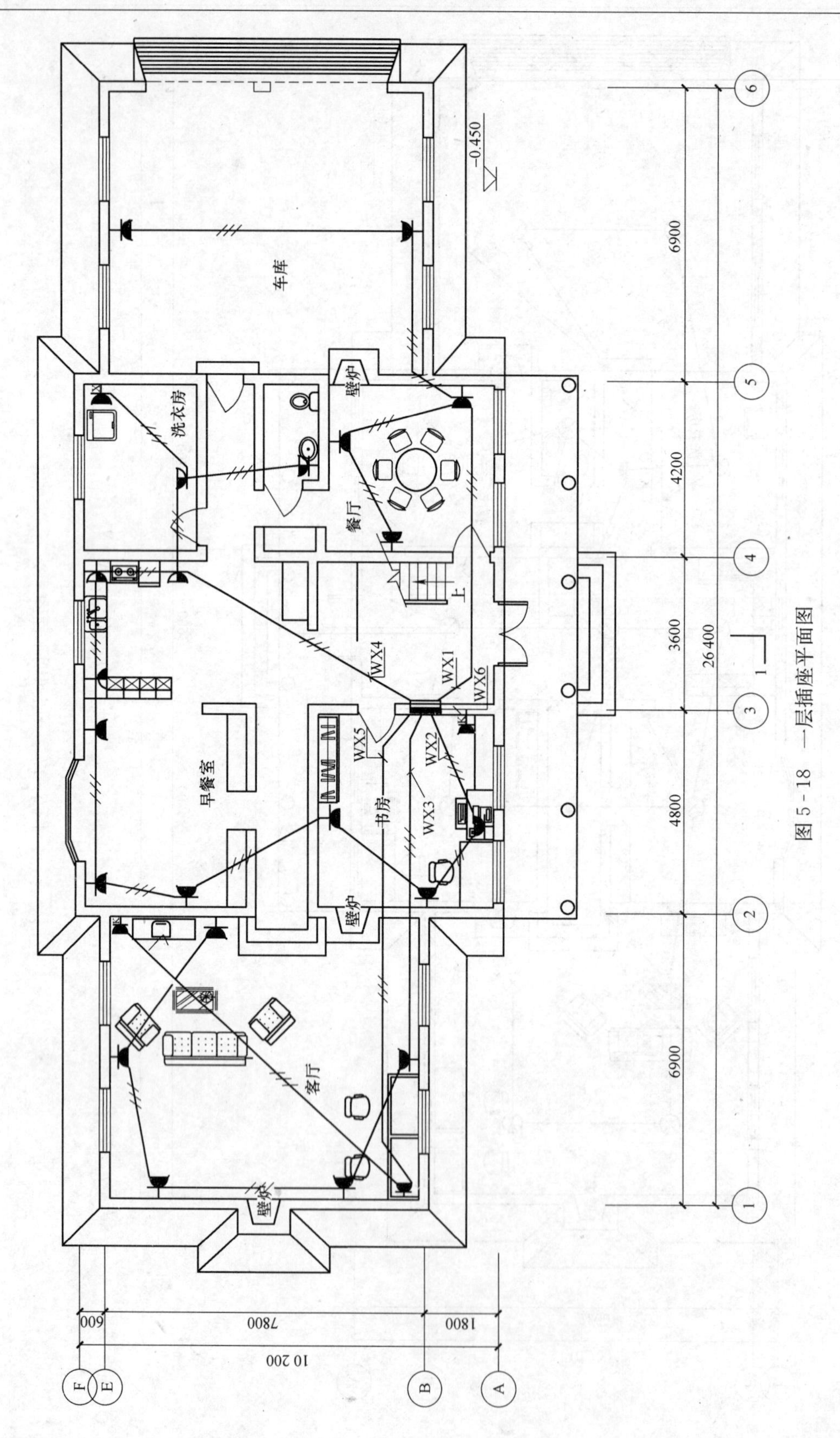

图 5-18 一层插座平面图

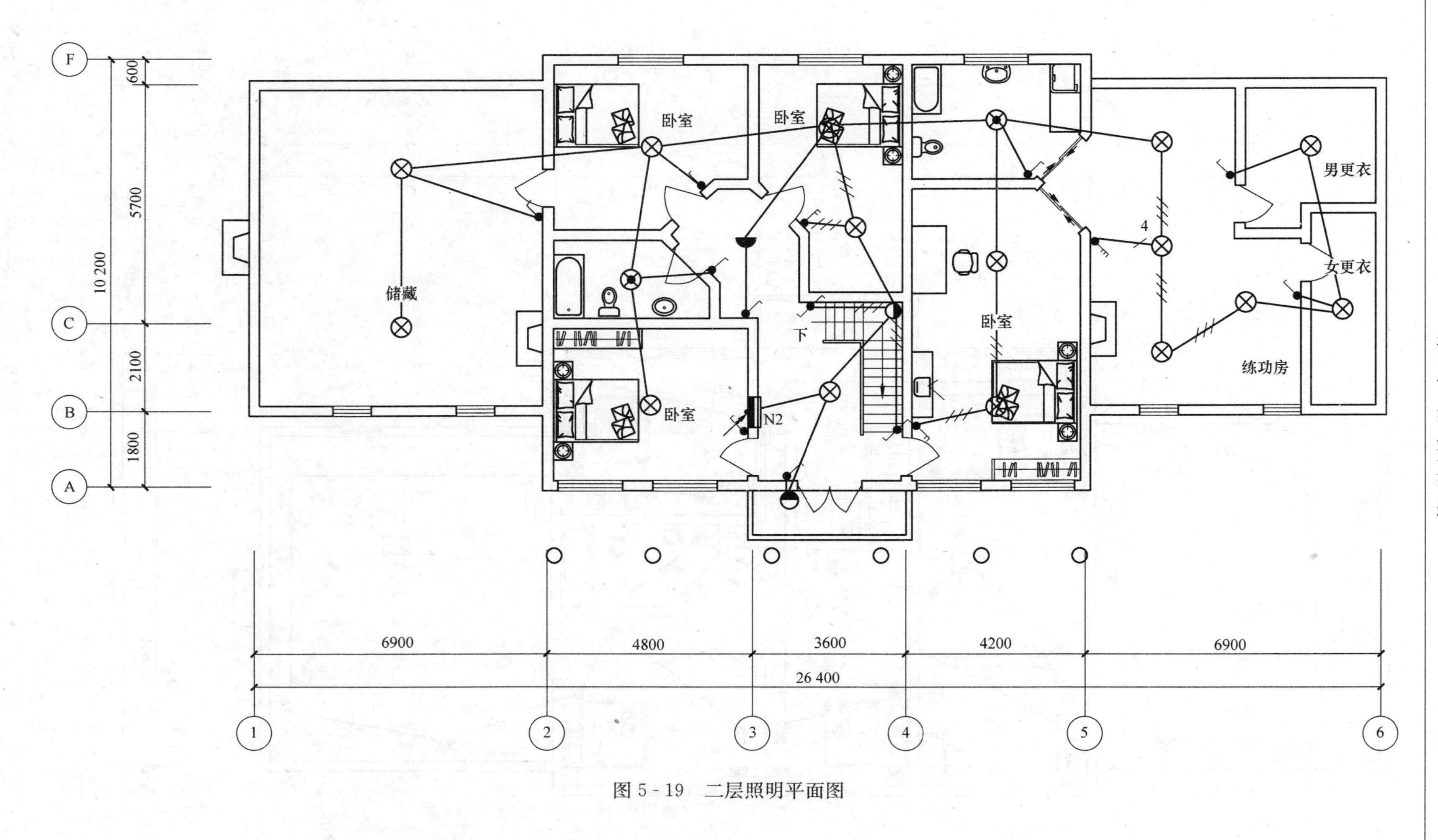

图5-19 二层照明平面图

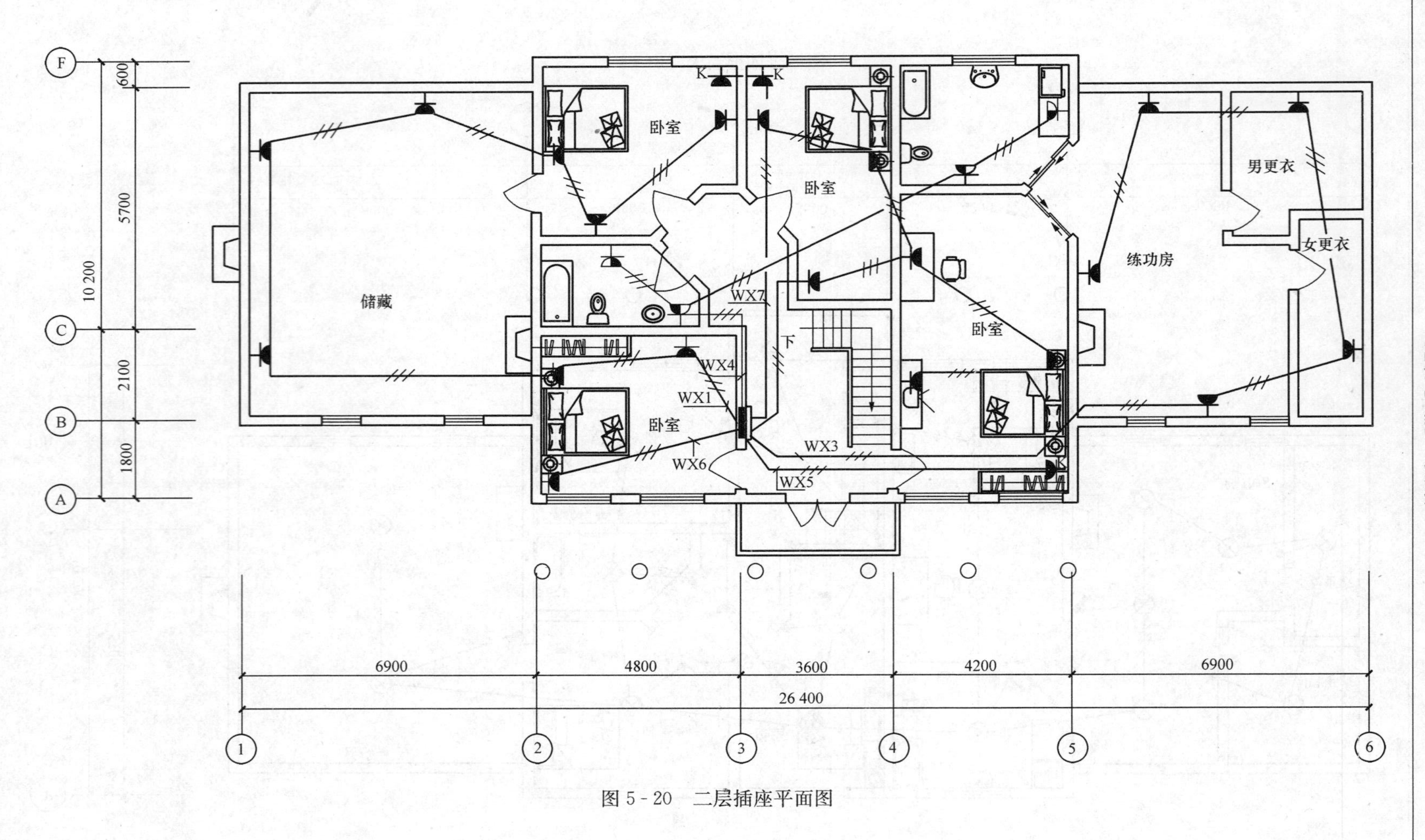

图 5 - 20　二层插座平面图

表 5-8　**主要设备材料表**

编号	图例	名称	规格或型号	安装
1		吸顶灯	40W	吸顶
2		防水吸顶灯	40W	吸顶
3		装饰花灯	甲方自订	吊顶
4		壁灯	甲方自订	距地＋1.9m 安装
5	S	声控灯头		吸顶
6		单联单控开关	XP8110P	距地＋1.3m 安装
7		单联双控开关	XP8120P	距地＋1.3m 安装
8		双联单控开关	XP8210P	距地＋1.3m 安装
9		五孔插座	XS8321P	距地＋0.3m 安装
10		厨卫插座	防水、防潮型	距地＋1.4m 安装
11	K	空调插座		距地＋1.8m 安装
12	X	洗衣机插座		
13		配电箱	详见系统图	距地＋1.8m 安装
14	TX	一位信息输出接口	PF1311	距地＋0.3m 安装
15	TP	电话输出接口	PF2311	距地＋0.3m 安装
16	TV	电视信号输出接口	PF1313	距地＋0.3m 安装
17		家庭智能信息箱	详见系统图	距地＋0.5m 安装

5.2　配管、配线工程概预算编制

5.2.1　配管、配线工程定额简介

配管、配线工程对应的是内线工程，配管、配线工程定额包含了内线工程中暗敷设、各种明敷设方法的内容。

《山东省安装工程消耗量定额》（2003）第二册电气设备安装工程中第十二章编制了配管、配线工程的预算定额内容。本章定额共编制了 21 节 381 个子目。定额编号：2-1187～2-1567。

其中配管项目包括电线管敷设，钢管敷设，防爆钢管敷设，可挠金属套管敷设，塑料管敷设，金属软管敷设。

配线项目包括管内穿线，鼓形绝缘子配线，针式绝缘子配线，碟式绝缘子配线，塑料槽板配线，塑料护套线明敷设，金属线槽安装，金属线槽内配线。

还有其他项目为钢索架设，母线拉紧装置及钢索拉紧装置制作、安装，车间带型母线安装，动力配管混凝土地面刨沟，墙体剔槽，接线箱安装，接线盒安装。

一、配管项目

（一）配管敷设

配管定额按管材分为电线管敷设、钢管敷设、防爆钢管敷设、塑料管敷设、可挠金属管敷设；按建筑物结构形式和敷设位置分为砖混凝土结构明配、砖混凝土结构暗配、钢模板暗配、吊顶内敷设、钢结构支架配管、钢索配管。每种配管方式中按配管直径（mm）以内划分子目，共编制了 176 个项目。以“100m”为定额计量单位。

工作内容：测位、划线、打眼、埋螺栓、锯管、套丝、煨弯、配管、接地、刷漆等，防暴钢管还包括试压。

（二）金属软管敷设

金属软管敷设定额按照管径大小，并区分每根管长（500mm、1000mm、2000mm 以内）划分定额子目，共编制了 24 个子目，以“10m”为定额计量单位。

定额工作内容：量尺寸、断管、连接接头、钻眼、攻丝、固定。

二、配线项目

（一）管内穿线

管内穿线定额分为照明线路、动力线路、多芯软导线定额。照明线路和动力线路定额区分线芯材质（铝芯、铜芯）和导线截面规格（mm^2 以内）划分定额子目，多芯软导线按导线芯数和导线截面规格（mm^2 以内）划分定额子目，共编制了 57 个项目。以“100m 单线”为定额计量单位。

工作内容：穿引线、扫管、涂滑石粉、穿线、编号、接焊包头。

（二）鼓形绝缘子配线

鼓形绝缘子配线定额按照敷设位置不同（沿木结构、顶棚内及砖、混凝土结构、沿钢结构及钢索），并区分导线截面规格（mm^2 以内）分别列项，共编制了 10 个子目。计量单位：100m 单线。

工作内容：测位、划线、打眼、埋螺钉、钉木楞、下过墙管、上绝缘子、配线、焊接包头。

（三）针式绝缘子配线

针式绝缘子配线定额按照敷设位置不同（沿屋架、梁、柱、墙；跨屋架、梁、柱），并区分导线截面规格（mm^2 以内）分别列项，共编制了 14 个子目。计量单位：100m 单线。

工作内容：测位、划线、打眼、安装支架、下过墙管、上绝缘子、配线、焊接包头。

（四）蝶式绝缘子配线

蝶式绝缘子配线定额按照敷设位置不同（沿屋架、梁、柱，跨屋架、梁、柱），并区分导线截面规格（mm^2 以内）分别列项，共编制了 14 个子目。计量单位：100m 单线。

工作内容：测位、划线、打眼、安装支架、下过墙管、上绝缘子、配线、焊接包头。

（五）塑料槽板配线

塑料槽板配线定额分为木结构、砖、混凝土结构，有两线式和三线式，按照导线截面规格（mm^2 以内）划分定额子目，共编制了 8 个定额子目，以“100m”为定额计量单位。

工作内容：测位、划线、打眼、安装支架、下过墙管、上绝缘子、配线、焊接包头。

（六）塑料护套线明敷设

塑料护套线明敷设定额区别敷设位置（木结构，砖混凝土结构，沿钢索，砖混凝土结构粘接）、导线截面规格（mm^2 以内）、导线芯数划分定额子目，编制了 24 个定额子目，以“100m”为定额计量单位。

定额工作内容：测位、划线、打眼、下过墙管、固定扎头、装盒子、配线、焊接包头。

（七）金属线槽安装

金属线槽安装定额区别线槽宽度（mm）划分定额子目，编制了 2 个定额子目。以“10m”为定额计量单位。定额工作内容：定位，打眼，吊、支架安装，本体固定。

（八）金属线槽内配线

金属线槽内配线定额区别导线截面规格（mm^2 以内）划分定额子目，编制了 8 个定额子目。以“100 单线”为定额计量单位。定额工作内容：清扫线槽、放线、编号、对号、接焊包头。

三、其他项目

（一）钢索架设

钢索架设定额区分钢索材料（圆钢、钢丝绳）、直径规格（mm 以内）划分定额子目，共编制了 4 个子目，以“100m”为定额计量单位。

定额工作内容：测位、断料、调直、架设、绑扎、拉紧、刷漆。

（二）母线拉紧装置及钢索拉紧装置制作、安装

母线拉紧装置制作、安装定额区别母线截面规格（mm^2 以内）划分定额子目，共编制了 2 个子目；钢索拉紧装置制作、安装定额区别花篮螺栓直径规格（mm 以内）划分定额子目，编制了 3 个定额子目，以“10 套”为计量单位。

定额工作内容：下料、钻眼、煨弯、组装、测位、打眼、埋螺栓、连接、固定、刷漆。

（三）车间带型母线安装

车间带型母线安装定额区别安装位置（沿屋架、梁、柱、墙和跨屋架、梁、柱）、母线材质（铝、钢）、母线截面规格（mm^2 以内）划分定额子目，编制了 14 个定额子目，以“100m”为定额计量单位。

定额工作内容：打眼，支架安装，绝缘子灌注、安装，母线平直、煨弯、钻孔、连接、架设，夹具、木夹板制作安装，刷分相漆。

（四）动力配管混凝土地面刨沟

动力配管混凝土地面刨沟指电气工程正常配合主体施工后，有设计变更时，需要将管路再次敷设到混凝土结构内的情况。

定额区别管径规格（mm 以内）划分定额子目，共编制了 5 个项目，计量单位：“10m”。定额工作内容：测位、划线、刨沟、清理、填补。

（五）墙体剔槽

墙体剔槽定额区分配管管径规格（mm 以内）划分定额子目，共编制了 6 个子目，计量单位：“10m”。定额工作内容：测位、划线、刨沟、清理、填补。

（六）接线箱安装

接线箱是指箱内不安装开关设备，只用来分支接线的空箱体，管线长度超过施工规范要求长度，便于管路穿线及线路检修、更换导线所设的管、线过渡箱，导线接头集中在箱内。

接线箱安装定额区分安装方式（明装、暗装），按照接线箱半周长（mm 以内）大小划分定额子目，共编制了 4 个子目，计量单位为“10 个”。定额工作内容：测位、打眼、埋螺栓、箱子开孔、刷漆、固定。

（七）接线盒安装

配管出口处要安装接线盒，用来安装照明器具及接线，体积比接线箱小。接线盒安装定额区分安装形式（明装、暗装、钢索上）分别列项，明装接线盒又包括接线盒、开关盒两个子项，暗装接线盒包括普通接线盒和防暴接线盒两个子项，共编制了 5 个定额子目，计量单位：“10 个”。定额工作内容：测位、固定、修孔。

5.2.2 配管、配线定额套用及工程量计算

一、配管、配线工程量计算程序

（1）计算依据

照明、动力系统图和平面图

（2）计算顺序

按进户线，总配电箱，向各照明分配电箱配线，经各照明分配电箱向灯具、用电器具的顺序逐项进行计算。

这样思路清晰，有条理，既可以加快看图、提高计算速度，又可避免重算和漏算。

二、配管、配线工程量计算注意事项

1）应弄清每层之间的供电关系，注意引上管和引下管。防止漏算干线支线线路。

2）要求列出简明的计算式，可以防止漏项、重复和潦草，也便于复核。

3）计算应“先管后线”，可按照回路编号依次进行，也可按管径大小排列顺序计算。

4）管内穿线根数在配管计算时，用符号表示，以利于简化和校核。

三、配管工程量计算

（一）定额套用

各种配管工程应区分配管管材、规格、敷设方式、敷设位置套用相应定额子目，计量单位为：“100m”。其中，定额中各种线管均为未计价材料，应另行计算。

使用配管定额时要特别注意，因为每种管的定额子目划分都相同，套用时很容易翻错页，用错定额。

（二）工程量计算

配管长度 = 配管水平方向长度 + 配管垂直方向长度

（1）水平方向敷设的线管工程量

水平方向敷设的线管应以施工平面图的管线走向、敷设部位和设备安装位置的中心点为依据，并借用平面图上所标墙、柱轴线尺寸进行线管长度的计算，若没有轴线尺寸可利用时，则应运用比例尺或直尺直接在平面图上量取线管长度，如图 5-21 所示。

（2）垂直方向敷设的线管（沿墙、柱引上或引下）工程量

其工程量计算与楼层高度及箱、柜、盘、开关等设备的安装高度有关。计算方法一般按照：层高－设备安装高度。无论配管是明敷或暗敷均按图 5-22 计算线管长度。一般情况

下，拉线开关距顶棚 200～300mm；跷板开关、插座底距地面距离为 1300mm，配电箱底部距地面距离为 1500mm。

由图 5-22 可知，拉线开关 1 配管长度为 200～300mm，开关 2 配管长度为 $(H-h_1)$，插座 3 的配管长度为 $(H-h_2)$，配电箱 4 的配管长度为 $(H-h_3)$，配电柜 5 的配管长度为 $(H-h_4)$。

(3) 当线路埋地敷设时（FC）配管工程量

图 5-23 为埋地水平管长度示意图，水平方向的配管长度按墙、柱轴线尺寸及设备定位尺寸进行计算；穿出地面向设备或向墙上电气设备配管时，按配管埋设的深度和引向墙、柱的高度进行计算。

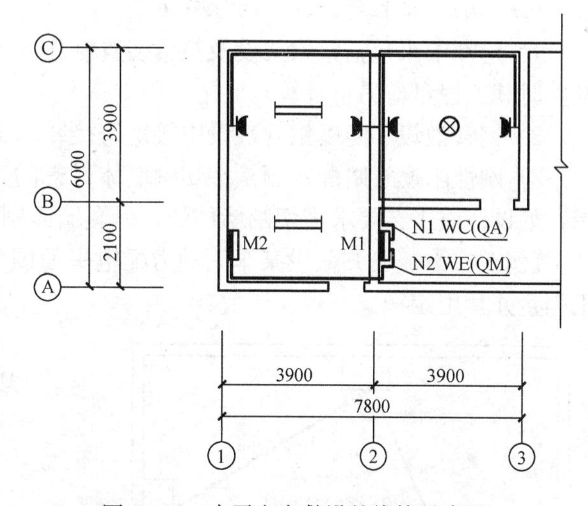

图 5-21　水平方向敷设的线管示意图

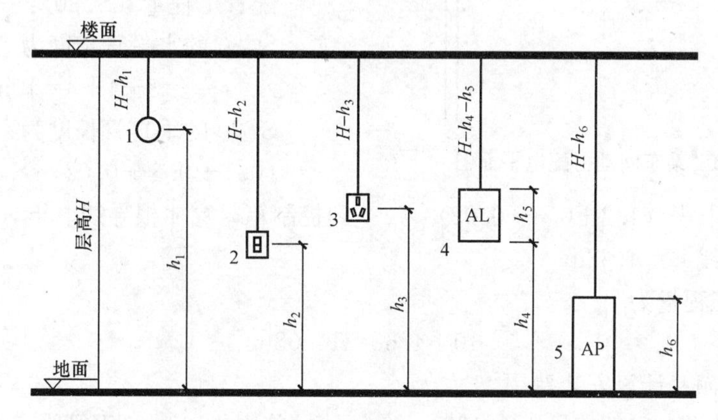

图 5-22　引下线管长度计算示意图

1—拉线开关；2—板式开关；3—插座；4—墙上配电箱；5—落地配电柜

设图中配电箱底边距地 1.5m，插座距地 0.3m；配电箱至插座配管为沿墙、地面暗敷设，设埋地深度 0.1m；则整个配管长度为：1.5m（箱底垂直至地面）+0.1m（垂直入地深）$+L_1$（配电箱与中间墙左插座水平距离，可用比例尺在图上量出）+0.1m（垂直出地面）+0.3m（垂直入插座）+0.4m（垂直出插座入地）$+L_2$（中间墙两插座水平距离，可用比例尺在图上量出）+0.4m（垂直出地入插座）+0.4m（垂直出插座入地）$+L_3$（至右墙插座水平距离，可用比例尺在图上量出）+0.4m（垂直出地面入插座）。

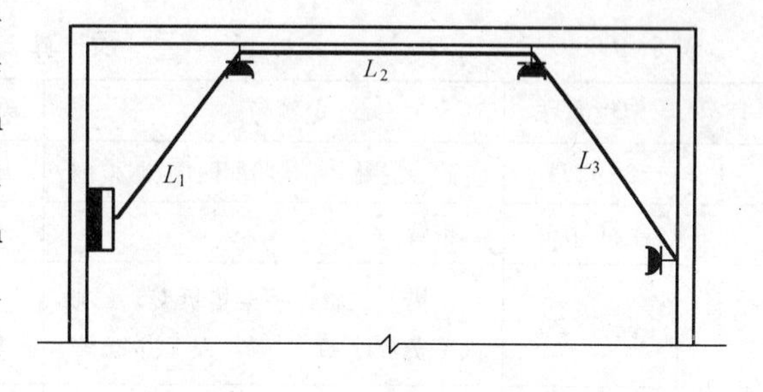
图 5-23　埋地水平管长度示意图

(三) 配管工程量计算中的注意事项

1) 定额中未包括钢索架设及拉紧装置制作与安装、接线箱(盒)、支架的制作与安装，发生时其工程量应另行计算。

2) 钢管敷设、防爆钢管敷设中接地跨接线，定额综合了焊接和专用接地卡子两种方式。

3) 刚性阻燃管暗配定额是按切割墙体考虑的，其余暗配管均按配合土建预留、预埋考虑，如设计或工艺要求需切割墙体的，另套墙体剔槽定额。

【例 5-1】 已知假设某车间动力配电平面图如图 5-24 所示。试求此配管工程的配管工程量并套用定额。

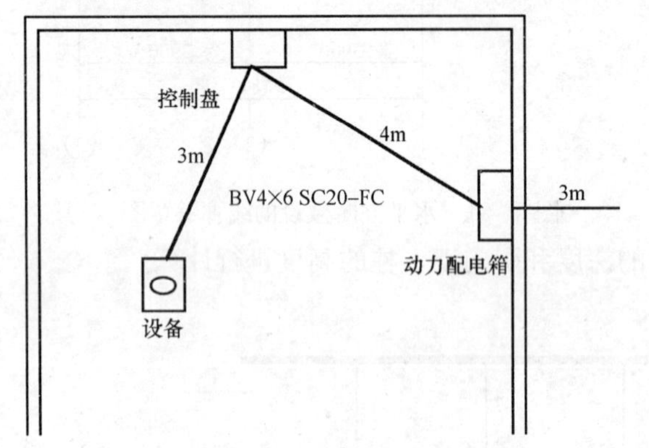

图 5-24 某车间动力配电平面图

(1) 动力配电箱落地式安装，配电箱基础高出地面 0.1m；

(2) 钢管埋入地坪下，埋深为 0.3m；

(3) 控制盘明装，底边距地 1.2m；

(4) 引至设备的钢管管口距地面 0.5m。

解 (1) 计算工程量。

配管工程量(SC20)：

SC20 的水平管长度为

$$3+4+3=10\text{m}$$

SC20 的垂直管长度为

(0.1+0.3+0.02) ×2 [动力配电箱处，穿 4 根导线] + (1.2+0.3+0.02) ×2 [到控制箱，穿 4 根导线] + (0.5+0.3) [到设备，穿 4 根导线] =4.68m

SC20 钢管工程量为

$$10+4.68=14.68\text{m}$$

(2) 套用定额并计算安装费用

SC20 埋地敷设：定额编号：2-1221；定额计量单位：100m；钢管为未计价材料，安装一个定额单位的钢管，即 100m 钢管，实际消耗的钢管长度为 103m。

定额单位数：0.146 8；消耗的钢管的长度为

$$\text{定额单位数}\times103=0.1468\times103=15.414$$

套定额，列出预算表，见表 5-9。

表 5-9 预 算 表

序号	定额编号	定额名称	单位	数量	单价	合价	计费单价	计费基础
1	2-1221	砖、混凝土结构暗配钢管 DN20 内	hm	0.146 8	471	53	362.52	41
	主材-766	钢管	m	15.414				
2	说明-26	[措] 二册脚手架搭拆费，二册人工费合计 41×4%，人工占 25%	元	1	1.64	2	0.41	
		安装消耗量直接工程费				53		41
		安装消耗量定额措施费				2		

四、管内穿线工程量

(一) 定额套用

区分线路性质（照明线路和动力线路）、导线材质（铝芯线、铜芯线和多芯软线）、导线截面规格（mm^2 以内）大小套用有关定额项目，以单线“100m”为计量单位。其中绝缘导线为未计价材料，应另计。

另外，照明线路只编制了截面 $4mm^2$ 及以下的子目，截面 $4mm^2$ 以上照明线路按动力线路定额计算。

(二) 工程量计算

管内穿线长度 =（配管长度 + 导线预留长度）× 同截面导线根数

计算时注意：

1）灯具、开关、插座、按钮等的预留线，已分别综合在相应定额内，不另行计算。

2）配线进入开关箱、柜、板的预留线，按表 5 - 10 或下图规定的长度，分别计入相应的工程量。图 5 - 25 为导线与柜、箱、设备等相连预留长度示意图。

表 5 - 10　　连接设备导线预留长度（每一根导线）

序号	项　目	预留长度	说明
1	各种开关箱、柜、板	高＋宽	盘面尺寸
2	单独安装（无箱、盘）的铁壳开关、闸刀开关、启动器、母线槽进出线盒等	0.3m	以安装对象中心算
3	由地坪管子出口引至动力接线箱	1m	以管口计算
4	电源与管内导线连接（管内穿线与软、硬母线接头）	1.5m	以管口计算
5	出户线	1.5m	以管口计算

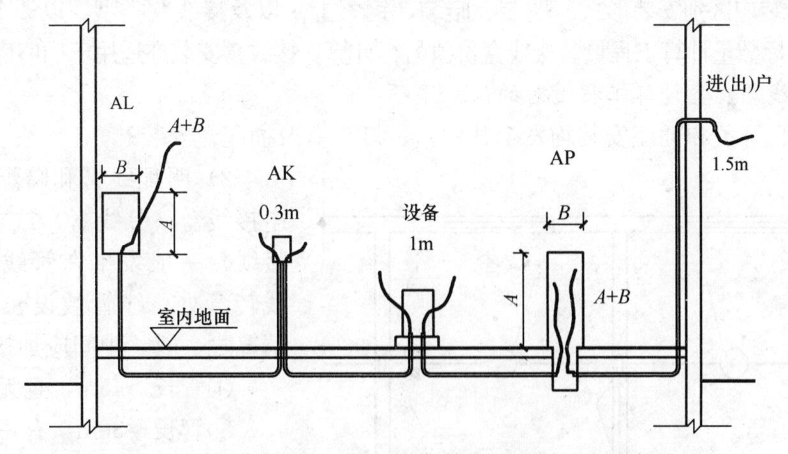

图 5 - 25　导线与柜、箱、设备等相连预留长度示意图

【例 5 - 2】　求［例 5 - 1］中管内穿线工程量，其中动力配电箱和控制盘的（宽＋高）分别为 1.5m；并套用定额计算定额安装费用。

解　假设某工程 SC20 配管长度：11.26m。

(1) 管内穿线工程量（$BV6mm^2$）为

（配管的长度＋预留长度）×导线的根数＝（11.26＋3×1.5＋1）×4＝62.54m

其中已知，动力箱、控制箱的预留长度：1.5m。

地坪管子引设备的预留长度：1m。

（2）套用定额并计算安装费用

BV6mm² 管内穿线定额编号：2－1448；定额计量单位：100m；

定额工程量：0.625。

列出预算表见表5－11。

表5－11 预算表

序号	定额编号	定额名称	单位	数量	单价	合价	计费单价	计费基础
1	2－1448	顶棚内鼓形绝缘子配线单线6mm² 内	hm	0.625	174.37	109	104.25	65
	主材－2787	绝缘导线	m	67.15				
2	说明－26	［措］二册脚手架搭拆费，二册人工费合计65×4%，人工占25%	元	1	2.6	3	0.65	1
		安装消耗量直接工程费				109		65
		安装消耗量定额措施费				3		1

五、配管接线箱、盒安装工程量

（一）接线箱安装工程量

应区别安装形式（明装、暗装）、接线箱半周长以“个”为计量单位，按设计图标数量计算工程量，并套用相应定额项目，接线箱为未计价材料，其费用需另行计算。

接线箱安装也适用等电位箱等的安装。

（二）接线盒安装工程量

接线盒安装应区别安装形式（明装、暗装、钢索上）以及接线盒类型，以“个”为计量单位，按设计图标数量计算工程量。接线盒价值另行计算。接线盒安装亦适用于插座底盒的安装。

（三）接线箱、盒计算工程量时的注意事项

1）灯具、开关和插座安装均发生开关盒、灯头盒及插座盒安装。

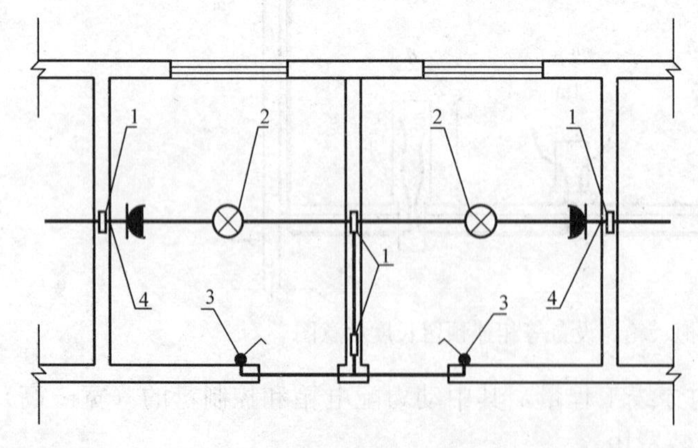

图5－26 接线盒位置图

1—线路接线盒；2—灯头接线盒；3—开关接线盒；4—插座接线盒

2）明配线管和暗配线管，均发生接线盒（分线盒）或接线箱安装。接线盒一般发生在管线分支处或管线转弯处；线管敷设长度超过下列情况之一时，中间应加接线盒。

①管长＞45m，且无弯曲。

②管长＞30m，有一个弯曲。

③管长＞20m，有2个弯曲。

④管长＞12m，有3个弯曲。

如图5－26所示，按此接线盒位置图计算接线盒数量。线路接线盒（分线盒）产生在管线的分支处或管线的转弯处。暗装的开关、插座应有开关接线盒和插座接线盒，暗配管线到灯位处应有灯头接线盒。钢管配钢质接线盒，塑料管配塑料接线盒。

六、其他配线工程量

（一）绝缘子配线工程量

（1）鼓形绝缘子配线

鼓形绝缘子配线工程量以“100m 单线”为计量单位，按照设计图纸进行计算，并区别敷设位置不同（沿木结构、顶棚内及砖、混凝土结构、沿钢结构及钢索）、导线截面规格（mm^2 以内）套用相关定额子目。

（2）针式绝缘子配线

针式绝缘子配线工程量以“100m 单线”为计量单位，按照设计图纸进行计算，并区别敷设位置不同（沿屋架、梁、柱、墙；跨屋架、梁、柱）、导线截面规（mm^2 以内）套用相关定额子目。

（3）蝶式绝缘子配线

蝶式绝缘子配线工程量以“100m 单线”为计量单位，按照设计图纸进行计算，并区别敷设位置不同（沿屋架、梁、柱；跨屋架、梁、柱）、导线截面规格（mm^2 以内）划分定额子目。

鼓形绝缘子（沿钢结构及钢索），针式绝缘子、蝶式绝缘子的配线、金属线槽及车间带形母线的安装均已包括支架安装，支架制作另计。

（二）槽板配线工程量

塑料槽板配线工程量以“100m”为计量单位，按照设计图纸进行计算，并区别敷设位置（木结构，砖、混凝土结构），导线根数，导线截面规格（mm^2）套用相关定额子目。

（三）塑料护套线明敷设工程量

塑料护套线明敷设以“100m”为定额计量单位，按照设计图纸统计工程量，区别敷设位置（木结构，砖混凝土结构，沿钢索，砖混凝土结构粘接）、导线截面规格（mm^2 以内）、导线芯数套用相关定额子目。

（四）线槽配线工程量

金属线槽安装工程量，以“10m”为计量单位，按照设计图纸进行计算，并区别线槽宽度（mm）套用相关定额子目。

金属线槽内配线工程量，以“100 单线”为计量单位，按照设计图纸进行计算，并区别导线截面规格（mm^2 以内）套用相关定额子目。

金属线槽安装定额也适用于线槽在地面内暗敷设。

七、其他分项工程的工程量

（一）钢索架设工程量

钢索架设工程量，以“100m”为计量单位，按照设计图纸进行计算，区分钢索材料（圆钢、钢丝绳）、直径规格（mm 以内）套用相关定额子目。

（二）母线拉紧装置及钢索拉紧装置制作、安装工程量

母线拉紧装置制作、安装工程量，以“10 套”为计量单位，按照设计图纸进行计算，区别母线截面规格（mm^2 以内）套用相关定额子目；钢索拉紧装置制作、安装工程量以“10 套”为计量单位，按照设计图纸进行计算，并区别花篮螺栓直径规格（mm 以内）套用相关定额子目。

（三）车间带形母线安装工程量

车间带型母线安装工程量，以“100m”为计量单位，按照设计图纸进行计算，并区别

车间带型母线安装位置（沿屋架、梁、柱、墙和跨屋架、梁、柱）、母线材质（铝、钢）、母线截面规格（mm^2 以内）套用相关定额子目。

铜母线安装执行钢母线安装定额。

（四）动力配管混凝土地面刨沟、墙体剔槽工程量

均区别配管直径规格（mm 以内），以“10m”为计量单位计算工程量。

【例 5-3】 试求［例 5-1］中此配管配线工程的直接工程费。

要求：采用《山东省安装工程消耗量定额》和《山东省济南地区价目表》。其中济南地区 SC20 钢管价格：7.82 元/m；BV6mm^2 价格：4.9 元/m。

解 （1）由［例 5-1］得到 SC20 钢管工程量为：11.26m。

则钢管定额消耗量为

$$11.26\times1.03=11.59\text{m}$$

由［例 5-2］得到管内穿线工程量（BV6mm^2）：62.54m。

则管内穿线（BV6mm^2）定额消耗量为

$$62.54\times1.07=67.15\text{m}$$

（2）工程预算表，见表 5-12。

表 5-12 工 程 预 算 表

序号	定额号	项目名称	单位	数量	单价（元）	合价（元）	计费单价（元）	计费基础
1	2-1221	砖混凝土结构暗配钢管 DN20 内	hm	0.113	471	53	362.52	41
	主材-766	钢管	m	11.59				
2	2-1448	顶棚内鼓形绝缘子配线单线 6mm^2 内	hm	0.625	174.37	109	104.25	65
	主材-2787	绝缘导线	m	67.15				
3	说明-26	［措］二册脚手架搭拆费，二册人工费合计 106×4%，人工占 25%	元	1	4.24	4	1.06	1
		安装消耗量直接工程费				162		106
		安装消耗量定额措施费				4		1

（3）费用表，见表 5-13。

表 5-13 费 用 表

序号	费用名称	费率	费用说明	金额（元）
1	一、直接费		（一）＋（二）	198
2	（一）直接工程费			162
3	其中：省价人工费 R_1			106
4	（二）措施费		（1）＋（2）＋（3）	36
5	1. 参照定额规定计取的措施费			4
6	其中人工费			1
7	2. 参照费率计取的措施费			32
8	（1）环境保护费	2.20%	R_1	2
9	（2）文明施工费	4.50%	R_1	5

续表

序号	费用名称	费率	费用说明	金额（元）
10	（3）临时设施费	12%	R_1	13
11	（4）夜间施工费	2.50%	R_1	3
12	（5）二次搬运费	2.10%	R_1	2
13	（6）冬雨季施工增加费	2.80%	R_1	3
14	（7）已完工程及设备保护费	1.30%	R_1	1
15	（8）总承包服务费	3%	R_1	3
16	其中人工费		（4）×0.5＋［（5）＋（6）］×0.4＋［（1）＋（2）＋（3）＋（7）］×0.25	9
17	3. 施工组织设计计取的措施费			
18	其中：人工费 R_2		6＋16	10
19	二、企业管理费	42%	R_1+R_2	49
20	三、利润	20%	R_1+R_2	23
21	四、其他项目			
22	五、规费		1＋…＋6	14
23	（1）工程排污费	0.26%	一＋…＋四	1
24	（2）定额测定费		一＋…＋四	
25	（3）社会保障费	2.60%	一＋…＋四	7
26	（4）住房公积金	0.20%	一＋…＋四	1
27	（5）危险作业意外伤害险	0.15%	一＋…＋四	
28	（6）安全施工费	2%	一＋…＋四	5
29	六、税金	3.44%	一＋…＋五	10
30	七、设备费			
31	八、安装工程费用合计		一＋…＋七－社会保障费	287

本 章 小 结

1. 配管、配线工程基础知识

配管、配线是指由配电屏（箱）接到各用电器具的供电和控制线路的安装工程，配管一般有明配管和暗配管两种方式。明配管通常用管卡子固定于砖、混凝土结构上或固定于钢结构支架及钢索上。暗配管是需要配合土建施工，将管子预敷设在墙、顶板、梁、柱内。室内导线敷设方式有多种：线管配线、瓷夹和瓷瓶配线、线槽配线、塑料护套线明敷设、钢索配线、桥架配线、车间带型母线安装等，其中线管配线是应用最多的一种配线方式。配管、配线的施工工序、施工材料、施工方法等都要满足《建筑电气工程施工质量验收规范》

(GB 50303—2002)。

2. 配管、配线工程预算

配管、配线工程是电气施工预算的重点、难点内容之一。配管、配线工程量计算时，依据照明、动力系统图和平面图，按进户线，总配电箱，向各照明分配电箱配线，经各照明分配电箱向灯具、用电器具的顺序逐项进行计算，计算应“先管后线”，可按照回路编号依次进行，也可按管径大小排列顺序计算。另外还要注意明配线管和暗配线管，均发生接线盒（分线盒）或接线箱安装。

使用定额时要特别注意，因为每种用配管的定额子目划分都相同，套用时很容易翻错页，用错定额；照明线路只编制了截面 $4mm^2$ 及以下的配线子目，截面 $4mm^2$ 以上照明线路按动力线路定额计算。

习　　题

1. 室内导线常用的敷设方式有哪些？分别适用于什么环境和条件？

2. 室内配电线路常用管材有哪些？

3. 不同导线的连接通常采用什么方法？

4. 导线与电气设备的连接通常采用什么方法？

5. 接线箱安装定额有哪些要求？

6. 配管工程量、管内穿线工程量如何计算？

7. 导线进入接线盒计算（分线盒）计算预留长度吗？导线一端或两端进入开关柜（箱、屏、板）怎么样计算导线预留长度？

8. 某写字楼标准层的照明层配电箱引出三路管线暗敷至三个照明分配电箱，至①号分配电箱的供电干线 BV（4×6）SC20，管长 14m；至②号分配电箱的供电干线为（3×16＋1×6）SC32，管长 5.2m；至③号分配电箱为 BV（4×10）SC25，管长 11.0m，层配电箱和分配电箱均嵌入式安装。各照明配电箱的高×宽为：层配电箱 800mm×700mm，①号和②号分配电箱 600mm×500mm，③号分配电箱 500mm×400mm。求此配电线路的定额直接费。

注意：本题目要求采用《山东省安装工程消耗量定额》和《山东省济南地区价目表》。

9. 已知某车间动力配电平面图，如图 5-27 所示，试计算此配管配线定额直接费。

说明：

（1）动力配电箱落地式安装，配电箱基础高出地面 0.1m；

（2）钢管埋入地坪下，埋深为 0.3m；

（3）引至设备的钢管管口距地面 0.5m；

（4）动力配电箱的（宽＋高）为 1.5m，设备处的导线预留为 1.0m。

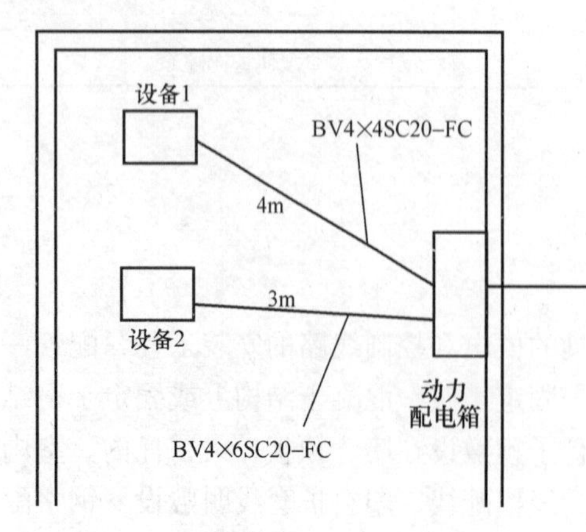

图 5-27　某车间动力配电平面图

第6章 照明器具安装

6.1 照明器具安装基础知识

6.1.1 常用电光源

凡可以将其他形式的能量转换为光能，从而提供光通量的设备、器具统称为光源。其中可将电能转换为光能，从而提供光通量的设备、器具，称为电光源。

电光源按工作原理分类，可分为热辐射光源和气体放电光源两大类。热辐射光源主要利用电流的热效应，把具有耐高温，低发挥性的灯丝加热至白炽程度而产生可见光，如白炽灯、卤钨灯等。气体放电光源主要是利用电流通过气体（蒸汽）时，激发气体（或蒸汽）电离和放电而产生可见光。气体放电光源按其发光物质可分为金属、惰性气体和金属卤化物三种。

高层建筑照明的电光源主要是：热辐射类有白炽灯和卤钨灯；气体放电类有荧光灯、高压汞灯、高压钠灯和金属卤化物灯。其中白炽灯和荧光灯被广泛应用在建筑物内部照明；金属卤化物灯、高压钠灯、高压汞灯和卤钨灯应用在广场道路、建筑物立面、体育馆等照明。

电光源的主要性能指标：有功功率、色温、显色性、光效、平均寿命、功率因数等。

一、电光源的特性与选用

由于电光源技术的迅速发展，新型电光源越来越多，它们具有光效高、光色好、功率大、寿命长或者适合某些特殊场所的需要等特点。

各种常用照明电光源选用范围如下：

1）白炽灯应用在照度和光色要求不高、频繁开关的室内外照明。除普通照明灯泡外，还有6～36V的低压灯泡以及用作机电设备局部安全照明的携带式照明。

2）卤钨灯光效高，光色好，适合大面积、高空间场所照明。

3）荧光灯光效高，光色好，适用于需要照度高、区别色彩的室内场所，例如教室、办公室和轻工车间。但不适合有转动机械的场所照明。

4）荧光高压汞灯光色差，常用于街道、广场和施工工地大面积的照明。

5）氙灯发出强白光，光色好，又称"小太阳"，适合大面积、高大厂房、广场、运动场、港口和机场的照明。

6）高压钠灯光色较差，适合城市街道、广场的照明。

7）低压钠灯发出黄绿色光，穿透烟雾性能好，多用于城市道路、户外广场的照明。

8）金属卤化物灯光效高，光色好，室内外照明均适用。

二、灯具的分类

电光源（灯泡或灯管）、固定安装用的灯座、控制光通量分面的灯罩及调节装置等构成了完整的电气照明器具，通常称为灯具。灯具的结构应满足制造、安装及维修方便，外形美观和使用工作场所的照明要求。灯具的分类如下：

（一）按结构分类

（1）开启型

光源裸露在外，灯具是敞口的或无灯罩的。

（2）闭合型

透光罩将光源包围起来的照明器。但透光罩内外空气能自由流通，尘埃易进入罩内，照明器的效率主要取决于透光罩的透射比。

（3）封闭型

透光罩固定处加以封闭，使尘埃不易进入罩内，但当内外气压不同时空气仍能流通。

（4）密闭型

透光罩固定处加以密封，与外界可靠地隔离，内外空气不能流通。根据用途又分为防水防潮型和防水防尘型，适用于浴室、厨房、潮湿或有水蒸气的车间、仓库及隧道、露天堆场等场所。

（5）防爆安全型

这种照明器适用于在不正常情况下可能发生爆炸危险的场所。其功能主要使周围环境中的爆炸性气体进不了照明器内，可避免照明器正常工作中产生的火花而引起爆炸。

（6）隔爆型

这种照明器适用于在正常情况下可能发生爆炸的场所。其结构特别坚实，即使发生爆炸，也不易破裂。

（7）防腐型

这种照明器适用于含有腐蚀性气体的场所。灯具外壳用耐腐蚀材料制成，且密封性好，腐蚀性气体不能进入照明器内部。

（二）按安装方式分类

（1）吸顶式

照明器吸附在顶棚上，适用于顶棚比较光洁且房间不高的建筑内。这种安装方式常有一个较亮的顶棚，但易产生眩光，光通利用率不高。

（2）嵌入式

照明器的大部分或全部嵌入顶棚内，只露出发光面。适用于低矮的房间。一般来说顶棚较暗，照明效率不高。若顶棚反射比较高，则可以改善照明效果。

（3）悬吊式

照明器挂吊在顶棚上。根据挂吊的材料不同可分为线吊式、链吊式和管吊式。这种照明器离工作面近，常用于建筑物内的一般照明。

（4）壁式

照明器吸附在墙壁上。壁灯不能作为一般照明的主要照明器，只能作为辅助照明，富有装饰效果。由于安装高度较低，易成为眩光源，故多采用小功率光源。

（5）枝形组合型

照明器由多枝形灯具组合成一定图案，俗称花灯。一般为吊式或吸顶式，以装饰照明为主。大型花灯灯饰常用于大型建筑大厅内，小型花灯也可用于宾馆、会议厅等。

（6）嵌墙型

照明器的大部分或全部嵌入墙内或底板面上，只露出很小的发光面。这种照明器常作为地灯，用于室内作起夜灯用，或作为走廊和楼梯的深夜照明灯，以避免影响他人的夜间休息。

（7）台式

台式主要供局部照明用，如放置在办公桌、工作台上等。

（8）庭院式

庭院式主要用于公园、宾馆花园等场所，与园林建筑结合，无论是白天或晚上都具有艺术效果。

（9）立式立灯

立式立灯又称落地灯，常用于局部照明，摆设在沙发和茶几附近。

（10）道路、广场式

道路、广场式主要用于广场和道路照明。

按照灯具的安装方式可将灯具分为壁灯、吊灯、吸顶灯、落地灯、台式灯具、柱灯和投光灯具，应急灯、舞台灯和舞厅灯等。

（三）按配光曲线分类

国际照明委员会（CIE）按照光通量在上、下半球的分布将灯具分为五类：

（1）直接型

上射光通量占0～10%，下射光通量占100%～90%。

（2）半直接型

上射光通量占10%～40%，下射光通量占90%～60%。

（3）直接间接型（漫射型）

上射光通量占40%～60%，下射光通量占60%～40%。

（4）半间接型

上射光通量占60%～90%，下射光通量占40%～10%。

（5）间接型

上射光通量占90%～100%，下射光通量占10%～0。

三、灯具的标注和图例

（1）在照明平面图中灯具标注方法

$$a-b\frac{c\times d}{e}f$$

其中 a——灯具的套数；

b——灯具的型号；

c——灯泡或灯管的个数；

d——单个光源的容量，W，（灯泡容量）；

e——灯具的安装高度，m；

f——灯具的安装方式。

例如某居室照明平面图中标有：$24-\text{PKY}\times 506\frac{2\times 40}{28}\text{ch}$

表示这部分平面图中有24套灯具，型号为普通开启式荧光灯，编号506（从图册可查出是控照式或开启式）荧光灯，两根灯管，每根为40W，安装高度为2.8m，ch表示是链吊式安装。

灯具安装方式的标注符号见表6-1。

表 6-1　　**灯具安装方式的标注符号**

表达内容	标注代号对照		表达内容	标注代号对照	
	英文代号	汉语拼音代号		英文代号	汉语拼音代号
自在器线吊式	CP	X	顶棚内安装（嵌入可进人的顶棚）	CR	DR
固定线吊式	CP1	X1	墙壁内安装	WR	BR
防水线吊式	CP2	X2	台上安装	T	T
吊线器式	CP3	X3	支架上安装	SP	J
链吊式	Ch	L	壁装式	W	B
管吊式	P	G	柱上安装	CL	Z
吸顶式或直附式	S	D	座装	HM	ZH
嵌入式（嵌入不可进人的顶棚）	R	R			

（2）灯具的图例符号

这些符号和标号都有统一的国家标准。在实际工程设计中，若统一图例（国标）不能满足图纸表达的需要时，可以根据工程的具体情况，自行设定某些图形符号，此时必须附有图例说明，并在设计图纸中列出来。一般而言，每项工程都应有图例说明。常用电气照明图例符号见表 6-2。

表 6-2　　**常用电气照明图例符号**

图形符号	名称	图形符号	名称
	照明配电箱		风扇
	动力或动力—照明配电箱	Wh	电度表
	低压配电柜		单联开关
	事故照明配电箱		双联开关
	多种电源配电箱		三联开关
	单管荧光灯		四联开关
	双管荧光灯		双控开关
	三管荧光灯		延迟开关
	自带电源事故照明灯		吊扇调速开关
	专用线路事故照明灯		钥匙开关
	防水防尘灯		按钮
	壁灯		暗装单相插座
	球形灯		明装单相插座
	花灯		密闭单相插座
	嵌入式筒灯		防爆单相插座
	普通灯		带接地插孔明装三相插座
	天棚灯		带接地插孔密闭三相插座
E	安全出口标志灯		带接地插孔暗装三相插座
	双向疏散指示灯		带接地插孔防爆三相插座
	单向疏散指示灯		

6.1.2 常用照明装置的安装

进行照明装置安装之前，土建应具有如下条件：

第一，对灯具安装有妨碍的模板、脚手架应拆除。

第二，顶棚、墙面等的抹灰工作及表面装饰工作已完成，并结束场地清理工作。

照明装置安装施工中使用的电气设备及器材，均应符合国家或部颁的现行技术标准，并具有合格证件，设备应有铭牌。所有电气设备和器材到达现场后，应做仔细的验收检查，不合格或有损坏的均不能用以安装。

一、照明灯具安装

（一）安装要求

1）安装的灯具应配件齐全，灯罩无损坏。

2）螺口灯头接线必须将相线接在中心端子上，零线接在螺纹的端子上；灯头外壳不能有破损和漏电。

3）照明灯具使用的导线线芯最小截面面积应符合有关的规定（表 6-3）。

表 6-3　　导线线芯最小截面面积　　mm^2

灯具的安装场所及用途		线芯最小截面面积（mm^2）		
		铜芯软线	铜线	铝线
灯头线	民用建筑室内	0.5	0.5	2.5
	工业建筑室内	0.5	1.0	2.5
	室外	1.0	1.0	2.5

4）灯具安装高度：室内一般不低于 2.5m，室外不低于 3m。

5）地下建筑内的照明装置，应有防潮措施，灯具低于 2.0m 时，灯具应安装在人不易碰到的地方，否则应采用 36V 及以下的安全电压。

6）嵌入顶棚内的装饰灯具应固定在专设的框架上，电源线不应贴近灯具外壳，灯线应留有裕量，固定灯罩的框架边缘应紧贴在顶棚上，嵌入式日光灯管组合的开启式灯具、灯管应排列整齐，金属间隔片不应有弯曲扭斜等缺陷。

7）配电盘及母线的正上方不得安装灯具，事故照明灯具应有特殊标志。

（二）吊灯安装

根据灯具的悬吊材料不同，吊灯分为软线吊灯、吊链吊灯和钢管吊灯。

（1）位置的确定

成套（组装）吊链荧光灯，灯位盒埋设，应先考虑好灯具吊链开档的距离；安装简易直管吊链荧光灯的两个灯位盒中心之间的距离应符合下列要求：

1）20W 荧光灯为 600mm。

2）30W 荧光灯为 900mm。

3）40W 荧光灯为 1200mm。

灯具吊装方式如图 6-1 所示。

（2）白炽灯的安装

质量在 0.5kg 及以下的灯具可以使用软线吊灯安装。当灯具质量大于 0.5kg 时，应增设

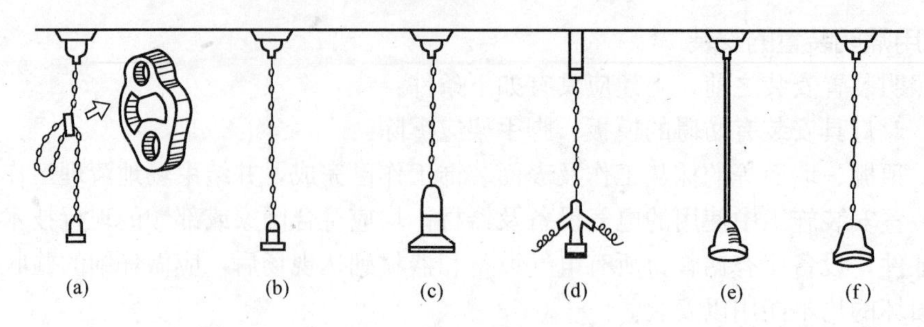

图 6-1 灯具吊装方式

(a) 自在器线吊式；(b) 固定线吊式；(c) 防水线吊式；
(d) 吊线器式（即人字线吊式）；(e) 管吊式；(f) 链吊式

吊链。软线吊灯由吊线盒、软线和吊式灯座及绝缘台组成。除敞开式灯具外，其他各类灯具灯泡容量在 100W 及以上者采用瓷质灯头。

软线吊灯的组装过程及要点如下：

1）准备吊线盒、灯座、软线、焊锡等。

2）截取一定长度的软线，两端剥出线芯，把线芯拧紧后挂锡。

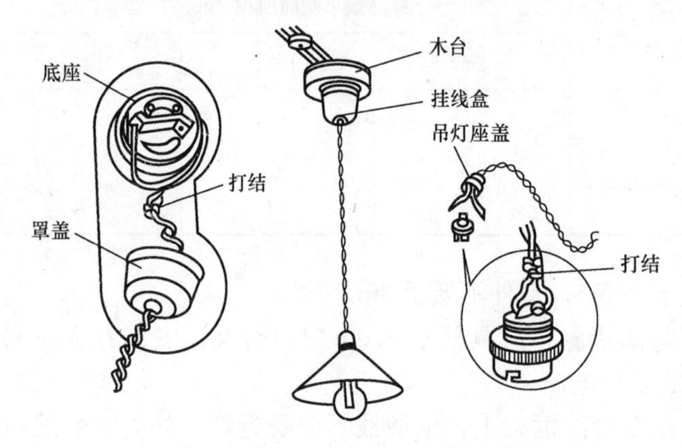

图 6-2 吊灯座安装

3）打开灯座及吊线盒盖，将软线分别穿过灯座及吊线盒盖的孔，然后打一个保险结，以防线芯接头受力。

4）软线一端线芯与吊线盒内接线端子连接，另一端的线芯与灯座的接线端子连接。

5）将灯座及吊线盒盖拧好。吊灯座安装如图 6-2 所示。

塑料软线的长度一般为 2m，两端剥出线芯拧紧挂锡，将吊线盒与绝缘台固定牢，把线穿过灯座和吊线盒盖的孔洞，打好保险扣，将软线的一端与灯座的接线柱连接，另一端与吊线盒的两个接线柱相连接，将灯座拧紧盖好。

吊链白炽灯一般由绝缘台、上下法兰、吊链、软线和吊灯座及灯罩或灯伞等组成。

吊杆安装的灯具有吊杆、法兰、灯座或灯架及白炽灯等组成。采用钢管做吊杆时，钢管内径一般不小于 10mm；钢管壁厚度不应小于 1.5mm。

超过 3kg 的灯具，吊杆应吊挂在预埋的吊钩上。灯具固定牢固后再拧好法兰顶丝，使法兰在木台中心，偏差不应大于 2mm。灯具安装好后吊杆应垂直。

（3）荧光灯的安装

吊杆安装荧光灯与白炽灯安装方法相同。双杆吊杆荧光灯安装后双杆应平行。

同一室内或场所成排安装的灯具，其中心线偏差不应大于 5mm。灯具固定应牢固可靠，每个灯具固定用的螺钉或螺栓不应少于 2 个。

组装式吊链荧光灯包括铁皮灯架、起辉器、镇流器，灯管管座和起辉器座等附件。现在常用电子镇流、启动荧光灯，不另带起辉器、镇流器。

(4) 吊式花灯安装

当吊灯灯具质量大于3kg时，应采用预埋吊钩或螺栓固定。花灯均应固定在预埋的吊钩上，吊钩圆钢的直径，不应小于灯具吊挂销的直径，且不得小于6mm。

将灯具托（或吊）起，把预埋好的吊钩与灯具的吊杆或吊链连接好，连接好导线并应将绝缘层包扎严密，向上推起灯具上部的法兰，将导线的接头扣于其内，并将上法兰紧贴顶棚或绝缘台表面，拧紧固定螺栓，调整好各个灯，上好灯泡，最后再配上灯罩并挂好装饰部件。

(三) 吸顶灯安装

(1) 位置的确定

现浇混凝土楼板，当室内只有一盏灯时，其灯位盒应设在纵横轴线中心的交叉处。有两盏灯时，灯位盒应设在长轴线中心与墙内净距离1/4的交叉处。设置几何图形组成的灯位，灯位盒的位置应相互对称。

住宅楼厨房灯位盒应设在厨房间的中心处。卫生间吸顶灯灯位盒，应配合给排水、暖通专业，确定适当的位置，在窄面的中心处，灯位盒及配管距预留孔边缘不应小于200mm。

(2) 大（重）型灯具预埋件设置

在楼（屋）面板上安装大（重）型灯具时，应在楼板层管子敷设的同时，预埋悬挂吊钩。吊钩圆钢的直径不应小于灯具吊挂销钉的直径，且不应小于6mm，吊钩应弯成T字形或Γ形，吊钩应由盒中心穿下。

现浇混凝土楼板内预埋吊钩，应将Γ形吊钩与混凝土中的钢筋相焊接，如无条件焊接时，应与主筋绑扎固定。图6-3为现浇楼板灯具吊钩做法，将圆钢的上端弯成弯钩，挂在混凝土内的钢筋上。

大型花灯吊钩应能承受灯具自重6倍的重力，特别是重要的场所和大厅中的花灯吊钩，应做到安全可靠。一般情况下，吊钩圆钢直径最小不宜小于12mm，扁钢不宜小于50mm×5mm。

当壁灯或吸顶灯、灯具本身虽质量不大，但安装面积较大时，有时也需在灯位盒处的砖墙上或混凝土结构上预埋木砖，如图6-4所示。

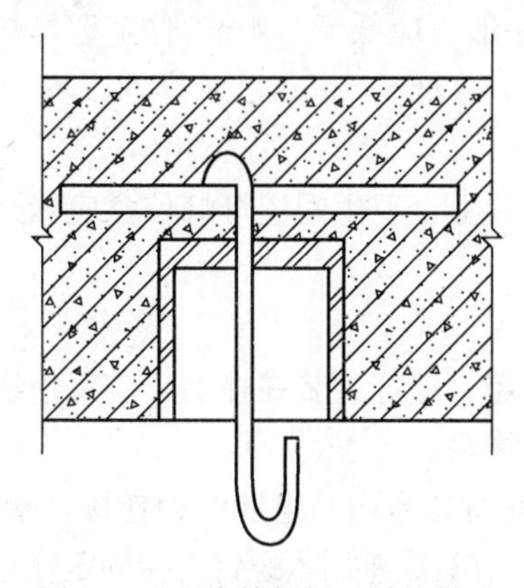

图6-3 现浇楼板灯具吊钩做法

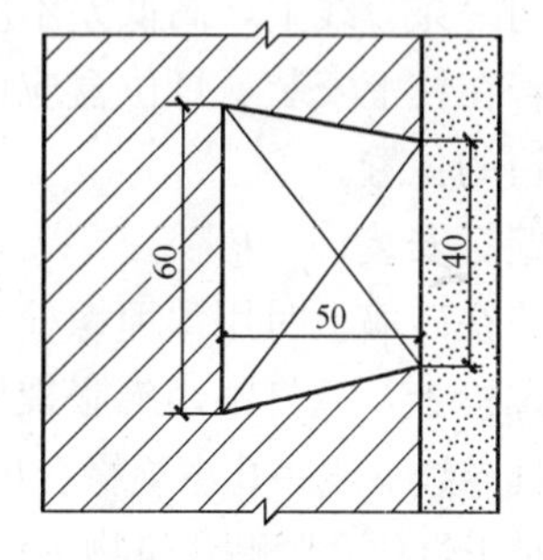

图6-4 预埋木砖

(3) 白炽灯的安装

灯座：灯座又称灯头，品种繁多，常用的灯座如图6-5所示。可按使用场所进行选择。

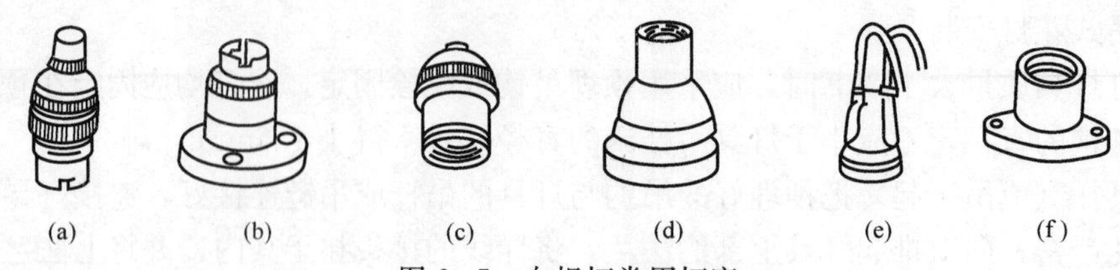

图 6-5 白炽灯常用灯座

(a) 插口吊灯座；(b) 插口平灯座；(c) 螺口吊灯座；(d) 螺口平灯座；
(e) 防水螺口吊灯座；(f) 防水螺口平灯座

(4) 平灯座的安装

平灯座上有两个接线桩，一个与电源的中性线连接；另一个与来自开关的一根（相线）连接。

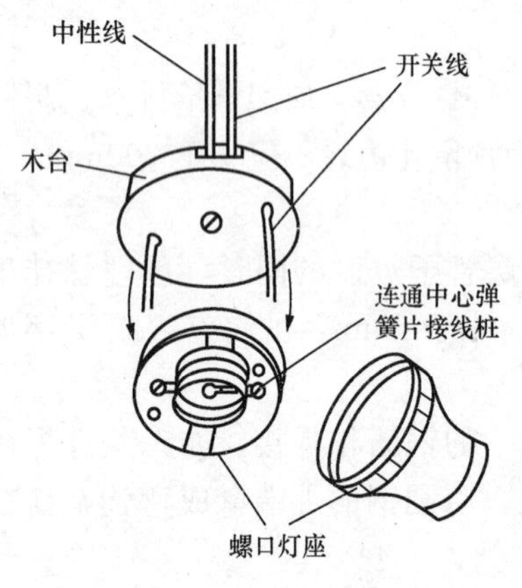

图 6-6 平灯座常用灯座

插口平灯座上的两个接线桩，可任意连接上述两个线头，而螺口平灯座上的两个接线桩，为了使用安全，必须把电源中性线线头连接在连接螺纹圈的接线桩上，把来自开关的连接线线头连接在连接中心簧片的接线桩上。常用灯座如图 6-6 所示。

(5) 荧光灯的安装

圆形（也可称环形）吸顶灯可直接到现场安装。成套环形日光灯吸顶安装是直接拧到平灯座上，可按白炽灯平灯座安装的方法安装。方形、矩形荧光吸顶灯，需按国家标准进行安装。

安装时，在进线孔处套上软塑料管保护导线，将电源线引入灯箱内，灯箱紧贴建筑物表面上固定后，将电源线压入灯箱的端子板（或瓷接头）上，反光板固定在灯箱上，装好荧光灯管，安装灯罩。

(四) 壁灯安装

(1) 位置的确定

在室外壁灯安装高度不可低于 2.5m，室内一般不应低于 2.4m。住宅壁灯灯具安装高度可以适当降低，但不宜低于 2.2m，旅馆床头灯不宜低于 1.5m，成排埋设安装壁灯的灯位盒，应在同一条直线上，高低差不应大于 5mm。

壁灯若在柱上安装，灯位盒应设在柱中心位置上。卫生间壁灯灯位盒应躲开给、排水管及高位水箱的位置。

(2) 壁灯安装

壁灯装在砖墙上时用预埋螺栓或膨胀螺栓固定。壁灯若装在柱上，应将绝缘台固定在预埋柱内的螺栓上，或打眼用膨胀螺栓固定灯具绝缘台。

将灯具导线一线一孔由绝缘台出线孔引出，在灯位盒内与电源线相连接，塞入灯位盒内，把绝缘台对正灯位盒紧贴建筑物表面固定牢固，将灯具底座用木螺钉直接固定在绝缘台上。

安装在室外的壁灯应有泄水孔，绝缘台与墙面之间有防水措施。

(3) 应急灯安装

疏散照明采用荧光灯或白炽灯，安全照明采用卤钨灯或瞬时可靠点燃的荧光灯。

疏散照明宜设在安全出口的顶部、疏散走道及其转角处距地 1m 以下的墙面上，当交叉口处墙面下侧安装难以明确表示疏散方向时也可将疏散标志灯安装在顶部。

疏散标志灯的设置原则如图 6-7 所示。

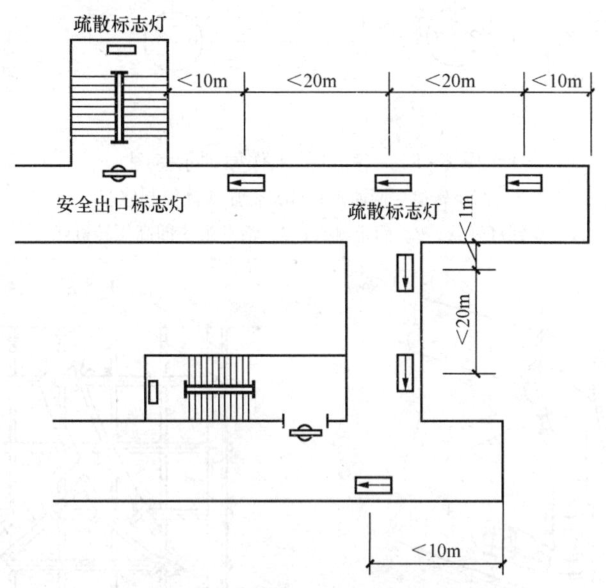

图 6-7 疏散照明灯具位置的确定

安全出口标志灯宜安装在疏散门口的上方，在首层的疏散楼梯应安装于楼梯口的里侧上方，距地高度宜不低于 2m。

疏散走道上的安全出口标志灯可明装，而厅室内宜采用暗装。

应急照明线路在每个防火分区有独立的应急照明回路，穿越不同防火分区的线路应有防火隔堵措施。其线路应采用耐火电线。

（五）嵌入式灯具安装

小型嵌入式灯具安装在吊顶的顶板上或吊顶内龙骨上，大型嵌入式灯具应安装在混凝土梁、板中伸出的支撑铁架、铁件上。大面积的嵌入式灯具，一般是预留洞口。质量超过 3kg 的大（重）型灯具在楼（屋）面施工时就应把预埋件埋设好，在与灯具上支架相同的位置上另吊龙骨，上面需与预埋件相连接的吊筋连接，下面与灯具上的支架连接。支架固定好后，将灯具的灯箱用机用螺栓固定在支架上连线、组装。

（六）装饰灯具安装

（1）霓虹灯安装

霓虹灯是用一种特制的辉光放电光源，它用又细又长的玻璃管煨成各种图案或文字。常常用它作为装饰性的营业广告或作为指示标记用最为合适。其原理如图 6-8 所示。霓虹灯的特性是高电压小电流，它是用特殊设计的漏磁式霓虹灯专用变压器供电。

安装霓虹灯灯管一般用角铁做成框架，用专用的绝缘支架固定牢固。灯管与建筑物、构筑物表面的最小距离不宜小于 20mm。安装灯管时可将灯管直接卡入绝缘支持件，用螺钉将灯管支持件固定在难燃材料上，如图 6-9 所示。

室内或橱窗里的小型霓虹灯管安装时，将霓虹灯管用 ϕ0.5mm 的裸铜丝或弦线绑扎固定在镀锌铁丝上，组成 200～300mm 间距的网格，然后拉紧铁丝，如图 6-10 所示。

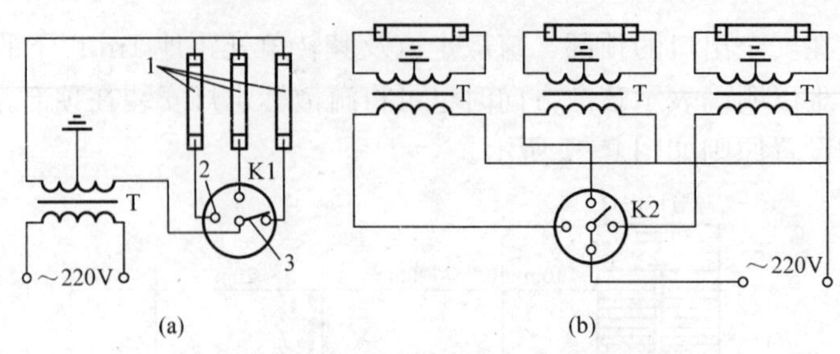

图 6-8 霓虹灯的工作原理示意图

(a) 高压转机控制原理；(b) 低压滚筒控制原理图

1—霓虹灯灯管；2—固定触头；3—活动触头即高压转机触片

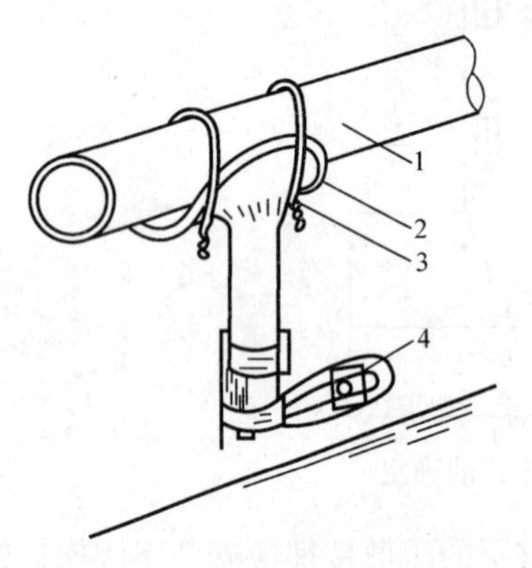

图 6-9 霓虹灯管支持件固定

1—霓虹灯管；2—绝缘支持件；

3—ϕ0.5mm 裸钢丝扎紧；4—螺钉固定

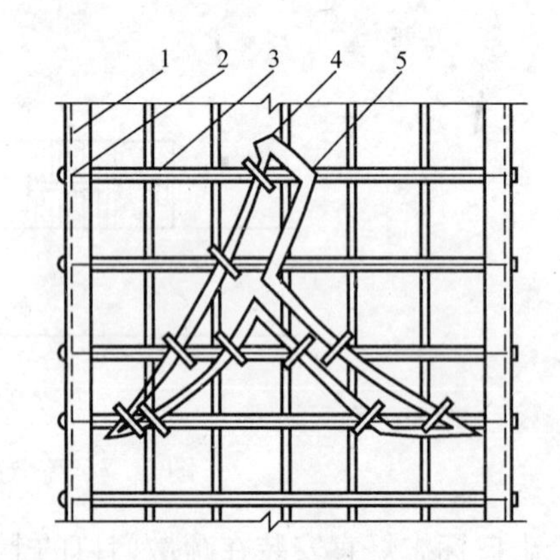

图 6-10 霓虹灯管绑扎固定

1—型钢框架；2—镀锌铁丝；3—玻璃套管；

4—霓虹灯管；5—铜丝绑扎

霓虹灯变压器必须放在金属箱内，两侧开百叶窗孔通风散热。变压器一般紧靠灯管安装，或隐蔽在霓虹灯板后，不可安装在易燃品周围，也不宜装在吊顶内。室外的变压器明装时高度不宜小于 3m，否则应采取保护措施和防水措施。霓虹灯变压器离阳台、架空线路等距离不宜小于 1m。变压器的铁芯、金属外壳、输出端的一端以及保护箱等均应进行可靠的接地。当橱窗内装有霓虹灯时，橱窗门与霓虹灯变压器一次侧开关应有联锁装置，确保开门不接通霓虹灯变压器的电源。

霓虹灯控制箱内一般装设有电源开关、定时开关和控制接触器。控制箱一般装设在邻近霓虹灯的房间内。在霓虹灯与控制箱之间应加装电源控制开关和熔断器，在检修灯管时，先断开控制箱开关再断开现场的控制开关，以防止造成误合闸而使霓虹灯管带电的危险。

（2）装饰串灯安装

装饰串灯用于建筑物入口的门廊顶部。节日串灯可随意挂在装饰物的轮廓或人工花木上。彩色串灯，装于螺纹塑料管内，沿装饰物的周边敷设，勾绘出装饰物的主要轮廓。串灯装于软塑料管或玻璃管内。

装饰串灯可直接用市电点亮发光体。装饰串灯由若干个小电珠串联而成，每只小电珠的额定电压为 2.5V。

（3）节日彩灯安装

建筑物顶部彩灯采取有防雨功能的专用灯具，灯罩要拧紧，彩灯的配线管路按明配管敷设，且有防雨功能。

彩灯装置有固定式和悬挂式两种。固定安装采用定型的彩灯灯具，灯具的底座有溢水孔，雨水可自然排出。彩灯装置的习惯做法如图6-11所示，其灯间距离一般为600mm，每个灯泡的功率不宜超过15W，节日彩灯每一单相回路不宜超过100个。

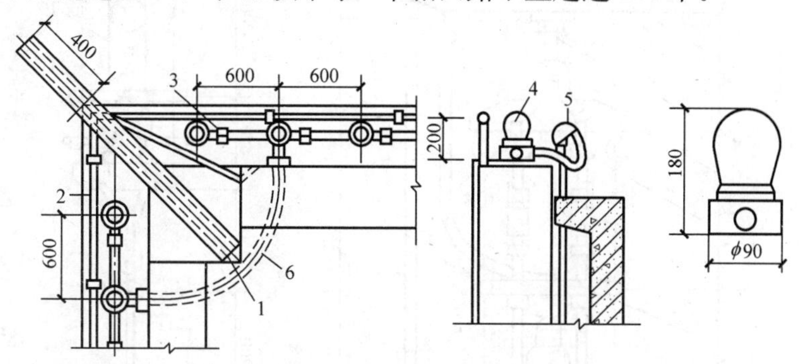

图6-11 固定式彩灯安装

1—10号槽钢垂直彩灯挑臂；2—避雷带；3—管卡；4—彩灯；5—防水弯头；6—BV-500-(2×2.5) SC15

安装彩灯装置时，应使用钢管敷设，连接彩灯灯具的每段管路应用管卡子及塑料膨胀螺栓固定，管路之间（即灯具两旁）应用不小于ϕ6mm的镀锌圆钢进行跨接连接。

在彩灯安装部位，根据灯具位置及间距要求，沿线打孔埋入塑料胀管。把组装好的灯具底座及连接钢管一起放到安装位置，用膨胀螺栓将灯座固定。

悬挂式彩灯多用于建筑物的四角，采用防水吊线灯头连同线路一起挂于钢丝绳上。其导线应采用绝缘强度不低于500V的橡胶铜导线，截面积不应小于4mm^2。灯头线与干线的连接应牢固，绝缘包扎紧密。导线所载有灯具重量的拉力不应超过该导线的允许力学性能。灯的间距一般为700mm，距地面3m以下的位置上不允许装设灯头，如图6-12所示。

（七）航空障碍标识灯安装

航空障碍标志灯应装设在建筑物或构筑物的最高部位。当最高点平面面积较大或为建筑群时，除在最高端装设障碍标志灯外，还应在其外侧转角的顶端分别装设，最高端装设的障碍标志灯光源不宜少于2个。障碍标志灯的水平、垂直距离不宜大于45m。烟囱顶上设置障碍标志灯时宜将其安装在低于烟囱口1.5～3m的部位并成三角形水平排列。

在距地面60m以上装设标志灯时，应采用恒定光强的红色低光强障碍标志灯。距地面90m以上装设时，应采用红色光的中光强障碍标志灯，其有效光强应大于1600cd。距地面150m以上应为白色光的高光强障碍标志灯，其有效光强随背景亮度而定。

障碍标志灯电源应按主体建筑中最高负荷等级要求供电，且宜采用自动通断其电源的控制装置。

障碍标志灯的启闭一般可使用露天安放的光电自动控制器进行控制，也可以通过建筑物的管理电脑，以时间程序来启闭障碍标志灯。两路电源的切换最好在障碍标志灯控制盘处进行。

（八）舞台照明安装

（九）庭院灯安装

二、开关、插座安装

开关的作用是接通或断开照明灯具电源。根据安装形式分为明装式和暗装式两种。明装

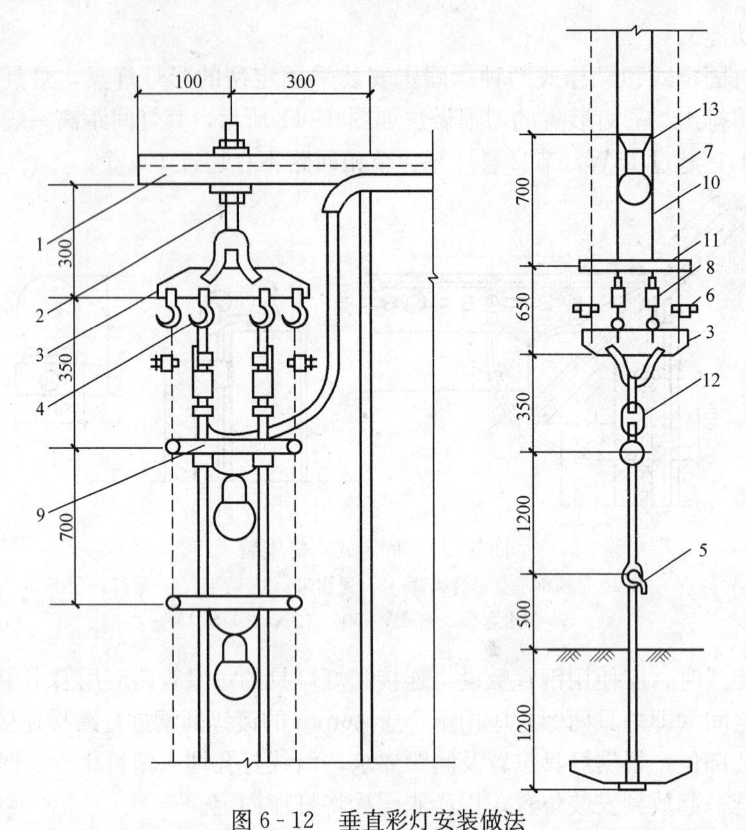

图 6-12 垂直彩灯安装做法

1—角钢；2—拉索；3—拉板；4—拉钩；5—地锚环；6—钢丝绳扎头；7—钢丝绳；8—绝缘子；9—绑扎线；10—铜导线；11—硬塑管；12—张紧螺栓；13—接头

式有拉线开关、扳把开关等；暗装式多采用扳把开关（跷板式开关）。

插座的作用是为移动式电器和设备提供电源。有单相三极三孔插座、三相四极四孔插座等种类。开关、插座安装必须牢固、接线要正确，容量要合适。它们是电路的重要设备，直接关系到安全用电和供电。

（一）开关安装的要求

1）同一场所开关的切断位置应一致，操作应灵活可靠，接点应接触良好。成排安装的开关高度应一致，高低差不大于 2mm；拉线开关相邻间距一般不小于 20mm。

2）开关安装位置应便于操作，安装高度应符合下列要求：

①开关距地面一般为 2～3m，距门框为 0.15～0.2m。

②其他各种开关距地面一般为 1.3m，距门框为 0.15～0.2m。

3）电器、灯具的相线应经开关控制，民用住宅禁止装设床头开关。

4）在多尘、潮湿场所和户外应用防水拉线开关或加装保护箱。厨房、厕所（卫生间）、洗漱室等潮湿场所的开关应设在房间的外墙处。

5）跷板开关的盖板应端正严密，紧贴墙面。

6）在易燃、易爆场所，开关一般应装在其他场所控制，或采用防爆型开关。

7）明装开关应安装在符合规格的圆木或方木上。

8）走廊灯的开关，应在距灯位较近处设置；壁灯或起夜灯的开关，应设在灯位的正下方，并在同一条垂直线上；室外门灯、雨篷灯的开关应设在建筑物的内墙上。

（二）开关的安装

明装开关需要先把绝缘台固定在墙上，将导线甩出绝缘台，在绝缘台上安装开关和接线。

明配线路中安装拉线开关，应先固定好绝缘台，拧下拉线开关盖，把两个线头分别穿入开关底座的两个穿线孔内，用木螺钉将开关底座固定在绝缘台上，导线分别接到接线柱，拧上开关盖。双联及以上明装拉线开关并列安装时，应使用长方空心木台，开关间距不宜小于20mm。

开关暗装时，应设有专用接线盒，一般是先行预埋，再用水泥砂浆填充抹平，接线盒口应与墙面粉刷层平齐，等穿线完毕后再安装开关或插座，其盖板或面板应端正，紧贴墙面。单联单控开关的连接如图6-13所示。

单控开关用于一个开关控制一盏灯，通常两个接线柱，一进一出，其接线比较简单，如图6-14所示。跷板式开关也是暗开关，普通单控跷板开关电源的相线应接到与动触点相连接的接线柱上，灯具的导线与静触点相连接。面板上有指示灯的，指示灯应在上面；跷板上有红色标记的应朝上安装；"ON"字母的是开的标志。当跷板或面板上无任何标志的，应装成跷板上部按下时，开关应处在合闸的位置，跷板下部按下时，应处在断开位置，如图6-15所示。

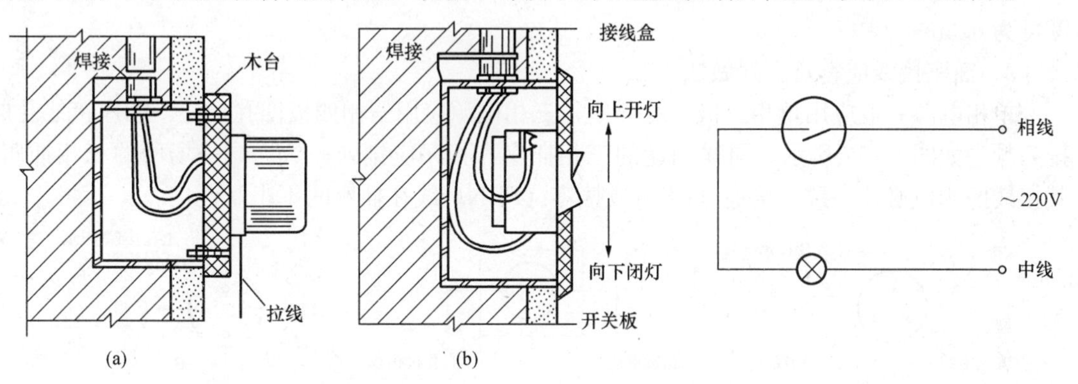

图6-13 单联单控开关的接线

（a）拉线开关；（b）暗扳把开关

图6-14 单联单控开关的接线

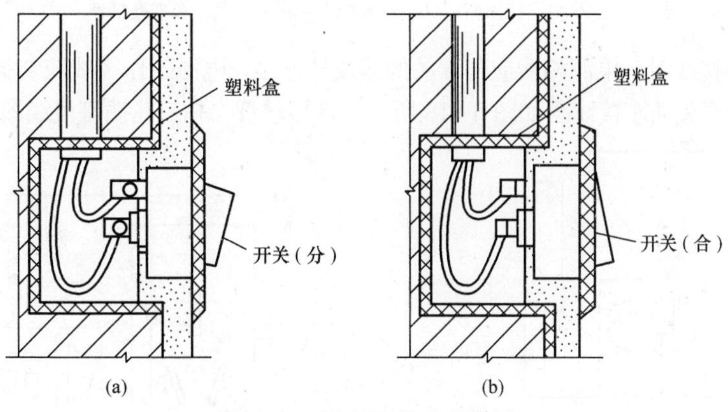

图6-15 跷板开关通断位置

（a）开关处在断开位置；（b）开关处在合闸位置

双控开关一般用于在两处用两只开关控制一盏灯。其汇接线较复杂，如图6-16所示。

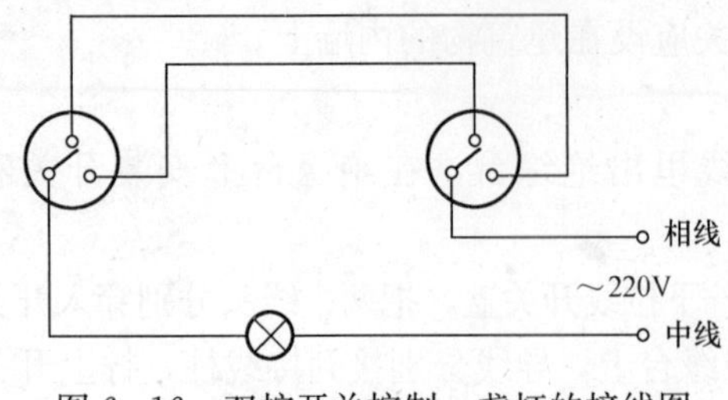

图 6-16 双控开关控制一盏灯的接线图

双控开关有三个接线桩，分别与三根导线相接，其中两个分别与两个静触点连通，另一个与动触点（共用桩）连通。双控开关的共用桩（动触点）与电源 L 线连接，另一个开关的共用桩与灯座的一个接线桩连接。灯座的另一个接线桩应与电源的 N 线相连接。两个开关的静触点接线柱，用两根导线分别连接。

（三）插座安装要求

1）交、直流或不同电压的插座应分别采用不同的形式，并有明显标志，且其插头与插座均不能互相插入。

2）插座的安装高度应符合下列要求：

①一般应在距室内地坪 0.3m 处埋设，特殊场所暗装的高度应不小于 0.15m；潮湿场所其安装高度应不低于 1.5m。

②托儿所、幼儿园及小学等儿童活动场所安装高度不小于 1.8m。

③住宅内插座盒距地 1.8m 及以上时，可采用普通型插座。若使用安全插座时，安装高度可为 0.3m。

3）插座接线应符合下列做法：

单相电源一般应用单相三极三孔插座，三相电源应用三相四极四孔插座，插座接线孔的排列顺序如图 6-17 所示。同样用途的三相插座，相序应排列一致。同一场所的三相插座，其接线的相位必须一致。接地（PE）或接零（PEN）线在插座间不串联连接。

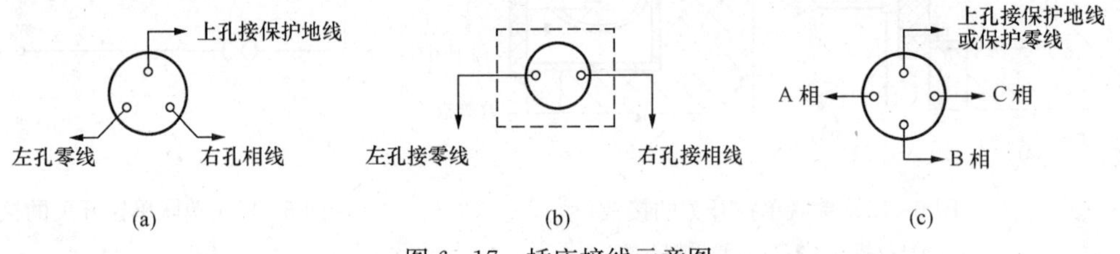

图 6-17 插座接线示意图

（a）单相三孔插座；（b）单相两孔插座；（c）三相四孔插座

带开关插座接线时，电源相线应与开关的接线柱连接，电源工作零线应与插座的接线柱相连接。带指示灯带开关插座接线图如图 6-18 所示，带熔丝管二孔三孔插座接线图如图6-19所示。

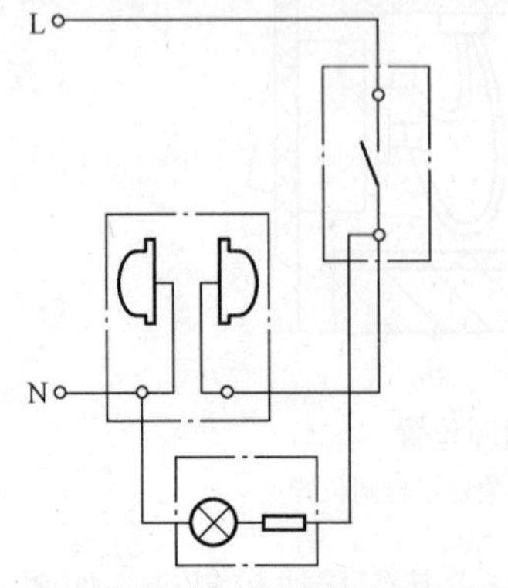

图 6-18 带指示灯带开关插座接线图

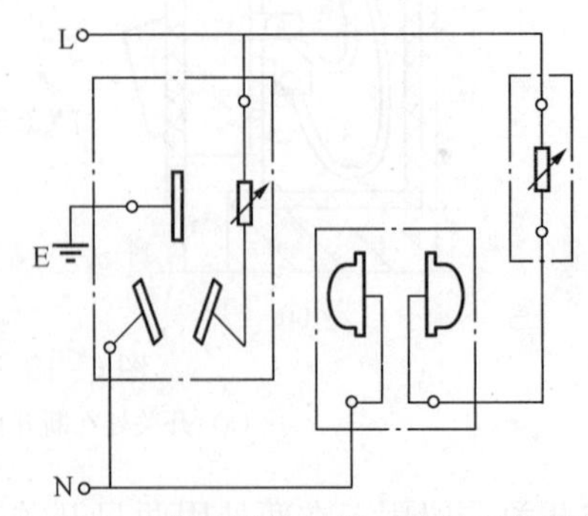

图 6-19 带熔丝管二孔三孔插座接线图

双联及以上的插座接线时，相线、工作零线应分别与插孔接线柱并接或进行不断线整体套接，不应进行串接。

4）在特别潮湿，有易燃、易爆气体和粉尘较多的场所，不应装设插座。

5）插座的额定容量应与用电负荷相适应。明装插座的相线上容量较大时，一般应串接熔断器。

（四）插座的安装

插座明装应安装在绝缘台上，接线完毕后把插座盖固定在插座底上。

插座暗装时，应设有专用接线盒，一般是先行预埋，再用水泥砂浆填充抹平，接线盒口应与墙面粉刷层平齐，等穿线完毕后再安装插座，其盖板或面板应端正，紧贴墙面。暗装插座与面板连成一体，接线柱上接好线后，将面板安装在插座盒上。当暗装插座芯与盖板为活装面板时，应先接好线后，把插座芯安装在安装板上，最后安装插座盖板。

三、风扇的安装

对电扇及其附件进场验收时，应查验合格证。防爆产品应有防爆标志和防爆合格证号，实行安全认证制度的产品应有安全认证标志。

风扇应无损坏，涂层应完整，调速器等附件应适配。

（一）吊扇安装

（1）对吊钩的要求

1）吊钩挂上吊扇后，吊扇的重心和吊钩直线部分应在同一直线上。

2）吊钩安装应牢靠。

3）吊钩应能承受吊扇的重量和运转时的扭力，吊钩直径不应小于吊扇悬挂销钉的直径，且不得小于8mm。

4）吊钩伸出建筑物的长度应以盖上风扇吊杆护罩后能将整个吊钩全部罩住为宜。

（2）吊钩的安装

1）在木结构梁上安装，吊钩要对准梁的中心。

2）在现浇混凝土楼板上安装，吊钩采用预埋T形圆钢的方式，吊钩应与主筋焊接，如图6-20所示。

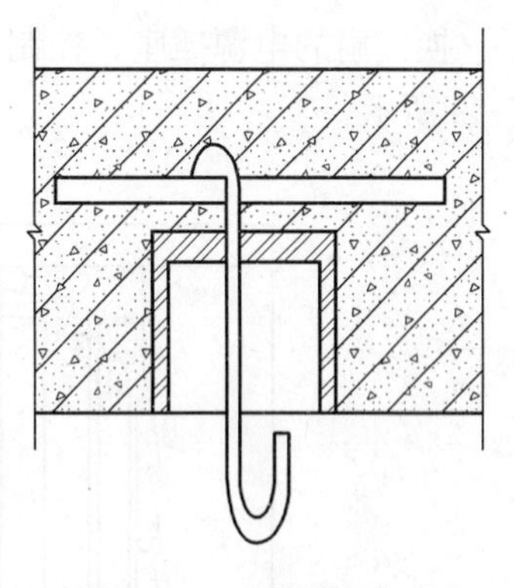

图6-20 现浇楼板灯具吊钩做法

3）在多孔预制板上安装吊钩，应在架好预制楼板后，未做水泥地面前进行。在所需安装吊钩的位置凿一个对穿的小洞，把T形圆钢穿下，等浇好楼面埋住后，再把圆钢弯制成吊钩形状。安装吊扇前，将预埋吊钩露出部分弯成型，曲率半径不宜过小，如图6-21所示。

（3）吊扇组装

应根据产品说明书进行，且应注意不能改变扇叶角度。扇叶的固定螺钉应装防松装置。吊扇吊杆之间、吊杆与电动机之间，螺纹连接啮合长度不得小于20mm，并必须有防松装置。

（4）吊扇安装

将吊扇托起，吊扇的环挂在预埋的吊钩上，扇叶距地面的高度不应低于2.5m，按接线图接好电源，并包扎紧密。向上托起吊杆上的护罩，将接头扣于其中，护罩应紧贴建筑物或

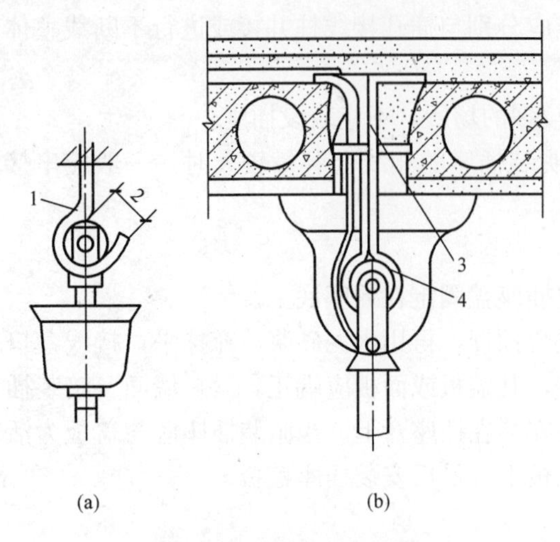

图 6-21 吊扇吊钩安装
(a) 吊钩；(b) 吊扇吊钩做法
1—吊扇曲率半径；2—吊扇橡皮轮直径；
3—水泥砂浆；4—ϕ8mm 圆钢

绝缘台表面，拧紧固定螺钉。

吊扇调速开关安装高度应为 1.3m。同一室内并列安装的吊扇开关高度应一致，且控制有序不错位。吊扇运转时扇叶不应有明显的颤动和异常声响。

（二）壁扇安装

壁扇底座在墙上采用尼龙塞或膨胀螺栓固定，数量不应少于 2 个，且直径不应小于 8mm。

壁扇底座应固定牢固。在安装的墙壁上找好挂板安装孔和底板钥匙孔的位置，安装好尼龙塞。先拧好底板钥匙孔上的螺钉，把风扇底板的钥匙孔套在墙壁螺钉上，然后用木螺丝把挂板固定在墙壁的尼龙塞上。

壁扇的下侧边线距地面高度不宜小于 1.8m，且底座平面的垂直偏差不宜大于 2mm。壁扇的防护罩应扣紧，固定可靠。

壁扇宜使用带开关的插座。壁扇在运转时，扇叶和防护罩均不应有明显的颤动和异常声响。

（三）换气扇安装

换气扇一般在公共场所、卫生间及厨房内墙体或窗户上安装。安装换气扇的金属构件部分，均应刷樟丹漆一道，灰色油漆两道，木制构件部分油漆颜色与建筑墙面相同。

换气扇的电源插座、控制开关须使用防溅型。换气扇安装在窗上、墙上的做法，如图 6-22所示。

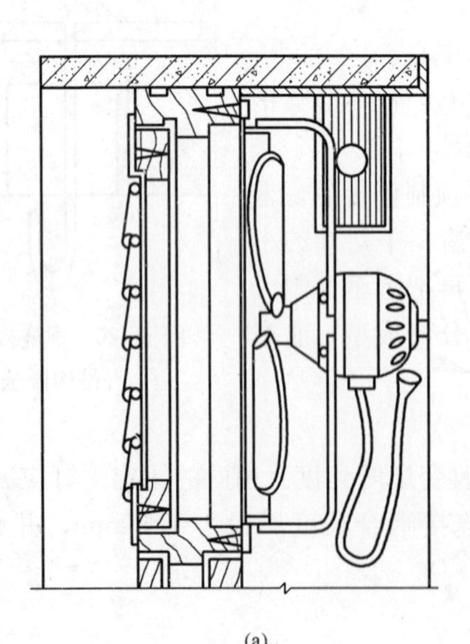

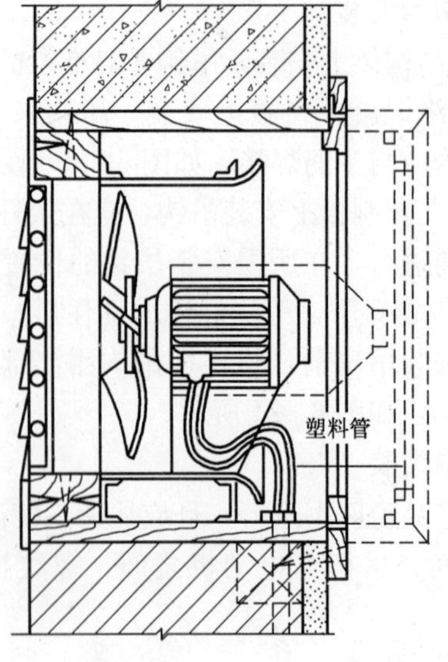

(a) (b)

图 6-22 换气扇的安装
(a) 单相；(b) 三相

6.2 照明器具安装工程概预算

6.2.1 照明器具安装工程定额简介

照明器具安装定额包括普通灯具安装、装饰灯具安装、荧光灯具安装、工厂灯及防水防尘灯安装、工厂其他灯具安装、医院灯具安装、路灯安装，以及各种开关、按钮、插座、电铃、风扇等电器安装共10节371个子目。定额编号：2-1568～2-1940，定额内容如下。

一、普通灯具安装

其预算定额按吸顶灯具和其他普通灯具分类立项。

（一）吸顶灯具安装

根据灯罩形状划分为圆球形、半圆球形、方形三种。圆球形、半圆球形按灯罩直径大小编制了5个定额子目；方形吸顶灯具按灯罩形式（矩形罩、大口方罩）编制了2个定额子目。

（二）其他灯具安装

根据灯的用途及安装方式立项，分为软线吊灯、吊链灯、防水防尘灯、一般弯脖灯、一般壁灯、大平门灯、一般信号灯及座灯头项目，共编制了10定额子目。

工作内容：测定、划线、打眼、埋螺栓、上木台、灯具安装、接线、接焊包头。

二、装饰灯具安装

装饰灯具定额适用于新建、扩建、改建的宾馆、饭店、影剧院、商场、住宅等建筑物装饰用灯具安装。

装饰灯具定额共列9类灯具，分21项，184个子目。为了减少因产品规格、型号不统一而发生争议，定额采用灯具彩色图片与子目对照方法编制，以便认定，给定额使用带来极大方便。

（一）吊式艺术装饰灯具

定额区别不同装饰物以及灯体直径大小和灯体垂吊长度，编制了39个定额子目。定额计量单位：“10套”。

（二）吸顶式艺术装饰灯具

定额区别不同装饰物、吸盘的几何形状、灯体直径大小、灯体周长和灯体垂吊长度，编制了66个定额子目。定额计量单位：“10套”。

（三）荧光艺术装饰灯具

（1）组合荧光灯带安装

定额区别安装形式、灯管数量，编制了12个定额子目，定额计量单位：“10m”。

（2）内藏组合式灯安装

定额区别灯具组合形式，编制了7个定额子目，定额计量单位：“10m”。

（3）发光棚安装及其他

定额编制了发光棚灯、立体广告灯箱、荧光灯光沿安装3个定额子目。计量单位：“10m”或“$10m^2$”。

（四）几何形式组合艺术装饰灯具

定额区别不同安装形式及灯具的不同形式，编制了16个定额子目，计量单位：“10套”

或“组”。

（五）标志、诱导装饰灯具

定额区别不同安装形式（吸顶式、吊杆式、墙壁式、嵌入式），编制了4个定额子目，计量单位：“10套”。

（六）水下艺术装饰灯具

定额区别灯具的不同形式，编制了4个定额子目，计量单位：“10套”。

（七）点光源艺术装饰灯具

定额区别灯具的安装方式、灯具直径大小，编制了7个定额子目，计量单位：“10套”。

（八）草坪灯具

定额区别灯具的不同安装方式，编制了2个定额子目，计量单位：“10套”。

（九）歌舞厅灯具

定额区别灯具的不同形式，编制了24个定额子目，计量单位：“10套”。

工作内容：开箱清点，侧位划线，打眼埋螺栓，灯具拼装固定，挂装饰部件，接焊包头等。

三、荧光灯具安装

荧光灯具安装的预算定额按组装型和成套型分项。

（一）成套型荧光灯具安装

凡由工厂定型生产成套供应的灯具，因运输需要，散件出厂、现场组装者，执行成套型定额。定额区分不同安装形式（吊链式、吊管式、吸顶式、嵌入式）和灯管数量编制了12个定额子目。

定额内容：测位、划线、打眼、埋螺栓、上木台、吊链、吊管加工、灯具安装、接线、接焊包头等。计量单位：“10套”。

（二）组装型荧光灯具安装

凡不是工厂定型生产的成套灯具，或由市场采购的不同类型散件组装起来，甚至局部改装者，执行组装定额。定额区分不同安装形式（吊链式、吊管式、吸顶式），按灯管数目编制了7个定额子目。

定额的工作内容与成套型荧光灯具安装的工作内容基本相同，只是灯具需要组装。计量单位：“10套”。

四、工厂灯及防水防尘灯安装

工厂灯安装区别不同安装方式，编制了8个定额子目。防水防尘灯安装区别不同安装方式编制了3个定额子目，计量单位：“10套”。

定额工作内容：测位、划线、打眼、埋螺栓、上木台、吊管加工、灯具安装、接线、接焊包头等。

五、工厂其他灯具安装

1）碘钨灯、投光灯安装定额区别不同灯具类型，编制了6个定额子目，计量单位：“10套”。

定额工作内容：测位、划线、打眼、埋螺栓、支架制安、灯具组装、接线、接焊包头。

2）混光灯安装定额区别不同的安装形式，编制了3个定额子目，计量单位：“10套”。

定额工作内容：测位、划线、打眼、埋螺栓、支架制安、灯具及镇流器组装、接线。

3）烟囱、水塔、独立式塔架标志灯安装定额区别安装高度，编制了6个定额子目，计量单位："10套"。

定额工作内容：测位、划线、打眼、埋螺栓、灯具组装、接线、接焊包头等。

4）密闭灯具安装定额区别灯具的不同类型，按照不同安装方式编制了7个定额子目。

定额工作内容：测位、划线、打眼、埋螺栓、上底台、支架安装、灯具安装、接线、接焊包头等。

六、医院灯具安装

医院灯具安装定额区别灯具种类，编制了3个定额子目，计量单位："10套"。

定额工作内容：测位、划线、打眼、埋螺栓、灯具安装、接线、接焊包头。

七、路灯安装

1）路灯金属灯柱安装定额按照路灯金属灯柱安装、杆座安装、基础制作分别编制定额子目，立金属杆区别不同杆长编制了2个定额子目，计量单位："根"。

定额工作内容：灯柱柱基杂物清理、立杆、找正、紧固螺栓、刷漆。

杆座安装区分杆座不同材料编制了3个定额子目，计量单位："10只"。

定额工作内容：底箱部件检查、安装、找正、箱体接地、接点防水、绝缘处理。

基础制作区分制作材料编制了2个定额子目，计量单位："m^3"。

定额工作内容：

①钢模板安装、拆除、清理、刷润滑剂、木模制作、安装、拆除。

②钢筋制作、绑扎、安装。

③混凝土搅拌、搅捣、养护。

2）单臂悬挑挑灯架安装有两种安装方式：抱箍式、顶套式，抱箍式按照臂长大小编制了16个定额子目，计量单位："10套"。

定额工作内容：定位、抱箍灯架安装、配线、接线。

顶套式区分成套型、组装型，按照臂长大小编制了6个定额子目，计量单位："10套"。

定额工作内容：配件检查、安装、找正、螺栓固定、配线、接线。

3）双臂悬挑挑灯架安装区别成套型、组装型编制定额子目。成套型、组装型区别对称式、非对称式，按照臂长大小分别编制了6个定额子目，计量单位："10套"。

定额工作内容：配件检查、定位安装、螺栓固定、配线、接线。

4）路灯灯具安装定额区别安装方式编制了4个定额子目，计量单位："10套"。

定额工作内容：开箱检查、灯具组装、接线、焊接包头。

5）大马路弯灯安装定额区别灯具不同臂长编制了2个定额子目，计量单位："10套"。

定额工作内容：测位、划线、支架安装、灯具组装、接线。

6）庭院路灯安装定额区别灯具不同火数编制了2个定额子目，计量单位："10套"。

定额工作内容：开箱检查、灯具组装、接线。

八、开关、按钮、插座安装

（一）开关、按钮安装

开关安装定额区别开关安装形式、种类、极数以及单控与双控，编制了14个定额子目。一般按钮安装区别按钮安装形式（明装、暗装）编制了2个定额子目，计量单位："10套"。

定额工作内容：测位、划线、打眼、清扫盒子、上木台、装开关和按钮、接线、装盖。

（二）插座安装

插座安装定额区别电源相数、额定电流大小、安装形式，按照插孔个数编制了3个定额子目，计量单位：“10套”。

定额工作内容：测位、划线、打眼、清扫盒子、上木台、装插座、接线、装盖。

（三）防爆插座安装

防爆插座安装定额区分电源相数、插座插孔个数，按照电流大小编制了9个定额子目，计量单位：“10套”。

定额工作内容：测位、划线、打眼、埋螺栓、清扫盒子、装插座、接线。

九、安全变压器、电铃、风扇安装

安全变压器安装定额根据变压器容量大小，编制了3个定额子目。计量单位：“台”。

定额工作内容：开箱、清扫、检查、侧位、划线、打眼、支架安装、固定变压器、接线。

电铃安装定额根据电铃直径大小、电铃号牌箱规格大小编制了6个定额子目，计量单位：“10套”。

定额工作内容：测位、划线、打眼、上木底板、装电铃、接焊包头。

门铃安装定额区别安装形式（明装、暗装）编制了2个定额子目，计量单位：“10套”。

定额工作内容：测位、打眼、埋塑料胀管、上螺钉、接线、安装。

风扇安装定额区别吊扇安装、壁扇安装、轴流排气扇安装编制了3个定额子目。计量单位：“10套”。

定额工作内容：测位、划线、打眼、固定吊钩、接焊包头、接地等。

十、其他灯具安装

1）定额区分盘管风机三速开关、请勿打扰灯、须刨插座、钥匙取电器、自动干手装置、卫生洁具自动感应器安装编制了6个定额子目，计量单位：“10套”。

定额工作内容：开箱、检查、测位、划线、清扫盒子、接线、焊接包头、安装、调试等。

2）红外线浴霸安装定额区分光源个数编制了2个定额子目，计量单位：“套”。

定额工作内容：开箱清点、测位划线、打眼、安装、接地、调试。

6.2.2 本章定额中有关问题说明

1）各种灯具的引导线、各种灯具元器件的配线，除另注明外，均已综合考虑在定额内。

2）各型灯具的支架制作安装，除另注明者外，均未考虑在定额内。

3）装饰灯具、路灯、投光灯、碘钨灯、氙气灯、烟囱或水塔指示灯，均已考虑了一般工程的高空作业因素，其他器具安装高度如超过5m，则应按册说明中规定的超高系数另行计算。

4）装饰灯具定额项目与示意图号配套使用。

5）风扇安装未包括风扇调速开关安装，可另外执行开关安装相应项目，吊风扇安装只预留吊钩时，人工乘以系数0.4，其余不变。

6）地面防水插座安装按暗插座相应定额人工乘以系数1.2，其接线盒执行防暴接线盒定额。

7）本章仅列高度在6m以内的金属灯柱安装项目，其他不同材质、不同高度的灯柱（杆）安装可执行第十章相应定额。灯柱穿线执行第十二章配管、配线定额相应子目。

8）灯具安装定额内已经包括利用摇表测量绝缘及一般灯具的试亮工作。

6.2.3 工程量计算计算规则

(1) 照明工程量计算要点

照明工程量根据该项工程电气设计施工图的照明平面图、照明系统图以及设备材料表等进行计算。照明线路的工程量按施工图上标明的敷设方式合导线的型号、规格及比例尺寸量出其长度进行计算。照明设备、用电设备的安装工程量，是根据施工图上标明的图例、文字符号分别统计出来的。

为了准确计算照明线路工程量，不仅要熟悉照明的施工图，还应熟悉或查阅建筑施工图上的有关主要尺寸。因为一般电气施工图只有平面图，没有立面图，故需要根据建筑施工图的立面图合电气照明施工图的平面图配合计算。

照明线路的工程量计算，一般先计算干线，后算支线，按不同的敷设方式、不同型号和规格的导线分别进行计算。

(2) 照明灯具工程量计算程序

根据照明平面图和系统图，根据照明平面图和系统图，按进户线、总配电箱、向各照明分配电箱配线、经各照明配电箱配向灯具、用电器具的顺序逐项进行计算，这样既可以加快看图时间，提高计算速度，又可以避免漏算和重复计算。

(3) 照明灯具工程量计算方法

工程量的计算采用列表方式进行计算。照明工程量的计算、一般宜按一定顺序自电源侧逐一向用电侧进行，要求列出简单的计算式，可以防止漏项、重复，以便于复核。

照明设备、用电设备的安装工程量，是根据设备材料表上的图例、文字符号在施工图上分别统计出来的。

一、普通灯具安装工程量

普通灯具安装应区别灯具的种类、型号、规格，以“10 套”为单位计算根据施工图纸和设备材料表计算工程量，套用相应有关定额子目。计算时注意，软线吊灯和链吊灯均不包括吊线盒价值，必须另行计算。其预算定额按吸顶灯具和其他普通灯具分类立项。

普通灯具安装定额适用范围见表 6-4。

表 6-4　普通灯具安装定额适用范围

定额名称	灯具种类
圆球吸顶灯	材质为玻璃的螺口、卡口圆球独立吸顶灯
半圆球吸顶灯	材质为玻璃的独立的半圆球吸顶灯、扁圆罩吸顶灯、平圆型吸顶灯
方形吸顶灯	材质为玻璃的独立的矩形罩吸顶灯、方型罩吸顶灯、大口方罩吸顶灯
软线吊灯	利用软线为垂吊材料、独立的，材质为玻璃、塑料、搪瓷，形状如碗伞、平盘灯罩组成的各式软线吊灯
吊链灯	利用吊链作辅助悬吊材料、独立的，材质为玻璃、塑料罩的各式吊链灯
防水吊灯 M	一般防水吊灯
一般弯脖灯	圆球弯脖灯、风雨壁灯
一般墙壁灯	各种材质的一般壁灯、镜前灯
软线吊灯头	一般吊灯头
节能座灯头	一般节能座灯头
座灯头	一般塑胶、瓷质座灯头
吊花灯	一般花灯

二、装饰灯具安装的工程量

为了减少因为产品规格、型号不统一而发生争议，定额采用灯具彩色图片与定额子目对照方法编制，以便认定，给定额使用带来极大方便。

施工图设计的艺术装饰吊灯的头数与定额规定不相同时，可以按照插入法进行换算。装饰灯具包括以下种类。

（一）吊式艺术装饰灯具

应根据装饰灯具示意图集所示，区别不同装饰物、灯体直径、灯体垂吊长度，以“10套”为计量单位根据施工图纸和设备材料表计算工程量，套用相应有关定额子目。灯体直径为装饰物的最大外缘直径，灯体垂吊长度为灯座底部到灯梢之间的总长度。

（二）吸顶式艺术装饰灯具

应根据装饰灯具示意图集所示，区别不同装饰物、吸盘的几何形状、灯体直径、灯体周长和灯体垂吊长度，以“10套”为计量单位根据施工图纸和设备材料表计算工程量，套用相应有关定额子目。灯体直径为吸盘最大外缘直径；灯体半周长为矩形吸盘的半周长；吸顶式艺术装饰灯具的灯体垂吊长度为吸盘到灯梢之间的总长度。

（三）荧光艺术装饰灯具

应根据装饰灯具示意图集所示，区别不同安装形式和计量单位计算。

1）组合荧光灯带安装的工程量，应根据装饰灯具示意图集所示，区别安装形式、灯管数量，以“10m”为计量单位根据施工图纸和设备材料表计算工程量，套用相应有关定额子目。灯具的设计数量与定额不符时可以按设计量加损耗量调整主材。

2）内藏组合式灯安装的工程量，应根据装饰灯具示意图集所示，区别灯具组合形式，以“10m”为计量单位根据施工图纸和设备材料表计算工程量，套用相应有关定额子目。

3）发光棚安装的工程量，应根据装饰灯具示意图集所示，以“10m”或“$10m^2$”为计量单位根据施工图纸和设备材料表计算工程量，套用相应有关定额子目，发光棚灯具按设计用量加损耗量计算。

（四）几何形状组合艺术装饰灯具

应根据装饰灯具示意图集所示，区别不同安装形式及灯具的不同形式，以“10套”为计量单位根据施工图纸和设备材料表计算工程量，套用相应有关定额子目。

（五）标志、诱导装饰灯具

应区别装饰灯具示意图集所示，区别不同安装形式（吸顶式、吊杆式、墙壁式、嵌入式），以“10套”为计量单位根据施工图纸和设备材料表计算工程量，套用相应有关定额子目。

（六）水下艺术装饰灯

应根据装饰灯具示意图集所示，区别灯具的不同形式，以“10套”为计量单位根据施工图纸和设备材料表计算工程量，套用相应有关定额子目。

（七）点光源艺术装饰灯具

应根据装饰灯具示意图集所示，区别灯具的安装方式、灯具直径大小，以“10套”为计量单位根据施工图纸和设备材料表计算工程量，套用相应有关定额子目。

（八）草坪灯具

应根据装饰灯具示意图集所示，区别不同安装形式，以“10套”为计量单位根据施工图纸和设备材料表计算工程量，套用相应有关定额子目。

（九）歌舞厅灯具

应根据装饰灯具示意图所示，区别不同灯具形式，分别以“10套”为计量单位根据施工图纸和设备材料表计算工程量，套用相应有关定额子目。装饰灯具安装定额适用范围见表6-5。

表6-5　　装饰灯具安装定额适用范围

定额名称	灯具种类（形式）
吊式艺术装饰灯具	不同材质、不同灯体垂吊长度、不同灯体直径的蜡烛灯、挂片灯、串珠（穗）、串棒灯、吊杆式组合灯、玻璃罩（带装饰）灯
吸顶式艺术装饰灯具	不同材质、不同灯体垂吊长度、不同灯体几何形状的串珠（穗）、串棒灯、挂片、挂碗、挂吊碟灯、玻璃（带装饰）灯
荧光艺术装饰灯具	不同安装形式、不同灯管数量的组合荧光灯光带，不同几何组合形式的内藏组合式灯，不同几何尺寸、不同灯具形式的发光棚，不同形式的立体广告灯箱、荧光灯光沿
几何形状组合艺术灯具	不同固定形式、不同灯具形式的繁星灯、钻石星灯、礼花灯、玻璃罩钢架组合灯、凸片灯、反射挂灯，筒形钢架灯、U形组合灯、弧形管组合灯
标志、诱导装饰灯具	不同安装形式的标志灯、诱导灯
水下艺术装饰灯具	简易形彩灯、密封型彩灯、喷水池灯、幻光型灯
点光源艺术装饰灯具	不同安装形式、不同灯体直径的筒灯、牛眼灯、射灯、轨道射灯
草坪灯具	各种立柱式、墙壁式的草坪灯
歌舞厅灯具	各种安装形式的变色转盘灯、雷达射灯、幻影转彩灯、维纳斯旋转彩灯、卫星旋转效果灯、飞碟旋转效果灯、多头转灯、滚筒灯、频闪灯、太阳灯、雨灯、歌星灯、边界灯、射灯、泡泡发生器、迷你满天星彩灯、迷你单立（盘彩灯）、多头宇宙灯、镜面球灯、蛇光管

三、荧光灯具安装工程量

应区别灯具的安装形式、灯具种类、灯管数量，以“10套”为计量单位根据施工图纸和设备材料表计算工程量，套用相应有关定额子目。

荧光灯具安装预算定额按组装型和成套型分项。凡采购来的灯具是分件的，安装时需要在现场组装的灯具称为组装型。凡不需要在现场组装的灯具称为成套型灯具。定额中的整套灯具均为未计价材料。荧光灯具安装定额适用范围见表6-6。

表6-6　　荧光灯具安装定额适用范围

定额名称	灯具种类
组装型荧光灯	单管、双管、三管吊链式、吸顶式、现场组装独立荧光灯
成套型荧光灯	单管、双管、三管吊链式、吊管式、吸顶式、成套独立荧光灯

四、工厂灯及防水防尘灯安装的工程量

应区别不同安装形式，以“10套”为计量单位根据施工图纸和设备材料表计算工程量，套用相应有关定额子目。工厂灯及防水防尘灯安装定额适用范围见表6-7。

表 6-7 工厂灯及防水防尘灯安装定额适用范围

定额名称	灯具种类
直杆工厂吊灯	配照（GC1-A）、广照（GC3-A）、深照（GC5-A）、斜照（GC7-A）、圆球（GC17-A）、双罩（GC19-A）
吊链式工厂灯	配照（GC1-B）、深照（GC3-B）、斜照（GC5-C）、圆球（GC7-B）、双罩（GC19-A）、广照（GC19-B）
吸顶式工厂灯	配照（GC1-C）、广照（GC3-C）、深照（GC5-C）、斜照（GC7-C）、双罩（GC19-C）
弯杆式工厂灯	配照（GC1-D/E）、广照（GC3-D/E）、深照（GC5-D/E）、斜照（GC7-D/E）、双罩（GC19-C）、局部深罩（GC26-F/H）
悬挂式工厂灯	配照（GC21-2）、深照（GC23-2）
防水防尘灯	广照（GC9-A、B、C）、广照保护网（GC11-A、B、C）、散照（GC15-A、B、C、D、E、F、G）

五、工厂其他灯具安装的工程量

应区别不同灯具类型、安装形式、安装高度，以“10套”为计量单位根据施工图纸和设备材料表计算工程量，套用相应有关定额子目。工厂其他灯具安装定额适用范围见表6-8。

表 6-8 工厂其他灯具安装定额适用范围

定额名称	灯具种类	定额名称	灯具种类
防潮灯	扁形防潮灯（GC-31）、防潮灯（GC-33）	高压水银灯镇流器	外附式镇流器具125～450W
腰形舱顶灯	腰形舱顶灯 CCD-1	安全灯	（AOB-1、2、3）、（AOC-1、2）型安全灯
碘钨灯	DW型、220V、300～1000W	防爆灯	CB C-200型防爆灯
管形氙气灯	自然冷却式200V/380V、20kW内	高压水银防爆灯	CB C-125/250型高压水银防爆灯
投光灯	TG型室外投光灯	防爆荧光灯	CB C-1/2单/双管防爆型荧光灯

六、医院灯具安装的工程量

应区别灯具种类，以“10套”或“套”为计量单位根据施工图纸和设备材料表计算工程量，套用相应有关定额子目。医院灯具安装定额适用范围见表6-9。

表 6-9 医院灯具安装定额适用范围

定额名称	灯具种类
病房指示灯	病房指示灯
病房暗脚灯	病房暗脚灯
无影灯	3～12孔管式无影灯

七、路灯安装工程量

立金属杆，按杆高，以“根”为计量单位根据施工图纸和材料表计算工程量，套用相应有关定额子目。路灯挑灯架区别不同形式，按臂长以“10套”为计量单位根据施工图纸和设备材料表计算工程量，套用相应有关定额子目。

工厂厂区内、住宅小区内路灯安装执行本册定额，城市道路的路灯安装执行《山东省市政工程预算定额》。路灯安装定额适用范围见表6-10。

表 6-10 路灯安装定额适用范围

定额名称		灯具种类
单臂悬挑灯架	1. 抱箍式	单抱箍臂长 1.2m、3m 以内
		双抱箍臂长 3.5m 以内、5m 以上
		双拉梗臂长 3.5m 以内、5m 以上
		双臂架臂长 3.5m 以内、5m 以上
	2. 顶套式	成套型臂长 3.5m 以内、5m 以上
		组装型臂长 3.5m 以内、5m 以上
双臂悬挑灯架	1. 成套型	对称式 2.5m、5m 以内、5m 以上
		非对称式 2.5m、5m 以内、5m 以上
	2. 组装型	对称式 2.5m、5m 以内、5m 以上
		非对称式 2.5m、5m 以内、5m 以上
路灯灯具		敞开式、双光源式、密封式、悬吊式
大马路弯灯		臂长 1200mm 以下、臂长 1200mm 以上
庭院路灯		柱灯三火以下、七火以下

八、开关、按钮、插座安装的工程量

（一）开关、按钮安装工程量

开关安装应区别开关安装形式，开关种类，开关极数以及单控与双控，以“10 套”为计量单位，根据套用有关定额子目，以“10 套”为计量单位根据施工图纸和设备材料表计算工程量，套用相应有关定额子目。

注意：

1）开关为未计价材料，其价值应另行计算。

2）计算开关安装同时应计算明装开关盒或暗装开关盒安装一个，套用相应开关盒安装子目。

按钮安装区分按钮安装形式（明装、暗装），以“10 套”为计量单位根据施工图纸和设备材料表计算工程量，套用相应有关定额子目。

（二）插座安装工程量

插座安装区别电源相数、额定电流大小、安装形式，按照插孔个数，以“10 套”为计量单位根据施工图纸和设备材料表计算工程量，套用相应有关定额子目。

注意：

1）插座安装不包括插座盒安装，插座盒安装应另执行开关盒安装定额子目。插座、插座盒为未计价材料。

2）地面防水插座安装按暗插座相应定额人工乘以系数 1.2，其接线盒执行防暴接线盒定额。

防爆插座安装区分电源相数、插座插孔个数，按照电流大小，以“10 套”为计量单位根据施工图纸和设备材料表计算工程量，套用相应有关定额子目。

九、安全变压器、电铃、风扇安装

（一）安全变压器安装的工程量

应区别安全变压器容量，以“台”为计量单位根据施工图纸和设备材料表计算工程量，套用相应有关定额子目。

（二）电铃、电铃号牌箱安装的工程量

应区别电铃直径、电铃号牌箱规格（号），以“套”为计量单位根据施工图纸和设备材料表计算工程量，套用相应有关定额子目。

（三）门铃安装工程量

应区别门铃安装形式，以“10 个”为计量单位根据施工图纸和设备材料表计算工程量，套用相应有关定额子目。

（四）风扇安装的工程量

风扇安装应区别风扇种类（吊扇、壁扇、轴流排气扇），以“台”为计量单位根据施工图纸和设备材料表计算工程量，套用相应有关定额子目，其中风扇为未计价材料。

注意：

1）风扇安装未包括风扇调速开关安装，可另执行开关安装相应项目。

2）吊风扇安装只预留吊钩时，人工乘以系数 0.4，其余不变。

十、其他电器安装

1）盘管风机三速开关、请勿打扰灯、须刨插座、钥匙取电器、自动干手装置、卫生洁具自动感应器安装的工程量，均以“10 套”为计量单位根据施工图纸和设备材料表计算工程量，套用相应有关定额子目。

2）红外线浴霸安装的工程量，区分光源个数以“套”为计量单位根据施工图纸和设备材料表计算工程量，套用相应有关定额子目。

【例 6-1】 某办公楼照明施工图标注：为 GCYM2-1 型高效节能荧光灯 40 套，试计算该灯安装费及主材费（灯具）为多少。设工程建设点在济南市。（每套灯具价格为：81.21 元；灯管价格为 7.15 元）

解 由题意套用山东省综合定额及山东省价目表计价。

（1）计算定额单位数为

$$40/10=4$$

（2）套用定额（套用山东省安装工程消耗量定额）

定额编号 2-1776。

灯具安装费为

$$179.42\times4=717.68\text{元}$$

其中

$$人工费=109.29\times4=437.16\text{元}$$

$$材料费=70.13\times4=280.52\text{元}$$

$$机械费=0\times4=0$$

$$灯具费=81.21\times10.10\times4=3280.88\text{元}$$

$$灯管费=7.15\times10.10\times4=288.86\text{元}$$

灯具安装费合计为

$$717.68+3280.88+288.86=4287.42\text{元}$$

其中

人工费437.16元

材料费280.52+3280.88+288.86=3850.26元

机械费0

预算见表6-11。

表6-11　某办公楼灯具安装工程预算表

序号	定额号	项目名称	单位	数量	单价	合价	计费单价	计费基础
1	2-1776	吊链式成套单管荧光灯	10套	4	179.42	718	109.29	437
	主材-4140	成套灯具	套	40.4	81.21	3281		
2	说明-26	[措]二册脚手架搭拆费，二册人工费合计437×4%，人工占25%	元	1	17.48	17	4.37	4
		安装消耗量直接工程费				3999		437
		安装消耗量定额措施费				17		4

【例6-2】 某办公楼一层照明平面图如图6-23所示，试列出该照明配电平面图中的预算项目，并计算灯具安装工程量。

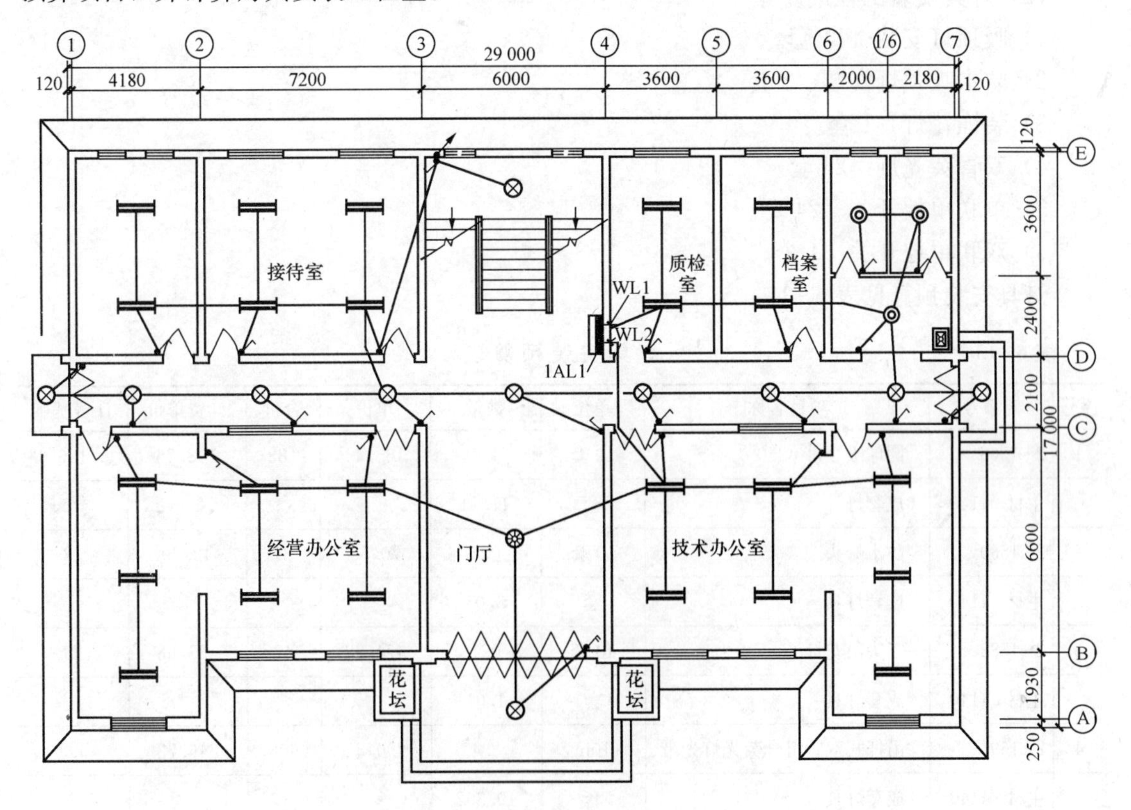

图6-23　某办公楼一层照明平面图

主要材料见表6-12。

表 6-12 主 要 材 料 表

编号	图例	名称	规格或型号	安 装
1		吸顶灯	40W	吸顶
2		防水吸顶灯	40W	吸顶
3		装饰花灯	甲方自订	吊顶
4		双管荧光灯	2×40W	吊顶
5		单联单控开关	XP8110P	距地+1.4m安装
6		双联单控开关	XP8210P	距地+1.4m安装
7		三联单控开关	XP8310P	距地+1.4m安装
8		配电箱	详见系统图	距地+1.8m安装

解 （1）预算项目：

配电箱安装，端子板外部接线，钢管敷设，管内穿线，灯具安装，开关安装，接线盒安装，开关盒安装。

（2）灯具安装工程量计算

1）吸顶灯安装 11套。

2）防水吸顶灯安装 3套。

3）装饰花灯 1套。

4）双管荧光灯 24套。

5）单联单控开关 24个。

6）双联单控开关 1个。

灯具安装预算见表 6-13。

表 6-13 灯具安装预算表

序号	定额号	项目名称	单位	数量	单价	合价	计费单价	计费基础
1	2-1568	圆球吸顶灯 ϕ250	10套	1.1	165.44	182	108.76	120
	主材-4140	成套灯具	套	11.11				
2	2-1580	防水灯头	10套	0.3	70.56	21	42.29	13
	主材-4140	成套灯具	套	3.03				
3	2-1583	三头吊花灯	10套	0.1	474.88	47	453.68	45
	主材-4140	成套灯具	套	1.01				
4	2-1691	吊杆式双管组合荧光灯光带	10m	2.4	290.82	698	246.72	592
	主材-4140	成套灯具	套	19.392				
5	2-1865	单联单控板式暗开关	10套	2.4	47.39	114	42.82	103
	主材-4287	照明开关	只	24.48				

续表

序号	定额号	项目名称	单位	数量	单价	合价	计费单价	计费基础
6	2-1866	双联单控板式暗开关	10套	0.1	50.56	5	44.84	4
	主材-4287	照明开关	只	1.02				
7	说明-26	［措］二册 脚手架搭拆费，二册人工费合计877×4%，人工占25%	元	1	35.08	35	8.77	9
		安装消耗量直接工程费				1067		877
		安装消耗量定额措施费				35		9

【例6-3】 照明及配管配线消耗量定额应用题。

根据图6-24提供的条件，按照消耗量定额及其工程量计算规则的规定，计算工程量及主材耗用量并套用定额，计算结果均保留两位小数，以下四舍五入。主材耗用量填写计算式即可。

1）管、线工程量计算过程写入“照明灯具及配管配线工程量计算表”中。

2）配电箱不计端子板外部接线。其他未说明的事项，均按符合定额要求。

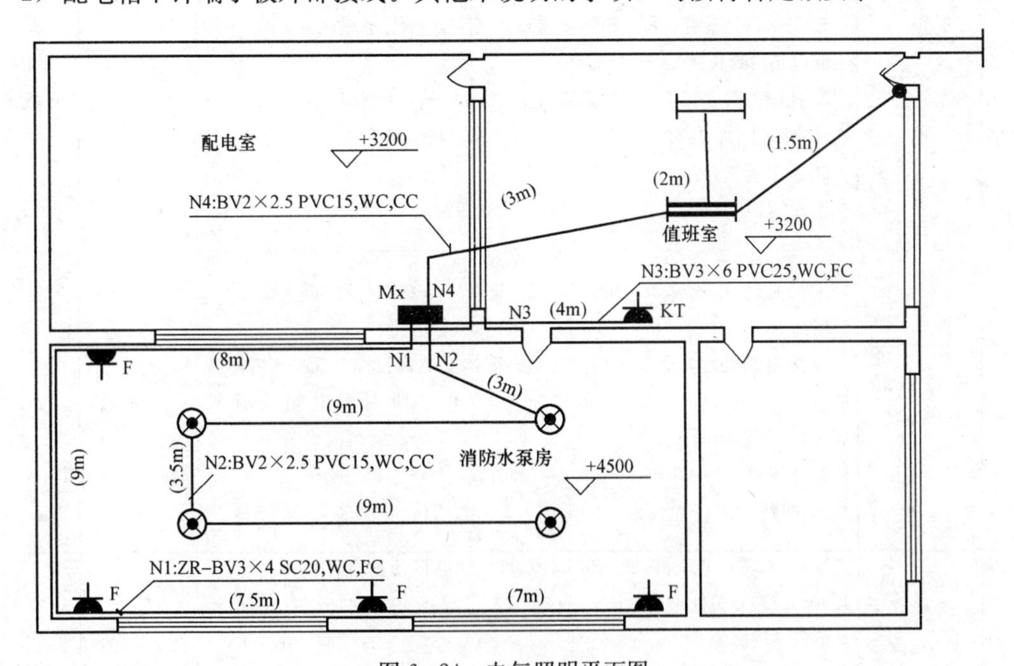

图6-24 电气照明平面图

本工程说明：

1）某工程消防水泵房部分电气照明、电话宽带安装如图6-24所示。具体符号含义如下：

▬ 暗装照明配电箱，箱下沿墙1.5m装（宽×深×高）300m×150m×250m。

⊗ 杆吊防水防尘灯100W杆长800mm。

├─┤ 吸顶装双管日光灯2×40W。

KT 三孔暗装空调插座 30A 距地 1.8m。

防水五孔暗装插座 15A 距地 0.5m。

单联板式暗装开关 10A 距地 1.3m。

2）PVC 管采用刚性阻燃冷弯电线管。

3）照明在顶棚内暗配管按 0.1m 考虑，插座暗配管深埋在 0.3m 考虑，管口进出配电箱长度按 0.02m 计。

4）弱电暗配管深埋按 0.5m 考虑。室外管线不计。

5）图中数值为配电管平均水平长度，垂直长度另计。

解 照明灯具及配管配线工程量计算过程见表 6-14，套用定额表见表 6-15，套用预算表见表 6-16。

表 6-14 照明灯具及配管配线工程量计算过程表

序号	项目名称	工程量计算过程	计量单位	工程数量
	配管	垂直管长＋水平管长		
1	钢管 SC20	N1 1.5＋0.3＋0.02＋（0.3＋0.5）×7＋8＋9＋7.5＋7 1. 配电箱处垂直管长：箱体安装高度（1.5）＋管子埋深（0.3）＋伸入配电箱内管长（0.02）＝1.82； 2. 插座处垂直管长：插座安装高度（0.5）＋管子埋深（0.3）＝0.8；在插座处进出管共有 7 个垂直长度故：0.8×7＝5.6 3. 水平管长为：8＋9＋7.5＋7＝31.5m； 钢管 SC20 总长＝1.82＋5.6＋31.5＝38.92	m	38.92
2	刚性阻燃管 PVC15	N2 4.5－1.5－0.25＋0.1＋0.02（进箱）＋3＋9×2＋3.5 层高为 4.5m 1. 配电箱处垂直管长：层高 4.5－箱体安装高度（1.5）－箱体高度（0.25）＋管子在顶棚暗配（0.1）＋伸入配电箱内管长（0.02）＝2.87m； 2. 水平管长为 3＋9×2＋3.5＝24.5m； N2 回路 PVC15 总长为 2.87＋24.5＝27.37m	m	27.37
3	刚性阻燃管 PVC15	N4 （3.2－1.5－0.25＋0.1＋0.02）配电箱处垂直管长＋（3.2－1.3＋0.1）开关处垂直管长＋3＋2＋1.5 值班室层高为 3.2m 1. 配电箱处垂直管长 层高（3.2）－箱体安装高度（1.5）－箱体高度（0.25）＋管子在顶棚暗配（0.1）＋伸入配电箱内管长（0.02）＝1.57m； 2. 开关处垂直管长 层高（3.2）－开关安装高度 1.3＋0.1＝2.0m 3. 水平管长为 3＋2＋1.5＝6.5 4. N4 回路 PVC15 管总长为 10.07	m	10.07
4	刚性阻燃管 PVC15	PVC15 暗配共 27.37＋10.07	m	37.44

续表

序号	项目名称	工程量计算过程	计量单位	工程数量
	配管	垂直管长＋水平管长		
5	刚性阻燃管PVC25	N3　1.5＋0.3（埋深）＋0.02＋（进箱）＋4＋0.3＋1.8 配电箱处垂直管长　箱体安装高度（1.5）＋管子埋深（0.3）＋伸入配电箱内管长（0.02）＝1.82； 空调插座处垂直管长：插座安装高度（1.8）＋管子埋深（0.3）＝2.1； 水平管长为　4m PVC25总管长为　垂直管长＋水平管长＝3.92＋4＝7.92	m	7.92
	配线			
6	导线ZR-BV-4	N1　（38.92＋0.3＋0.25）×3 导线工程量　（配管工程量＋箱预留长度）×导线根数	m	118.41
7	导线BV-2.5	N2、N4　（27.37＋0.3＋0.25）×2＋（10.07＋0.3＋0.25）×2	m	75.98
8	导线BV-6	N3　（7.92＋0.3＋0.25）×3	m	25.41

表6-15　　照明灯具及配管配线套用定额表

序号	定额编号	项目名称	计量单位	工程量	主材耗用量	
					单位	数量
一、配电箱、灯具、开关、插座、盒						
1	2-264	照明配电箱安装	台	1	套	
2	2-1839	直杆式防水防尘灯安装100W	10套	0.4	套	10.1×0.4＝4.04
		有端子的外部接线2.5mm² 以内	10个	0.4		
		有端子的外部接线6mm² 以内	10个	0.6		
3	2-1783	成套吸顶双管日光灯2×40W	10套	0.2	套	10.1×0.2＝2.02
4	2-1865	单联单控板式暗开关10A	10套	0.1	套	10.2×0.1＝1.02
5	2-1898	单相五孔防水暗插座15A	10套	0.4	套	10.2×0.4＝4.08
6	2-1907	单相三孔暗插座30A	10套	0.1	套	10.2×0.1＝1.02
7	2-1563	接线盒暗装	10个	0.6	个	10.2×0.6＝7.12
8	2-1564	开关盒（插座盒）暗装	10个	0.6	个	10.2×0.6＝7.12
二、配管、配线						
9	2-1221	钢管砖混暗配	100m	0.39	m	103×0.39＝40.17 （40.09）
10	2-1336	刚性阻燃管砖混暗配PVC15	100m	0.37	m	110×0.37＝40.7 （41.18）
11	2-1338	刚性阻燃管砖混暗配PVC15	100m	0.08	m	110×0.08＝8.8 （8.712）
12	2-1390	管内穿线BV2.5照明	100m	0.76	m	116×0.76＝88.16 （88.14）
13	2-1391	管内穿线ZR-BV4动力	100m	1.18	m	110×1.18＝129.8 （130.25）
14	2-1418	管内穿线BV6动力	100m	0.25	m	105×0.25＝26.25 （26.68）

表 6 - 16　照明灯具及配管配线安装工程预算表

序号	定额号	项目名称	单位	数量	单价	合价	计费单价	计费基础
1	2 - 264	悬挂嵌入式成套配电箱半周1m内	台	1	116.19	116	90.63	91
2	2 - 1839	直杆式防水防尘灯	10套	4	191.68	767	149.04	596
	主材 - 4140	成套灯具	套	40.4				
3	2 - 1783	吸顶式成套双管荧光灯	10套	2	163.85	328	137.48	275
	主材 - 4140	成套灯具	套	20.2				
4	2 - 1865	单联单控板式暗开关	10套	1	47.39	47	42.82	43
	主材 - 4287	照明开关	只	10.2				
5	2 - 1898	单相暗插座 15A 5孔	10套	4	71.75	287	55.39	222
	主材 - 4371	成套插座	套	40.8				
6	2 - 1907	单相暗插座 30A 3孔	10套	1	70.13	70	54.38	54
	主材 - 4371	成套插座	套	10.2				
7	2 - 1563	暗装接线盒	10个	6	27.26	164	22.68	136
	主材 - 4597	接线盒	个	61.2				
8	2 - 1564	暗装开关盒	10个	6	26.29	158	24.17	145
	主材 - 4597	接线盒	个	61.2				
9	2 - 1221	砖混凝土结构暗配钢管 DN20 内	hm	0.39	471	184	362.52	141
	主材 - 766	钢管	m	40.17				
10	2 - 1336	砖混凝土结构暗配刚性阻燃管DN15 内	hm	0.37	531.14	197	388.7	144
	主材 - 3815	刚性阻燃管	m	40.7				
11	2 - 1338	砖混凝土结构暗配刚性阻燃管DN25 内	hm	0.08	647.71	52	450.66	36
	主材 - 3815	刚性阻燃管	m	8.8				
12	2 - 1390	照明线路管内穿线铜芯 2.5mm² 内	hm	0.76	61.8	47	50.35	38
	主材 - 2787	绝缘导线	m	88.16				
13	2 - 1391	照明线路管内穿线铜芯 4mm² 内	hm	1.18	46.6	55	35.25	42
	主材 - 2787	绝缘导线	m	129.8				
14	2 - 1418	动力线路管内穿线铜芯 6mm² 内	hm	0.25	54.6	14	40.28	10
	主材 - 2789	铜芯绝缘导线	m	26.25				
15	说明 - 26	［措］二册脚手架搭拆费，二册人工费合计 1973×4%，人工占 25%	元	1	78.92	79	19.73	20
		安装消耗量直接工程费				2486		1973
		安装消耗量定额措施费				79		20

本 章 小 结

1. 照明器具安装工程基础知识

照明器具安装工程，是指照明线路中灯具、开关、插座、风扇、电铃等单相电器的安装工程。用于高层建筑照明的光源主要有热辐射类的白炽灯、卤钨灯等；气体放电光源类的荧光灯、高压汞灯、高压钠灯和金属卤化物灯等。

照明灯具的种类是多样的，按照安装方式可分为吸顶式、嵌入式、悬吊式、壁式等。照明器具安装的施工工序、施工材料、施工方法等都要满足《建筑电气工程施工质量验收规范》(GB 50303—2002)。

2. 照明器具安装工程预算

在编制照明器具工程概预算时，应根据施工图纸上表明的图例、文字符号，分别统计各类照明器具的工程量，并套用相应定额子目。定装饰灯具安装因产品规格多、型号不统一，计算工程量及套用定额时要注意，定额是采用灯具彩色图片与子目对照方法编制，以便认定。另外还要注意灯具、开关和插座安装均发生开关盒、灯头盒及插座盒安装；计算灯具、开关和插座安装工程量时还应同时计算开关盒安装，套用相应开关盒安装子目。

习 题

1. 根据安装方式的不同，灯具如何分类？各适用什么场合？
2. 照明器具安装的定额有哪些内容？
3. 普通灯具安装定额有哪些要求？
4. 照明器具，特别是装饰灯具，国家没有统一产品及标志，怎样使用定额？
5. 荧光灯具安装定额子目是如何划分的？
6. 暗装开关、插座安装应立几项计算？
7. 计算第5章配管配线中图5-17～图5-20中的预算项目，并计算灯具、插座的工程量，并套用定额，计算其安装费用。

第7章 防雷与接地装置

7.1 防雷与接地装置工程基础知识

7.1.1 防雷与接地装置工程识图

防雷与接地装置工程图纸由两部分组成：防雷设计说明与防雷设计图纸。防雷设计说明，这部分内容主要介绍工程的防雷等级，防雷措施，防雷接地电阻的确定等。屋顶防雷平面图及室外接地平面图，反映了避雷带布置平面，选用材料、名称、规格，防雷引下方法，接地极材料、规格、安装要求等。下面举例说明。

一、工程概况

本工程为某一公司办公楼，地上三层，层高为3.6m，建筑面积总计1379m^2，建筑高度为10.8m。

二、防雷设计说明

1）本建筑物属于三类防雷建筑物，采用避雷带（网）作为防雷接闪器，在屋顶烟囱、女儿墙、屋檐、檐角等易受雷击的部位设置避雷带，避雷带采用ϕ10镀锌圆钢，并在屋面组成不大于15m×15m的网格，避雷带和引下线应可靠焊接。

2）本工程利用结构基础作为防雷接地装置，利用混凝土柱内四根不小于ϕ12的主筋和基础内钢筋作为引下线，接地电阻小于4Ω。本工程防雷接地与电气设备及弱电系统共用同一接地极，当不能满足要求时，应补打接地极。

3）作为引下线的柱内主钢筋（四根大于ϕ12mm）连接及它和接地底板接地网钢筋的连接处均可靠焊接，钢筋的焊接长度大于钢筋直径6倍（钢筋直径不等时以较大的为准），部分引下线距地0.5m处做接地测试卡。

4）屋顶所有金属设备、金属围栏及正常运行不带电的金属部分均应和综合接地装置有可靠的连接。

5）凡引入建筑物内的各种金属管道均应与综合接地装置焊接，本工程设置总等电位连接和卫生间局部等电位，其具体做法可参见《等电位连接安装图集》。

三、屋顶防雷平面图及室外接地平面图

屋顶防雷平面图如图7-1所示，接地平面图如图7-2所示。

7.1.2 建筑物防雷装置的组成

一、建筑物的防雷等级

根据《建筑物防雷设计规范》（GB 50057—2010），建筑物根据其重要性、使用性质、发生雷电事故的可能性和后果，按防雷要求分为三类。

（1）第一类防雷建筑物

在可能发生对地闪击的地区，遇下列情况之一时，应划为第一类防雷建筑物：

1）凡制造、使用或贮存火炸药及其制品的危险建筑物，因电火花而引起爆炸、爆轰，会造成巨大破坏和人身伤亡者。

2）具有0区或20区爆炸危险场所的建筑物。

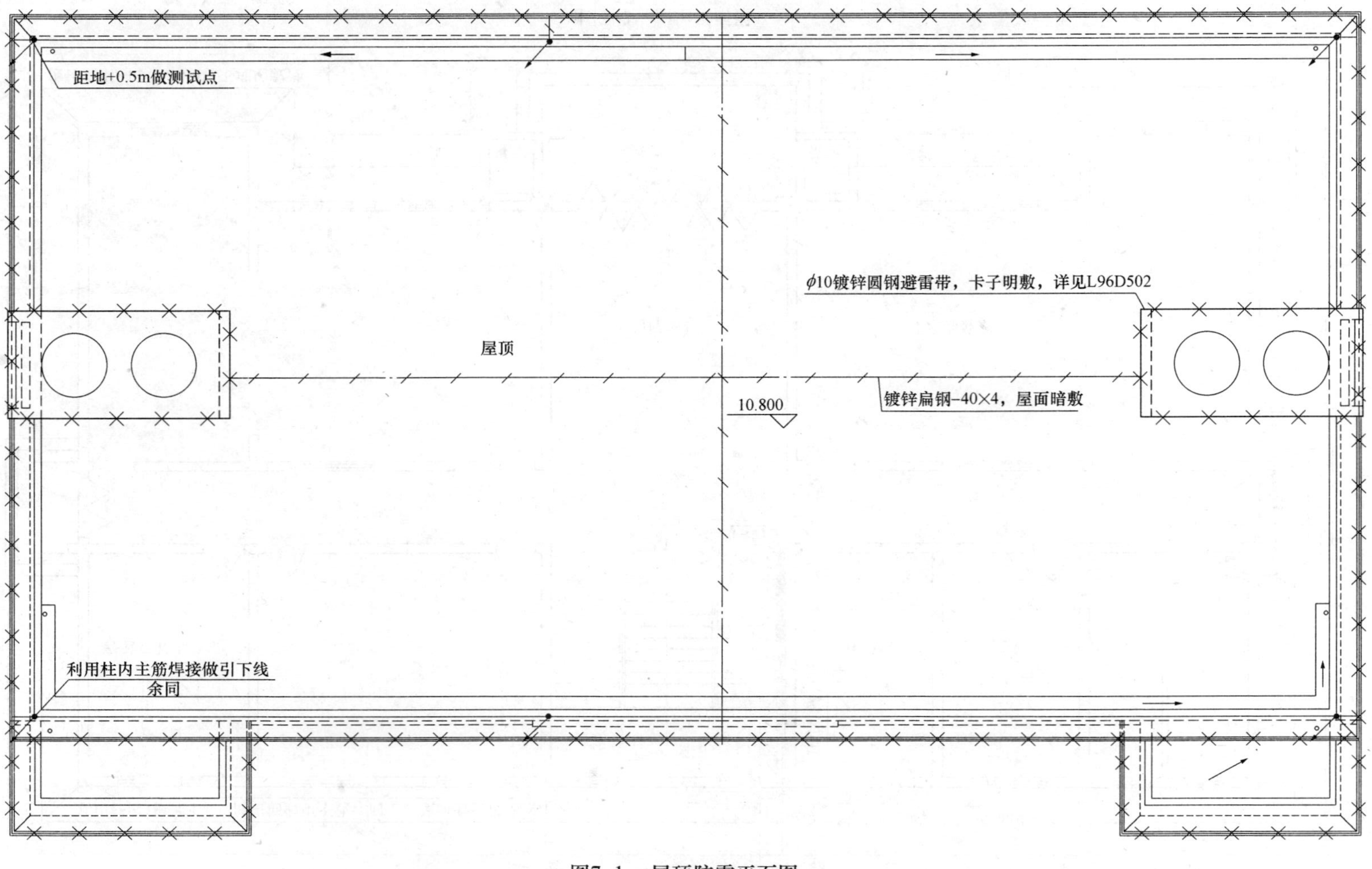
距地+0.5m做测试点
φ10镀锌圆钢避雷带，卡子明敷，详见L96D502
屋顶
10.800
镀锌扁钢-40×4，屋面暗敷
利用柱内主筋焊接做引下线
余同

图7-1 屋顶防雷平面图

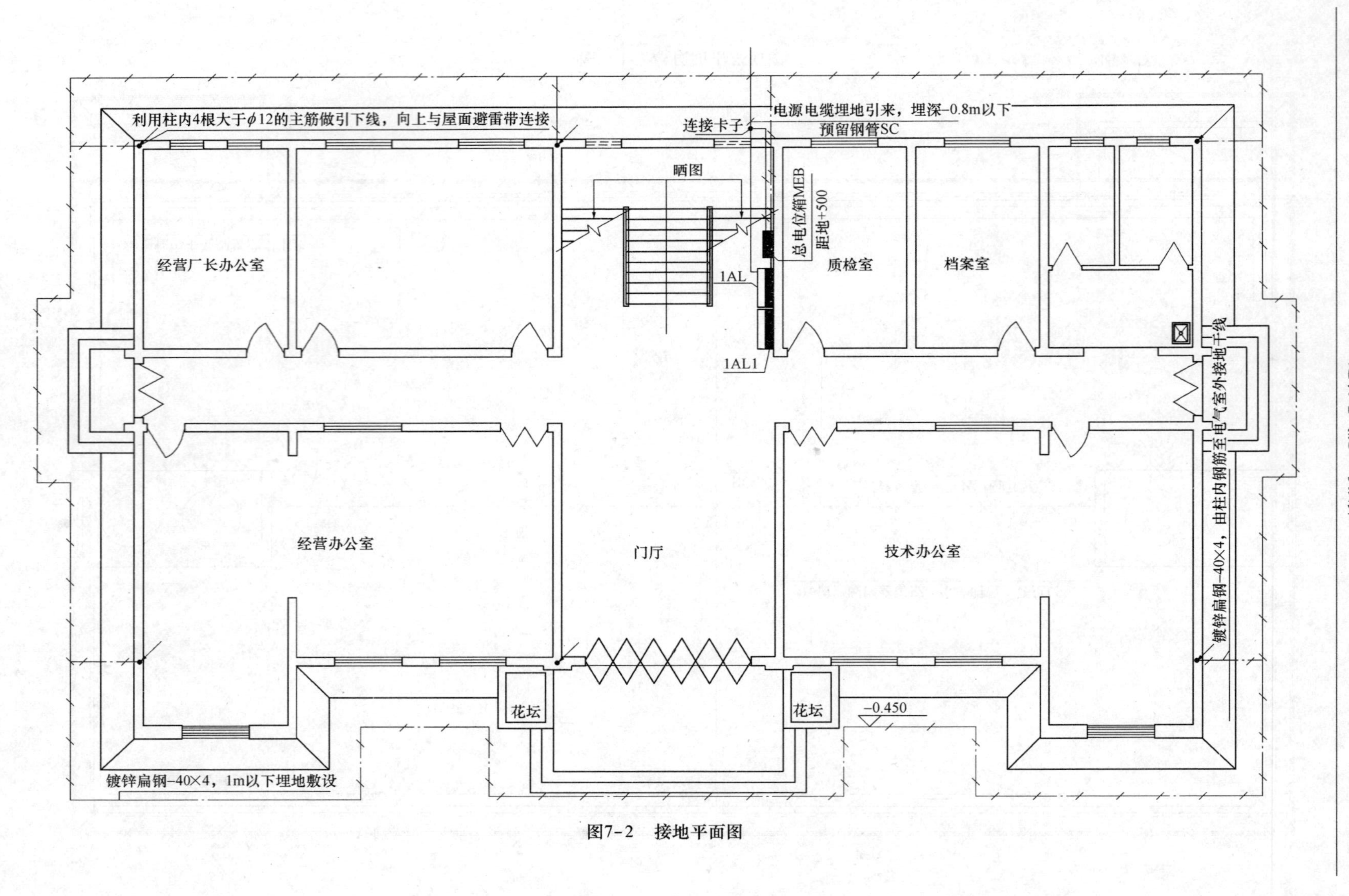
利用柱内4根大于φ12的主筋做引下线，向上与屋面避雷带连接
连接卡子
电源电缆埋地引来，埋深-0.8m以下
预留钢管SC
晒图
总电位箱MEB
距地+500
1AL
1AL1
经营厂长办公室
质检室
档案室
经营办公室
门厅
技术办公室
花坛
花坛
-0.450
镀锌扁钢-40×4，1m以下埋地敷设
镀锌扁钢-40×4，由柱内钢筋至电气室外接地干线

图7-2　接地平面图

3）具有 1 区或 21 区爆炸危险场所的建筑物，因电火花而引起爆炸，会造成巨大破坏和人身伤亡者。

（2）第二类防雷建筑物

在可能发生对地闪击的地区，遇下列情况之一时，应划为第二类防雷建筑物：

1）国家级重点文物保护的建筑物。

2）国家级的会堂、办公建筑物、大型展览和博览建筑物、大型火车站和飞机场、国宾馆，国家级档案馆、大型城市的重要给水泵房等特别重要的建筑物。

注意：飞机场不含停放飞机的露天场所和跑道。

3）国家级计算中心、国际通信枢纽等对国民经济有重要意义的建筑物。

4）国家特级和甲级大型体育馆。

5）制造、使用或贮存火炸药及其制品的危险建筑物，且电火花不易引起爆炸或不致造成巨大破坏和人身伤亡者。

6）具有 1 区或 21 区爆炸危险场所的建筑物，且电火花不易引起爆炸或不致造成巨大破坏和人身伤亡者。

7）具有 2 区或 22 区爆炸危险场所的建筑物。

8）有爆炸危险的露天钢质封闭气罐。

9）预计雷击次数大于 0.05 次/a 的部、省级办公建筑物和其他重要或人员密集的公共建筑物以及火灾危险场所。

10）预计雷击次数大于 0.25 次/a 的住宅、办公楼等一般性民用建筑物或一般性工业建筑物。

2 区指：在正常运行时不可能出现爆炸性气体混合物的环境，或即使出现也仅是短时存在的爆炸性气体混合物的环境。

预计雷击次数表达公式

$$N = 0.024kT_d(1.3)A_e$$

式中 N——建筑物预计雷击次数，次/a；

k——校正系数；

T_d——年平均雷暴日，根据当地气象台、站资料确定，d/a；

A_e——与建筑物截收相同雷击次数的等效面积，km^2。

（3）第三类防雷建筑物

在可能发生对地闪击的地区，遇下列情况之一时，应划为第三类防雷建筑物：

1）省级重点文物保护的建筑物及省级档案馆。

2）预计雷击次数大于或等于 0.01 次/a，且小于或等于 0.05 次/a 的部、省级办公建筑物和其他重要或人员密集的公共建筑物，以及火灾危险场所。

3）预计雷击次数大于或等于 0.05 次/a，且小于或等于 0.25 次/a 的住宅、办公楼等一般性民用建筑物或一般性工业建筑物。

4）在平均雷暴日大于 15d/a 的地区，高度在 15m 及以上的烟囱、水塔等孤立的高耸建筑物；在平均雷暴日小于或等于 15d/a 的地区，高度在 20m 及以上的烟囱、水塔等孤立的高耸建筑物。

二、建筑物防雷措施

造成危害的雷电有下列三种：直击雷、雷电波侵入、雷电感应。根据《建筑物防雷设计规范》(GB 50057—2010)，不同等级的防雷建筑物有不同的防雷措施。但各类防雷建筑物应采取防直击雷和防雷电波侵入的措施。

(一) 一类防雷建筑物防雷措施

(1) 防直击雷措施

应装设独立接闪杆或架空接闪线或网，使被保护的建筑物及风帽、放散管等突出屋面的物体均处于接闪器的保护范围内。接闪网、接闪带沿建筑物屋角、屋脊、屋檐和檐角等易受雷击的部位敷设，架空接闪网的网格尺寸不应大于5m×5m或6m×4m。

(2) 防止雷电波的侵入

室外低压配电线路应全线采用电缆直接埋地敷设，在入户处应将电缆的金属外皮、钢管接到等电位连接带或防闪电感应的接地装置上。

架空金属管道，在进出建筑物处，应与防闪电感应的接地装置相连。距离建筑物100m内的管道，应每隔25m接地一次，其冲击接地电阻不应大于30Ω，并应利用金属支架或钢筋混凝土支架的焊接、绑扎钢筋网作为引下线，其钢筋混凝土基础宜作为接地装置。

埋地或地沟内的金属管道，在进出建筑物处应等电位连接到等电位连接带或防闪电感应的接地装置上。

(3) 防雷电感应的措施

建筑物内的设备、管道、构架、电缆金属外皮、钢屋架、钢窗等较大金属物和突出屋面的放散管、风管等金属物，均应接到防闪电感应的接地装置上。金属屋面周边每隔18～24m应采用引下线接地一次。现场浇灌的或用预制构件组成的钢筋混凝土屋面，其钢筋网的交叉点应绑扎或焊接，并应每隔18～24m采用引下线接地一次。

平行敷设的管道、构架和电缆金属外皮等长金属物，其净距小于100mm时，应采用金属线跨接，跨接点的间距不应大于30m；交叉净距小于100mm时，其交叉处也应跨接。防雷电感应的接地装置应与电气和电子系统的接地装置共用，其工频接地电阻不宜大于10Ω。

(4) 防侧击雷措施

当建筑物高于30m时，尚应采取以下防侧击的措施：

1) 从30m起每隔不大于6m沿建筑物四周设水平避雷带并与引下线相连。

2) 30m及以上外墙上的栏杆、门窗等较大的金属物与防雷装置连接。

(二) 二类防雷建筑物防雷措施

(1) 防直击雷措施

宜采用装设在建筑物上的接闪网、接闪带或接闪杆，也可采用由接闪网、接闪带或接闪杆混合组成的接闪器，接闪网、接闪带沿建筑物屋角、屋脊、屋檐和檐角等易受雷击的部位敷设，并应在整个屋面组成≤10m×10m或12m×8m的网格。当建筑物高度超过45m时，首先应沿屋顶周边敷设接闪带，接闪带应设在外墙外表面或屋檐边垂直面上，也可设在外墙外表面或屋檐边垂直面外。接闪器之间应互相连接。

(2) 防止雷电波的侵入措施

低压线路采用埋地电缆或在架空金属线槽内的电缆引入，在入户端将电缆金属外皮、金属线槽接地，并与防雷接地装置相连。

(3) 防雷电感应的措施

建筑物内的设备、管道、构架等主要金属物，应就近接到防雷装置或共用接地装置上。

建筑物内防闪电感应的接地干线与接地装置的连接，不应少于2处。

（4）防侧击雷措施

高于45m的建筑物，其上部占高度20%并超过45m的部位应防侧击，防侧击应符合下列规定：

1）在建筑物上部占高度20%并超过45m的部位，各表面上的尖物、墙角、边缘、设备以及显著突出的物体，应按屋顶的保护措施考虑。

2）在建筑物上部占高度20%并超过45m的部位，布置接闪器应符合对本类防雷建筑物的要求，接闪器应重点布置在墙角、边缘和显著突出的物体上。

（三）三类防雷建筑物的保护措施

（1）防直击雷措施

宜采用装设在建筑物上的接闪网、接闪带或接闪杆，也可采用由接闪网、接闪带或接闪杆混合组成的接闪器，接闪网、接闪带沿建筑物的屋角、屋脊、屋檐和檐角等易受雷击的部位敷设，并应在整个屋面组成不大于20m×20m或24m×16m的网格；当建筑物高度超过60m时，首先应沿屋顶周边敷设接闪带，接闪带应设在外墙外表面或屋檐边垂直面上，也可设在外墙外表面或屋檐边垂直面外。接闪器之间应互相连接。

（2）防止雷电波的侵入措施

进入建筑物的各种线路及金属管道宜采用全线埋地引入，并在入户端将电缆的金属外皮、钢管及金属管道与接地装置连接。

（3）防侧击雷措施

高于60m的建筑物，其上部占高度20%并超过60m的部位应防侧击，防侧击应符合下列要求：

1）在建筑物上部占高度20%并超过60m的部位，各表面上的尖物、墙角、边缘、设备以及显著突出的物体，应按屋顶的保护措施考虑。

2）在建筑物上部占高度20%并超过60m的部位，布置接闪器应符合对本类防雷建筑物的要求，接闪器应重点布置在墙角、边缘和显著突出的物体上。

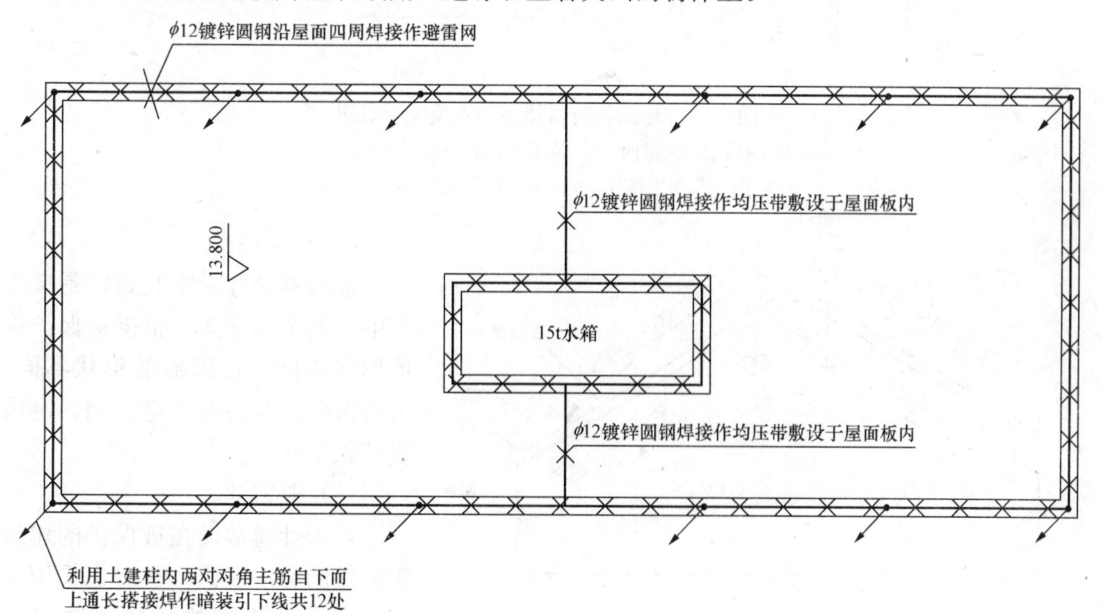

图7-3　某办公楼屋顶防雷平面图

某办公楼屋顶防雷平面图如图 7 - 3 所示。

三、建筑物防雷装置的组成

建筑物的防雷保护措施主要是装设防雷接地装置。防雷接地装置由接闪器、引下线、接地装置三个基本部分组成。

（1）接闪器

通常有避雷针、避雷网、避雷带等形式。

（2）引下线

一般由引下线、引下线支持卡子、断接卡子、（引下线保护管）等组成。

（3）接地装置

一般由接地体、接地母线组成。

建筑物防雷接地装置组成示意图如图 7 - 4 所示。

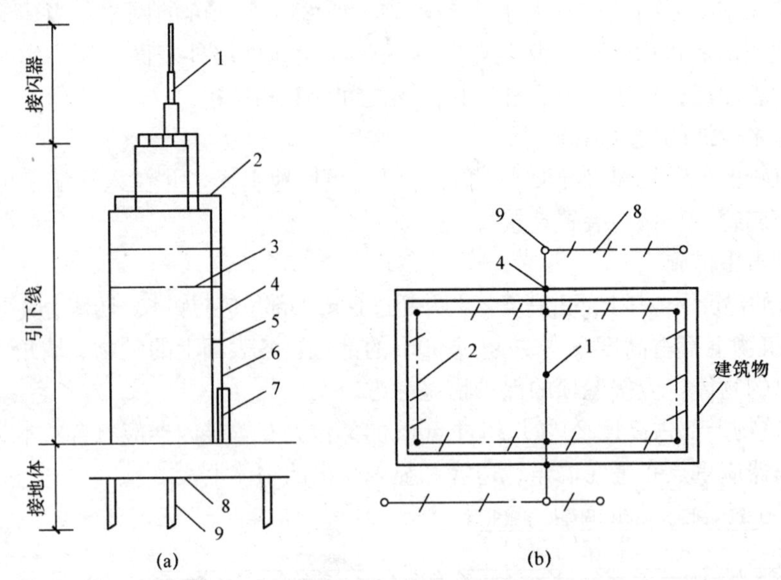

图 7 - 4　建筑物防雷接地装置组成示意图

1—避雷针；2—避雷网；3—避雷带；4、5—引下线；6—断接卡子；7—引下线保护管；8—接地母线；9—接地极

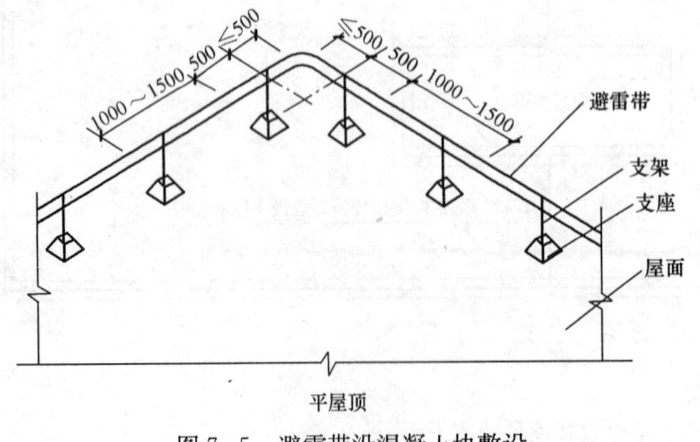

图 7 - 5　避雷带沿混凝土块敷设

（一）接闪器

接闪器又称受雷装置，是接受雷电流的金属导体，根据被保护物体形状不同，接闪器的形状不同。有避雷针、避雷带和避雷网、避雷线、避雷环。

（1）避雷针

避雷针通常设在被保护的建筑物顶端的突出部位。有时也采用钢筋混凝土或钢架构成独立式避雷针。适用于保护细高的建筑物或构筑物，如烟囱或水塔等。一般用镀锌圆钢或焊接钢管制成，一般长度为1～2m，上部制成针尖形状，以利于放电。

（2）避雷带和避雷网

水平敷设在建筑物顶部突出部位，如屋脊、屋檐、女儿墙、山墙等位置，对建筑物易受雷击部位进行保护。避雷带宜采用圆钢或扁钢，优先采用圆钢。圆钢直径≥8mm 扁钢截面≥48mm²，其厚度≥4mm。

避雷带（网）可以明装在预制混凝土支墩作避雷带（网）的支架上、女儿墙、屋脊上；也可以暗设在上人屋面避雷带（网），埋设深度为屋面或女儿墙下50mm。避雷带沿混凝土块敷设如图7-5所示，避雷带沿女儿墙敷设如图7-6所示。

（3）避雷线

避雷线适用于长距离高压供电线路的防雷保护。一般用截面≥25mm²的镀锌钢绞线，架设在架空线路的上边，以保护架空线路免遭直接雷击。

（4）避雷环

在烟囱或者其他建筑物顶上用环状金属作接闪器。可采用圆钢或者扁钢，圆钢直径≥12mm，扁钢截面≥100mm²，厚度>4mm。

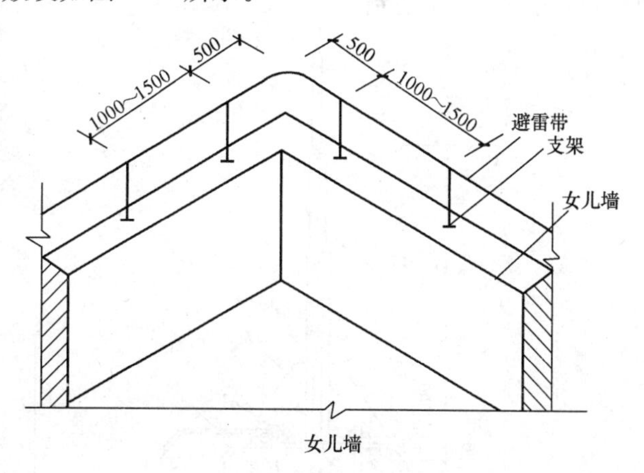

图7-6 避雷带沿女儿墙敷设

（二）引下线

避雷引下线是从避雷针或屋顶避雷网向下沿建筑物、构筑物和金属构件引下的导线。它是连接接闪器和接地装置的金属导线，它可以把接闪器上的雷电流引到接地装置上去。

1）引下线宜采用圆钢或扁钢，优先采用圆钢。当采用多根引下线时，宜在各引下线上距地0.3～1.8m之间装设断接卡。

2）利用构造柱内两根主筋作为引下线

其中钢筋直径≥12mm。利用混凝土内钢筋或者钢柱作为引下线，同时利用其基础作接地体时，可不设断接卡，而应在室内、外的适当位置距地面0.3m以上从引下线上焊接出测试连接板，供测量、接人工接地体和等电位连接用。

当仅仅利用混凝土内钢筋作为引下线并采用埋于土壤中的人工接地体时，应在每根引下线上距地面不低于0.3m处设暗装断接卡，其上端应与引下线主筋焊接。

7.1.3 建筑物防雷装置的安装

一、接闪器

（一）避雷针安装

避雷针一般采用镀锌圆钢或焊接钢管制作，焊接处应涂防腐漆。其直径不小于下列数值：针长1m以下：圆钢ϕ12mm，钢管ϕ20mm。针长1～2m：圆钢ϕ16mm，钢管ϕ25mm。烟囱顶上的避雷针：圆钢ϕ20mm，钢管ϕ40mm。

避雷针在屋面安装时，先组装好避雷针，在避雷针支座底板上相应的位置，焊上一块肋板，将避雷针立起，找直、找正后进行点焊、校正，焊上其他三块肋板，并与引下线焊接牢固，屋面上若有避雷带，还要与其焊接成一个整体，如图 7-7 所示。图中避雷针针体各节尺寸，见表 7-1。

表 7-1 避雷针针体各节尺寸 m

避雷针全高		1.00	2.00	3.00	4.00	5.00
避雷针各节尺寸	A (SC25)	1.00	2.00	1.50	1.00	1.50
	B (SC40)	—	—	1.50	1.50	1.50
	C (SC50)	—	—	—	1.50	2.00

避雷针安装后针体应竖直，其允许偏差不应大于顶端针杆直径。设有标志灯的避雷针，灯具应完整，显示清晰。

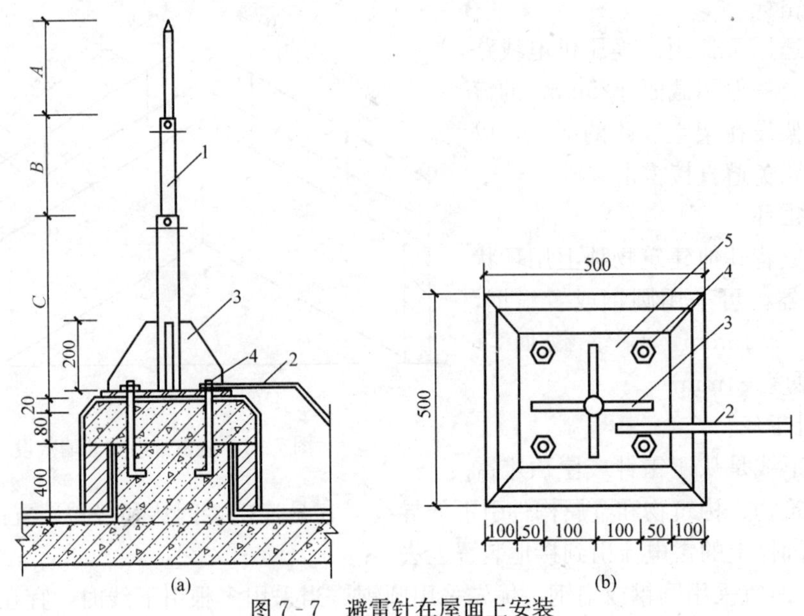

图 7-7 避雷针在屋面上安装

(a) 立面图；(b) 俯视图

1—避雷针；2—引下线；3—200mm×100mm×8mm 肋板；
4—M25×350mm 地脚螺栓；5—300mm×300mm×8mm 底板

水塔按第三类构筑物设计防雷。一般在塔顶中心装一支 1.5m 高的避雷针，水塔顶上周围铁栏栅也可作为接闪器，或在塔顶装设环形避雷带保护水塔边缘。要求其冲击接地电阻小于 30Ω，引下线一般不少于两根，间距不大于 30m。若水塔周长和高度在 40m 以下，可只设一根引下线，或利用铁爬梯作引下线。水塔上的避雷针安装如图 7-8 所示。

烟囱也按第三类构筑物设计防雷。砖烟囱和钢筋混凝土烟囱靠装设在烟囱上的避雷针或避雷环（环形避雷带）进行保护，多根避雷针应用避雷带连接成闭合环。当非金属烟囱无法采用单支或双支避雷针保护时，应在烟囱口装设环形避雷带，并应对称布置三支高出烟囱口且不低于 0.5m 的避雷针。金属烟囱本身可作为接闪器和引下线。

烟囱直径在 1.2m 以下，高度≤35m 时采用一根 2.5m 高的避雷针保护；当相烟囱直径在 1.2～1.7m，高度大于 35m 且小于等于 50m 时，用两根 2.2m 高的避雷针保护；当烟囱直径大于等于 1.7m，高度≥60m 时用环形避雷带保护；高度 100m 以上烟囱，在离地面 30m 处及以上每隔 12m 加装一个均压环并与引下线连接。烟囱上避雷针安装如图 7-9 所示。

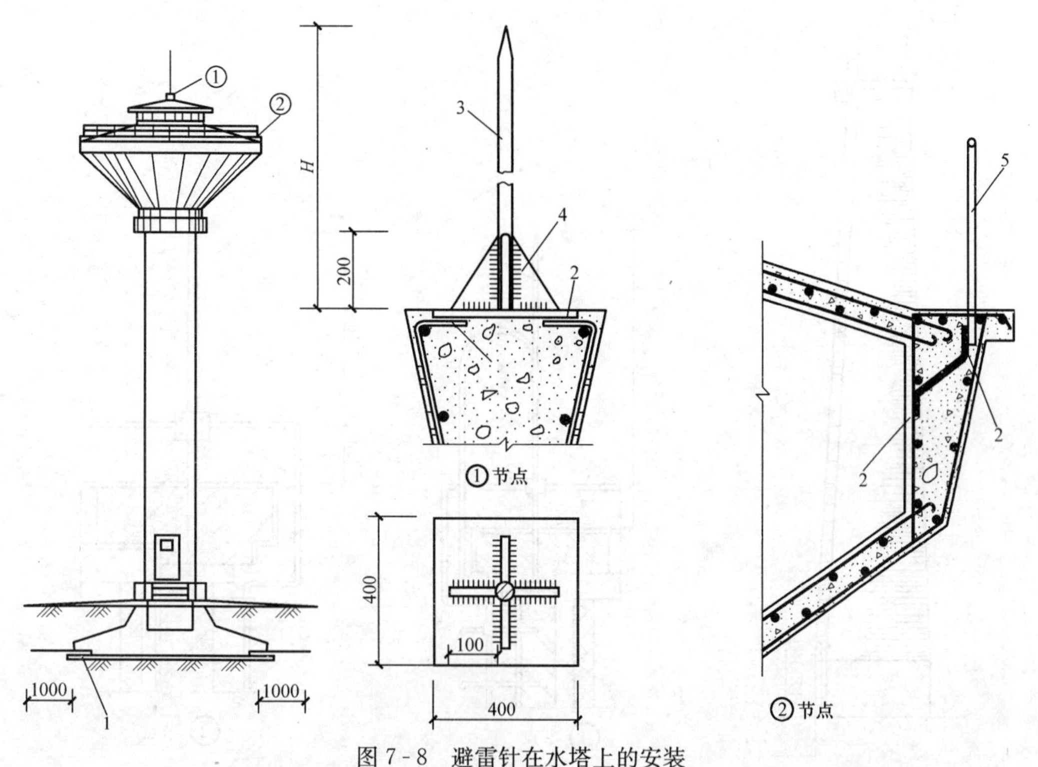

图7-8　避雷针在水塔上的安装

1—ϕ12mm镀锌圆钢与基础主筋焊接；2—焊接；3—ϕ12mm镀锌圆钢或SC40镀锌钢管；4—6mm厚钢板；5—金属栏杆

（二）避雷带安装

适用于建筑物的屋脊、屋檐（坡屋顶）或屋顶边缘及女儿墙上（平屋顶），对建筑物的易受雷击部位进行重点保护。

明装避雷带应采用镀锌圆钢或扁钢制成，镀锌圆钢直径应为ϕ12mm，镀锌扁钢截面为25mm×4mm或40mm×4mm。

不同防雷等级的避雷网的规格见表7-2。

表7-2　不同防雷等级的避雷网的规格　m

建筑物的防雷等级	滚球半径 h_r（m）	避雷网尺寸
一类	30	5×5或6×4
二类	45	10×10或12×8
三类	60	20×20或24×16

（1）明装避雷网（带）

明装避雷带应采用镀锌圆钢或扁铁制成，镀锌圆钢直径应为ϕ12mm，镀锌扁铁截面为25mm×4mm或40mm×4mm。避雷带敷设时，应与支座或支架进行卡固或焊接连成一体，引下线的上端与避雷带交接处，应弯曲成弧形再与避雷带并齐进行搭接焊接。

1）避雷网在女儿墙支架上敷设。

设置的支架应垂直预埋或在墙体施工时预留不小于100mm×100mm×100mm的孔洞。埋设时先埋设直线段两端的支架，然后由两端拉线后，埋设中间支架。

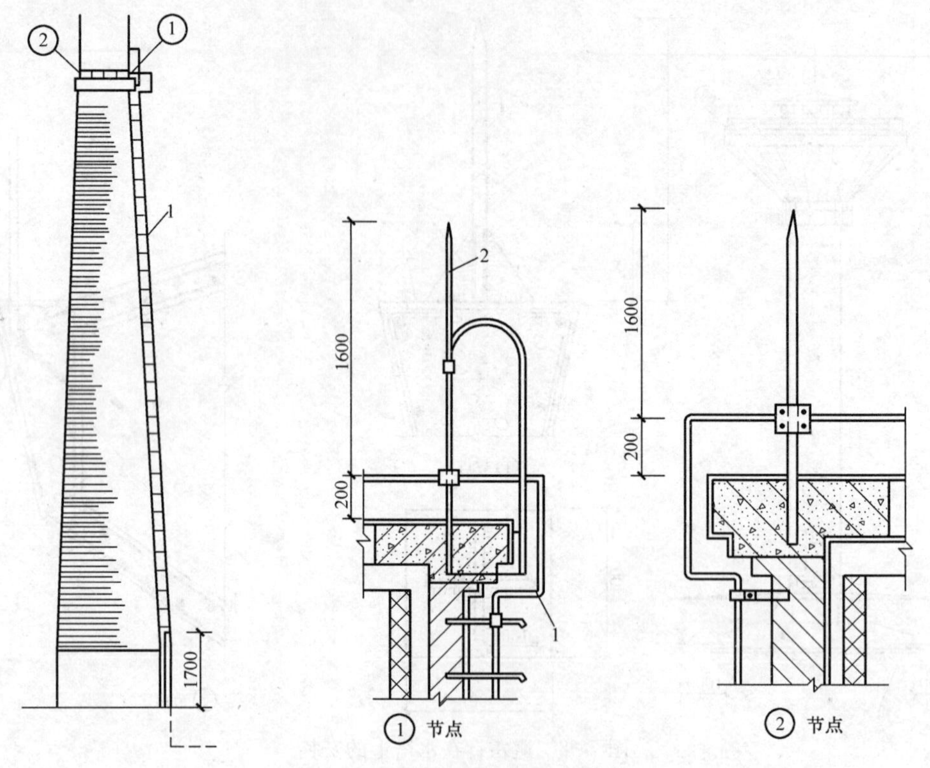

图 7-9　烟囱上的避雷针

1—引下线；2—φ25 镀锌圆钢或 SC40 镀锌钢管

水平直线段支架间距为 1～1.5m，转弯处间距为 0.5m，距转弯中点处的距离为 0.25m，垂直间距为 1.5～2m，相互间距离应均匀分布。避雷带在转弯处做法如图 7-10 所示。

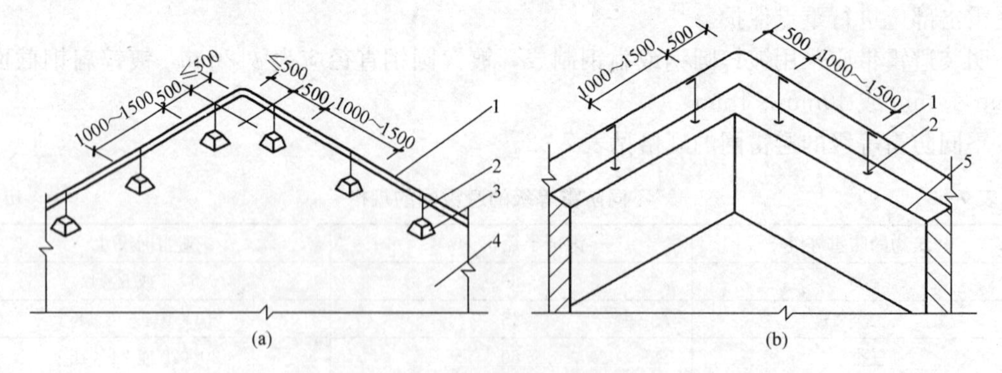

图 7-10　避雷带在转弯处做法

(a) 在平屋顶上安装；(b) 在女儿墙上安装

1—避雷带；2—支架；3—支座；4—平屋层；5—女儿墙

2) 避雷带在建筑物屋脊上安装。

使用混凝土支座或支架固定。用支架固定时，用电钻将脊瓦钻孔，将支架插入孔内，用水泥砂浆填塞牢固。固定支座和支架水平间距为 1～1.5m，转弯处为 0.25～0.5m，如图 7-11所示。

3）避雷带沿坡形屋面敷设。

避雷带沿坡形屋面敷设时，应与屋面平行布置，使用混凝土支座固定，且支座应与屋面垂直。

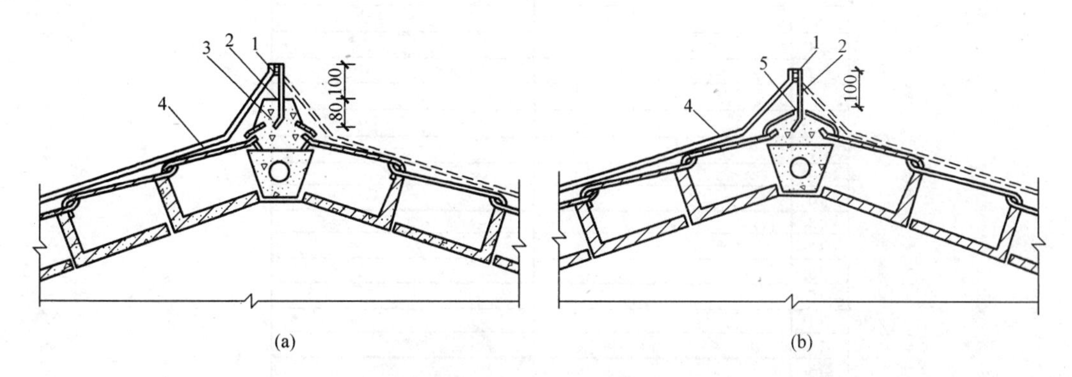

图7-11　避雷带及引下线在屋脊上安装

（a）用支座固定；（b）用支架固定

1—避雷带；2—支架；3—支座；4—引下线；5—1∶3水泥砂浆

建筑物屋顶上突出的金属物体，如旗杆、透气管、铁栏杆、爬梯、冷却水塔、电视天线杆等金属导体都必须与避雷网焊成一体。安装好的避雷带（网）应平直、牢固，不应有高低起伏和弯曲现象，平直度每2m检查段允许偏差值不宜大于3%，全长不宜超过10mm。

（2）暗装避雷网（带）

暗装避雷网是利用建筑物内的钢筋做避雷网。用建筑物V形折板内钢筋作避雷网时，将折板插筋与吊环和网筋绑扎，通长筋与插筋、吊环绑扎。为便于与引下线连接，折板接头部位的通长筋应在端部预留钢筋头100mm。对于等高多跨搭接处，通长筋之间应采用绑扎，不等高多跨交接处，通长筋之间应用ϕ8mm圆钢连接焊牢，绑扎或连接的间距为6m。

当女儿墙上压顶为现浇混凝土时，可利用压顶板内的通长钢筋作为建筑物的暗装防雷接闪器，防雷引下线可采用不小于ϕ10mm的圆钢，引下线与接闪器（即压顶内钢筋）应焊接连接。

当女儿墙上压顶为预制混凝土板时，应在顶板上预埋支架做接闪器，或女儿墙上有铁栏杆时，防雷引下线应由板缝引出顶板与接闪器连接，引下线在压顶处同时应与女儿墙顶内通长钢筋之间，用ϕ10mm圆钢做连接线进行焊接。

（3）均压环与等电位措施

当防雷建筑物高度超过30m时，从建筑物首层起每三层设均压环一圈。从30m起每隔三层沿建筑物四周设水平避雷带并与引下线相连。

当建筑物全部为钢筋混凝土结构，可用结构圈梁钢筋与柱内作为引下线的主筋钢筋进行绑扎或焊接，形成均压环。

没有组合柱和圈梁的建筑物，应每三层在建筑物外墙内敷设一圈ϕ12mm镀锌圆钢或40mm×4mm的扁钢作为均压环，并与防雷装置的所有引下线连接，如图7-12所示。

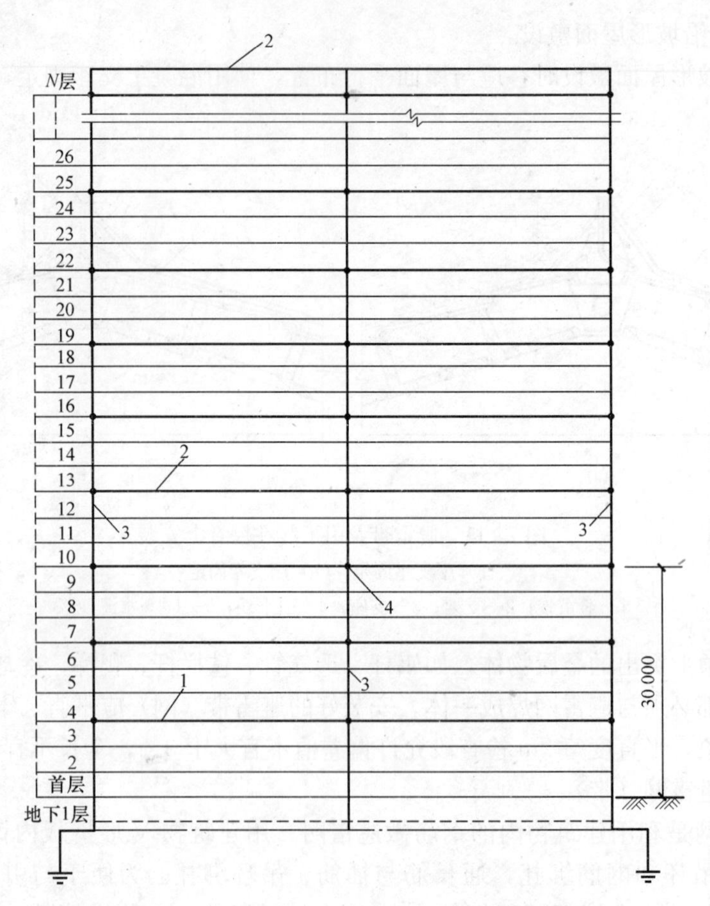

图 7-12　高层建筑物避雷带（网或均压环）引下线连接示意图

1、2—避雷带（网或均压环）；3—防雷引下线；4—防雷引下线与避雷带（网或均压环）的连接处

二、引下线的安装

（一）一般要求

1）明装时一般采用直径 8mm 的圆钢或截面 30mm×4mm 的扁钢，暗装要求圆钢直径≥10mm或扁钢截面≥80mm²。

2）引下线应镀锌，焊接处应涂防锈漆，但利用混凝土中钢筋作引下线除外。

3）引下线应沿建筑物外墙敷设，并经最短路径接地。当引下线长度不足，需要在中间接头时，引下线应进行搭接焊接。

4）一级防雷建筑物专设引下线时，其根数不少于 2 根，沿建筑物周围均匀或对称布置，间距≤12m。

5）二级防雷建筑物引下线数量不应少于 2 根，沿建筑物周围均匀或对称布置，平均间距≤18m。

6）三级防雷建筑物引下线数量不宜少于 2 根，平均间距≤25m；但周长≤25m，高度≤40m的建筑物可只设一根引下线。

（二）明敷引下线

明敷引下线应预埋支持卡子，支持卡子应突出外墙装饰面 15mm 以上，露出长度应一致，将圆钢或扁钢固定在支持卡子上。一般第一个支持卡子在距室外地面2m高处预埋，距第一个卡子正上方1.5～2m处埋设第二个卡子，依此向上逐个埋设，间距均匀相等，并保证横平竖直。

明敷引下线调直后，从建筑物最高点由上而下，逐点与预埋在墙体内的支持卡子套环卡固，用螺栓或焊接固定，直至到断接卡子为止，如图7-13所示。

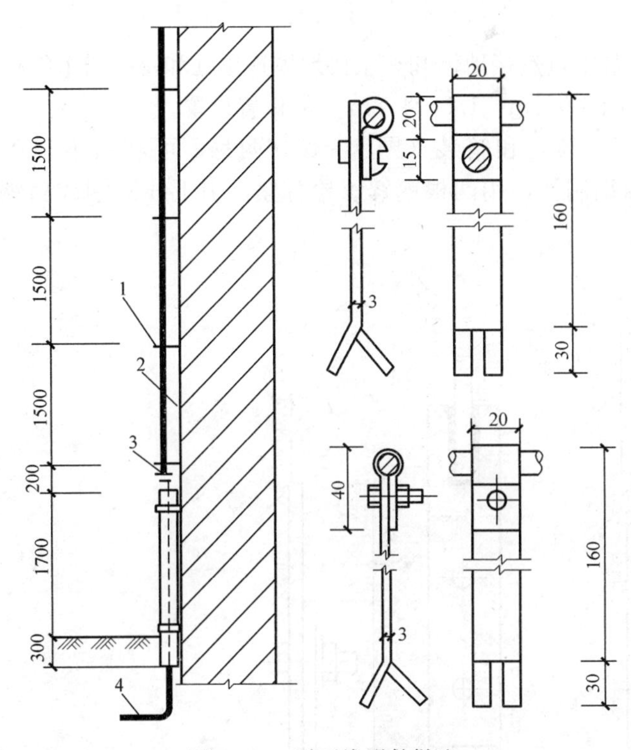

图7-13　引下线明敷做法

1—扁钢卡子；2—明敷引下线；3—断接卡子；4—接地线

（三）暗敷引下线

沿墙或混凝土构造柱暗敷设的引下线，一般使用直径≥ϕ12镀锌圆钢或截面为25mm×4mm的镀锌扁铁。

钢筋调直后先与接地体（或断接卡子）用卡钉固定好，垂直固定距离为1.5～2m，由下至上展放或一段一段连接钢筋，直接通过挑檐板或女儿墙与避雷带焊接，如图7-14所示。

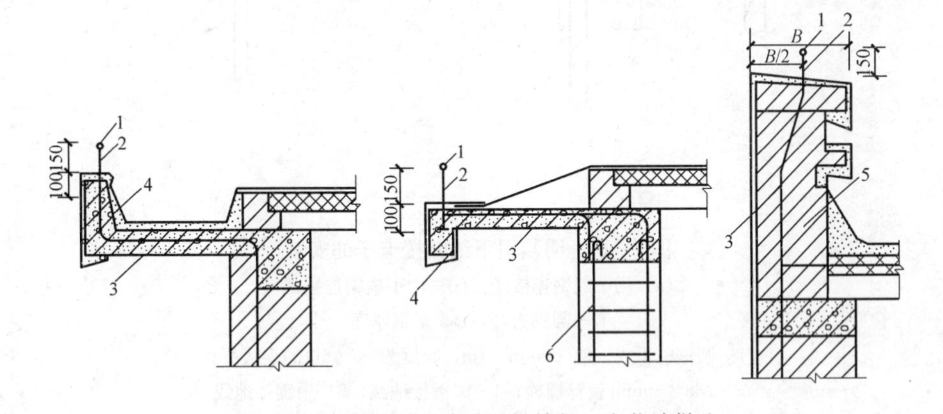

图7-14　暗装引下线经过挑檐板、女儿墙做法

B—墙体宽度

1—避雷带；2—支架；3—引下线；4—挑檐板；5—女儿墙；6—柱主筋

利用建筑物钢筋做引下线时，钢筋直径为16mm及以上时，应利用两根钢筋（绑扎或焊接）作为一组引下线；当钢筋直径为10～16mm时，应利用四根钢筋（绑扎或焊接）作为一组引下线。

引下线上部（屋顶上）应与接闪器焊接，中间与每层结构钢筋需进行绑扎或焊接连接，下部在室外地坪下0.8～1m处焊出一根ϕ12mm的圆钢或截面40mm×4mm的扁钢，伸向室外距外墙面的距离不小于1m。

三、断接卡子

为了便于测试接地电阻值，接地装置中自然接地体和人工接地体连接处和每根引下线应有断接卡子。引下线断接卡子应在距地面（0.3m）1.5～1.8m高的位置设置。

断接卡子的安装形式有明装（图7-15）和暗装（图7-16）两种，可利用不小于40mm×4mm或25mm×4mm的镀锌扁钢制作，用两根镀锌螺栓拧紧。引下线圆钢或扁钢与断接卡的扁钢应采用搭接焊。

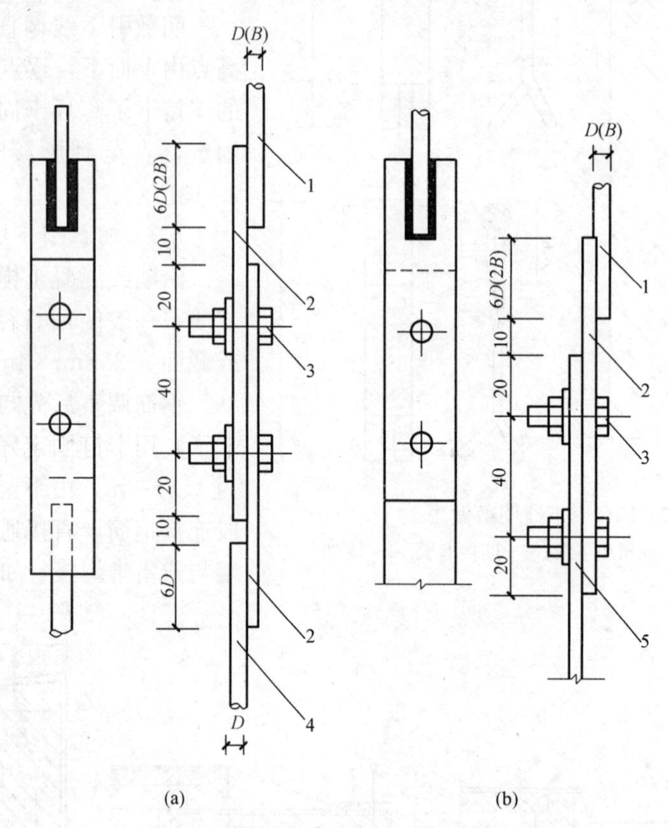

图7-15　明装引下线断接卡子的安装

(a) 用于圆钢连接线；(b) 用于扁钢连接线

D—圆钢直径；B—扁钢厚度

1—圆钢引下线；2—25mm×4m，长度为90×6D的连接板；

3—M8×30mm镀锌螺栓；4—圆钢接地线；5—扁钢接地线

明装引下线在断接卡子下部，应外套竹管、硬塑料管等非金属管保护。明装引下线不应套钢管，必须外套钢管保护时，必须在保护钢管的上下侧焊跨接线与引下线连接成一整体。

用建筑物钢筋做引下线，由于建筑物从上而下钢筋连成一整体，因此不能设置断接卡子，需在柱（或剪力墙）内作为引下线的钢筋上，另焊一根圆钢引至柱（或墙）外侧的墙体上，在距地面1.8m（0.3m）处，设置接地电阻测试箱；也可在距地面1.8m（0.3m）处的柱（或墙）的外侧，将用角钢或扁钢制作的预埋连接板与柱（或墙）的主筋进行焊接，再用引出连接板与预埋连接板相焊接，引至墙体外表面。

7.1.4　接地装置的安装

将雷电流通过引下线引入大地的散流装置称为接地装置。接地装置由接地体和接地线组

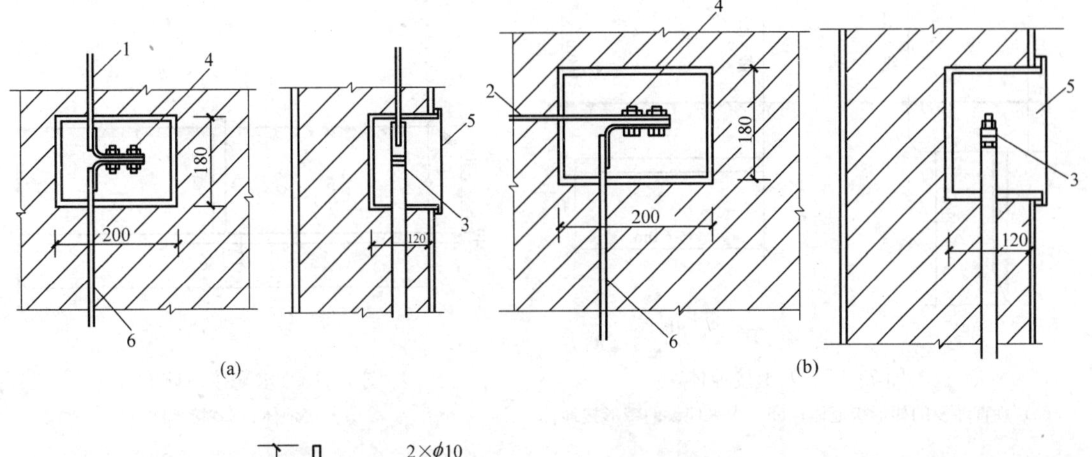

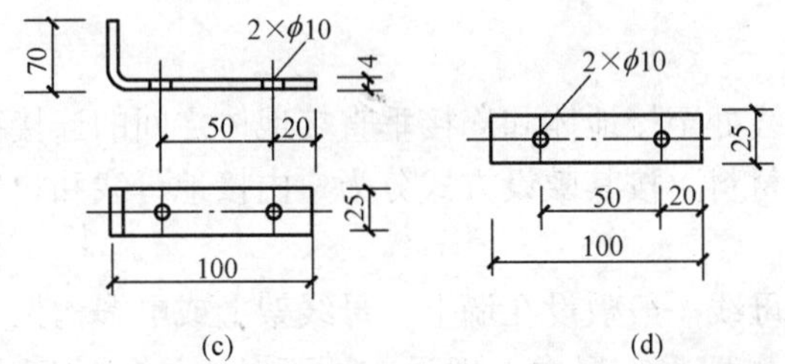

图7-16 暗装引下线断接卡子的安装

(a) 专用暗装引下线；(b) 利用柱筋作引下线；(c) 连接板；(d) 垫板

1—专用引下线；2—至柱筋引下线；3—断接卡子；

4—M10×30mm 镀锌螺栓；5—断接卡子箱；6—接地线

成。接地线是连接引下线和接地体，即将引下线送来的雷电流分送到接地体的导体。

接地体是直接与土壤接触的金属导体，也称接地极。接地体可分为人工接地体和自然接地体。人工接地体是指专门为接地而装设的接地体；自然接地体是指兼作接地体用的直接与大地接触的各种金属构件、金属管道及建筑物的钢筋混凝土基础等。

一、人工接地装置的安装

人工接地体一般采用钢管、圆钢、角钢或扁钢等安装和埋入地下，但不应埋设在垃圾堆、炉渣和强烈腐蚀性土壤处。接地装置分为人工接地装置和自然接地装置，人工接地体按其敷设方式分为垂直接地体和水平接地体，如图7-17所示。

（一）垂直接地体安装

垂直接地体一般采用长度≥2.5m 的 50mm×50mm 的角钢、直径 50mm 钢管或直径 20mm 圆钢。在接地极沟内接地极应沿沟的中心线垂直打入。接地体顶面埋设深度应符合设计规定，当无规定时，不宜小于 0.6m，间距≥接地体长度的 2 倍。

（二）水平接地体安装

敷设在建筑物四周闭合环状的水平接地体，可埋设在建筑物散水及灰土基础以外的基础槽边，采用扁钢或圆钢。圆钢直径≥10mm；扁钢截面≥100mm^2，其厚度≥4mm；角钢厚度≥4mm；钢管壁厚≥3.5mm。在腐蚀性较强的土壤中，应采取热镀锌等防腐措施或加大截面。

将扁钢垂直敷设在地沟内，顶部埋设深度距地面不应小于 0.6m，多根平行敷设时水平间距不小于 5m。水平接地体的敷设如图7-18所示。

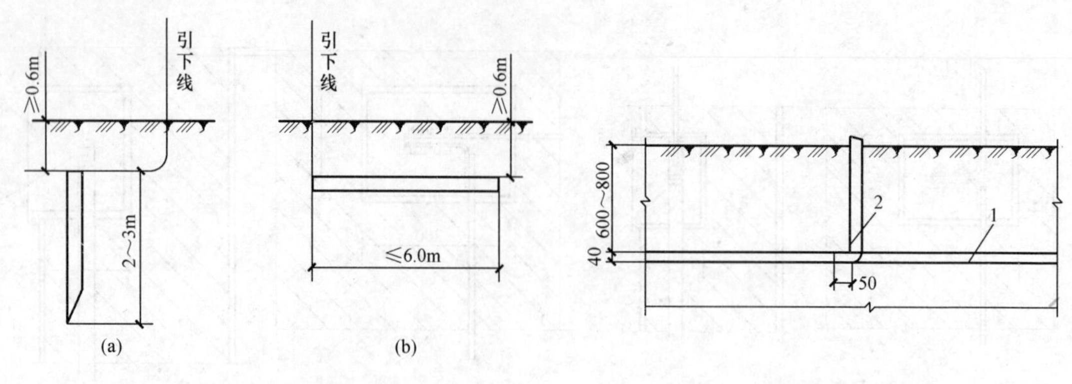

图 7-17　人工接地体

(a) 垂直埋设的棒形接地体；(b) 水平埋设的带形接地体

图 7-18　水平接地体安装

1—接地体；2—接地线

（三）接地母线

从引下线断接卡子或换线处至接地体和连接垂直接地体之间的连接线称为接地母线，一般采用扁钢或圆钢作为接地材料，按其敷设方式分为户内接地母线和户外接地母线。

(1) 户内接地母线

一般明敷，明敷的接地母线一般敷设在墙上、母线架上或电缆构架上。有时因设备的接地需要也可埋地敷设或埋设在混凝土层中，埋设在地下时，沟的挖填土方按上口宽 0.5m，下底宽 0.4m，深 0.75m，每米沟长 0.34m^3 土方量。

(2) 户外接地母线

一般敷设在沟内，敷设前应按设计要求挖沟，沟深≥0.6m，然后埋入扁钢。由于接地母线不起接地散流作用，所以埋设时不一定要立放。

接地干线与接地体间采用焊接连接。接地干线末端应露出地面 0.5m，以便接引地线，敷设完后即回填土夯实。

二、建筑物基础接地装置的安装

自然接地体是指兼作接地体用的直接与大地接触的各种金属构件、金属管道及建筑物的钢筋混凝土基础等。

在设计和装设接地装置时，首先应充分利用自然接地体，以节约投资。如果实地测量所利用的自然接地体电阻已能满足要求，而且这些自然接地体又满足热稳定条件，可不必再装设人工接地装置。规范规定，利用建筑物基础钢筋作接地装置的条件是：以硅酸盐为基料的水泥和周围土壤的含水量不低于 4%，若达不到要求，则应做补充接地装置。

利用钢筋混凝土基础内的钢筋作为接地装置时，敷设在钢筋混凝土中的单根钢筋或圆钢，其直径≥10mm。被利用作为防雷装置的混凝土构件的钢筋，其截面积总和不应小于一根直径 10mm 钢筋的截面积。利用建筑物钢筋混凝土基础内的钢筋作为接地装置时，应在与防雷引下线相对应的室外埋深 0.8～1m，由被利用作为引下线的钢筋上焊出一根 ϕ12mm 圆钢或 40mm×4mm 的镀锌扁钢，伸向室外距外墙的距离不宜小于 1m，以便补装人工接地体。下面讲两种常用的自然接地体的安装。

（一）钢筋混凝土桩基础接地体的安装

桩基础接地体如图 7-19 所示。在作为防雷引下线的柱子位置处，将桩基础的抛头钢筋与承台梁主筋焊接（图 7-20），并与上面作为引下线的柱（或剪力墙）中钢筋焊接。在每一组桩基多于4根时，只需连接其四角桩基的钢筋作为防雷接地体。

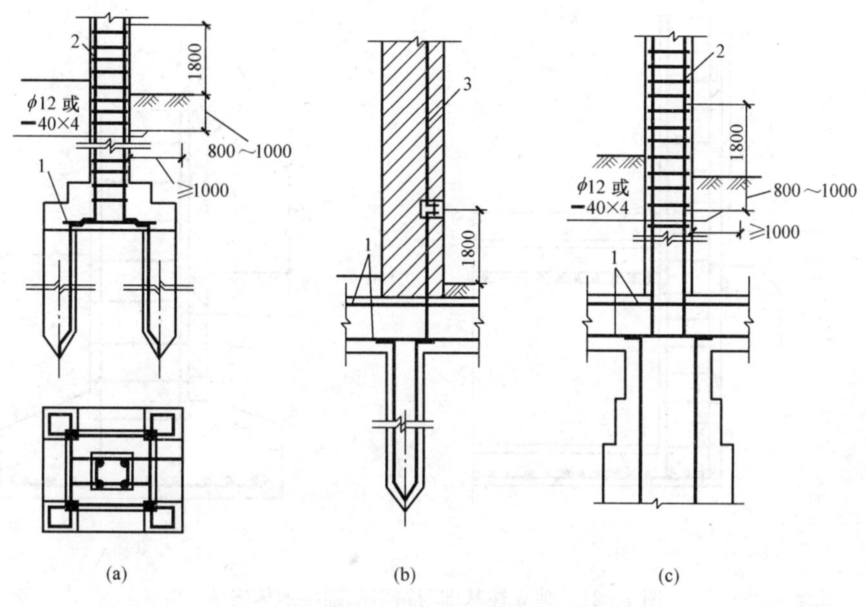

图7-19　钢筋混凝土桩基础接地体安装

（a）独立式桩基；（b）方桩基础；（c）挖孔桩基础

1—承台架钢筋；2—柱主筋；3—独立引下线

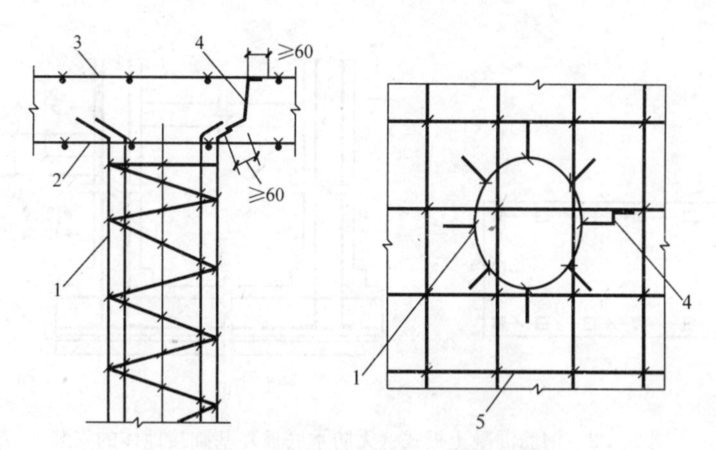

图7-20　桩基钢筋与承台钢筋的连接

1—桩基钢筋；2—承台下层钢筋；3—承台上层钢筋；

4—连接导体；5—承台钢筋

（二）独立柱基础、箱形基础接地体的安装

将用作防雷引下线的现浇钢筋混凝土柱内的符合要求的主筋，与基础底层钢筋网做焊接连接，如图7-21所示。

（三）钢筋混凝土板式基础接地体的安装

应将利用作为防雷引下线的符合规定的柱主筋与底板的钢筋进行焊接连接，如图7-22所示。

三、等电位连接

在建筑电气工程中，常见的等电位连接措施有三种，即总等电位连接、辅助等电位连接

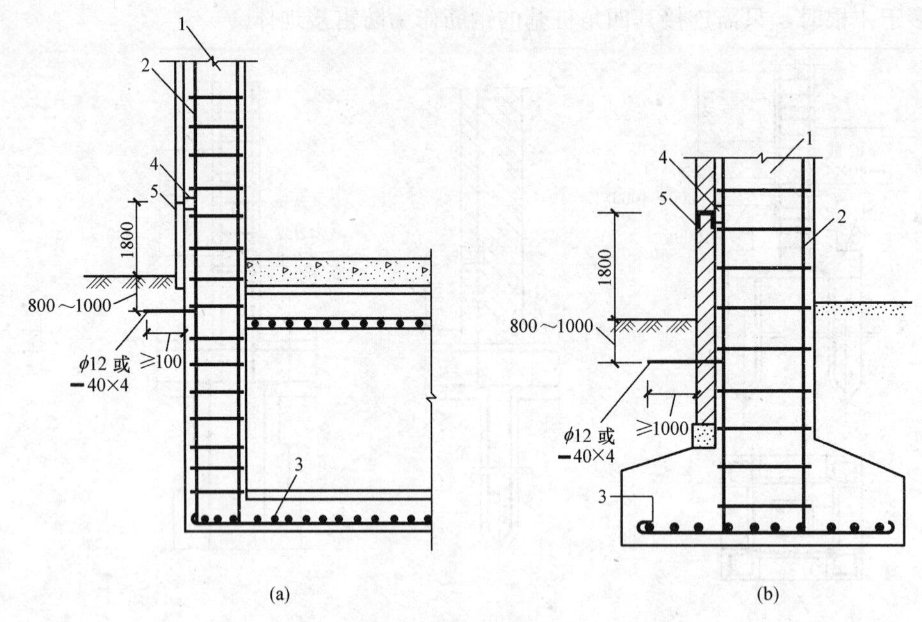

图 7-21 独立柱基础与箱形基础接地体安装

（a）独立基础；（b）箱形基础

1—现浇混凝土柱；2—柱主筋；3—基础底层钢筋网；

4—预埋连接板；5—引出连接板

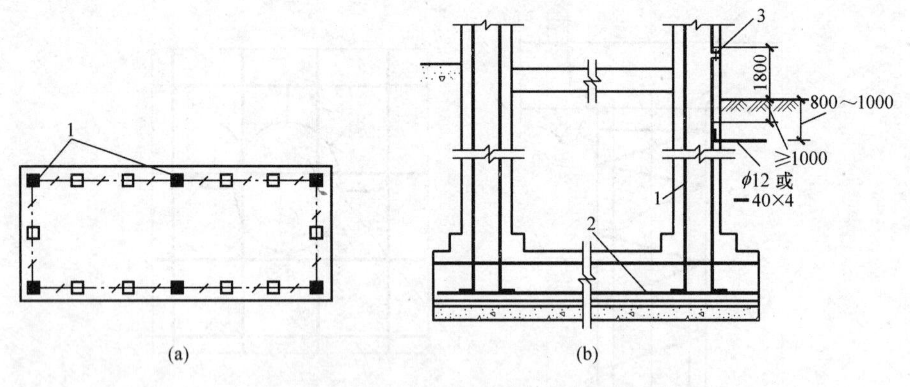

图 7-22 钢筋混凝土板式（无防水底板）基础接地体的安装

（a）平面图；（b）基础安装

1—柱主筋；2—底板钢筋；3—预埋连接板

和局部等电位连接。其中局部等电位连接是辅助等电位连接的一种扩展。这三者在原理上都是相同的，不同之处在于作用范围和工程做法。

（一）总等电位连接

总等电位连接就是将建筑物内的下列导电部分汇集到进线配电箱近旁的接地母排上而互相连接：进线配电箱的保护线干线；自电气装置接地极引来的接地干线；建筑物内水管、煤气管、采暖和空调管道等金属管道；条件许可的建筑物金属构件等导电体。

总等电位连接系统的示意图如图 7-23 所示。

应注意的是，在与煤气管道作等电位连接时，应采取措施将管道处于建筑物内、外的

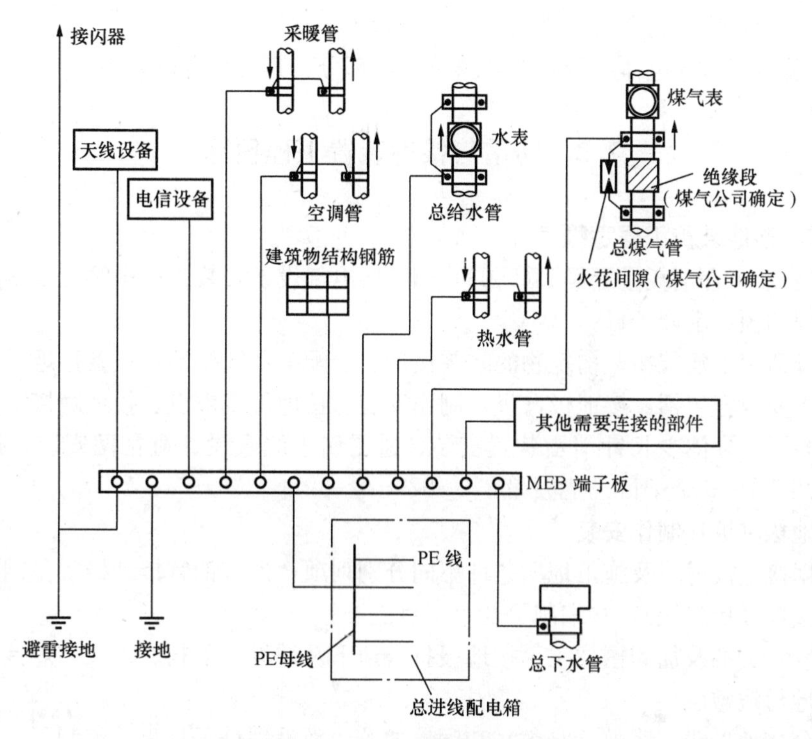

图 7-23 总等电位连接系统示例

部分隔离开，以防止将煤气管道作为电流的散流通道（即接地极），并且为防止雷电流在煤气管道内产生火花，在此隔离两端应跨接火花放电间隙。另外，图中保护接地与防雷接地采用的是各自独立的接地体，若采用共同接地，应将 MEB 板以短捷的路径与接地体连接。

若建筑物有多处电源进线，则每一电源进线处都应作总等电位连接。各个总等电位连接端子板应互相联通。

（二）辅助等电位连接

辅助等电位连接是将上述导电部分在局部范围内再作一次连接，或将人体可同时触及的有可能出现危险电位差的不同导电部分互相直接连接。

（三）局部等电位连接

当需要在一局部场所范围内作多个辅助等电位连接时，可将多个辅助等电位连接通过一个等电位连接端子板实现，这种方式叫做局部等电位连接。这块端子板称为局部等电位连接端子板。局部等电位连接应通过局部等电位连接端子板将以下部分连接起来：

1）PE 母线或 PE 干线。

2）公用设施金属管道。

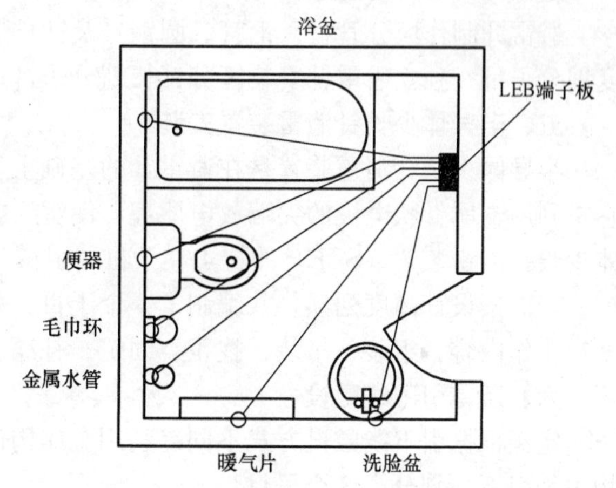

图 7-24 卫生间局部等电位连接示意图

3）尽可能包括建筑物金属构件。

4）其他装置外可导电体和装置的外露可导电部分。其接线方法如图 7 - 24 所示。

7.2 防雷与接地装置工程预算

7.2.1 防雷与接地装置工程定额简介

《山东省安装工程消耗量定额》（2003）第二册电气设备安装工程中第九章编制了防雷与接地装置工程的预算定额子目。

本章定额适用于建筑物、构筑物的防雷接地、变配电系统接地，设备接地以及避雷针的接地装置。主要内容包括：接地极（板）制作安装、接地母线敷设、接地跨接线安装、避雷针制作、安装、半导体少长针消雷装置安装、避雷引下线敷设、避雷网安装、接地装置调试，编制了共 7 节 69 个子目，定额编号 2 - 829～2 - 897。

一、接地极（板）制作安装

定额根据接地极材料及施工地质条件不同分别列项，列有钢管接地极、角钢接地极、圆钢接地极、接地极板（块），共编制了 8 个子目。

工作内容：尖端及加固帽加工、接地极打入地下及埋设、下料、加工、焊接等。

二、接地母线敷设

定额区分接地母线（明敷、暗敷）和铜接地绞线敷设划分子目，共编制了 6 个子目。

工作内容：挖地沟、接地线平直、下料、测位、打眼、埋卡子、煨弯、敷设、焊接、回填土夯实、刷漆。

三、接地跨接线安装

定额列出了接地跨接线安装、构架接地、钢铝窗接地三个子目。接地跨接线是指接地母线遇有障碍物（如建筑物伸缩缝、沉降缝）需跨越时的连接线，或是利用金属构件、金属管道作接地线时需要焊接的连接线。

工作内容：下料、钻孔、煨弯、挖填土、固定、刷漆。

四、避雷针制作、安装

定额项目分为普通避雷针制作、安装及独立避雷针安装。

避雷针制作区分管材（钢管、圆钢）及针长划分子目；避雷针安装按安装地点、安装高度划分子目；独立避雷针安装区分针长划分子目；共编制了 37 个子目。

五、半导体少长针消雷装置安装

半导体少长针消雷装置是在避雷针的基础上发展起来的，是一种新型的防直击雷产品，它是利用金属针状电极的尖端放电原理，使雷云电荷被中和，从而不至发生雷击现象。半导体少长针消雷装置（SLE）的特点在于将“引雷”变为“消雷”。

定额按设计高度列项，共编制了 3 个子目。

工作内容：组装、吊装、找正、固定、补漆。

六、避雷引下线敷设

定额根据引下线敷设方式不同（利用金属构件引下；沿建筑物、构筑物引下；利用建筑物主筋引下）划分了 3 个子目。

断接卡子制作安装和断接卡子箱安装列有 2 个子目。

断接卡子便于测量引下线的接地电阻，供测量检查用。

七、避雷网安装

定额区分安装位置（沿混凝土块敷设，沿折板支架敷设，沿着女儿墙支架敷设，沿屋面敷设，沿坡屋顶、屋脊敷设）划分了4个子目。

均压环敷设：定额编制了利用圈梁钢筋作均压环敷设1个子目。

均压环敷设是为了防止雷电波入侵防雷接地装置时，由于放电电压不平衡而设置的闭合导电环。

柱子主筋与圈梁钢筋焊接定额编制了1个子目。一般是利用建筑物圈梁主筋作为防雷均压环的，也可采用单独的扁钢或圆钢明敷。

八、接地网的调试

1）接地网接地电阻的测定。

一般的发电厂或变电所连为一体的接地母网按一个系统计算；自成接地母网不与厂区接地网相连的独立接地网，另按一个系统计算。大型建筑群各有自己的接地网，虽然在最后也将各接地网连在一起，但应按各自的接地网计算，不能作为一个网，具体应按接地网的实验情况而定。

2）避雷针接地电阻的测定，每一避雷针均有单独接地网（包括独立的避雷针、烟囱避雷针等）时，均按一组计算。

3）独立的接地电阻按组计算，如一台柱上变压器有一个独立的接地装置，即按一组计算。

4）防雷接地装置调试定额，不适用于岩石地区，如发生凿岩坑等处理时按实际计算。

测试接地电阻一般是从引下线的断接卡子处将原引下线断开，用接地电阻测量仪进行测量，如达不到相应的设计要求要，进行处理。

接地装置接地电阻测试执行第二册第十一章中接地网调试子目。

7.2.2 防雷与接地装置工程定额套用及工程量计算

一、接地极（板）制作安装

（一）钢管、角钢、圆钢接地极制作、安装

以“根”为计量单位，并区分普通土、坚土分别套相应定额子目。工程量按施工图图示数量计算，设计无规定时，每根长度按2.5m计算。

（二）接地板（块）制作安装

以“块”为计量单位计算工程量，区分不同材质（铜板、钢板）套用相应定额子目。

注意：

1）钢管、角钢、圆钢、铜板、钢板均为未计价主材。接地极材料一般应按镀锌考虑。

2）工程如果利用基础钢筋作接地体，则不套用本定额。

二、接地母线敷设

区分敷设方式（明敷、暗敷），以“10m”为计量单位计算工程量，并分别套用定额子目。

接地母线长度＝按施工图设计尺寸计算的长度×（1＋3.9％）

式中 3.9％——附加长度（指转弯、上下波动、避绕障碍物、搭接头所占长度）。

注意：

1）接地母线材料本身价值另行计算。

2）户外接地母线敷设定额系按自然地坪和一般土质综合考虑的，包括地沟的挖填土和夯实工作，执行本定额时不应再计算土方量。

三、接地跨接线安装

接地跨接线安装、钢铝窗接地分别以“10 处”为计量单位，构架接地以“处”为计量单位。工程量按施工图图示数量计算。

注意：按规范规定凡需要作接地跨接线的工程内容，每跨接一次按一处计算。户外配电装置构架均需接地，每副构架按一处计算。

四、避雷针制作、安装

（一）避雷针制作

普通避雷针制作区分不同材质（钢管、圆钢）和针长，以“根”为计量单位计算工程量，分别套用相应定额。其中针尖、针体材料（如钢管、圆钢、铜质针尖等）为未计价材料。

独立避雷针的加工制作应执行“一般铁钩件制作”定额或按成品计算。

（二）避雷针安装

普通避雷针安装区分安装位置和针长套用相应定额。计量单位为：“根”。避雷针为未计价材料。

独立避雷针安装区分针长套用相应定额，计量单位为：“基”。计算工程量时，其长度、高度、数量均按施工图图示设计的规定。

计算时应注意：

1）避雷针拉线安装，以“三根”为一组，以“三组”为计量单位。

2）避雷针安装定额是按照成品考虑计入的。

3）定额中避雷针安装均已考虑了高空作业的因素。

五、避雷引下线敷设

（一）利用金属构件、建筑物内主筋引下敷设

以“10m”为计量单位。利用建筑物主筋作引下线的，每一柱子内按焊接两根主筋考虑，如果焊接主筋数超过两根时，可按比例调整。

（二）沿建筑物、构筑物引下线敷设

按施工图建筑物高度计算工程量，计量单位为：“10m”。

引下线长度＝按施工图设计的引下线敷设长度×（1＋3.9％）

其中引下线为未计价材料。

（三）断接卡子制作安装，断接卡子箱安装

断接卡子制作安装以“10 套”为计量单位，按设计规定装设的断接卡子数量计算。

断接卡子箱安装以“个”为计量单位。

六、避雷网安装

（一）避雷网安装工程量

区分安装位置（沿混凝土块敷设；沿折板支架敷设；沿着女儿墙支架敷设；沿屋面敷设；沿坡屋顶、屋脊敷设），以“10m”为计量单位计算。

避雷带（网）长度＝按施工图设计长度的尺寸×（1＋3.9％）

（二）均压环敷设工程量

1）定额主要考虑利用圈梁内主筋作均压环接地连线，按设计需要作均压接地的各层圈梁中心线长度，以“10m”为计量单位计算工程量。

2）定额按焊接两根主筋考虑，超过两根时，可按比例调整。

注意：如采用单独扁钢或圆钢作均压环时，可执行“接地母线明敷”项目。

（三）柱子主筋与圈梁钢筋焊接工程量

以“10处”为计量单位，每处按两根主筋与两根圈梁钢筋分别焊接连接考虑。

如果焊接主筋和圈梁钢筋超过两根时，可按比例调整，需要连接的柱子主筋和圈梁钢筋处数按设计规定计算。

七、接地装置调试

接地网接地电阻测试以“系统”为计量单位计算工程量，套用定额子目2-1039。

接地网是指零线（即中性线）与大地连接的供电网。

如果测试接地电阻达不到要求，经处理后，再做测试，应另计一次费用。

【例7-1】 如图7-25所示，长为53m，宽为22m，高23m的宿舍楼在房顶上沿女儿墙敷设避雷带（沿支架），3处沿建筑物外墙引下与一组接地极（5根，材料为SC50，每根长为2.5m）连接，在平屋顶装设一根9m长避雷针。

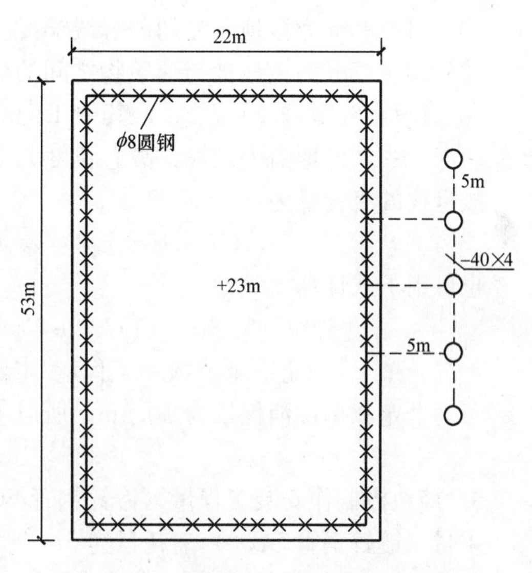

图7-25 某宿舍楼屋顶防雷接地平面图

试：(1) 列出预算项目；

(2) 计算工程量；

(3) 套用定额并计算安装费用；

(4) 计算工程直接费。

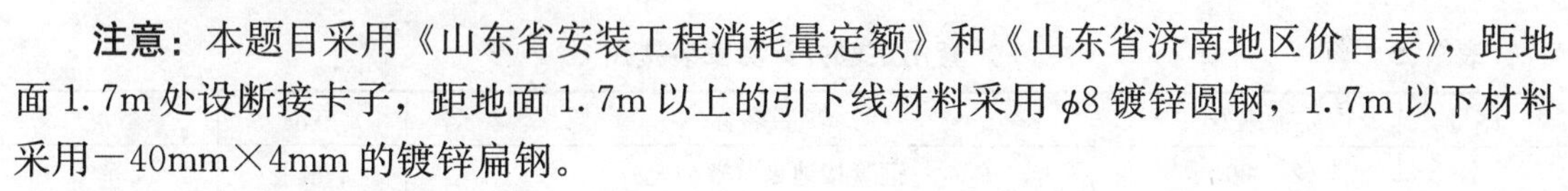

注意：本题目采用《山东省安装工程消耗量定额》和《山东省济南地区价目表》，距地面1.7m处设断接卡子，距地面1.7m以上的引下线材料采用ϕ8镀锌圆钢，1.7m以下材料采用－40mm×4mm的镀锌扁钢。

解 (1) 预算项目包括：

避雷带或网敷设，沿建筑物引下线敷设，断接卡子制作安装，接地母线敷设，接地极制作安装，接地电阻测试。

(2) 工程量计算

1）避雷带或网敷设工程量（ϕ8镀锌圆钢）为

$$(53+22)\times2\times(1+3.9\%)=155.85\text{m}$$

主材（ϕ8镀锌圆钢）消耗量为

$$155.85\times1.05=163.64\text{m}$$

2）避雷针安装 1根。

主材消耗量（避雷针9m） 1根。

3）引下线敷设工程量。

距地1.7m以上（ϕ8镀锌圆钢）为

$$(1+23-1.7)\times3\times(1+3.9\%)=69.5\text{m}$$

式中，1+23－1.7是指女儿墙高1m，楼高23m，断接卡安装高度为1.7m，距地1.7m以下

（—40×4 的镀锌扁钢）作为接地母线计算。所以引下线的工程量为 69.5m，定额单位数＝工程量/定额单位＝69.5/10＝6.95。又因主材（ϕ8 镀锌圆钢）每一个定额单位消耗量为 10.5m，所以 ϕ8 镀锌圆钢消耗量为

6.95×10.5＝72.975m

4）断接卡子制作安装工程量　3 套。

5）接地母线敷设工程量（—40×4 的镀锌扁钢）。

①5×4＝20m 为接地极之间的母线长度。

②5×3＝15m 为接地极与建筑物之间的母线长度。

③（1.7＋0.7）×3＝7.2m，其中 1.7m 为断接卡到地的母线的垂直长度，0.7m 为母线的埋深，一共向地引入三根，故总长度为 7.2m。

故母线的工程量为

（20＋15＋7.2）×（1＋3.9%）＝43.85m

也可用下式计算

[5×4＋5×3＋（1.7＋0.7）×3]×（1＋3.9%）＝43.85m

定额单位数＝工程量/定额单位＝43.85/10＝4.385m

每一个定额单位消耗量为 10.5m，所以主材（—40×4 的镀锌扁钢）消耗量为

4.385×10.5＝46.045m

6）接地极制作安装工程量（镀锌钢管 SC50，L＝2.5m）　5 根。

主材（镀锌钢管 SC50）消耗量为

5×1.03×2.5＝12.88m

7）接地电阻测试　1 次。

（3）套用定额并计算安装费用，见表 7-3。

表 7-3　**套用定额并计算安装费用**

序号	定额编号	项目名称	单位	数量
1	2-829	钢管接地极（普通土）	根	5
2	2-839	接地母线埋地敷设截面 200mm² 以内	10m	4.385
3	2-862	避雷针装在平屋面上（针长 10m 以内）	根	1
4	2-887	沿建筑物、构筑物引下	10m	6.95
5	2-889	断接卡子制作安装	10 套	0.3
6	2-893	避雷网沿女儿墙支架敷设	10m	15.59
7	2-1039	接地网	系统	1
8		合计		

（4）未计价材料费（表 7-4）。

1）镀锌钢管 SC50　12.88m。

2）避雷针（9m）　1 根。

3）ϕ8 镀锌圆钢为

163.64＋72.975＝236.615m

4）—40×4 的镀锌扁钢为

5.57＋40.48＝46.05m

表 7-4 未计价材料费

序号	材料名称及规格	单位	定额用量	序号	材料名称及规格	单位	定额用量
1	镀锌钢管 SC50	m	12.88	4	避雷针（9m）	根	1
2	镀锌圆钢 $\phi 8$	m	236.615	5	合计		
3	镀锌扁钢－40×4	m	46.45				

（5）直接工程费为

直接工程费＝安装费用＋主材费用（未计价主材费）

安装工程预算见表 7-5。

表 7-5 安装工程预算表

工程名称：防雷接地工程

序号	定额号	项目名称	单位	数量	单价	合价	计费单价	计费基础
1	2-829	钢管接地极制安 普通土	根	5.00	52.46	262	31.22	156
	主材-4071	镀锌钢管 L＝2500mm	m	12.857	23.42	301		
2	2-839	接地母线埋地敷设 200 内	10m	0.439	158.25	69	153.59	67
	主材-2965	接地母线	m	46.043	7.92	365		
3	2-849	钢管避雷针制作 10m 内	根	1.00	147.24	147	94.55	95
	主材-4478	针尖针体（镀锌钢管）	根	1.00	1500.00	1500		
4	2-887	避雷引下线沿建筑物构筑物敷设	10m	0.695	87.56	61	56.92	40
	主材-4066	引下线	m	72.975	1.68	123		
5	2-893	避雷网沿女儿墙支架敷设	10m	1.559	111.55	174	70.01	109
	主材-4482	镀锌避雷线	m	163.643	1.68	275		
6	说明-26	[措] 二册脚手架搭拆费，二册人工费合计 467×4%，人工占 25%	元	1	18.68	19	4.67	5
		安装消耗量直接工程费				3277		467
		安装消耗量定额措施费				19		5

安装工程预算费用见表 7-6。

表 7-6 安装工程预算费用表

工程名称：防雷接地工程

序号	费用名称	费率	费用说明	金额
1	一、直接费		（一）＋（二）	3438
2	（一）直接工程费			3277
3	其中：省价人工费 R_1			467
4	（二）措施费		1＋2＋3	161
5	1. 参照定额规定计取的措施费			19
6	其中人工费			5
7	2. 参照费率计取的措施费			142
8	（1）环境保护费	2.2%	R_1	10
9	（2）文明施工费	4.5%	R_1	21

续表

序号	费用名称	费率	费用说明	金额
10	（3）临时设施费	12%	R_1	56
11	（4）夜间施工费	2.5%	R_1	12
12	（5）二次搬运费	2.1%	R_1	10
13	（6）冬雨季施工增加费	2.8%	R_1	13
14	（7）已完工程及设备保护费	1.3%	R_1	6
15	（8）总承包服务费	3%	R_1	14
16	其中人工费		（4）×0.5+［（5）+（6）］×0.4+［（1）+（2）+（3）+（7）］×0.25	38
17	3. 施工组织设计计取的措施费			
18	其中：人工费 R_2		6+16	43
19	二、企业管理费	42%	R_1+R_2	214
20	三、利润	20%	R_1+R_2	102
21	四、其他项目			
22	五、规费		1+…+6	196
23	（1）工程排污费	0.26%	一+…+四	10
24	（2）定额测定费		一+…+四	
25	（3）社会保障费	2.6%	一+…+四	98
26	（4）住房公积金	0.2%	一+…+四	8
27	（5）危险作业意外伤害险	0.15%	一+…+四	6
28	（6）安全施工费	2%	一+…+四	75
29	六、税金	3.44%	一+…+五	136
30	七、设备费			
31	八、安装工程费用合计		一+…+七－社会保障费	3988

本 章 小 结

1. 防雷与接地装置工程基础知识

建筑物的防雷接地装置工程一般都有接闪器、引下线、接地装置三个基本部分组成。接闪器通常有避雷针、避雷网、避雷带等形式；引下线一般由引下线、引下线支持卡子、断接卡子、（引下线保护管）等组成；接地装置一般由接地体、接地母线组成。建筑物防雷装置、接地装置的施工工序、施工材料、施工方法等都要满足《建筑电气工程施工质量验收规范》(GB 50303—2002)。

2. 防雷与接地装置工程预算

在编制防雷与接地装置工程概预算时，应根据定额的项目划分情况，分别对接地极（板）制作安装、接地母线敷设、接地跨接线安装、避雷针制作、安装、半导体少长针消雷装置安装、避雷引下线敷设、避雷网安装、接地装置调试进行工程量计算并套用相应定额子目。各分项工程量计算时，一定要区分定额设置项目，根据施工图计算工程量，并套用相应定额子目。另外要注意在计算避雷带、引下线、接地母线工程量时，在按施工图设计尺寸计算长度的基础上，另外加3.9%的附加长（避雷网转弯、避绕障碍物，搭接头所占长度附加值）。

习　　题

1. 建筑物的防雷装置由哪几部分组成?
2. 避雷针在不同建筑物或构筑物上安装时，针体的材料和尺寸有什么不同的要求?
3. 接地母线敷设定额中有哪些规定?
4. 接地极制作安装定额子目是如何划分的?
5. 如何计算钢、铝窗接地工程量?
6. 避雷针制作、安装定额子目是如何划分的?
7. 柱主筋与圈梁钢筋焊接定额有哪些要求?
8. 避雷针安装定额的安装位置有哪些?
9. 某饲料厂主厂房（图7-26），房顶的长和宽分别为30m和11m，层高4.5m共五层，女儿墙高度0.6m。沿女儿墙支架敷设$\phi8$镀锌圆钢避雷网，$\phi8$镀锌圆钢引下线自分两处引下（在距室外自然地平1.8m处断开），与两组接地极（每组接地极为：3根2.5m长∟50×5角钢），接地极打入地下0.8m，顶部用－40×4镀锌扁钢连通，在引下线断接处和引下线连接。主要材料价格见表7-7。

要求：

（1）列出预算项目；

（2）计算工程量；

（3）套用定额，并计算安装费用；

（4）计算工程直接费。

注意：本题目采用《山东省安装工程消耗量定额》和《山东省济南地区价目表》。

表7-7　　　　主要材料价格表

序号	材料名称及规格	单位	单价（元）
1	镀锌角钢∟50×5	m	13.7
2	镀锌圆钢$\phi8$	m	1.68
3	镀锌扁钢－40×4	m	7.92

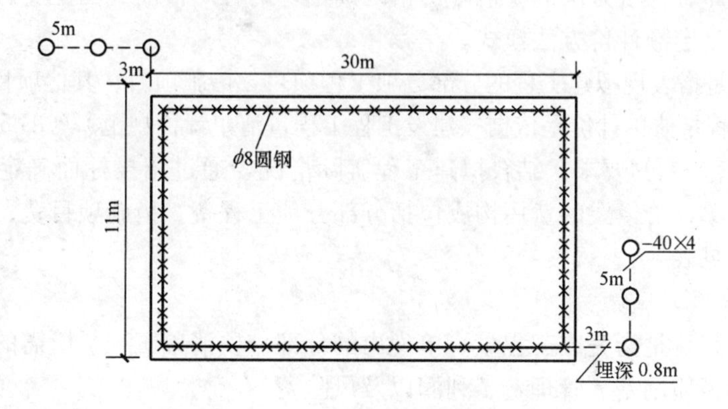

图7-26　某饲料厂屋顶防雷接地平面图

第8章 电气设备安装工程概预算编制

8.1 建筑安装工程费用构成与计算

8.1.1 建筑安装工程费用构成

一、工程造价

工程造价指进行某项工程建设所花费的全部费用，即工程项目按照确定的建设内容、建设规模、建设标准、功能要求和使用要求等全部建成并验收合格交付使用所需的全部费用。我国现行的工程造价具体构成内容见表8-1。

表8-1　工程造价的构成

工程造价	（一）设备及工器具购置费用	1. 设备购置费：设备原价、设备运杂费 2. 工器具及生产家具购置费
	（二）建筑安装工程费用	1. 直接费 2. 间接费 3. 利润 4. 税金
	（三）工程建设其他费用	1. 土地使用费 2. 与建设项目有关的其他费用
	（四）预备费	1. 基本预备费 2. 涨价预备费
	（五）建设期贷款利息	
	（六）固定资产投资方向调节税	

二、计价模式

工程造价的计价模式是指根据计价依据计算工程造价的程序和方法，具体包括工程造价的构成、计价程序、计价方法以及最终价格的确定等内容。目前我国主要有两种：工程量清单计价方法模式、定额计价方法模式。

工程量清单是指表现拟建工程的分部分项工程项目、措施项目、其他项目名称和相应数量的明细清单。工程量清单计价是依据《建设工程工程量清单计价规范》(GB 50500—2008)(以下简称《计价规范》)的要求，结合拟建工程实际情况，通过招投标而确定工程造价的计价方式。工程量清单计价模式的费用构成包括分部分项工程费、措施项目费、其他项目费，以及规费和税金，见表8-2。

（一）分部分项工程费

分部分项工程费是指完成工程量清单列出的分部分项清单工程量所需的费用，包括人工费、材料费、机械使用费、管理费、利润以及风险费。

（二）措施项目费

措施项目费是指为完成工程项目施工，发生于该工程施工前和施工过程中技术、生活、安全等方面的非工程实体项目上的费用。

表8-2　工程造价的构成

工程造价	（一）分部分项工程费	1. 人工费 3. 机械使用费 5. 利润	2. 材料费 4. 管理费 6. 风险费
	（二）措施项目费	1. 环境保护费 2. 文明施工费 3. 安全施工费 4. 临时设施费 5. 夜间施工费 6. 二次搬运费	7. 大型机械设备进出场及安拆费 8. 混凝土、钢筋混凝土模板及支架费 9. 脚手架费 10. 已完工程及设备保护费 11. 施工排水、降水费 12. 其他
	（三）其他项目费	1. 预留金 3. 总承包服务费 5. 其他	2. 材料购置费 4. 零星工作项目费
	（四）规费	1. 工程排污费 3. 养老保险统筹基金 5. 医疗保险费	2. 工程定额测定费 4. 待业保险费
	（五）税金	1. 营业税 2. 城市维护建设税 3. 教育税附加	

（三）其他项目费

其他项目费是指预留金、材料购置费（仅指招标人购置的材料费）、总承包服务费、零星工作项目费等估算金额的总和。

（四）规费

规费是指政府和有关部门规定必须缴纳的费用的总和。具体包括：

1）工程排污费：是指施工现场按规定缴纳的排污费用。

2）工程定额测定费：是指按规定支付工程造价（定额）管理部门的定额测定。

3）养老保险统筹基金：是指企业按规定向社会保障主管部门缴纳的职工基本养老保险费。

4）待业保险费：是指企业按照国家规定缴纳的待业保险费。

5）医疗保险费：是指企业按规定向社会保障主管部门缴纳的职工基本医疗保险费。

（五）税金

税金是指国家税法规定的应计入建筑安装工程造价内的营业税、城市维护建设税及教育费附加。

定额计价模式是根据现行的定额计量规则计算工程量，然后依据现行的综合概预算定额和取费定额等进行定额子目套算和费用计取，最后确定工程造价。其特点如下：

1）统一量：人、材、机消耗量（按照定额各个子目规定）。

2）指导价：人、材、机单价，即人工单价、材料预算价格、机械台班单价可以依据不同地区、不同时期的价格确定。各地定额站定期发布参考价格。

3）竞争费：除费用构成项目中的规费、建筑企业养老保险费、安全文明施工费、税金外，企业在投标报价中可结合企业自身情况，计算企业的自主报价，但不得低于成本价报价。由市场竞争决定。

工程量清单计价方法模式和定额计价方法模式两者的区别是：

1）最大差别在于体现了我国建设市场发展过程中的不同定价阶段。

①定额计价模式更多地反映了国家定价或国家指导价阶段。

②清单计价模式则反映了市场定价阶段。

2）两种模式的主要计价依据及其性质不同。

①定额计价模式的主要计价依据为国家、省、有关专业部门制定的各种定额，其性质为指导性。

②清单计价模式的主要计价依据为《计价规范》，其性质是含有强制性条文的国家标准。

3）编制工程量的主体不同。

4）单价与报价的组成不同。

5）合同价格的调整方式不同。

6）工程量清单计价把施工措施性消耗单列并纳入了竞争的范畴。

2003年山东省建筑工程消耗量定额实行量价分离。各种价格的确定由建设主体各方通过竞争自主确定。编制价目表的目的是反映不同时期内的社会平均价格水平。

三、建筑安装工程费用构成

按照中华人民共和国建设部、中华人民共和国财政部2011年7月18日联合颁布的建标［2011］19号文件的规定，建筑安装工程费由以下四个部分组成：直接费、间接费、利润、税金，具体如图8-1所示。安装工程措施项目费一览表见表8-3。

表8-3　安装工程措施项目费一览表

序号	项目名称	序号	项目名称
1	脚手架费	6	焦炉烘炉、热态工程费
2	组装平台费	7	管道安装后的充气保护措施费
3	设备、管道施工安全、防冻和焊接保护措施费	8	隧道内施工的通风、供水、供气、供电、照明及通信设施费
4	压力容器和高压管道的检验费	9	格架式抱杆费
5	焦炉施工大棚费		

（一）直接费

直接费由直接工程费和措施费组成。

（1）直接工程费

直接工程费是指施工过程中耗费的构成工程实体的各项费用，包括人工费、材料费、施工机械使用费。

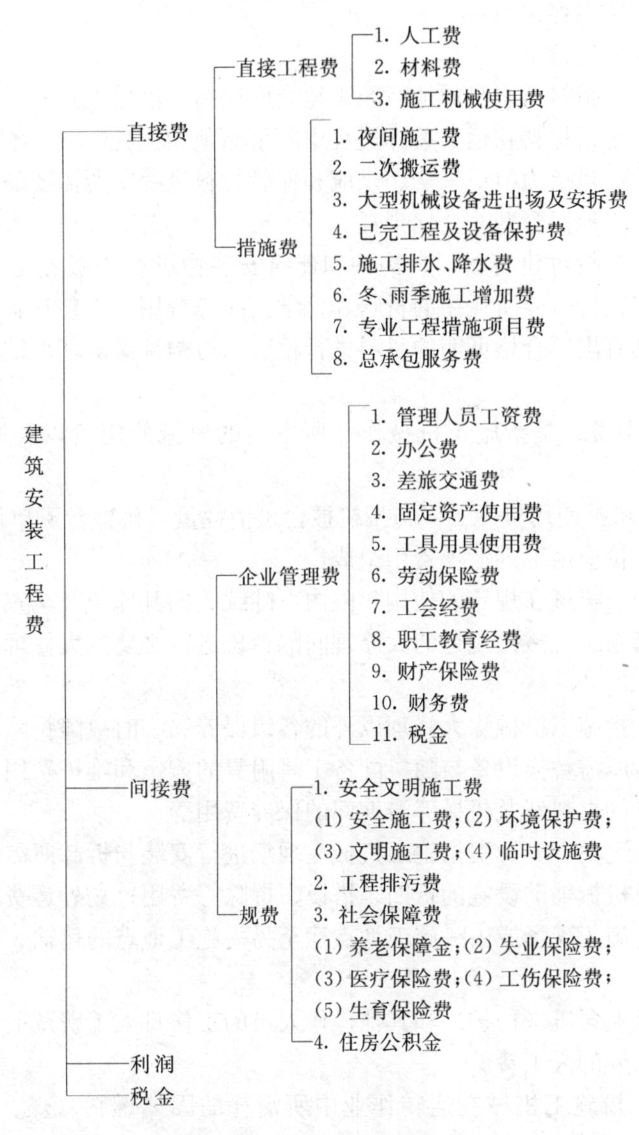

图8-1　安装工程费用项目组成

1）人工费：是指直接从事建筑安装工程施工的生产工人开支的各项费用，内容包括：

①基本工资：是指发放给生产工人的基本工资。

②工资性补贴：是指按规定标准发放的物价补贴，煤、燃气补贴，交通补贴，住房补贴，流动施工津贴等。

③生产工人辅助工资：是指生产工人有效施工天数以外非作业天数的工资，因气候影响的停工工资，女工哺乳时间的工资，病假在六个月以内的工资及产、婚、丧假期的工资。

④职工福利费：是指按规定标准计提的职工福利费。

⑤生产工人劳动保护费：是指按规定标准发放的劳动保护用品的购置费及修理费，徒工服装补贴，防暑降温费，在有碍身体健康环境中施工的保健费等。

2）材料费：是指施工过程中耗费的构成工程实体的原材料、辅助材料、构配件、零件半成品的费用。材料费内容包括：

①材料原价（或供应价格）。

②材料运杂费：是指材料来自源地运至工地仓库或指定堆放地点所发生的全部费用。

③运输损耗费：是指材料在运输装卸过程中不可避免的损耗。

④采购及保管费：是指为组织采购、供应和保管材料过程中所需要的各项费用。具体包括采购费、仓储费、工地保管费、仓储损耗。

⑤检验试验费：是指对建筑材料、构件和建筑安装物进行一般鉴定、检查所发生的费用，包括自设试验室进行试验所耗用的材料和化学药品等费用。不包括新结构、新材料的试验费和建设单位对具有出厂合格证明的材料进行检验，对构件做破坏性试验及其他特殊要求检验的费用。

3）施工机械使用费：是指施工机械作业所发生的机械使用费以及机械安拆费和场外运费。

施工机械使用费＝∑（施工机械台班消耗量×机械台班单价）

施工机械台班单价应由下列七项费用组成：

①折旧费：指施工机械在规定的使用年限内，陆续收回其原值及购置资金的时间价值。

②大修理费：指施工机械按规定的大修理间隔台班进行必要的大修理，以恢复其正常功能所需的费用。

③经常修理费：指施工机械除大修理以外的各级保养和临时故障排除所需的费用。包括为保障机械正常运转所需替换设备与随机配备工具附具的摊销和维护费用，机械运转中日常保养所需润滑与擦拭的材料费及机械停滞期间的保养费用等。

④安拆费及场外运费：安拆费指施工机械在现场进行安装与拆卸所需的人工、材料、机械和试运转费用以及机械辅助设施的折旧、搭设、拆除等费用；场外运费指施工机械整天或分体自停放地点运至施工现场或由一施工地点运至另一施工地点的运输、装卸、辅助材料及架线等费用。

⑤人工费：指机上司机（司护）和其他操作人员的工作日人工费及上述人员在施工机械规定的年工作台班以外的人工费。

⑥燃料动力费：指施工机械在运转作业中所消耗的固体燃料（煤、火柴）、液体燃料（汽油、柴油）及水、电等。

⑦车船使用税：指施工机械按照国家规定和有关部门规定应缴纳的车船使用税、保险费及年检费等。

（2）措施费

措施费是指为完成工程项目施工，发生于该工程施工前和施工过程中技术、生活、安全等方面的非工程实体项目的费用。其通用项目包括以下内容：

1）夜间施工费：是指因夜间施工所发生的夜班补助费、夜间施工降效、夜间施工照明设备摊销及照明用电等费用。

2）二次搬运费：是指因施工场地狭小等特殊情况而发生的二次搬运费用。

3）大型机械设备进出场及安拆费：是指机械整体或分体自停放场地运至施工现场或由一个施工地点运至另一个施工地点，所发生的机械进出场运输、转移费用，以及机械在施工现场进行安装、拆卸所需的人工费、材料费、机械费、试运转费和安装所需的辅助设施的费用。

4）已完工程及设备保护费：是指竣工验收前，对已完工程及设备进行保护所需费用。

5）施工排水、降水费：是指为确保工程在正常条件下施工，采取各种排水、降水措施所发生的各种费用。

6）冬、雨季施工增加费：指在冬、雨季施工期间，为保证工程质量，采取保温、防雨措施以及工人、机械降效所增加的费用。

7）混凝土、钢筋混凝土模板及支架费：是指混凝土施工过程中需要的各种钢模板、木模板、支架等支、拆、运输费用及脚手架的摊销（或租赁）费用。

8）脚手架费：是指施工需要的各种脚手架搭、拆、运输费用及脚手架的摊销（或租赁）费用。

9）垂直运输机械费：指工程施工需要的垂直运输机械使用费。

10）构件吊装机械费：指混凝土、金属构件等的机械吊装费用。

11）组装平台费：为现场组装设备或钢结构而搭设的平台所发生的费用。

12）设备、管道施工安全、防冻和焊接保护措施费：为保证设备、管道施工质量、人身安全而采取的措施所发生的费用。

13）压力容器和高压管道的检验费：为保证压力容器和高压管道的安装质量，根据有关规定对其检测所发生的费用。

14）焦炉施工大棚费：为改善施工条件、保证施工质量，搭设的临时性大棚所发生的费用。

15）焦炉烘炉、热态工程费：为烘炉而发生的砌筑、拆除、热态劳动保护等所发生的费用。

16）管道安装后的充气保护措施费：按规定洁净度要求高的管道，在使用前实施充气保护所发生的费用。

17）隧道内施工的通风、供水、供气、供电、照明及通信设施费：为满足隧道内施工的要求，临时设置的通风、供水、供气、供电、照明及通信设施所发生的费用。

18）格架式抱杆费：为满足安装工程吊装的需要而发生的格架式抱杆使用费。

19）市政工程场地清理等费用：指市政工程定位复测，工程点交、场地清理等费用。

20）市政工程中小型机械及生产工具使用费：指市政工程施工生产所需的单位价值在2000元以下的中小型机械及工具用具使用费。

21）市政工程施工因素增加费：指具有市政工程的施工环境特点又不属于临时设施范围，并在施工前可预见的因素所发生的费用。具体包括开工登报，防行车、行人干扰的一般措施及路面保护措施、地下工程的接头交叉处理与恢复措施，因不断绝交通而降低工效所发生的费用，以及因场地狭小等特殊情况而发生的材料二次搬运费。该项费用分省辖地级市建成区、县级市建成区、县城及镇建成区三类层次，无交通干扰的未建成区施工工程不得计取该项费用。

22）总承包服务费：指总承包人为配合、协调发包人进行的工程分包、自行采购的设备、材料等进行管理、服务以及施工现场管理、竣工资料汇总整理等服务所需的费用。

（二）间接费

由规费、企业管理费组成。

（1）规费

根据国家、省级有关行政主管部门规定必须计取或缴纳的费用，应计入工程造价的费用。规费内容包括：

1）安全文明施工费。

①安全施工费：是指按《建设工程安全生产管理条例》规定：为保证施工现场安全施工所必需的各项费用。

②环境保护费：是指施工现场为达到环保部门要求所需的各项费用。

③文明施工费：是指施工现场文明施工所需的各项费用。

④临时设施费：是指施工企业为进行建设工程施工所必须搭设的生活和生产用的临时建筑物、构筑物和其他临时设施费用等。

临时设施包括：临时宿舍、文化福利及公用事业房屋与构筑物、仓库、办公室、加工厂以及规定范围内道路、水、电、管线等临时设施和小型临时设施。

临时设施费用包括：临时设施的搭设、维护、拆除费用或摊销费。

2）工程排污费：是指施工现场按规定缴纳的工程排污费。

3）社会保障费：是指企业按照国家规定标准为职工缴纳的社会保障费用，包括养老保险费、失业保险费、医疗保险费、工伤保险费、生育保险费。

4）住房公积金：是指企业按规定标准为职工缴纳的住房公积金。

5）危险作业意外伤害保险：是指按照建筑法规定，企业为从事危险作业的建筑安装施工人员支付的意外伤害保险费。

（2）企业管理费：是指建筑安装企业组织施工生产和经营管理所需的费用。企业管理费内容包括：

企业管理费＝安装工程人工费×企业管理费费率

1）管理人员工资：是指管理人员的基本工资、工资性补贴、职工福利费、劳动保护费等。

2）办公费：是指企业管理办公用的文具、纸张、账表、印刷、邮电、书报、会议、水电、烧水和集体取暖（包括现场临时宿舍取暖）用煤等费用。

3）差旅交通费：是指职工因公出差、调动工作的差旅费，住勤补助费，市内交通费和误餐补助费，职工探亲路费，劳动力招募费，职工离退休、退职一次性路费，工伤人员就医路费，工地转移费，以及管理部门使用的交通工具的油料、燃料、养路费及牌照费。

4）固定资产使用费：是指管理和试验部门及附属生产单位使用的属于固定资产的房屋、设备、仪器等的折旧、大修、维修或租赁费。

5）工具用具使用费：是指企业管理使用的不属于固定资产的生产工具、器具、家具、交通工具和检验、试验、测绘、消防用具等的购置、维修和摊销费。

6）劳动保险费：是指由企业支付给离退休职工的易地安家补助费、职工退职金、六个月以上的病假人员工资、职工死亡丧葬补助费、抚恤费、按规定支付给离休干部的各项经费。

7）工会经费：是指企业按职工工资总额计提的工会经费。

8）职工教育经费：是企业为职工学习先进技术和提高文化水平，按职工工资总额计提的费用。

9）财产保险费：是指施工管理用财产、车辆保险等费用。

10）财务费：是指企业为筹集资金而发生的各种费用。

11）税金：是指企业按规定缴纳的房产税、车船使用税、土地使用税、印花税等。

12）其他：包括技术转让费、技术开发费、业务招待费、绿化费、广告费、公证费、法律顾问费、审计费、咨询费等。

（三）利润

指施工企业完成所承包工程获得的盈利。

（四）税金

税金指国家税法规定的应计入建筑安装工程造价内的营业税、城市维护建设税及教育费附加等。

税金＝（税前造价＋利润）×税率（％）

8.1.2　建筑安装工程类别划分

在编制电气安装工程预算造价时，管理费、利润等费用的费率与工程类别有关，工程类别不同，取费就不同。因此，工程类别划分正确与否，直接影响工程预算造价的准确性。

一、建筑工程类别划分标准

建筑工程类别划分标准是根据不同的单位工程，按其施工难易程度，结合各省建筑市场的实际情况确定的；是确定工程施工难易程度、计取有关费用的依据；同时也是企业编制投标报价的参考。建筑工程的工程类别按工业建筑工程、民用建筑工程、构筑物工程、单独土石方工程、桩基础工程分列，并分若干类别（表8-4）。

（1）工业建筑工程

工业建筑工程指从事物质生产和直接为物质生产服务的建筑工程。一般包括：生产（加工、储运）车间、实验车间、仓库、民用锅炉房和其他生产用建筑物。

（2）装饰工程

装饰工程指建筑物主体结构完成后，在主体结构表面进行抹灰、镶贴、铺挂面层等，以达到建筑设计效果的装饰工程。

（3）民用建筑工程

民用建筑工程指直接用于满足人们物质和文化生活需要的非生产性建筑物。一般包括住宅及各类公用建筑工程。

（4）构筑物工程

构筑物工程指工业与民用建筑配套、且独立于工业与民用建筑工程的构筑物，或独立具有其功能的构筑物。一般包括独立烟囱、水塔、仓类、池类等。

（5）桩基础工程

桩基础工程指天然地基上的浅基础不能满足建筑物和构筑物的稳定要求，而采用的一种深基础。它主要包括各种现浇和预制混凝土桩及其他桩基。

（6）单独土石方工程

单独土石方工程指建筑物、构筑物、市政设施等基础土石方以外的，且单独编制概预算的土石方工程。它包括土石方的挖、填、运等。

表 8-4 工程类别划分标准

工程名称				单位	工程类别 Ⅰ	Ⅱ	Ⅲ
工业建筑工程	钢结构		跨度	m	＞30	＞18	≤18
			建筑面积	m^2	＞16 000	＞10 000	≤10 000
	其他结构	单层	跨度	m	＞24	＞18	≤18
			建筑面积	m^2	＞10 000	＞6000	≤6000
		多层	檐高	m	＞50	＞30	≤30
			建筑面积	m^2	＞10 000	＞6000	≤6000
民用建筑工程	公用建筑	砖混结构	檐高	m	—	30＜檐高＜50	≤30
			建筑面积	m^2	—	6000＜面积＜10 000	≤6000
		其他结构	檐高	m	＞60	＞30	≤30
			建筑面积	m^2	＞12 000	＞8000	≤8000
	居住建筑	砖混结构	层数	层	—	8＜层数＜12	≤8
			建筑面积	m^2	—	8000＜面积＜12 000	≤8000
		其他结构	层数	层	＞18	＞8	≤8
			建筑面积	m^2	＞12 000	＞8000	≤8000
构筑物工程	烟囱		混凝土结构高度	m	＞100	＞60	≤60
			砖结构高度	m	＞60	＞40	≤40
	水塔		高度	m	＞60	＞40	≤40
			容积	m^3	＞100	＞60	≤60
	筒仓		高度	m	＞35	＞20	≤20
			容积（单体）	m^3	＞2500	＞1500	≤1500
	贮池		容积（单体）	m^3	＞3000	＞1500	≤1500
单独土石方工程			单独挖、填土石方	m^3	＞15 000	＞10 000	5000＜体积≤10 000
桩基础工程			桩长	m	＞30	＞12	≤12

二、安装工程类别划分标准

（一）说明

1）安装工程类别的划分，是根据各专业安装工程的功能、规模、繁简、施工技术难易程度，结合我省安装工程实际情况进行制定的。

2）工程类别划分标准，是工程建设各方作为评定工程类别等级、确定有关费用的依据。

3）工程类别等级，均以单位工程划分，一个单位工程一般只定一个等级类别。

4）一个单位工程中有多个不同的工程类别标准时，则依据主体设备，或主要部分的标准确定。

（二）工程类别标准

工程类别标准详见表8-5、表8-6。

表8-5　设备安装工程类别标准

工程类别	工程类别标准
Ⅰ类	1. 台重≥35t各类机械设备；精密数控（程控）机床；自动、半自动生产工艺装置；配套功率≥1500kV的压缩机（组）、风机、泵类设备；国外引进成套生产装置的安装工程。 2. 主钩起重量桥式≥50t、门式≥20t起重设备及相应轨道；运行速度≥1.5m/s自动快速、高速电梯；宽度≥1000mm或输送长度≥100m或斜度≥10°的胶带输送机安装。 3. 容量≥1000kV·A变电装置；电压≥6kV架空线路及电缆敷设工程；全面积防爆电气工程。 4. 中压锅炉和汽轮发电机组、各型散装锅炉设备及其配套工程的安装工程。 5. 各类压力容器、塔器等制作、组对、安装；台重≥40t各类静置设备安装；电解槽、电除雾、电除尘及污水处理设备安装。 6. 金属重量≥50t工业炉；炉膛内径ϕ≥2000mm煤气发生炉及附属设备；乙炔发生设备及制氧设备安装。 7. 容量≥5000m³金属储罐、容量≥1000m³气柜制作安装；球罐组装；总重≥50t或高度>60m火炬塔架制作安装。 8. 制冷量≥4.2MW制冷站、供热量≥7MW换热站安装工程。 9. 工业生产微机控制自动化装置及仪表安装、调试。 10. 中、高压或有毒、易燃、易爆工作介质或有探伤要求的工艺管网（线）；试验压力≥1.0MPa或管径ϕ≥500mm的铸铁给水管网（线）；管径ϕ≥800mm的排水管网（线）。 11. 附属于上述工程各种设备及其相关的管道、电气、仪表、金属结构及其刷油、绝热防腐蚀工程。 12. 净化、超净、恒温、恒湿通风空调系统；作用建筑面积≥10 000m²民用工程集中空调（含防排烟）系统安装。 13. 作用建筑面积≥5000m²的自动灭火消防系统；智能化建筑物中的弱电安装工程。 14. 专业用灯光、音响系统
Ⅱ类	1. 台重<35t各类机械设备；配套功率<1500kV的压缩机（组）、风机、泵类设备；引进主要设备的安装工程。 2. 主钩起重量≥5t桥式、门式、梁式、壁行及旋臂起重机及其轨道安装；运行速度<1.5m/s自动、半自动电梯；自动扶梯、自动步行道；Ⅰ类以外其他输送设备安装。 3. 容量<1000kV·A变配电装置；电压<6kV架空线路及电缆敷设；工业厂房及厂区照明工程。 4. 蒸发量≥4t/h各型快装（含整装燃油、气）、组装锅炉及其配套工程。 5. 各类常压容器及工艺金属结构制作、安装；台重<40t各类静置设备安装。 6. Ⅰ类工程以外的工业炉设备安装。 7. Ⅰ类工程以外金属储罐、气柜、火炬塔架等制作安装。 8. Ⅰ类工程以外制冷站、换热站安装工程。 9. 未有探伤要求的工艺管网（线）；试验压力<1.0MPa的铸铁给水管网（线）；管径ϕ<800mm的排水管网（线）。 10. 附属于上述工程的各种设备及相关的管道、电气、仪表、金属结构及其刷油、绝热、防腐蚀工程。 11. 工业厂房除尘、排毒、排烟、通风和分散式（局部）空调系统；作用建筑面积<10 000m²民用工程集中空调（含防排烟）系统安装。 12. 作用建筑面积<5000m²的自动灭火消防系统；非智能化建筑物中的弱电安装工程。 13. Ⅰ类、Ⅱ类民用建筑工程中及其室外配套的低压供电、照明、防雷接地、采暖、给排水、卫生、消防（消火栓系统）、燃气系统安装

续表

工程类别	工程类别标准
Ⅲ类	1. 台重≤5t的各类机械设备；配套功率<300kW的压缩机（组）、风机、泵类设备；Ⅰ、Ⅱ类工程以外的梁式、壁行、旋臂式起重机及轨道；各型电动葫芦、单轨小车及轨道安装；小型杂物电梯安装。 2. 蒸发量<4t/h各型快装（含整装燃油、气）锅炉、常压锅炉及其配套工程。 3. 台重≤5t的静置设备安装。 4. 附属于上述工程的各种设备及其相关的管道、电气、仪表、金属结构及其刷油、绝热、防腐蚀工程。 5. 厂房内给排水、采暖、消火栓系统安装工程。 6. Ⅲ类民用建筑工程中及其室外配套的低压供电、照明、防雷接地、采暖、给排水、卫生、消防（消火栓系统）、燃气系统安装。 7. Ⅰ、Ⅱ类工程以外的其他安装工程

表8-6　炉窑砌筑工程类别标准

工程类别	工程类别标准
Ⅰ类	1. 专业炉窑设备的砌筑。 2. 中压锅炉、各型散装锅炉的炉体砌筑
Ⅱ类	一般炉窑设备的砌筑
Ⅲ类	Ⅰ、Ⅱ类工程以外的炉体砌筑

三、安装工程费用费率

安装工程费用费率见表8-7、表8-8，表8-7是2011年7月份以前安装工程的费率，表8-8是2011年7月份以后的安装工程费用费率。说明：措施费中人工费含量：夜间施工增加费为50%，冬雨季施工增加费及二次搬运费为40%；总承包服务费中不考虑，其余按25%。

表8-7　安装工程费用费率（一）　%

费用名称	工程名称及类别	设备安装工程			炉窑砌筑工程		
		Ⅰ	Ⅱ	Ⅲ	Ⅰ	Ⅱ	Ⅲ
措施费	环境保护费	3	2.5	2	6	5	4
	文明施工费	6	5	4	12.5	10.4	8.3
	临时设施费	16.5	13	10	43	34	26
	夜间施工增加费	3.6	3	2.5	9.4	7.8	6.5
	二次搬运费	3.2	2.6	2.1	8.3	6.8	5.5
	冬雨季施工增加费	4	3.3	2.8	10.4	8.6	7.3
	已完工程设备保护费	2	1.6	1.3	5.2	4.2	3.3
	总承包服务费	5	3	1	—	—	—
企业管理费		64	54	42	135	112	87
利润		40	30	20	90	70	45
规费	工程排污费（发生时）	按环保部门相关规定计算					
	工程定额测定费	按各市相应规定计算					
	社会保障费	2.6					
	住房公积金	按相应规定计算					
	危险作业意外伤害保险	按所需投保金额计算					
	安全施工费	由各市工程造价管理机构核定					
税金	市区	3.44					
	县城、镇	3.38					
	市、县城、镇外	3.25					

表8-8　安装工程费用费率（二）　%

费用名称 \ 工程名称及类别		设备安装工程			炉窑砌筑工程		
		Ⅰ	Ⅱ	Ⅲ	Ⅰ	Ⅱ	Ⅲ
措施费	夜间施工增加费	2.6	2.6	2.6	6.8	6.8	6.8
	二次搬运费	2.2	2.2	2.2	5.8	5.8	5.8
	冬雨季施工增加费	2.9	2.9	2.9	7.6	7.6	7.6
	已完工程设备保护费	1.3	1.3	1.3	3.4	3.4	3.4
	总承包服务费	3	3	3	3	3	3
企业管理费		63	52	40	130	108	83
利润		38	30	23	85	70	45
规费	安全文明施工费	4.7（3.7）					
	其中：（1）安全施工费	2.0（1.0）					
	（2）环境保护费	0.3					
	（3）文明施工费	0.6					
	（4）临时设施费	1.8					
	工程排污费	按工程所在地设区市相关规定计算					
	社会保障费	2.6					
	住房公积金	按工程所在地设区市相关规定计算					
	危险作业意外伤害保险	按工程所在地设区市相关规定计算					
税金	市区	3.48					
	县城、镇	3.41					
	市、县城、镇外	3.28					

说明：安装工程安全施工费用费率：民用安装工程为2.0%，工业安装工程为1.0%。

8.1.3　建筑安装工程费用的确定——计价程序

一、取费依据

取费依据包括施工图纸、施工合同、施工组织设计、施工现场情况、费用定额（间接费费率、利润率、税率）、国家有关部门、省（市）有关厅局关于建筑安装工程方面的文件和通知；定额站转发的或颁布的有关文件和规定。

二、建筑安装工程取费程序

表8-9是2011年7月份以前年山东省安装工程定额计价程序表，表8-10是2011年7月份以后山东省安装工程定额计价程序表。

表 8-9 **安装工程计价程序（一）**

序号	费 用 名 称	计 算 方 法
一	直接费	（一）＋（二）
	（一）直接工程费	Σ{工程量×Σ[（定额工日消耗数量×人工单价）＋（定额材料消耗数量×材料单价）＋（定额机械台班消耗数量×机械台班单价）]}
	其中：人工费	R_1
	（二）措施费	1＋2＋3
	1. 参照定额规定计取的措施费	按定额规定计
	2. 参照费率计取的措施费	ΣR_1×相应费率
	3. 按施工组织设计（方案）计取的措施费	按施工组织设计（方案）计取
	其中：人工费	R_2
二	企业管理费	（R_1＋R_2）×管理费费率
三	利润	（R_1＋R_2）×利润率
四	规费	（一＋二＋三）×规费费率
五	税金	（一＋二＋三＋四）×税率
六	安装工程费用合计	一＋二＋三＋四＋五

说明：

1）建设招标工程编制标底时，应使用省统一发布的信息价。其余计价活动，人工、材料、机械台班单价均可由发、承包双方根据工程实际、建筑市场及自身情况自主确定或执行双方约定单价。

2）费率表中的费率计算基础，除规费和税金外，均以人工费为计算基础，该人工费（R_1）是按省价目表中人工单价计算的人工费。表中费率是以人工工日单价 28 元测定的。

3）计算程序中所称“省价措施费中的人工费（R_2）”，是指各项措施费中按照省价目表人工单价计算的人工费和按省发布的措施费率及其规定计算的人工费之和。

4）参照定额规定计取的措施费。

参照定额规定计取的措施费指安装工程消耗量定额中列有相应子目或规定有计算方法的措施项目费用。例如施工现场临时组装平台、脚手架费、格架式金属抱杆等。（本类中的措施费有些要结合施工组织设计或技术方案计算）

5）参照省发布费率计取的措施费。

参照省发布费率计取的措施费指省建设行政主管部门根据建筑市场状况和多数企业经营管理情况、技术水平等测算发布了参考费率的措施项目费用。包括环境保护、文明施工、临时设施、夜间施工及冬雨季施工增加费、二次搬运费、已完工程及设备保护费以及总承包服务费等。

6）按施工组织设计（方案）计取的措施费。

按施工组织设计（方案）计取的措施费指承包人按施工组织设计（技术方案）计算的措施项目费用。例如：大型机械进出场及安拆；施工排水、降水费用等。

表 8-10　安装工程计价程序（二）

序号	费用项目名称	计　算　方　法
一	直接费	（一）＋（二）
	（一）直接工程费	Σ{工程量×Σ[（定额工日消耗数量×人工单价）+（定额材料消耗数量×材料单价）+（定额机械台班消耗数量×机械台班单价）]}
	计费基础 R_1	按说明中"（1）计费基础及其计算方法"计算
	（二）措施费	1.1+2.2+3.3+1.4
	1.1　参照定额规定计取的措施费	按定额规定计算
	1.2　参照省发布费率计取的措施费	计费基础 R_1×相应费率
	1.3　按施工组织设计（方案）计取的措施费	按施工组织设计（方案）计取
	1.4　总承包服务费	专业分包工程费（不包括设备费）×费率
	计费基础 R_2	按说明中"（1）计费基础及其计算方法"计算
二	企业管理费	（R_1+R_2）×管理费费率
三	利润	（R_1+R_2）×利润率
四	规费	4.1+4.2+4.3+4.4+4.5
	4.1　安全文明施工费	（一+二+三）×费率
	4.2　工程排污费	按工程所在地设区市相关规定计算
	4.3　社会保障费	（一+二+三）×费率
	4.4　住房公积金	按工程所在地设区市相关规定计算
	4.5　危险作业意外伤害保险	按工程所在地设区市相关规定计算
五	税金	（一+二+三+四）×税率
六	工程费用合计	一+二+三+四+五

计算程序说明：

（1）计费基础及其计算方法

计费基础及其计算方法见表 8-11。

表 8-11　计费基础及其计算方法

计　费　基　础		计　算　方　法
计费基础 R_1	直接工程费	工程量×省基价
	人工费	Σ［工程量×定额工日消耗数量×省价人工单价］
计费基础 R_2	人工费	措施费中按照省价人工单价计算的人工费和按照省发布费率及其规定计算的措施费中人工费之和

（2）有关措施费的说明

1）参照定额规定计取的措施费是指消耗量定额中列有相应子目或规定有计算方法的措施项目费用。例如安装工程中施工现场临时组装平台费、格架式金属抱杆、球罐焊接防护棚、脚手架费等。

本类中的措施费有些要结合施工组织设计或技术方案计算。

2）参照省发布费率计取的措施费是指按省建设行政主管部门根据建筑市场状况和多数企业经营管理情况、技术水平等测算发布了参考费率的措施项目费用。包括夜间施工及冬雨季施工增加费、二次搬运费以及已完工程及设备保护费等。

3）按施工组织设计（方案）计取的措施费是指按施工组织设计（技术方案）计算的措施项目费用。例如大型机械进出场及安拆；施工排水、降水费用；设备、管道施工安全、防冻和焊接保护措施以及按拟建工程实际需要采取的其他措施性项目费用等。

4）措施费中的总承包服务费不计入计费基础 R_2，并且不计取企业管理费和利润。

表 8-8 和表 8-9 的区别在以下几点不同：

第一，措施费包含的内容不同，2011 年的措施费只包含夜间施工增加费、二次搬运费、冬雨季施工增加费、已完工程设备保护费、总承包服务费。减少的那三项环境保护费、文明施工费、临时设施费增加到了规费中。

第二，措施费中的总承包服务费不计入计费基础 R_2，并且不计取企业管理费和利润。

前面第 2 章～第 7 章的例题中工程造价取费是按照 2011 年以前的计价程序，下面举例说明以 2011 年以后的计价程序确定工程的安装费用。

【例 8-1】　济南市区内某小区中一幢住宅楼，砖混结构，6 层，建筑面积 $2100m^2$，其中电气设备工程的直接工程费合计为1 564 326.45 元（人工费为426 568.61 元），按定额规定计取的措施费合计为186 745.78 元（其中人工费为53 422.56 元），按省站发布的措施项目的综合费按费率计算，按施工组织设计应计取的措施费合计为23 255.36 元（其中人工费为 3880.08 元），专业分包工程费为436 784.17 元，规费假设文件规定费率为 0.1。确定建筑安装工程的费用。

解　根据工程实际情况，查表可知该电气设备安装工程属于Ⅲ类设备安装工程，则该工程的各项费用费率见表 8-12。

表 8-12　　建筑安装工程费率表

工程名称及类别 / 费用名称		设备安装工程（Ⅲ）
措施费	夜间施工增加费	2.6
	二次搬运费	2.2
	冬雨季施工增加费	2.9
	已完工程设备保护费	1.3
	总承包服务费	3
企业管理费		40
利润		23
规费		10%
税金		3.48

因此，按照省发布费率计取的措施费的措施费费率为

$$(2.6+2.2+2.9+1.3)\%=12\%$$

措施费为

$$R_1\times 9\%=426\ 568.61\times 9\%=38\ 391.17\text{元}$$

其中人工费为

$$R_1\times 2.6\%\times 50\%+R_1\times 2.9\%\times 40\%+R_1\times(2.2\%+1.3\%)\times 25\%=3195.43\text{元}$$

$$R_2=53\ 422.56+3195.43+3880.08=60\ 498.07\text{元}$$

安装工程费用计算，见表8-13。

表8-13　　建筑安装工程费用表

序号	费用项目名称	计 算 方 法	费用（元）
一	直接费	（一）＋（二）	1 825 822.29
	（一）直接工程费	Σ{工程量×Σ[(定额工日消耗数量×人工单价)＋(定额材料消耗数量×材料单价)＋(定额机械台班消耗数量×机械台班单价)]}	1 564 326.45
	计费基础 R_1		426 568.61
	（二）措施费	1.1＋2.2＋3.3＋1.4	261 495.84
	1.1　参照定额规定计取的措施费	按定额规定计算	186 745.78
	1.2　参照省发布费率计取的措施费	$R_1\times 9\%$	38 391.17
	1.3　按施工组织设计（方案）计取的措施费	按施工组织设计（方案）计取	23 255.36
	1.4　总承包服务费	专业分包工程费（不包括设备费）×3%	13 103.53
	计费基础 R_2		60 498.07
二	企业管理费	$(R_1+R_2)\times 40\%$	185 826.67
三	利润	$(R_1+R_2)\times 23\%$	107 425.33
四	规费	（一＋二＋三）×10%	211 907.43
五	税金	（一＋二＋三＋四）×3.48%	81 118.16
六	工程费用合计	一＋二＋三＋四＋五	2 412 099.89

8.2　建筑电气安装工程施工图预算

8.2.1　概述

施工图预算是在施工图设计完成后，工程开工前，以施工图和施工组织设计为依据，按照国家和地区现行的统一预算定额、费用定额、材料市场价格、计划利润、税金计取标准，

以及其他有关规定，编制的工程造价文件。它是以单位工程为编制对象，以分项工程划分项目，按相应的专业预算定额及其项目为计价单位所编制的工程预算。

一、编制施工图预算的作用

（1）编制施工图预算最主要的作用就是为建筑安装产品定价

施工图预算所确定的安装工程造价，是建筑安装产品的计划价格。由于建筑安装产品生产的技术经济特点，以及现阶段建筑市场机制和价值规律的客观要求，仍然要按施工图预算这一特殊的计价程序来计算和确定建筑安装产品的计划价格。按此方法确定的工程造价，能为编制基本建设计划，考核基本建设投资效益提供可靠的依据。

（2）编制施工图预算是建设单位和建筑安装企业经济核算的基础

施工图预算是建筑安装企业确定工程收入的依据，是核算工程预算成本的根据。对于建设单位，是进行经济核算和编制计划、决策的主要依据。

（3）编制施工图预算是编制工程进度计划和统计工作的基础，是设备、材料加工订货的依据

在工程建设计划编制中，确定工程项目和工程量的主要依据是施工图预算中的有关指标。安装施工中需要加工订货的材料、设备数量，应以预算的实物量指标作为控制的依据，防止盲目采购或加工，从而突破预算货币指标。

（4）编制施工图预算是编制工程招标标底和工程投标报价的基础

工程建设实行招投标承包时，工程招标标底要以施工图预算所确定的工程造价为基础进行编制。同样，投标单位投标报价也要以施工图预算为基础，进而考虑本企业的实际水平，充分利用自身的优势和相应的投标报价策略而确定。

二、编制安装工程施工图预算的主要依据

编制施工图预算时，主要依据下列资料进行。

（1）完整的施工图设计文件

完整的施工图设计文件包括图纸目录、说明、材料设备表、平面图、系统图、剖面图、大样图，以及图纸会审文件和设计变更通知等。施工图设计文件是编制工程预算，确定分项名称和工程数量的技术依据。

（2）施工组织设计或施工方案

施工组织设计或施工方案是确定单位工程的施工方法、施工进度计划、施工现场平面、工种工序穿插配合以及主要技术措施等内容的文件。它与计算工程量、选用定额、计算有关费用等都有重要关系。

（3）现行设备安装工程预算定额、单位估价表

现行的有关预算定额、单位估价表、造价计价的有关规定，是划分工程项目、计算工程量、套用定额单价，计算工程费用的标准及依据。

（4）现行的安装工程材料、设备预算价格

材料、设备预算价格是定额单位估价表的计价基础。在安装工程预算定额、单位估价表中，一般为了适应较大的适用范围，一些主要材料和设备价值没有列入基价，编制预算时，需要根据工程实用的品种规格，依据预算价格资料计入造价之中。另外，若编制某些项目的补充定额时，也需要运用预算价格。

（5）现行的费用计算规定和与造价有关的其他规定

费用计算规定是计取施工措施费、专项费用、利润、税金等各项费用的基本依据。为适应一定时期内的变化形势，除定额及各项费用计算规定外，工程造价管理部门会根据变化的市场形势和政策，随时颁发一些与工程造价计算有关的文件和规定，这些也都是编制工程预算，确定工程造价的重要依据。

（6）工程承包合同或协议书

合同或协议中对工程造价的计算和结算方式，甲乙双方的责任和义务及针对具体工程的特殊要求等，都作出了具体的规定。这些在编制工程预算、确定特殊费用时，都是遵循的依据。

（7）有关工具书及手册

设计所要求的某些设备、材料或器具，在编制预算时往往要查取一些必要的数据。如重量、断面、面积、外形尺寸等，有些必须要查阅有关的手册或工具书才能确定。

三、编制施工图预算的步骤

安装工程施工图预算的编制，是一项复杂而又细致的工作，需要一定的编制步骤和一套科学的方法。由于条件、工作习惯、编制者水平等的不同，在编制中有的环节和手法会因人而异，但基本的步骤和方法应是一致的。

（1）做好编制前的准备

首先要熟悉图纸，参加施工图的技术交底和图纸会审，详尽地了解施工图纸和有关设计文件；熟悉施工组织设计（方案），了解施工方法、工序和操作工艺及现场的施工条件等；收集和选定有关材料、设备价格，确定相应定额、估价表及与编制预算有关的文件及规定等。

（2）划分预算分部分项子目

预算编制之前，为避免重复或遗漏，首先要按图纸并结合专业进行单位工程划分和分工。一般安装工程可直接根据不同单位工程的设计图纸划分；对大型安装工程，专业多、图纸多、参编人员多，需要由专业预算人员根据图纸和预算定额或单位估价表，列出预算的分部分项子目，这些子目既是计算工程量的目录，也是套用定额或单位估价表时要对应的，同时还可以避免漏项或重复。

（3）计算工程量

工程量是预算造价的基础数据，工程量计算是预算工作中工作量最大的内容之一。工程量计算方法要求准确，防止重复计算或遗漏。首先要根据图纸和预算定额或单位估价表，列出预算的分部分项子目；然后采用“按图列式、逐项计算、全面核对”的方法，分项逐条地计算工程量。

工程量计算的要满足如下原则：工程项目名称必须与预算定额子目口径相一致；工程量计算必须遵循《工程量计算规则》；必须按定额项目分别计算工程量；必须按规定的计量单位计算工程量；必须按一定的精度要求计算工程量。

一般一套完整的电气施工图纸需要计算如下工程量：

1）照明工程量计算包括：进户装置安装；照明配电箱安装；照明灯具安装；开关、插座安装；照明配管、管内穿线；接线盒安装。

2）动力工程量计算包括：动力配电箱安装；动力配管与管内穿线；低压配电柜安装；接线盒安装工程量计算。

3）防雷接地装置工程量计算包括：接地极制作安装、接地母线、接地跨接线、避雷针制作安装、避雷引下线、避雷网安装、接地电阻测试。

（4）套用预算定额或单位估价表，计算直接工程费

工程量计算完毕后，应进行整理、汇总，按一定格式填写定额项目及工程量，套用预算定额或单位估价表，计算直接工程费。计算直接工程费时要注意以下问题：

1）遇有定额未包括的新技术、新工艺、新材料或设备的应用时，应按有关规定换算或编制补充定额。

2）安装工程的基价和未计价材应分别填列，注意计量单位与单价单位口径一致，当定额中无主材含量时，其主材应根据工程量和定额规定的损耗率加计损耗，一并列入未计价材消耗量。

3）直接工程费用除了套用定额子目计取的之外，还有一部分系数费用，需要在子目套用完毕后计取。

各单位工程应根据工程特征，按照各册规定的系数计算规则、方法和标准计算，计取有关的费用，如工程超高增加费、高层建筑增加费、脚手架搭拆费等（各系数的具体内容详见后面有关介绍）。

（5）费用计取

单位工程直接工程费汇总后，计算分析施工技术措施费和施工组织措施费，按照各省、市的安装工程取费标准和计算程序表来计算计算间接费和其他各项费用，并汇总得出单位工程预算造价。

（6）编制主要材料汇总表

根据前面的工程量计算结果，统计本工程所用的主要材料数量和规格并汇总成表。

（7）写编制说明

编制说明主要包括工程概况、编制依据和有关说明问题。编制预算的依据，即所用的预算定额、地区工程材料价格表、采用的取费标准和计算程序等有关文件。其他费用的计取方法，包括施工图预算以外发生费用的计取；对材料预算价格是否进行调差及调差时所用主材价的说明；对定额中未包括项目借套定额的说明，或因定额缺项而编制补充预算单价表的说明等。

（8）填写封面和装订送审

施工图预算的计算工作全部完成后，要装订成册，形成预算书。通常预算书装订顺序为：封面、编制说明、工程费用汇总表（无定格式）、工程预算表、主要材料汇总表。装订、自审、校核准确无误后，即可送主管部门和有关人员审核并签字加盖公章后生效。

8.2.2 编制施工图预算应注意的问题

一、定额系数的应用

安装工程预算定额中把不便列项目的内容用规定的系数计算其费用。这些系数列在各专业定额册的册说明中或定额总说明中。

（一）定额系数的种类

安装工程定额规定的各种系数主要有换算系数、子目系数和综合系数三类。

（1）换算系数

换算系数大部分是由于安装工作物的材质、几何尺寸或施工方法与定额子目规定不一致

而需进行调整的系数。如电力电缆敷设定额均按3芯（包括三芯连地）考虑的，5芯电力电缆敷设定额乘以系数1.3，6芯电力电缆乘以系数1.6，每增加一芯定额增加30%，以此类推。

（2）子目系数

定额子目系数一般在各册的说明中，是对特殊的施工条件、工程结构等因素的影响进行调整的系数，子目系数汉族要包括高层建筑增加系数、超高系数等。

（3）综合系数

综合系数也一般在各册的说明中加以说明，是针对专业工程的特殊需要，特殊施工环境等进行调整的系数。综合系数主要包括脚手架搭拆系数、系统调整系数、安装与生产同时进行的施工增加系数、有害身体健康环境中的施工增加系数等。

（二）定额系数的计算

各项定额系数的计算，一般按照先计算换算系数，再计算子目系数，最后计算综合系数的顺序逐级计算，且前项计算作为后项的计算基础。子目系数、综合系数发生多项可多项计取，一般不可在同级系数间连乘。

（1）高层建筑增加费

高层建筑增加费指在高层建筑（高度在6层或20m以上的工业与民用建筑）施工应增加的人工降效及材料垂直运输增加的费用。高层建筑增加费发生在以下系统中：给排水、采暖、生活用燃气、通风空调、电气、消防、电话、有线电视、广播。

高层建筑增加费的计算方法以全部工程的人工费为基数乘以规定的系数计算。计算基数中含6层或20m以下工程部分，也包括地下室工程。高层建筑增加费系数（表8-14），其中人工工资占70%，其余为机械费。

表8-14　　高层建筑增加费系数

层数（高度）	9层以下（30m）	12层以下（40m）	15层以下（50m）	18层以下（60m）	21层以下（70m）	24层以下（80m）	27层以下（90m）	30层以下（100m）	33层以下（110m）
按定额人工费的（%）	7	9	13	16	19	22	26	30	35
层数（高度）	36层以下（120m）	39层以下（130m）	42层以下（140m）	45层以下（150m）	48层以下（160m）	51层以下（170m）	54层以下（180m）	57层以下（190m）	60层以下（200m）
按定额人工费的（%）	39	42	45	48	51	54	57	60	62

（2）工程超高增加费（已考虑了超高因素的定额项目除外）

当安装物或操作物的高度超过定额规定的安装高度（5m）时，可以计算工程超高增加费。这里的“安装高度”由有楼地面的按楼地面至安装物底的高度，无楼地面的按操作地面（或安装地点的设计地面）至安装工作物底的高度确定。

工程超高增加费内容全部为因降效而增加的人工费。通常发生在以下系统中：

1）电气设备安装工程、消防及安全防范设备安装工程，给排水、采暖、燃气工程，通风空调工程。

2）与以上工程配套的保温、防腐蚀、绝热工程。

工程超高增加费的计算方法以超过规定高度以上的工程人工费为基数乘以相应系数计算。预算定额中规定的各专业工程的超高系数是不同的，使用时一定要根据各定额册的规定正确选择，见表 8-15。

表 8-15　　超高费系数

操作高度	≤10m	≤15m	≤20m	>20m
系数	1.15	1.25	1.35	1.40

（3）脚手架搭拆费

在电气设备安装工程中，脚手架搭拆费为包干费，除定额中已考虑的（如 10kV 以下架空线路）外均可计取，无操作高度要求。安装工程脚手架搭拆费用，以全部工程人工费（含子目系数人工费用）为计算基数乘以脚手架搭拆费系数计算。脚手架搭拆费包括搭拆脚手架所需的人工费、材料费等，人工费占 25%。

各册定额规定的脚手架搭拆费系数不相同。如电气设备安装工程规定：脚手架搭拆费按人工费 4%计算，其中人工工资占 25%。给排水、采暖、燃气工程规定：脚手架搭拆费按人工费的 5%计算，其中人工工资占 25%。通风空调工程规定：脚手架搭拆费按人工费的 3%计算，其中人工工资占 25%。

注意：定额中已考虑了脚手架搭拆因素的项目不再计算脚手架搭拆费，如 10kV 以下架空线路、装灯具等。

（4）安装与生产同时进行增加费

安装与生产同时进行增加费指改扩建工程在生产车间或装置内施工时，由于生产干扰安装工程正常进行而降效的增加费，不包括劳保条例规定应享受的工种保健费。取费形式为以单位工程定额人工费为基数乘以相应增加费率（10%）计算（或者按照施工方案计算）。

（5）在有害人身健康环境中施工增加费

在有害人身健康环境中施工增加费指改扩建工程在生产车间或装置内施工时，影响工人身体而降效的增加费，不包括劳保条例规定应享受的工种保健费。取费形式为以单位工程定额人工费为基数乘以相应增加费率（10%）计算（或者按照施工方案计算）。

注意：其中高层建筑增加费、工程超高增加费属于子目系数。脚手架搭拆费、安装与生产同时进行增加费、在有害人身健康环境中施工增加费属于综合系数，其计算基数应包括子目系数中的人工费。

【例 8-2】　山东省某高层综合办公楼的电气设备安装工程，地下一层，地上十四层，建筑高度为 47.4m。其中地下一层层高 5.5m，其余层高为 3.3m 或 3.6m，经计算该楼气照明工程的直接工程费（不含各项调整系数）为155 000元，其中人工费18 000万元，底层照明直接工程费用35 000万元，其中人工费 9000 元，底层安装高度超过 5m 的直接工程费用

7000元，其中人工费3500元（不包括装饰灯具安装的直接工程费用和人工费）。试计算各项系数增加费。

解　分析：需要计算超高施工增加费、计算高层建筑增加费、计算脚手架搭拆费

（1）计算超高施工增加费

该工程地下一层层高5.5m，超过5m以上部分有照明工程，具备计算超高费的条件。地下一层超过5m以上的工程人工费3500元，其余各层未超高，不计算此项费用。

查表8-11得到5m<操作物高度离楼地面≤10m时，取得工程超高增加系数1.15，即

工程超高增加费=3500×1.15=4025元

（2）计算高层建筑增加费

该工程共14层，超过5层；或总高度47.4m，超过20m，符合计算高层建筑增加费的条件。该工程全部人工费18 000元，电气照明工程15层（50m）以下，高层建筑增加费系数为13%，即高层建筑增加费为

$$18\,000 \times 13\% = 2340\text{元}$$

$$2340 \times 70\% = 1638\text{元}$$

（3）计算脚手架搭拆费

电气安装工程中的脚手架搭拆费计算，除了定额内已考虑了此项因素的项目外，其他项目可以综合计取。本工程全部人工费18 000元；超高增加费4025元；高层建筑增加费2340元。

计算系数：电气照明工程脚手架搭拆费按人工费的4%计算，其中人工工资占25%，即脚手架搭拆费为

$$(18\,000 + 4025 + 1638) \times 4\% = 946.52\text{元}$$

其中人工费为

$$974.6 \times 25\% = 236.63\text{元}$$

（4）计算直接工程费合计

已知：

1）直接工程费用（不含各项调整系数）为155 000元，其中人工费18 000元。

2）超高增加费4025元。

3）高层建筑增加费2340元，其中人工费1638元。

4）脚手架搭拆费946.52元，其中人工费236.63元。

所以直接工程费合计为

$$155\,000 + 4025 + 2340 + 946.52 = 162\,311.52\text{元}$$

其中人工费为

$$18\,000 + 4025 + 1638 + 236.63 = 23\,899.63\text{元}$$

二、主要材料的费用计算

定额中的材料消耗量包括直接消耗在安装工作内容中的主要材料、辅助材料和零星材料等，并计入了相应损耗。主要材料是指构成工程实体的材料，安装工程中是指安装施工的对象，主要材料可以是设备或施工材料，如灯具安装中的灯具、铁支架制作安装中的角钢等。主要材料的费用称主材费，主材费在安装工程消耗量定额中有两种表现形式：一种是已经计入到定额基价中，见表8-16；另一种是没有被计入定额基价，见表8-17。

表 8-16 压铜接线端子

工作内容：剥削线头、套绝缘管、压接头、包缠绝缘带。计量单位：10 个

定额编号			2-342	2-343	2-344	2-345
项目			导线截面（mm^2 以内）			
			16	35	70	120
名称		单位	数量			
人工	综合工日	工日	0.418	0.627	1.254	2.508
材料	铜接线端子 DT－16mm^2	个	10.150	—	—	—
	铜接线端子 DT－25mm^2	个	—	5.080	—	—
	铜接线端子 DT－35mm^2	个	—	5.080	—	—
	铜接线端子 DT－50mm^2	个	—	—	5.080	—
	铜接线端子 DT－70mm^2	个	—	—	5.080	—
	铜接线端子 DT－95mm^2	个	—	—	—	5.080
	铜接线端子 DT－120mm^2	个	—	—	—	5.080
	黄漆布带 20mm×40m	卷	0.060	0.100	0.140	0.160
	黑胶布 20mm×20m	卷	—	—	—	0.500
	电力复合酯　一级	kg	0.020	0.030	0.050	0.070
	钢锯条	根	—	0.200	0.250	0.300
	汽油 60#～70#	kg	0.200	0.300	0.350	0.400
	铁纱布 0#～2#	张	1.00	1.00	1.500	3.500
	破布	kg	0.150	0.200	0.250	0.800

表 8-16 中，本定额项目的对象是压铜接线端子，使用材料是铜接线端子，在材料表中已经有铜接线端子的定额用量，用量且没有加括号，表明接线端子费用已计入基价中，不需要另外计算。

对于主要材料费的第一种表现形式，在定额制定时，将消耗的主材材料、辅助或次要材料价值，一并计入定额基价中，其价值已计入定额基价内，编制预算时不应另行计算。对于主要材料费的第二种表现形式，又有两种计算方法。

1）定额表格中列出了定额含量的主要材料，见表 8-17。

在表 8-17 中，主材钢管定额消耗量用带括号的数字表示：（1.030），表示其价值未计入定额基价内，在计算其费用时，应按照下式计算钢管的费用。

主要材料费用＝（按施工图算出的工程量×括号内的材料消耗量）×材料单价

表 8-17　**接地极（板）制作、安装**

工作内容：尖端及加固帽加工、接地极打入地下及埋设、下料、加工、焊接。计量单位：极

定额编号			2-829	2-830	2-831	2-832
项　目			钢管接地极		角钢接地极	
名　称		单位	数　量			
人工	综合工日	工日	普通土	坚土	普通土	坚土
材料	镀锌钢管 L=2500mm	根	(1.030)	(1.030)	—	—
	镀锌角钢 L=2500mm	根	—	—	(1.050)	(1.050)
	镀锌扁钢—60×6	kg	0.260	0.260	0.260	0.260
	钢锯条	根	1.500	1.500	1.00	1.00
	电焊条　结　422 ϕ3.2	kg	0.200	0.200	0.150	0.150
	沥青清漆 L01	kg	0.020	0.020	0.020	0.020
	其他材料费占辅材费	%	3.000	3.000	3.000	3.000
机械	交流弧焊机 21kVA	台班	0.270	0.270	0.180	0.180

【例 8-3】　某住宅楼防雷接地工程中室外普通中安装了 5 根 SC50 镀锌钢管接地极（L=2.5m），SC50 镀锌钢管的预算单价为 23.42 元/m。试求接地极的总价值。

解　普通土中安装镀锌钢管接地极，应套用 2-829 子目。

接地极定额消耗量　1.03 根/1 根。

接地极总消耗量为

$$1.03 \times 5 = 5.15 \text{ 根}$$

接地极总价值为

$$5.15 \times 2.5 \times 23.42 = 301.53 \text{ 元}$$

编制预算时，按上式计算的主材价值可以直接与定额基价合并，也可单列。

2）定额表格中未列含量的主要材料，见表 8-18。

表 8-18　**横担安装（1kV 以下横担）**

工作内容：定位、上抱箍，装横担，支撑及杆顶支座，安装绝缘子。　　计量单位：组

定额编号			2-937	2-938	2-939	2-940
项　目			铁、木横担		瓷横担	
			单根	双根	单根	双根
名　称		单位	数　量			
人工	综合工日	工日	0.314	0.494	0.209	0.418
材料	木（铁）横担	根	(1.010)	(2.020)	—	—
	瓷横担	根	—	—	(—)	(—)
	绝缘子	个	(—)	(—)	—	—
	连接铁件及螺栓	套	(—)	(—)	(—)	(—)
	镀锌低碳素钢	kg	0.500	0.700	—	—
	调和漆	kg	0.020	0.0520	—	—
	棉纱头	kg	0.050	0.050	0.050	0.050

表8-18中的定额表格中，主要材料瓷横担、连接铁件及螺栓的定额消耗量没有列出来，只用（—）表示，这种情况要根据定额规定的主要材料损耗率（表8-19）计算出总消耗量，然后再计算出主要材料费用。

主要材料费用＝按施工图算出的工程量×（1＋施工损耗率）×材料单价

表8-19　主要材料损耗率

序号	材料名称	损耗率（%）
1	裸软导线（包括铜、铝、钢线、钢芯铝线）	1.3
2	绝缘导线（包括橡皮铜、塑料铅皮、软花）	1.8
3	电力电缆	1.0
4	控制电缆	1.5
5	硬母线（包括钢、铝、铜、带型、管型、棒型、槽型）	2.3
6	拉线材料（包括钢绞线、镀锌铁线）	1.5
7	管材、管件（包括无缝、焊接钢管及电线管）	3.0
8	板材（包括钢板、镀锌薄钢板）	5.0
9	型钢	5.0
10	管体（包括管箍、护口、锁紧螺母、管卡子等）	3.0
11	金具（包括耐张、悬垂、并沟、吊接等线夹及连板）	1.0
12	紧固件（包括螺栓、螺母、垫圈、弹簧垫圈）	2.0
13	木螺钉、圆钉	4.0
14	绝缘子类	2.0
15	照明灯具及辅助器具（成套灯具、镇流器、电容器）	1.0
16	荧光灯、高压汞灯、氙气灯等	1.5
17	白炽灯泡	3.0
18	玻璃灯罩	5.0
19	胶木开关、灯头、插销灯	3.0
20	低压电瓷制品（包括鼓绝缘子、瓷夹板、瓷管）	3.0
21	低压熔断器、瓷闸盒、胶盖闸	1.0
22	塑料制品（包括塑料槽板、塑料板、塑料管）	5.0
23	木槽板、木护圈、方圆木台	5.0
24	木杆材料（包括木杆、横担、横木、桩木灯）	1.0
25	混凝土制品（包括电杆、底盘、卡盘等）	0.5
26	石棉水泥板及制品	8.0
27	油类	1.8
28	砖	4.0
29	砂	8.0
30	石	8.0
31	水泥	4.0
32	铁卡开关	1.0
33	砂浆	3.0
34	木材	5.0
35	橡皮垫	3.0
36	硫酸	4.0
37	蒸馏水	10.0

三、材料价差及其调整

材料价差是指预算定额基价所依据的材料预算价格与安装工程所在地的现行材料预算价格之间的差异。材料价差主要包括地区差价和时间差价。

由于预算定额或单位估价表基价中的材料费，是按北京市或各省会城市所在地的材料预算价格编制计算的。而各安装工程所在地的材料预算价格又各不相同，因此就产生了材料预算价格的地区差价。预算定额或单位估价表基价中的材料费，是编制定额时的预算价格，即使是省会所在地，由于随着时间的推移发生材料预算价格的变化，这样就产生了材料预算价格的时间差价。

在编制电气安装工程预算时，为使工程造价准确合理，应结合当地实际情况，合理调整材料差价，材料差价调整方法目前主要有有三种。

（一）单项材料差价调整

单项材料差价调整方法又称为抽料补差法，适用于对工程造价影响较大的主要材料进行差价调整。如灯具、电缆、电线等材料。计算公式为

单位工程材料价差＝∑｛单项材料数量×（地区现行材料预算价格－原定材料预算价格)｝

注意：补差时调整单价的取定应符合地区工程造价管理部门的规定。在市场经济条件下，材料价差可以是正差也可以是负差。在计算材料价差时，凡是定额列有损耗率的材料，其价差应包括定额损耗。

（二）材料差价综合系数调整

综合系数调整材料差价的方法，是将各项材料统一用综合的调价系数调整材料差价。该方法适用于电气设备安装工程中一些数量大而价值较低的材料差价的调整，如电气设备安装工程中的接线盒、插座等，其计算公式为

材料差价＝单位工程定额材料费×材料差价综合调整系数

材料差价综合调整系数一般由当地定额管理部门或工程造价管理部门按典型工程的材料消耗用量和价格测算出。这种方法简便、快捷，由于综合性太大，也不够准确，在没有价格信息网络和信息处理手段情况下，也是一种既方便且简捷的调差方法，所以当前各地均采用。

（三）安装辅助材料差价调整

当电气工程单位估价表（或电气设备安装工程预算定额）执行一段时间后，由于预算价格发生了变化，在编制电气安装工程施工图预算时，需要调整单位估价表（或预算定额）中的辅助材料、消耗材料差价。其计算公式为

材料差价＝单位工程定额内材料费× 调整系数

材料价格补差情况比较复杂，各地区补差方法不尽相同，编制预算时应按照各地的规定执行。

四、设备费用的计算

设备安装只计算安装费，其设备的价值另行计算，不列入单位工程造价中。但值得注意的是定额中个别安装项目的设备，并没有按照设备处理，而是按计价材料或未计价材料处理，所以设备费的计算可以分为两种情况。

（一）定额列有含量的设备

不论为未计价设备（其定额含量带括号）或已计价设备（其设备价值已计入基价），均

按主材方式处理，构成直接工程费。

（二）定额未列含量的设备

（1）材料损耗率表中列有项目的设备

这是属于材料性质的设备，按主材方式同样处理，构成直接工程费。

（2）定额损耗率表未编入的设备

在国家或者地区无统一规定时，可参照下列原则划分：

1）一般对生活用设备及属建（构）筑物有机组成的设备，如生活用锅炉，照明用电力变压器等，其设备费属直接工程费。

2）生产用设备的设备费不属直接工程费，介于两者之间时，按设计文件指明的用途，以主要用途为划分标准。

注意：

1）属于直接工程费范畴的设备，其价值按主材方式处理，构成直接工程费。

2）不属直接工程费范畴的设备，其价值一般不列进单位工程预算，如需列入时也不构成直接工程费，按独立费处理，不再计算其他费用。

8.2.3 安装工程施工图预算书的编制

一份完整的安装工程预算书应由下列部分组成：封面、编制说明、费用汇总表、工程预算表、主要材料（设备）数量汇总表、主要材料（设备）价格调整表、工程量计算书等。

一、预算书封面

一般要写明工程的名称、结构类型、经济技术指标、编制信息等。参考格式见表8-20。

表8-20　预算书封面表

施工图预算书	
工程名称：	专业名称：
结构类型：	建筑面积：
单方造价：	总造价：
施工单位：	建设单位：
编制人：	审核人：
资格证号：	资格证号：
	年　月　日

二、编制说明

编制说明主要包括工程概况、编制依据、其他有关说明。参考格式见表8-21。

表8-21　编制说明表

编制说明
一、工程概况：
二、编制依据：
三、其他有关说明

（一）工程概况

工程概况主要填写所建工程的批准文件、工程坐落位置、建筑许可证、工程结构类型、工程类别以及投资渠道等。

（二）编制依据

编制依据包括编制所依据的施工图纸、会审纪要、变更联系单、施工组织设计；采用的预算定额、材料预算价格、单位估价汇总表和费用定额等。

（三）其他有关说明

主要对预算中特殊问题处理的说明，如某些项目因资料不全未纳入预算，或采用暂估形式需在决算时调整，以及实行预算加系数包干或招标投标某些条件的说明等。

三、费用汇总表

按照规定的施工图预算计费程序，依据工程人工费，按间接费用、利润、税金等的计算规定，依次计算出整个工程的总造价。参考格式见表8-22。

表8-22　　费用汇总表

序号	费用名称	计算方法	费用（元）
一	直接费	（一）＋（二）	
	（一）直接工程费	人工费、材料费、机械费合计	
	（二）措施费	1＋2＋3	
	1. 参照定额规定计取的措施费	按定额规定计算	
	2. 参照省发布费率计取的措施费	$\sum R_1$×相应费率	
	3. 按施工组织设计（方案）计取措施费	按施工组织设计（方案）计取	
二	企业管理费	(R_1+R_2)×管理费费率	
三	利润	(R_1+R_2)×利润率	
四	规费	（一＋二＋三）×规费费率	
五	税金	（一＋二＋三＋四）×税率	
六	建筑工程费用合计	一＋二＋三＋四＋五	

四、工程预算表

反映分项工程预算单价的表式，表中内容包括分项工程定额编号、工程量、定额单价和分项直接工程费合计。参考格式见表8-23。

表8-23　　工程预算表

序号	定额编号	项目名称	单位	数量	综合基价（元）		其中人工费（元）		未计价材价值				
					单价	合价	单价	合价	材料品种	单位	定额用量	单价（元）	合价（元）
1													
2													
…													

编制直接工程费应注意的问题：

1）属于预算定额范围的工程费均应列入直接工程费，包括按分项工程计算的直接费，经调整换算的直接费、章册说明中规定的各项增加费等。

2）分项直接费中项目的排列顺序，没有统一规定，以便于整理、计算和避免重复和漏项为原则，一般以定额子目编号的顺序排列。

3）分项名称一般应填全名，如“铜芯塑料护套线 3×2.5 砖混结构敷设”等，如名称太长可适当缩写或用符号表示，如 BVV-3×2.5，BV-2.5 等，以能反映定额项目和易于识读为度。

4）每一分项都要填写定额编号，直接套用的可直接填写定额编号或估价表编号，经过调整换算的分项应在编号后注“换（H）”字，补充定额与单价或暂估项目，应填明“补”或“暂估”以便识别。

五、主要材料（设备）数量汇总表

主要材料（设备）数量汇总表是反映工程实物预算的表式。它的主要作用是编制计划、准备材料（设备）、工程施工方与业主结算重要材料（设备）指标及材料（设备）补差等的依据。参考格式见表 8-24，表中

分项工程某材料（设备）数量=定额消耗量×工程量

表 8-24 主要材料（设备）数量汇总表

序号	材料名称	单　位	数　量
1			
2			
…			

六、主要材料（设备）价格调整表

根据主要材料（设备）数量汇总表中的材料数量，根据材料预算价格与材料市场价格的差值逐项对主要材料进行价差调整。参考格式见表 8-25。

表 8-25 主要材料（设备）价格调整表

序号	材料名称	单位	数量	材料预算单价	材料市场单价	单价差	差价合计
1							
2							
…							

七、工程量计算表

工程量的计算要用一定的表式进行，最后汇总成册，用以备查。参考格式见表 8-26。

表 8-26 工 程 量 计 算 表

序号	项目名称	单位	数量	计算式
1				
2				
…				

8.3 电气工程施工图预算编制实例

某公司办公楼电气工程施工图如 8-2～图 8-9 所示。本工程为地上三层的办公楼，层高为 3.6m，建筑面积总计 1379m^2，建筑高度为 10.8m。其中地上一层为门厅、接待室、档

案室及办公室等，地上二层为办公室和财务室，地上三层为活动室和休息室，整个办公楼全部采用吊顶，吊顶高度为0.5m。

一、设计说明

1）本工程供电系统为三级负荷。建筑物电源由上级变配电室直埋引来，进建筑物后沿地面暗敷至低压配电箱，再由低压配电箱配出；电源电压380/220V三相四线，其零线N应做重复接地，采用镀锌扁钢－40×4与就近混凝土柱筋双向焊为一体。具体位置见地层配电及总等电位连接平面图。

2）本建筑接地形式采用：TN-C-S系统，楼内设专用接零保护线PE，在低压配电箱处与接地端子连接，插座接地孔和配电箱外壳均应与其连接；在低压配电箱后零线N与接零保护线PE应严格分开。

3）电源相线L，零线N，接零保护线PE，均应按规定的外皮色标进行区分。

4）本建筑内配线采用：铜芯导线BV-500V、聚氯乙烯电缆VV-1000V，穿聚氯乙烯硬质管PVC（PC）沿地、现浇楼板（FC），沿顶板、屋面保温层（CC），沿墙（WC）暗敷设；照明回路1～3根穿PC16，4～5根穿PC20，6～7根穿PC25。

二、施工图预施工图预算书的编制

预算书封面见表8-27，预算书编制说明见表8-28，工程量计算表见表8-29，工程取费表见表8-30，工程主材价格表见表8-31，工程预算表见表8-32，工程费用表见表8-33。

表8-27　　预算书封面表

工程名称：某办公楼

施工图预算书	
工程名称：某办公楼	专业名称：电气工程
结构类型：砖混	建筑面积：1379m²
单方造价：77 368.72元	总造价：
施工单位：	建设单位：
编制人：	审核人：
资格证号：	资格证号：
	年　月　日

表8-28　　编制说明表

工程名称：某办公楼

编制说明
一、工程概况
本工程为地上三层的办公楼，层高为3.6m，建筑面积总计1379m²，建筑高度为10.8m。其中地上一层为门厅、接待室、档案室及办公室等，地上二层为办公室和财务室，地上三层为活动室和休息室，整个办公楼全部采用吊顶，吊顶高度为0.5m。
二、编制依据
（1）本工程量根据某办公楼电气图纸，按照《山东省2003年安装工程消耗量定额计算规则》编制而成。
（2）强电进户处按照建筑物外围预留1.5m计算，弱电工程量主干线未计，仅计算弱电分线箱至用户末端的工程量。
（3）本预算书按照已经编制好的某办公楼工程量，套用2006版山东省安装工程价目表编制而成。
（4）本工程按照市区三类工程取费，人工费按照42元/工日计取，材料费按照市场价计入。
三、其他有关说明

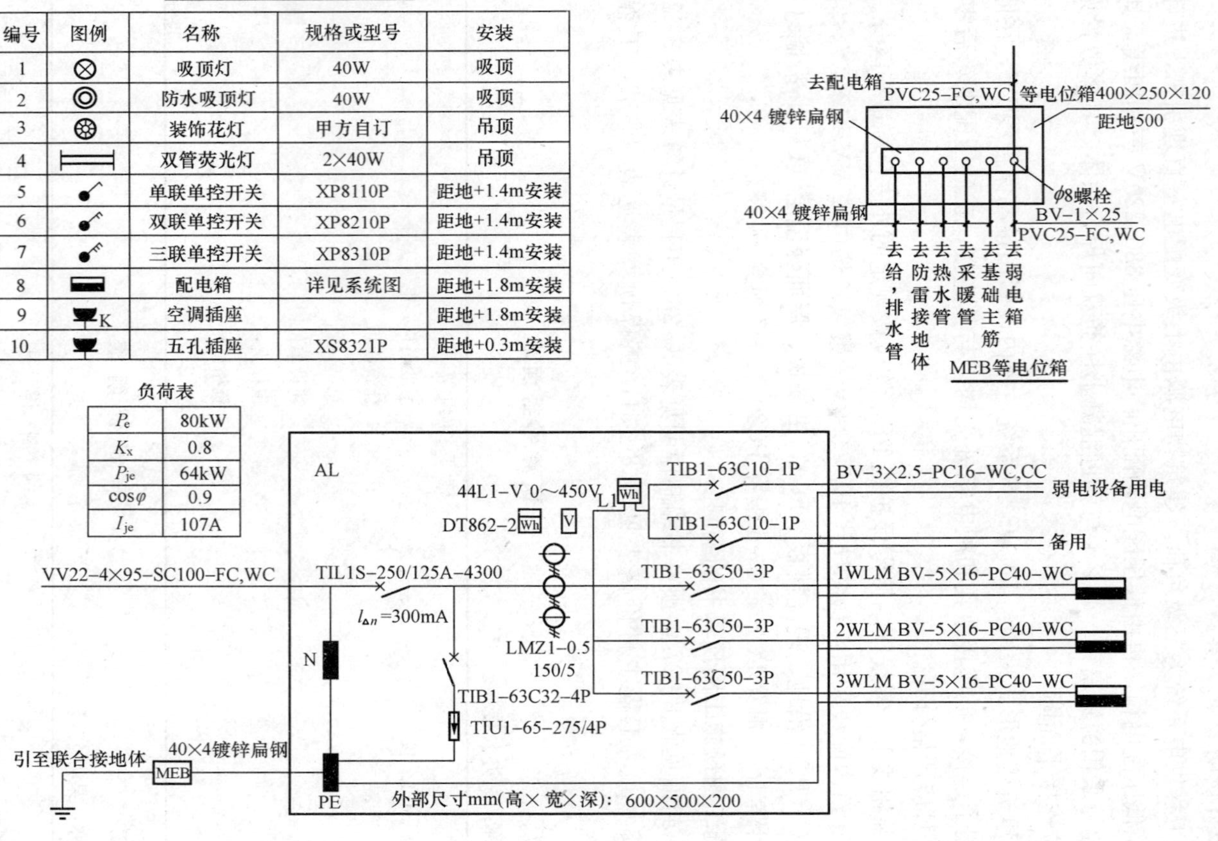

主要材料表

编号	图例	名称	规格或型号	安装
1	⊗	吸顶灯	40W	吸顶
2	◎	防水吸顶灯	40W	吸顶
3		装饰花灯	甲方自订	吊顶
4		双管荧光灯	2×40W	吊顶
5		单联单控开关	XP8110P	距地+1.4m安装
6		双联单控开关	XP8210P	距地+1.4m安装
7		三联单控开关	XP8310P	距地+1.4m安装
8		配电箱	详见系统图	距地+1.8m安装
9	K	空调插座		距地+1.8m安装
10		五孔插座	XS8321P	距地+0.3m安装

负荷表

P_e	80kW
K_x	0.8
P_{je}	64kW
$\cos\varphi$	0.9
I_{je}	107A

图8-2　配电系统图（一）

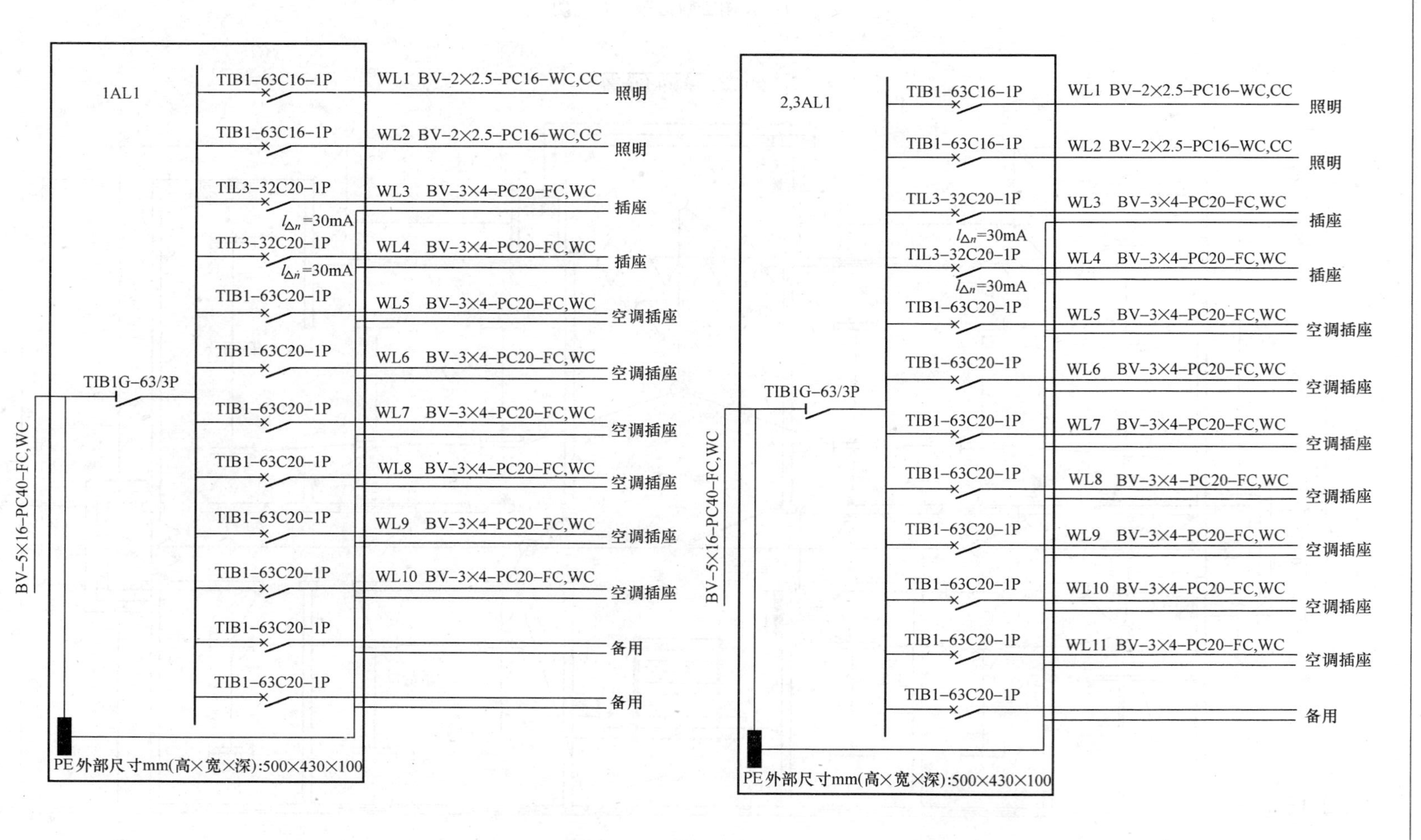

1AL1
TIB1G-63/3P
BV-5×16-PC40-FC,WC
PE 外部尺寸mm(高×宽×深):500×430×100
TIB1-63C16-1P　WL1 BV-2×2.5-PC16-WC,CC　照明
TIB1-63C16-1P　WL2 BV-2×2.5-PC16-WC,CC　照明
TIL3-32C20-1P　$I_{\Delta n}$=30mA　WL3 BV-3×4-PC20-FC,WC　插座
TIL3-32C20-1P　$I_{\Delta n}$=30mA　WL4 BV-3×4-PC20-FC,WC　插座
TIB1-63C20-1P　WL5 BV-3×4-PC20-FC,WC　空调插座
TIB1-63C20-1P　WL6 BV-3×4-PC20-FC,WC　空调插座
TIB1-63C20-1P　WL7 BV-3×4-PC20-FC,WC　空调插座
TIB1-63C20-1P　WL8 BV-3×4-PC20-FC,WC　空调插座
TIB1-63C20-1P　WL9 BV-3×4-PC20-FC,WC　空调插座
TIB1-63C20-1P　WL10 BV-3×4-PC20-FC,WC　空调插座
TIB1-63C20-1P　备用
TIB1-63C20-1P　备用
2,3AL1
TIB1G-63/3P
BV-5×16-PC40-FC,WC
PE 外部尺寸mm(高×宽×深):500×430×100
TIB1-63C16-1P　WL1 BV-2×2.5-PC16-WC,CC　照明
TIB1-63C16-1P　WL2 BV-2×2.5-PC16-WC,CC　照明
TIL3-32C20-1P　$I_{\Delta n}$=30mA　WL3 BV-3×4-PC20-FC,WC　插座
TIL3-32C20-1P　$I_{\Delta n}$=30mA　WL4 BV-3×4-PC20-FC,WC　插座
TIB1-63C20-1P　WL5 BV-3×4-PC20-FC,WC　空调插座
TIB1-63C20-1P　WL6 BV-3×4-PC20-FC,WC　空调插座
TIB1-63C20-1P　WL7 BV-3×4-PC20-FC,WC　空调插座
TIB1-63C20-1P　WL8 BV-3×4-PC20-FC,WC　空调插座
TIB1-63C20-1P　WL9 BV-3×4-PC20-FC,WC　空调插座
TIB1-63C20-1P　WL10 BV-3×4-PC20-FC,WC　空调插座
TIB1-63C20-1P　WL11 BV-3×4-PC20-FC,WC　空调插座
TIB1-63C20-1P　备用

图8-3　配电系统图（二）

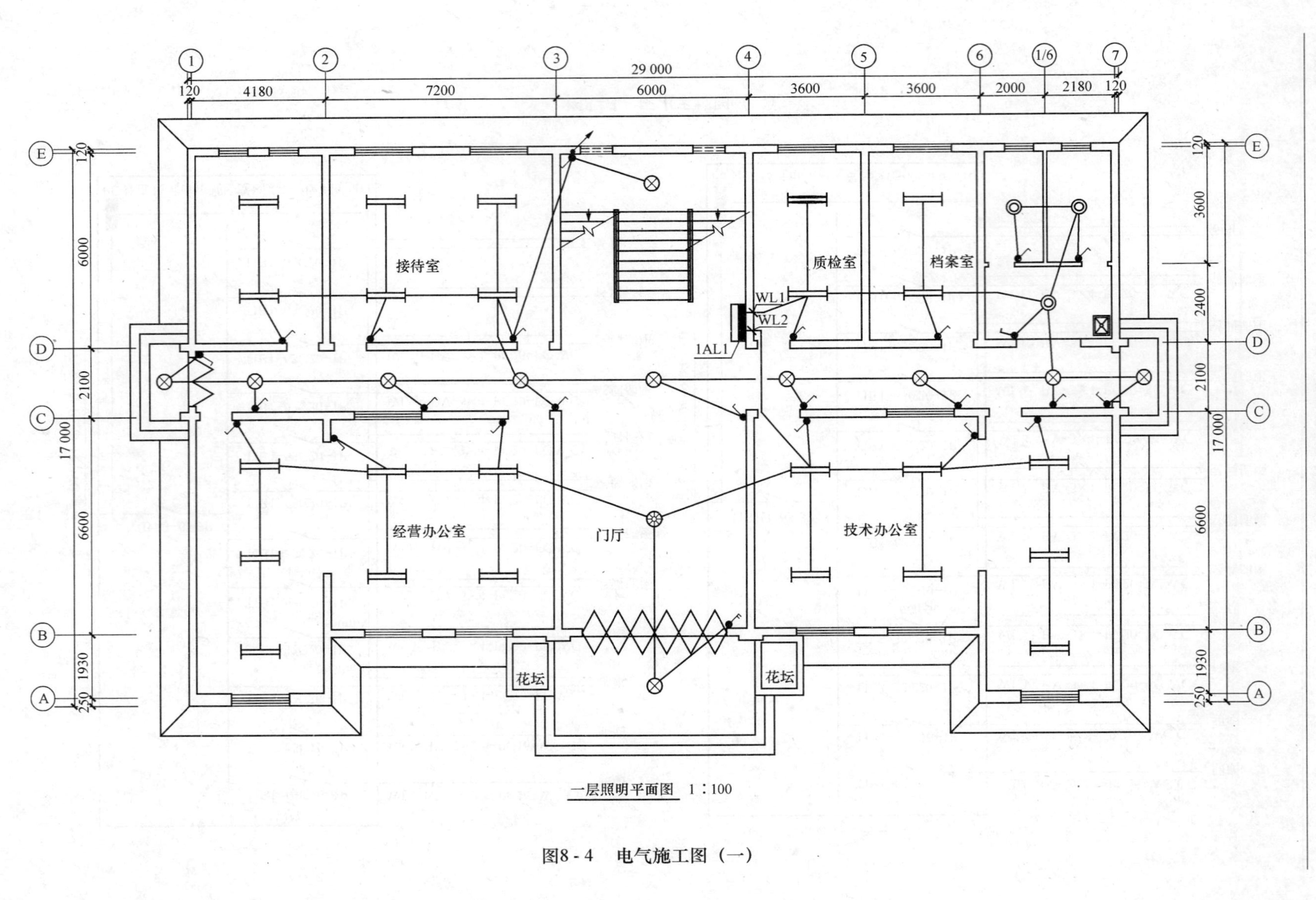

一层照明平面图　1∶100

图8-4　电气施工图（一）

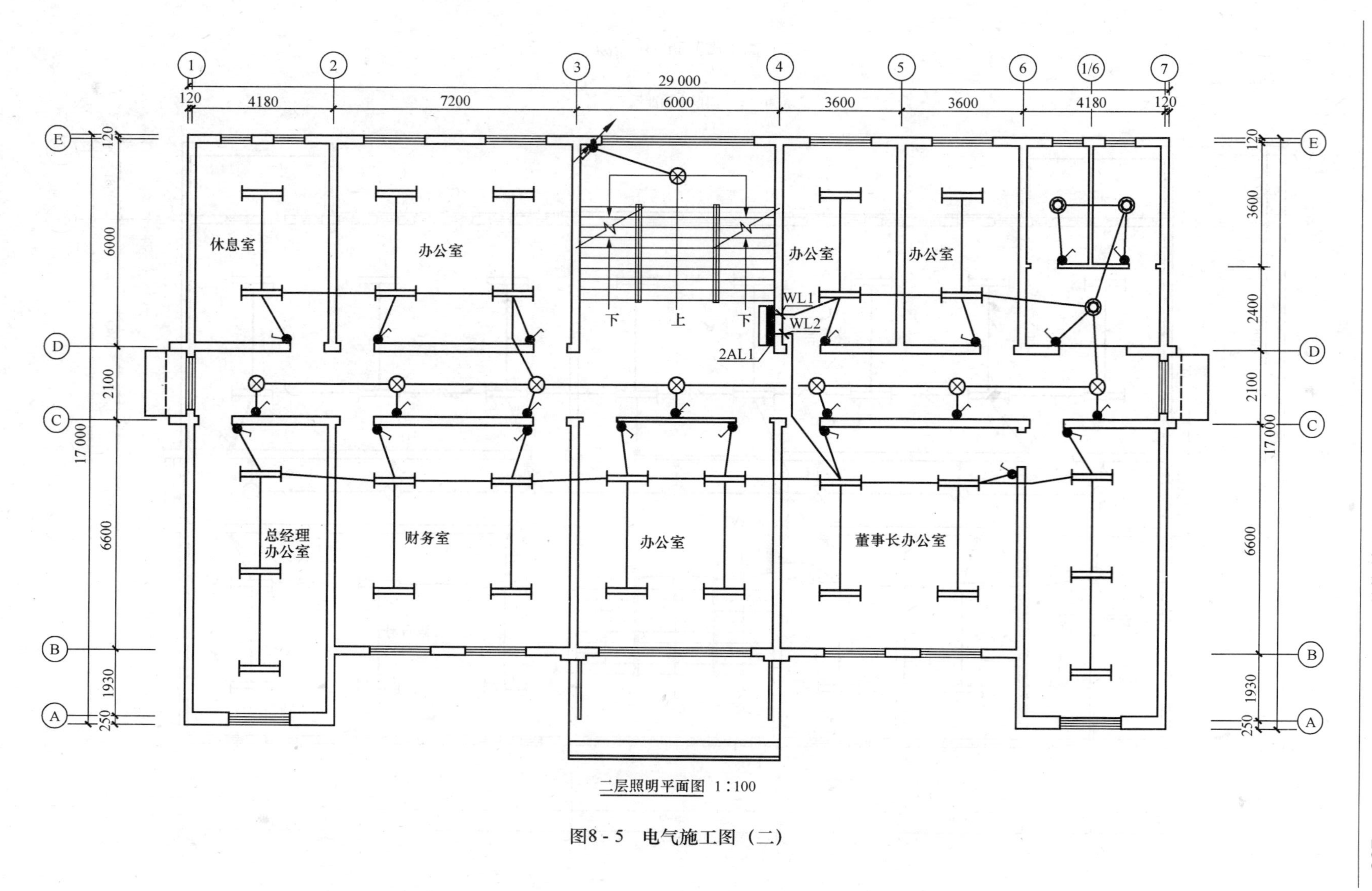

二层照明平面图 1:100

图8-5　电气施工图（二）

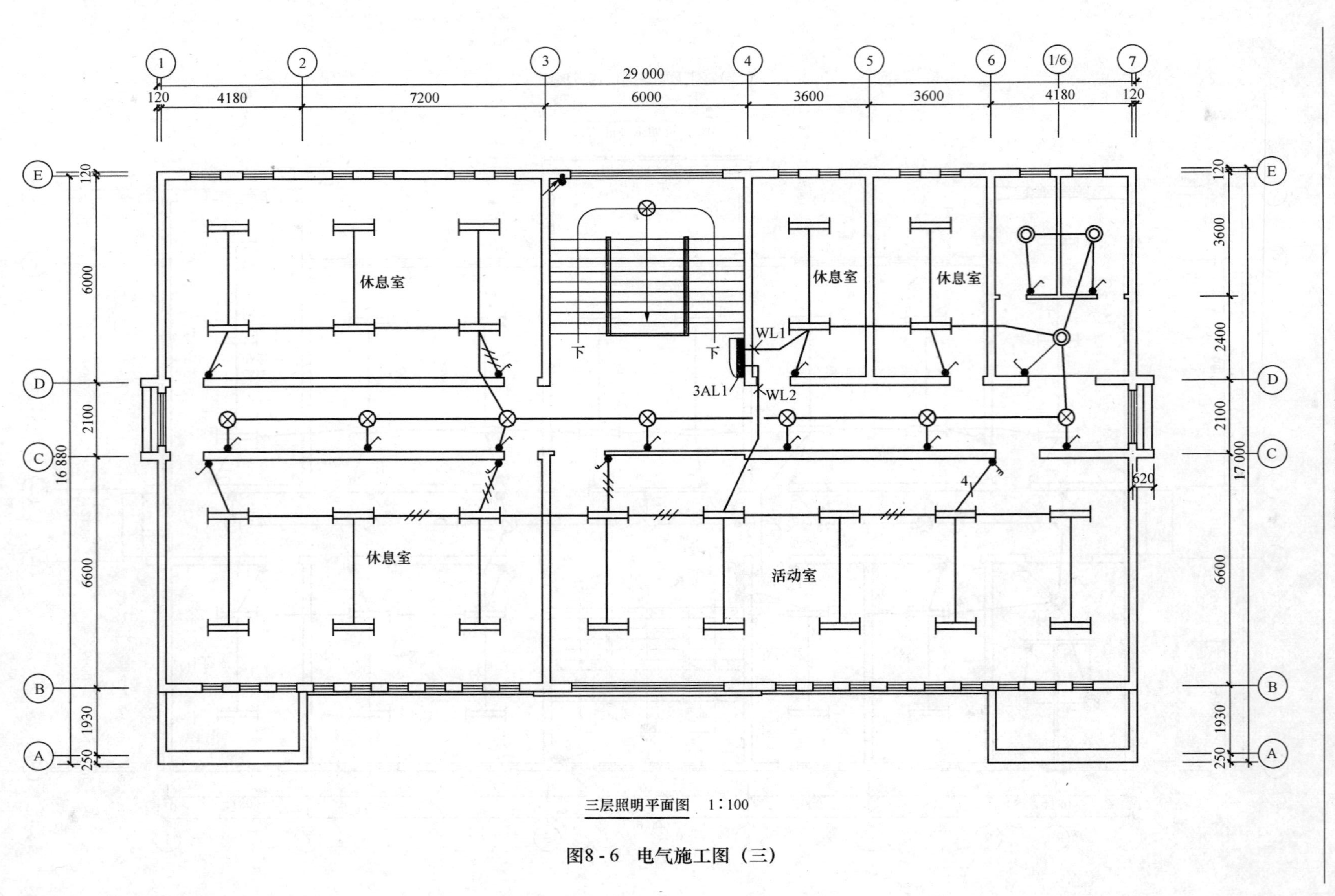

三层照明平面图 1∶100

图8-6 电气施工图（三）

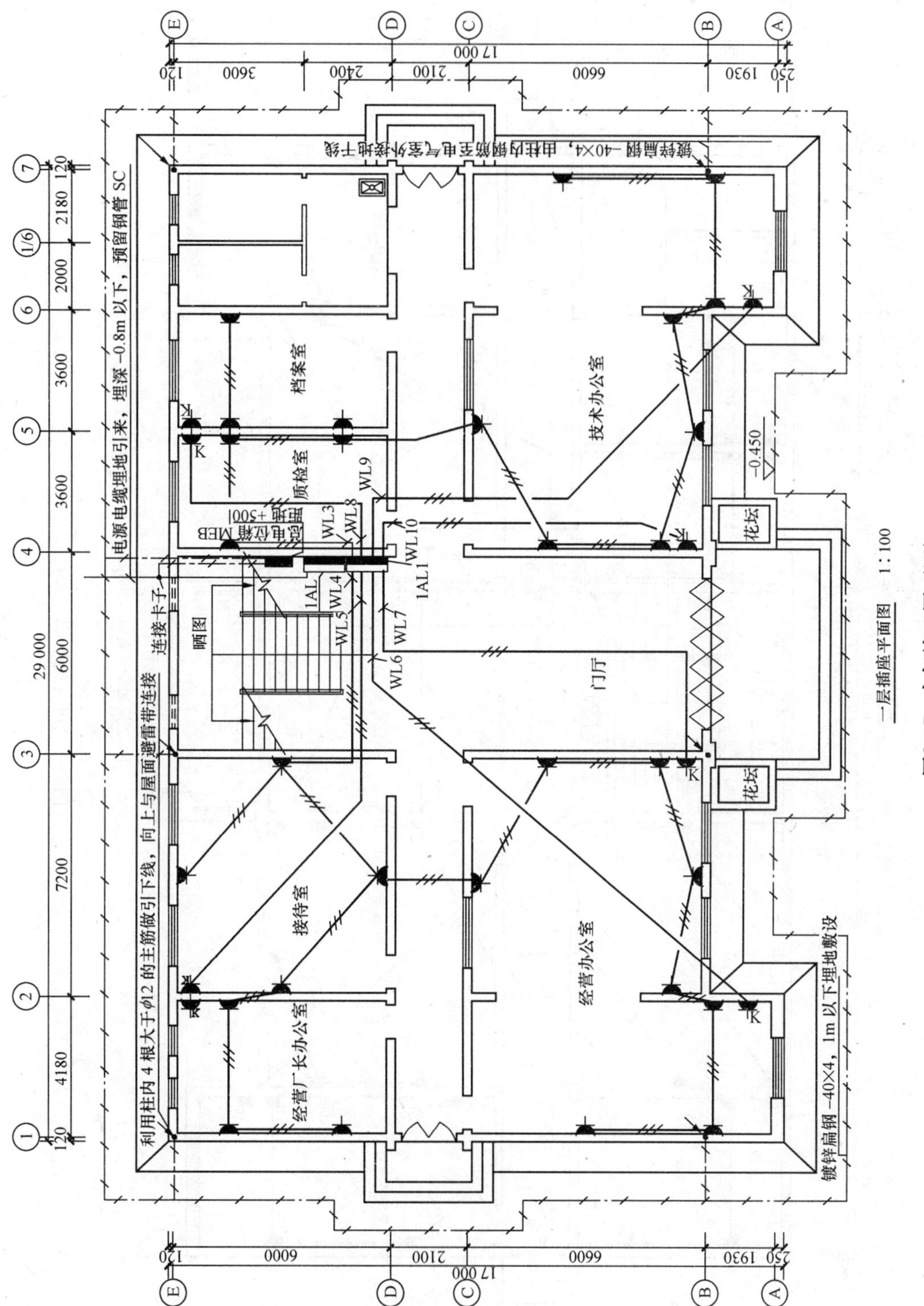
电源电缆埋地引来，埋深-0.8m以下，预留钢管SC
利用柱内4根大于φ12的主筋做引下线，向上与屋面避雷带连接
连接卡子
镀锌扁钢-40×4，由柱内钢筋至电气室外接地干线
镀锌扁钢-40×4，1m以下埋地敷设
电位箱MEB
距地+500
档案室
质检室
技术办公室
晒图
门厅
接待室
经营办公室
经营厂长办公室
花坛
1AL
1AL1
WL3
WL4
WL5
WL6
WL7
WL8
WL9
WL10
-0.450
一层插座平面图　1:100

图8-7　电气施工图（四）

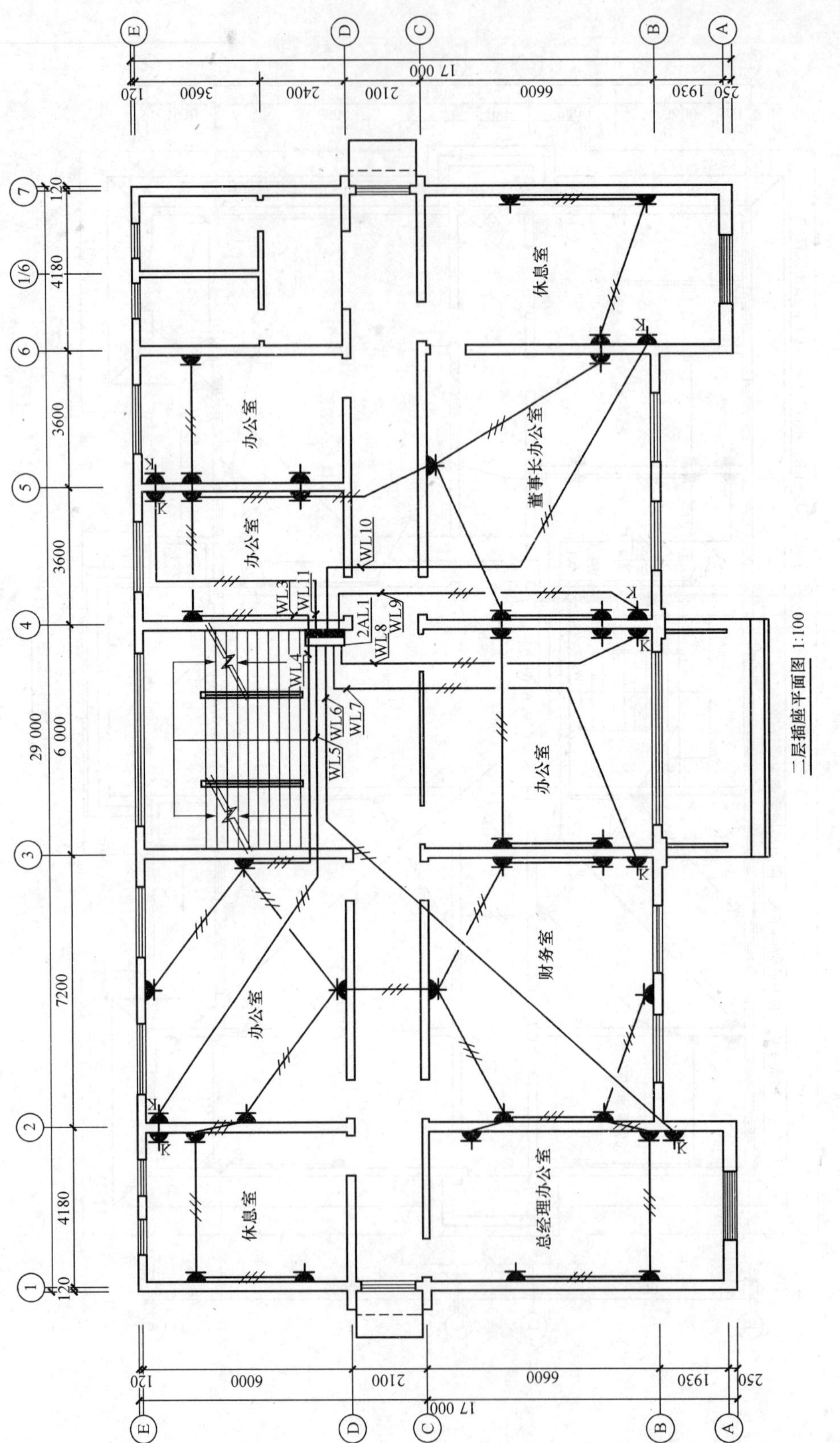

二层插座平面图 1:100

图8-8 电气施工图（五）

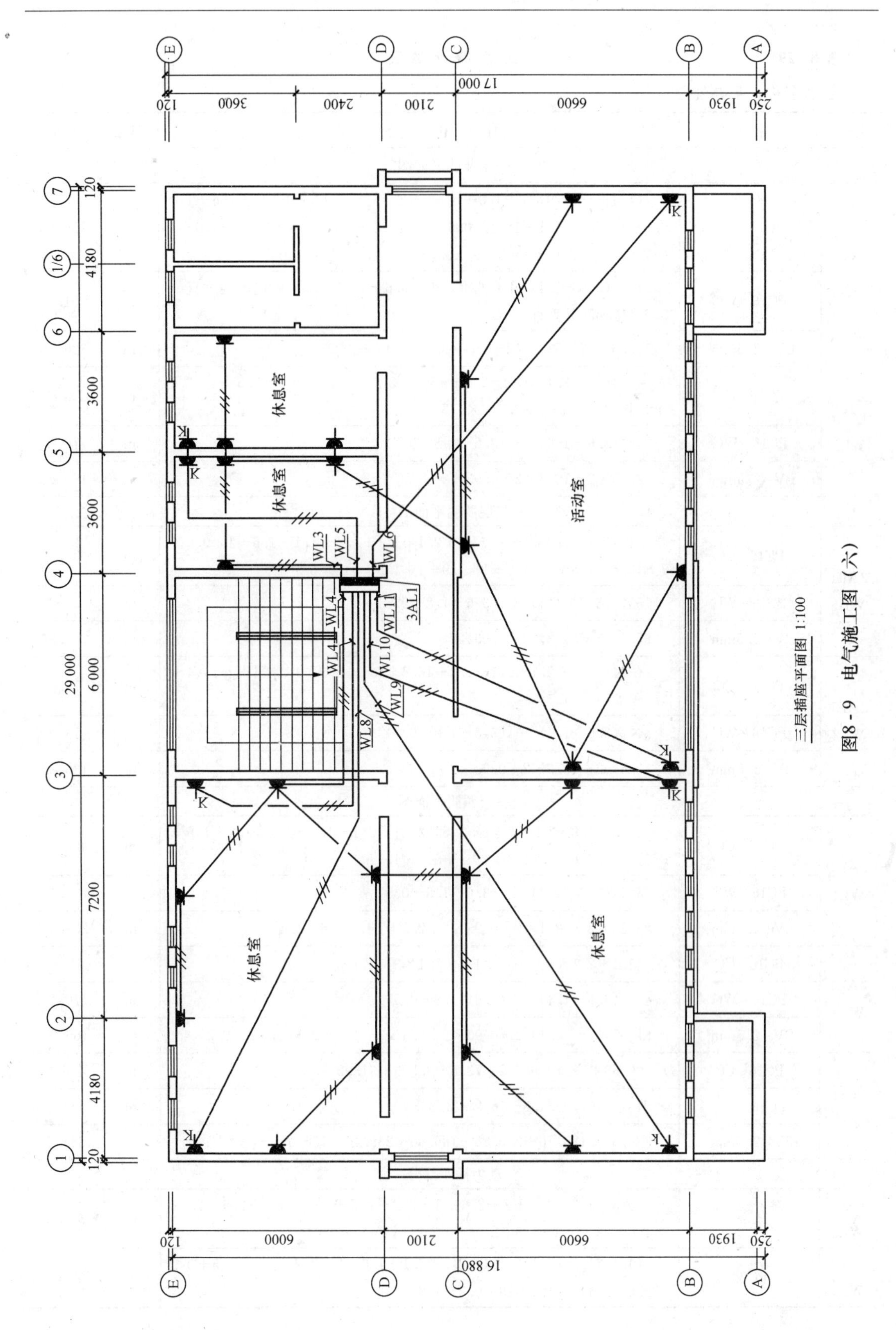

三层插座平面图 1:100

图8-9　电气施工图（六）

表 8-29　　工程量计算表

工程名称：某办公楼

序号	名称	计　算　公　式	单位	数量
一层照明平面图				
1AL1 WL1	PC16-CC	（1.4＋1＋1.9＋1＋1.9＋5＋1＋2.1＋1.1＋1.4＋1.1＋1.6＋1＋0.6＋1＋0.7＋2.1＋1＋1＋0.6＋1＋20.5＋1.8＋1.9＋5＋1＋1.9＋1＋1.9＋1＋4＋1.8＋1.8）×1.5	m	109.65
	PC16-WC	21×（3.6－1.4）开关处垂直＋（3.6－1.8－0.5）配电箱处垂直＋3.6（楼梯间处垂直）	m	51.1
	BV-2.5mm^2	109.65×2＋51.1×2＋1＋（3.6－1.4）＋0.93×2	m	326.56
1AL1 WL2	PC16-CC	（3.4＋1＋2.1＋1.4＋2.1＋5＋1＋3.8＋3.4×2＋2＋3.5＋1＋2.1＋1.4＋2.1＋5＋1＋3.8）×1.5	m	72.75
	PC16-WC	7×（3.6－1.4）＋（3.6－1.8－0.5）	m	16.7
	BV-2.5mm^2	72.75×2＋16.7×2＋0.93×2	m	180.76
二层照明平面图				
2AL1 WL1	PC16-CC	（1.4＋1＋1.9＋1＋1.9＋5＋2.1＋1.1＋1.4＋1.1＋1.6＋1＋0.6×7＋16.6＋1.8＋1＋1.9＋1＋1.9＋1＋1.9＋5）×1.5	m	85.2
	PC16-WC	15×（3.6－1.4）＋（3.6－1.8－0.5）	m	34.3
	BV-2.5mm^2	85.2×2＋34.3×2＋0.93×2	m	240.86
2AL1 WL2	PC16-CC	（3.4＋1.1＋2.1＋2.1＋1.2＋16.6＋1.1＋3.8＋1.1×4＋2.1×4＋1.0＋3.8）×1.5	m	73.5
	PC16-WC	8×（3.6－1.4）＋（3.6－1.8－0.5）	m	18.9
	BV-2.5mm^2	73.5×2＋18.9×2＋0.93×2	m	186.66
三层照明平面图				
3AL1 WL1	PC16-CC	（1.4＋1.9＋1＋1.9＋1＋2.5×2＋1＋2.1＋1.1＋1.1＋1.4＋1.6＋0.6×7＋16.6＋1.9×4＋1＋1＋5）×1.5	m	83.85
	PC16-WC	14×（3.6－1.4）＋（3.6－1.8－0.5）	m	32.1
	BV-2.5mm^2	83.85×2＋32.1×2＋0.93×2＋2.5＋1＋（3.6－1.4）	m	239.46
3AL1 WL2	PC16-CC	（3.1＋2.1×8＋16.7＋1.4＋1.1×3）×1.5	m	61.95
	PC16-WC	4×（3.6－1.4）＋（3.6－1.8－0.5）	m	10.1
	BV-2.5mm^2	61.95×2＋10.1×2＋0.93×2＋2.4×3＋1.1×2＋1.4×2＋2.2×4	m	166.96
照明小计	PC16-CC	109.65＋72.75＋85.2＋73.5＋83.85＋61.95	m	486.9
	PC16-WC	51.1＋16.7＋34.3＋18.9＋32.1＋10.1	m	163.2
	BV-2.5mm^2	326.56＋180.76＋240.86＋186.66＋239.46＋166.96	m	1341.26
动力插座部分				
1AL1 WL3	PC20	（0.3＋2.3＋4.6＋2＋2.6＋3＋2.2＋2.5＋2.4＋0.8＋2.6＋2.8）×1.5＋23×0.3＋1.8	m	50.85
1AL1 WL4	PC20	（4.1＋1.3＋3.1×3＋1＋2.7＋2.1＋1.6＋3＋2.2＋2.4＋2.5＋0.9＋2.6＋2.4）×1.5＋29×0.3＋1.8	m	67.65

续表

序号	名称	计　算　公　式	单位	数量
动力插座部分				
1AL1 WL5	PC20	（5+5）×1.5+1.8×2	m	18.6
1AL1 WL6	PC20	（9.4+2.5）×1.5+1.8×2	m	21.45
1AL1 WL7	PC20	（2.2+5.6+1.8）×1.5+1.8×2	m	18
1AL1 WL8	PC20	（1+3.1+1.5）×1.5+1.8×2	m	12
1AL1 WL9	PC20	（1.2+3.6+5.2）×1.5+1.8×2	m	18.6
1AL1 WL10	PC20	（0.8+5.8）×1.5+1.8×2	m	13.5
小计	PC20	50.85+67.65+18.6+21.45+18+12+18.6+13.5	m	220.65
	BV-4mm²	220.65×3+0.93×8×3	m	684.27
2AL1 WL3	PC20	（0.3+2.3+4.6+2+2.6+3.8+3+2.6+3+2+4+2）×1.5+23×0.3+1.8	m	57
2AL1 WL4	PC20	（4.1+1.3+3.1×3+1+2.7+2.1+1.6+2.8+2+2.8+0.7+2+2.5+0.9+2.6+2.4）×1.5+33×0.3+1.8	m	72.9
2AL1 WL5	PC20	10×1.5+1.8×2	m	18.6
2AL1 WL6	PC20	（3.5+8.5）×1.5+1.8×2	m	21.6
2AL1 WL7	PC20	（1.1+4.4+3.2）×1.5+1.8×2	m	16.65
2AL1 WL8	PC20	（0.8+4.5+1.4）×1.5+1.8×2	m	13.65
2AL1 WL9	PC20	（0.6+5.8）×1.5+1.8×2	m	13.2
2AL1 WL10	PC20	（1.2+3.6+4.6）×1.5+1.8×2	m	17.7
2AL1 WL11	PC20	（1.1+3.1+1.5）×1.5+1.8×2	m	12.15
小计	PC20	57+72.9+18.6+21.6+16.65+13.65+13.2+17.7+12.15	m	243.45
	BV-4mm²	243.45×3+0.93×9×3	m	755.46
3AL1 WL3	PC20	（0.2+2.2+4.6+2.1+3+3.3+4.4+5+4.5）×1.5+17×0.3+1.8	m	50.85
3AL1 WL4	PC20	（4.2+1.4+3.2+2.4+2.4+3.5+3+1.6+3.5+3.2+3×1.5+19×0.3+1.8	m	54.6

续表

序号	名称	计　算　公　式	单位	数量
		动力插座部分		
3AL1 WL5	PC20	(1.2+3.2+1.4) ×1.5+1.8×2	m	12.3
3AL1 WL6	PC20	(0.6+9) ×1.5+1.8×2	m	18
3AL1 WL7	PC20	(4.6+3.2) ×1.5+1.8×2	m	15.3
3AL1 WL8	PC20	(4.8+7.4) ×1.5+1.8×2	m	21.9
3AL1 WL9	PC20	(11+2.2) ×1.5+1.8×2	m	23.4
3AL1 WL10	PC20	(2+6.2) ×1.5+1.8×2	m	15.9
3AL1 WL11	PC20	(1.1+6.4) ×1.5+1.8×2	m	14.85
小计	PC20	50.85+54.6+12.3+18+15.3+21.9+23.4+15.9+14.85	m	227.1
	BV-4mm²	227.1×3+0.93×3×9	m	706.41
		电源进户线		
	SC100	2×1.5+1.5（室外部分）+1.8	m	6.3
	VV22-4×95	6.3+1.1	m	7.4
AL箱	1WLM PC40	1	m	1
	BV-16mm²	1×5+ (1.1+0.93) ×5	m	15.15
	2WLM PC40	3.6−0.6	m	3
	BV-16mm²	3×5+ (1.1+0.93) ×5	m	25.15
	3WLM PC40	3.6+3.6−0.6	m	6.6
	BV-16mm²	6.6×5+ (1.1+0.93) ×5	m	43.15
小计	PC40	1+3+6.6	m	10.6
	BV-16mm²	15.15+25.15+43.15	m	83.45
		接　地　部　分		
	利用主筋做引下线	6处× (3.6×3+1) ×2	m	141.6
	镀锌扁钢40×4	21.6+4.2+0.6×2+3.5+6+5.3×2+1.4×4+2.3×2+6.5+6+0.6×2+3.5+4.2+1.2×2+1.2×2+1.2+3.2+2.2+0.5×2	m	91.1
屋面	镀锌扁钢40×4	(13.6+10.5) ×1.5	m	36.15
	DN10镀锌圆钢	(19.9×2+11.8×2+3.2×4+1.6×2+0.4×2+3.5×2) ×1.5	m	130.8

表 8-30　**工 程 取 费 表**

工程名称：某办公楼

行号	序号	费用名称	费率	取费说明	费用金额
1	一	直接费		直接工程费＋措施费	62 663.98
2	(一)	直接工程费		直接费＋主材费	58 511.35
3	(一)′	其中：人工费 R_1		省人工费	15 155.55
4	(二)	措施费		参照定额规定计取的措施费＋参照费率计取的措施费＋按施工组织设计（方案）计取的措施费	4152.63
5	1	参照定额规定计取的措施费		定额规定措施直接费	
6	1′	参照定额规定计取的措施费中省人工费		定额规定措施省人工费	
7	2	参照费率计取的措施费		环境保护费＋文明施工费＋临时设施费＋夜间施工费＋二次搬运费＋冬雨季施工增加费＋已完工程及设备保护费＋总承包服务费	4152.63
8	(1)	环境保护费	2.2	其中：人工费 R_1	333.42
9	(2)	文明施工费	4.5	其中：人工费 R_1	682
10	(3)	临时设施费	12	其中：人工费 R_1	1818.67
11	(4)	夜间施工费	2.5	其中：人工费 R_1	378.89
12	(5)	二次搬运费	2.1	其中：人工费 R_1	318.27
13	(6)	冬雨季施工增加费	2.8	其中：人工费 R_1	424.36
14	(7)	已完工程及设备保护费	1.3	其中：人工费 R_1	197.02
15	(8)	总承包服务费	0	其中：人工费 R_1	
16	2′	其中：人工费		（环境保护费＋文明施工费＋临时设施费＋已完工程及设备保护费）×0.25＋夜间施工费×0.5＋（二次搬运费＋冬雨季施工增加费）×0.4	1244.27
17	3	按施工组织设计（方案）计取的措施费		组织设计措施直接费	
18	3′	按施工组织设计（方案）计取的措施费中省人工费		组织设计措施省人工费	
19	(二)′	其中：人工费 R_2		参照定额规定计取的措施费中省人工费＋其中：人工费＋按施工组织设计（方案）计取的措施费中省人工费	1244.27
20	二	企业管理费	42	其中：人工费 R_1＋其中：人工费 R_2	6887.92
21	三	利润	20	其中：人工费 R_1＋其中：人工费 R_2	3279.96
22	四	规费		工程排污费＋工程定额测定费＋住房公积金＋危险作业意外伤害保险＋安全施工费	1900.91

续表

行号	序号	费用名称	费率	取费说明	费用金额
23	1	工程排污费	0.26	直接费＋企业管理费＋利润	189.36
24	2	工程定额测定费	0	直接费＋企业管理费＋利润	
25	3	社会保障费（仅作为计税基础）	2.6	直接费＋企业管理费＋利润	1893.63
26	4	住房公积金	0.2	直接费＋企业管理费＋利润	145.66
27	5	危险作业意外伤害保险	0.15	直接费＋企业管理费＋利润	109.25
28	6	安全施工费	2	直接费＋企业管理费＋利润	1456.64
29	五	税金	3.44	直接费＋企业管理费＋利润＋规费＋社会保障费（仅作为计税基础）	2635.95
30	六	设备安装造价		直接费＋企业管理费＋利润＋规费＋税金	77 368.72

表 8-31　工程主材价格表

工程名称：某办公楼

序号	名称及规格	单位	数量	市场价	合计
1	刚性阻燃管 15	m	913.495	1.2	1096.19
2	刚性阻燃管 20	m	858.77	1.6	1374.03
3	刚性阻燃管 25	m	9.955	2.5	24.89
4	刚性阻燃管 32	m	11.66	4.5	52.47
5	绝缘导线铜芯 2.5	m	1555.861 6	1.86	2893.9
6	铜芯绝缘导线 BV-4	m	2253.447	2.86	6444.86
7	铜芯绝缘导线 BV-16	m	87.622 5	11.56	1012.92
8	空调插座 3 孔	套	23.46	10	234.6
9	五孔插座 5 孔	套	85.68	8.6	736.85
10	电缆 VV22-4×95	m	7.474	289.77	2165.74
11	镀锌避雷线 10	m	137.34	5.2	714.17
12	钢管 SC100	m	6.489	44.72	290.19
13	接地母线镀锌扁钢 40×4	m	133.612 5	7.6	1015.46
14	接线盒	个	293.76	1.6	470.02
15	网络箱 700×600×200	个	1	500	500
16	总等电位箱	个	1	160	160
17	单联单控开关单联	只	62.22	5.2	323.54
18	双联单控开关双联	只	6.12	6.5	39.78
19	半圆球吸顶灯灯罩直径 300mm 以内	套	26.26	65	1706.9
20	防水半圆球吸顶灯灯罩直径 300mm 以内	套	9.09	98	890.82

续表

序号	名称及规格	单位	数量	市场价	合计
21	五头吊花灯	套	1.01	850	858.5
22	双管日光灯吸顶式 双管	套	78.78	85	6696.3
23	1-3AL1 成套配电箱悬挂嵌入式 半周长 1.0m	台	3	500	1500
24	AL 成套配电箱悬挂嵌入式 半周长 1.5m	台	1	3500	3500
合　计					36 750.38

表 8-32　　工 程 预 算 表

工程名称：某办公楼

序号	定额号	项目名称	单位	数量	单价	合价	计费单价	计费基础
1	2-1561	暗装接线箱 半周 700mm 内	10 个	0.1	456.15	46	449.44	45
	主材-4585	接线箱	个	1				
2	2-265	悬挂嵌入式成套配电箱 半周 1.5m 内	台	1	143.7	144	115.81	116
3	2-264	悬挂嵌入式成套配电箱 半周 1m 内	台	1	116.19	116	90.63	91
4	2-1571	半圆球吸顶灯 ϕ300	10 套	2.6	198.04	515	108.76	283
	主材-4140	成套灯具	套	26.26				
5	2-1571	半圆球吸顶灯 ϕ300	10 套	0.9	198.04	178	108.76	98
	主材-4140	成套灯具	套	9.09				
6	2-1584	五头吊花灯	10 套	0.1	536.7	54	512.09	51
	主材-4140	成套灯具	套	1.01				
7	2-1783	吸顶式成套双管荧光灯	10 套	8.3	163.85	1360	137.48	1141
	主材-4140	成套灯具	套	83.83				
8	2-1563	暗装接线盒	10 个	17.4	27.26	474	22.68	395
	主材-4597	接线盒	个	177.48				
9	2-1865	单联单控板式暗开关	10 套	6.1	47.39	289	42.82	261
	主材-4287	照明开关	只	62.22				
10	2-1866	双联单控板式暗开关	10 套	0.6	50.56	30	44.84	27
	主材-4287	照明开关	只	6.12				
11	2-1907	单相暗插座 30A　3 孔	10 套	2.3	70.13	161	54.38	125
	主材-4371	成套插座	套	23.46				
12	2-1898	单相暗插座 15A　5 孔	10 套	8.4	71.75	603	55.39	465
	主材-4371	成套插座	套	85.68				
13	2-1564	暗装开关盒	10 个	11.4	26.29	300	24.17	276
	主材-4597	接线盒	个	116.28				
14	2-1322	砖混凝土结构明配刚性阻燃管 DN15 内	hm	8.305	675	5606	465.23	3864
	主材-3815	刚性阻燃管	m	913.55				

续表

序号	定额号	项目名称	单位	数量	单价	合价	计费单价	计费基础
15	2-1323	砖混凝土结构明配刚性阻燃管 DN20 内	hm	7.807	728.22	5685	494.44	3860
	主材-3815	刚性阻燃管	m	858.77				
16	2-1324	砖混凝土结构明配刚性阻燃管 DN25 内	hm	0.091	745.96	68	508.54	46
	主材-3815	刚性阻燃管	m	10.01				
17	2-1325	砖混凝土结构明配刚性阻燃管 DN32 内	hm	0.106	866.87	92	539.75	57
	主材-3815	刚性阻燃管	m	11.66				
18	2-574	钢管电缆保护管 $\phi100 \sim \phi150$	10m	6.3	375.29	2364	282.97	1783
	主材-766	钢管	m	64.89				
	主材-2615	管件（混凝土管）	套					
19	2-1390	照明线路管内穿线铜芯 2.5mm² 内	hm	13.413	61.8	829	50.35	675
	主材-2787	绝缘导线	m	1555.91				
20	2-1417	动力线路管内穿线铜芯 4mm² 内	hm	21.461	51.46	1104	37.79	811
	主材-2789	铜芯绝缘导线	m	2253.41				
21	2-1420	动力线路管内穿线铜芯 16mm² 内	hm	0.835	72.63	61	55.39	46
	主材-2789	铜芯绝缘导线	m	87.68				
22	2-664	铜芯电力电缆穿管敷设 120mm² 内	hm	0.074	671.56	50	570.81	42
	主材-3001	电缆	m	7.47				
23	2-697	户内干包铜芯终端头 1kV 120mm² 内	个	1	159.97	160	54.38	54
24	2-839	接地母线埋地敷设 200mm² 内	10m	12.725	158.25	2014	153.59	1954
	主材-2965	接地母线	m	133.61				
25	2-888	避雷引下线利用建筑物主筋引下	10m	14.16	90.25	1278	41.29	585
26	2-893	避雷网沿女儿墙支架敷设	10m	13.08	111.55	1459	70.01	916
	主材-4482	镀锌避雷线	m	137.34				
27	2-1002	交流供电系统调试 1kV	系统	1	527.95	528	424	424
28	2-1039	接地网调试	系统	1	650.98	651	424	424
29	说明-26	［措］二册 脚手架搭拆费，二册人工费合计 18 915×4%，人工占 25%	元	1	756.6	757	189.15	189
		安装消耗量直接工程费				26 219		18 915
		安装消耗量定额措施费				757		189

表 8-33　**工 程 费 用 表**

序号	费用名称	费率	费用说明	金额
1	一、直接费		(一) + (二)	32 726
2	(一) 直接工程费			26 219
3	其中：省价人工费 R_1			18 915
4	(二) 措施费		1+2+3	6507
5	1. 参照定额规定计取的措施费			757
6	其中人工费			189
7	2. 参照费率计取的措施费			5750
8	(1) 环境保护费	2.20%	R_1	416
9	(2) 文明施工费	4.50%	R_1	851
10	(3) 临时设施费	12%	R_1	2270
11	(4) 夜间施工费	2.50%	R_1	473
12	(5) 二次搬运费	2.10%	R_1	397
13	(6) 冬雨季施工增加费	2.80%	R_1	530
14	(7) 已完工程及设备保护费	1.30%	R_1	246
15	(8) 总承包服务费	3%	R_1	567
16	其中人工费		(4) ×0.5+ [(5) + (6)] ×0.4+ [(1) + (2) + (3) + (7)] ×0.25	1553
17	3. 施工组织设计计取的措施费			
18	其中：人工费 R_2		6+16	1742
19	二、企业管理费	42%	R_1+R_2	8676
20	三、利润	20%	R_1+R_2	4131
21	四、其他项目			
22	五、规费		1+…+6	2372
23	(1) 工程排污费	0.26%	一+…+四	118
24	(2) 定额测定费		一+…+四	
25	(3) 社会保障费	2.60%	一+…+四	1184
26	(4) 住房公积金	0.20%	一+…+四	91
27	(5) 危险作业意外伤害险	0.15%	一+…+四	68
28	(6) 安全施工费	2%	一+…+四	911
29	六、税金	3.44%	一+…+五	1648
30	七、设备费			
31	八、安装工程费用合计		一+…+七一社会保障费	48 370

本 章 小 结

1. 建筑安装工程费用构成与计算

本章详细地介绍了建筑安装工程造价费用项目组成和安装工程造价的计价程序，建筑安装工程费由以下四个部分组成，直接费、间接费、利润、税金。各项费用的计算方法都在计价程序中有详细的说明，编制预算时应根据工程所在地的计价程序表计算工程预算造价，计价程序表中的费用项目及费率应按照工程类别，当地文件规定等根据工程实际情况进行选择。

2. 建筑安装工程施工图预算

施工图预算的编制是一项政策性和技术性很强的技术经济工作，编制时一定要遵循一定的编制步骤和要求，首先做好编制前的一切准备工作；然后根据图纸和预算定额，列出预算的分部分项子目，分项计算工程量；接着套用预算定额或单位估价表，计算直接工程费；最后按照安装工程取费标准和计算程序表来计算间接费和其他各项费用，并汇总得出单位工程预算造价。编制施工预算时，还要注意主要材料的费用计算、设备费的计算、几项用系数计算的费用、材料价格补差的问题。安装工程施工图预算书的编制，应由计算机完成，并按照当地规定的格式进行打印、装订形成预算书。

习 题

1. 建筑安装工程费用由哪几部分组成?
2. 解释以下几个名词的含义：直接费、间接费、措施费、直接工程费、高层建筑增加费、脚手架搭拆费、工程超高增加费。
3. 简述建筑安装工程费用的计价程序。
4. 简述编制建筑安装工程施工图预算的主要依据。
5. 简述建筑安装工程施工图预算的编制步骤。
6. 主要材料的费用如何进行计算?
7. 建筑安装工程中定额规定了哪几种系数需要计算? 如何计算?
8. 一份完整的安装工程预算书应由哪几部分组成?

参 考 文 献

[1] 李英姿. 建筑电气施工技术. 北京：机械工业出版社，2003.
[2] 唐海. 建筑电气设计与施工. 北京：中国建筑工业出版社，2000.
[3] 侯志伟. 建筑电气工程识图与施工. 北京：机械工业出版社，2008.
[4] 刘钦. 建筑安装工程预算. 北京：机械工业出版社，2007.
[5] 谢秀颖，郭宏祥. 电气照明技术. 北京：中国电力出版社，2008.
[6] 唐定曾，等. 建筑工程电气概算. 北京：中国建筑工业出版社，2003.
[7] 郑发泰. 建筑电气工程预算. 北京：中国建筑工业出版社，2005.
[8] 李作富，李德兴. 电气设备安装工程预算知识问答. 北京：机械工业出版社，2006.
[9] 栋梁工作室. 电气设备安装工程概预算手册. 北京：中国建筑工业出版社，2004.
[10] 孙第，孙俊英. 怎样编制电气设备安装工程预算. 北京：中国电力出版社，2005.
[11] 中华人民共和国建设部. GB 50303—2002 建筑电气工程施工质量验收规范. 北京：中国计划出版社，2002.
[12] 中华人民共和国建设部. GB 50168—2006 电气装置安装工程电缆线路施工及验收规范. 北京：中国计划出版社，2006.
[13] 中华人民共和国建设部. GB 50169—2006 电气装置安装工程接地装置施工及验收规范. 北京：中国计划出版社，2006.
[14] 中华人民共和国能源部. GB 50171—1992 电气装置安装工程盘、柜及二次回路接线施工及验收规范. 北京：中国计划出版社，1993.
[15] 中国电力企业联合会标准化部. GB 50254—1996 电气装置安装工程低压电器施工及验收规范. 北京：中国电力出版社，1996.
[16] 中华人民共和国能源部. GB 50173—1992 电气装置安装工程 35kV 及以下架空电力线路施工及验收规范. 北京：中国计划出版社，1993.
[17] 中华人民共和国建设部. JGJ 16—2008 民用建筑电气设计规范. 北京：中国建筑工业出版社，2008.
[18] 中华人民共和国住房和城乡建设部. GB 50052—2009 供配电系统设计规范. 北京：中国计划出版社，2010.
[19] 中华人民共和国住房和城乡建设部. GB 50057—2010 建筑物防雷设计规范. 北京：中国计划出版社，2010.
[20] 建设部标准定额司. GYD_{GZ}-201—2000 全国统一安装工程预算工程量计算规则. 北京：中国计划出版社，2001.
[21] 建设部标准定额研究所. 全国统一安装工程预算定额编制说明. 北京：中国计划出版社，2003.
[22] 山东省建设厅. DXD37-202—2002（第二册） 山东省安装工程消耗量定额 电气设备安装工程. 北京：中国建筑工业出版社，2003.